U0290250

Quantum Mechanics

上帝与天才的游戏
量子力学史话

杨建邺 著

商务印书馆
The Commercial Press

创于1897 商务印书馆 The Commercial Press

2019 年·北京

图书在版编目(CIP)数据

上帝与天才的游戏：量子力学史话/杨建邺著. —
北京：商务印书馆，2017(2019.10 重印)
ISBN 978 - 7 - 100 - 12878 - 0

Ⅰ.①上… Ⅱ.①杨… Ⅲ.①量子力学—物理
学史—普及读物 Ⅳ.①O413.1—09

中国版本图书馆 CIP 数据核字(2017)第 007274 号

权利保留，侵权必究。

上帝与天才的游戏
——量子力学史话
杨建邺 著

商 务 印 书 馆 出 版
(北京王府井大街36号 邮政编码100710)
商 务 印 书 馆 发 行
北京艺辉伊航图文有限公司印刷
ISBN 978 - 7 - 100 - 12878 - 0

2017 年 6 月第 1 版 开本 710×1000 1/16
2019 年 10 月北京第 2 次印刷 印张 25

定价：59.00 元

爱因斯坦：量子力学给人印象深刻，但是一种内在的声音告诉我它并不是真实的，这个理论得到了很多了不起的结果，可是它并没有让我更接近"上帝"的秘密。我坚信上帝是不会掷骰子的。

玻　　尔：爱因斯坦，你怎么能够知道上帝不掷骰子？

霍　　金：上帝不但掷骰子，他还把骰子掷到我们看不见的地方……（过几年之后霍金又说：我们找到了骰子。）

目录

前　言

20 世纪初，物理学家开始探索原子、原子核以及基本粒子这个无声无形的世界，继理论和实验探讨之后，出现了一个新的王国——量子力学（Quantum Mechanics）。

我们可以毫不夸张地说量子力学是历史上最成功的理论。它的起源可以追溯到一百多年以前，但是直到 20 世纪末，由于量子工程和技术的广泛运用，而且与人们日常生活息息相关，介绍"量子"方面的书才逐渐增多，众多读者才慢慢熟悉"量子"（quanta）这个词。

量子力学始于普朗克的量子论（创立于 1900 年），接着爱因斯坦向前大大推进了量子论，玻尔的进入更是大大加快了量子理论的进展。在量子理论对这光怪陆离的世界的描述中，人们习惯的定律经常失效。一个粒子可以同时处于多个位置，还可以无阻碍地穿过障碍物；所有的物体都有"波粒二象性"，它既是粒子又是波；两个分得很开的物体也可以进行某种"纠缠"（entaglement），类似"精神性"的合作。如此种种，使得量子理论听起来总是令人不可思议。量子理论的创立者之一丹麦物理学家尼尔斯·玻尔（Niels Bohr，1885—1962，1922 年获得诺贝尔物理学奖）就曾经说过："如果一个人没有被量子力学弄糊涂，那他就还没有真正懂得量子力学。"

1988 年获得诺贝尔物理学奖的莱德曼（Leon Lederman，1922—　　）在他写于 1993 年的《上帝粒子——假如宇宙是答案，究竟什么是问题》一书中谈到量子力学引起的种种困惑时写道：

这件事引发了一个更加深刻的问题，人类的大脑是否已为理解量子物理学的神秘做好了准备呢？这个问题直到 20 世纪 90 年代还困扰着一些非常优秀的物理学家。理论家帕格尔斯（Heins Pagels，年前悲惨地死于一次登山事故）[1] 在他写得非常好的《宇宙密码》（The Cosmic Code）一书中指出："人的大脑可能还没有进化得足够完善，以至于现在还无法理解量子实在。"他可能是对的，尽管他的几个同行似乎自认为比我们中的其他人进化得更加完善一些。

正因为如此，多少年来，量子理论的神秘面纱使得它始终不为科学研究领域以外的大众所了解。

实际上，量子理论是门非常实用的学科，早在第二次世界大战之前，它的原理就已经被运用于超导、分析金属和半导体的电学和热学性质。战后，晶体管和激光器这两个运用量子理论原理的广为人知的装置，更是极大地推动了信息革命的发展。

现在，我们的周围到处都是直接或间接运用量子理论的技术和装置。从最简单的 CD 唱片机到庞大的现代光纤通信系统，从无水涂料到激光制动车闸，从医院的核磁共振成像仪到隧道扫描显微镜，量子技术已经成为一种具有极大商业利润的行业，因量子理论的成功运用而获得的巨大收益占据了工业国家国民生产总值的很大一部分。

在 21 世纪未来的日子里，量子技术将提供更多惊人的进展，例如在纳米技术装置领域，它的目标是设计和制造分子尺寸的机器，其潜在运用包括医学、计算机以及新型奇异材料的构造；量子技术专家已经可以俘获单个原子了，并且还可以利用可控的电磁场操纵原子，进行量子雕刻甚至是晶体的单原子成像；还有正处于设想中的量子计算机、量子运输……真是前途无量！

本书除了介绍量子力学艰难成长过程和为之做出了卓越贡献的物理学家们，还将以适当的篇幅介绍量子力学带来的伟大的技术革命。

当读者看完这本书以后，也许能更深刻体会莱德曼说的一段话：

> 作为一门在 20 世纪 90 年代占统治地位的精妙的理论，量子力学行得通。它在原子领域行得通。它在分子领域行得通。它在复杂的固

1　这悲惨的一年是 1988 年。——译注

体、金属、绝缘体、半导体、超导体，以及已应用它的任何领域内都行得通。但对我们来说更重要的是，量子理论是我们目前在研究原子核、原子核结构及其下面的更基本的物质——在那里我们将遇到"原子"和上帝粒子——中所拥有的唯一工具。也正是在那里，量子理论的概念性难题将扮演一个重要的角色，虽然这些难题常常被大多数物理学家视为只是"哲学问题"而避而不谈。

序 篇

　　19 世纪末，经典物理学获得了全面的发展和巨大的成功，形成了以经典力学、电磁场理论和经典统计力学为三大支柱的物理理论体系。这一理论体系，可以说已经达到了相当完整、系统和成熟的地步，因而有一种乐观主义的情绪认为，物理学已经充分掌握了理解整个自然界的原理和方法。相当多的物理学家深信，已经发现的物理定律适合于任何情况，是永远不变的；此后的工作，无非是把以原子概念为基础的物质力学理论，同以太理论结合起来。这后一步工作一旦完成（他们也深信不疑它必将迅速完成），那物理学家就没有什么事可以干了，剩下的只需将物理常数的测量往小数点后面移几位。

　　这种过分乐观情绪最有名的证据，是德国物理学家麦克斯·普朗克（Max Planck，1858—1947，1918 年获得诺贝尔物理学奖）在 1924 年慕尼黑的一次演讲中所说的例子，普朗克说：

> 　　当我开始研究物理学时，我可敬的老师菲利浦·冯·约里（Phillip von Jolly，1809—1884）对我讲述我学习的条件和前景时，他向我描绘了物理学是一门高度发展的、几乎是尽善尽美的科学。现在，在能量守恒定律的发现给物理学戴上桂冠之后，这门科学看来很接近于最终稳定形式。也许，在某个角落里还有一粒尖屑或一个小气泡，对它们可以去进行研究和分类，但是，作为一个完整的体系，那是建立得足够牢固的；而理论物理学正在明显地接近于如几何学在数百年中所已具有的那样完善的程度。

　　1888 年，美国物理学家阿尔伯特·迈克尔逊（Albert Abraham Michelson，

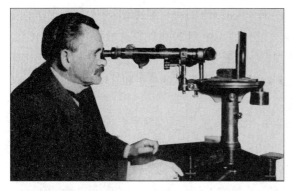

美国物理学家迈克尔逊正在观察"以太飘移"。

1852—1931，1907 年获得诺贝尔物理学奖）在克里夫兰召开的一次会议上说："无论如何，可以肯定，光学比较重要的事实和定律，以及光学应用比较有名的途径，现在已经了如指掌，光学未来研究和发展的动因已经荡然无存。"1894 年，在芝加哥大学的一次公开演讲中，他更进一步把这种盲目乐观情绪扩展到了整个物理学领域，他漫画式地描述说：

> 物理科学的比较重要的基本定律和事实全都被发现了，而这些定律现在已被如此稳固地确立，以致因新的发现使它们被替代的可能性是遥远的。虽然任何时候也不能担保，物理学的未来不会隐藏比过去更使人惊讶的奇迹，但是似乎十分可能，绝大多数重要的基本原理已经牢固地确立起来了，下一步的发展看来主要在于把这些原理，认真地应用到我们所注意的种种现象中去。正是在这里，测量科学显示出了它的重要性——定量的结果比定性的工作更为重要。一位杰出的物理学家指出：未来的物理学真理将不得不在小数点后第六位去寻找。

迈克尔逊的意思明显地是说，物理学已经无事可干了，剩下的事只需将物理常数的测量往小数点后面移几位。

当然，在世纪之交，并不是所有物理学家都像约里、迈克尔逊那样乐观得忘乎所以。美国物理学家理查德·费曼（Richard Phillips Feynman，1918—1988，1965 年获诺贝尔物理学奖）就说过：

> 人们经常听说，19 世纪后期的物理学家认为，他们已经了解了所有有意义的物理规律，因而以后所能做的只是去计算更多的小数位。某人可能这么说过一次，其他人就争相传抄。但是彻底阅读当时的文献表明，他们中的许多人都对某些问题忧虑重重。

　　费曼的话有道理。当一部分人沉湎于过分乐观的情绪中时，物理学的发展却与这种情绪背道而驰。在 19 世纪末到 20 世纪初这段不太长的时间里，由于一系列实验中的新发现，一场激烈的物理学乃至整个科学的革命迅速爆发，并以极快的速度渗透到物理学各种最基本的思想和原理之中。因此也有很多物理学家"忧虑重重"。

　　1881 年是十分重要的一年，这年 8 月，美国《科学》杂志发表了年轻物理学家迈克尔逊的文章。文章中迈克尔逊声称，他根据詹姆斯・麦克斯韦（James Clark Maxwell，1831—1879）去世前不久所设计的实验方法，首次证实"静止以太的假设被证明是不正确的；必然的结论是：这种以太的假设是错误的"。

　　接着，1895 年德国慕尼黑大学教授威廉・伦琴（Wilhelm Conrad Röntgen，1845—1923，1901 年获得诺贝尔物理学奖）发现了 X 射线，1896 年法国物理学家安托万・亨利・贝克勒尔（Atoine-Henri Becquerel，1852—1908）和居里夫妇（Pieere Curie，1859—1919；Marie S. Curie，1867—1934）发现放射性（他们三人因此获得 1903 年诺贝尔物理学奖），1897 年英国的约瑟夫・约翰・汤姆逊（Joseph John Thomson，1856—1940，1906 年获得诺贝尔物理学奖）发现电子，这些发现真是让物理学家又惊又喜。喜的是得到了这些了不起的发现，如英国物理学家洛奇（O. J. Lodge，1851—1940）所说：

　　　　当前的物理学正处于一个令人惊异的活跃时期，每月、每周，甚至每天都有进展。过去的发现犹如一长串彼此无关的涟漪，而今天它们似乎已经汇成一个巨浪，在巨浪的顶峰上，人们开始看到某种宏大的概括。日益炽烈的焦虑，有时简直令人痛苦。人们觉得自己像一个小孩，长时期在一个已成废物的风琴上胡乱弹奏着琴键。突然，琴箱里一种看不见的力量，奏出了有生命的曲子。现在，他惊奇地发现，手指的触摸竟能诱发出与思想相呼应的音节。他犹豫了，一半是因为高兴，一半是因为害怕，他害怕现在几乎立即可以弹出的和声，会震聋自己的耳朵。

惊的是这些发现有许多无法使用经典物理理论解释——"震聋了自己的耳朵"。尤其是 1895 年至 1900 年德国和英国一批物理学家在热辐射理论方面的突破性研究，都严重地冲击着经典物理学传统的思想。

物理学面临严重的危机。这正是："溪云初起日沉阁，山雨欲来风满楼！"

到 20 世纪之初，连素以保守著称的英国著名科学家开尔文（Kelvin，1824—1907）也感受到了暴雨前呼啸而来的山风。1900 年 4 月 27 日，他在皇家学会的题为《19 世纪热和光的动力学理论上空的云》演讲中承认：

英国物理学家开尔文爵士。

> 动力学理论断言热和光都是运动的方式，可是现在，这种理论的优美性和明晰性被两朵"乌云"遮得黯然失色了。第一朵"乌云"是随着光的波动理论而开始出现的，菲涅耳和托马斯·杨研究过这个理论；它包括这样一个问题：地球如何通过本质上是光以太这样的弹性固体而运动呢？第二朵"乌云"是麦克斯韦-玻尔兹曼关于能量均分的学说。

这就是在现代科学史上大有名气的"两朵乌云"说。第一朵乌云涉及的是力学、电磁理论中最基本的物理思想，即经典力学中的时空观的问题。经典力学需要一个绝对的时空框架，而这一框架在麦克斯韦光辉的电磁理论中似乎找到了证实：电磁波载体以太就是物理学家寻觅已久的物化了的绝对空间。

真是值得欢呼雀跃呀！可是高兴得太早了。

如果真有绝对静止的以太，那么由于地球的运动，就应该可以测出以太相对地球的"飘移"运动。可惜到 1887 年，迈克尔逊和莫雷（E. W. Morley，1838—1923）再次用精确无误的实验证实：以太飘移（ether draft）是不存在的。

明白了这一无可怀疑的现实后，越来越多的物理学家们认识到了大事不妙，问题严重。当时世界物理学界最负盛望的亨德里克·洛伦兹（Hendrik Antoon Lorentz，1853—1928，1902 年获得诺贝尔物理学奖）忧心忡忡地说："我现在不知道怎样才能摆脱这个矛盾。"

奥地利物理学家玻尔兹曼。

开尔文更是沮丧地说："在我看来，第一朵'乌云'恐怕是非常浓厚的呢。"直到爱因斯坦于1905年提出狭义相对论后，这一朵乌云才消散开来，阳光明媚。这方面的详细情况与本书关系不太大，不作详述。

第二朵乌云涉及的是经典力学的第三根支柱——热力学和分子运动论，也就是固体"比热"的困难。早在1819年，法国物理学家、化学家杜隆（P. L. Dulong，1785—1838）和法国物理学家珀蒂（A. T. Petit，1791—1820）在他们的文章里，发表了关于固体物质比热的实验结果：所有固体的比热都有相同的、固定的数值。这个规律被称为"杜隆-珀蒂定律"。1868年，玻尔兹曼（Ludwig Edward Boltzmann，1844—1906）用分子运动论中极为重要的一个定理"能量均分定理"来解释杜隆-珀蒂定律，结果非常成功。

开始，物理学家只发现少数固体的比热有一点点偏离杜隆-珀蒂定律，因此没有造成严重的困扰。但到了19世纪末，随着低温技术的发展，实验逐渐发现温度降到很低时，固体的比热普遍地明显下降。这种实验结果无疑是对经典统计物理学的基本原理，尤其是能量均分定理提出了挑战，而且是一个严重的挑战。所以开尔文把这一困难与以太飘移困难并列，称之为"第二朵乌云"。他还断言说：气体比热的预测值与观察的明显偏离，"绝对足以否定"经典统计力学。

在20世纪到来的那一年，即1900年，量子论诞生了。这是人类文明史、科学史上一件惊天动地的大事：它开创了物理学的一个崭新的时代。但在当时，包括提出量子论的普朗克本人，都绝对没有想到量子论居然在物理学里掀起了滔天巨浪，把原有的经典物理学世界稀里哗啦地砸个乱七八糟，让所有的物理学家在兴奋、迷惘和痛苦中度过了大半个世纪。

一个世纪过去后的今天，我们虽然知道由量子论发展出来的量子力学能够解释和预言数不清的物理学问题，由它发展出来的技术早已改变了人类文明生活，但这并不意味着我们真正理解了量子力学。对量子力学的建立做出重大贡献的费曼曾说："没有人明白量子力学。"他还说："从常识的观点来看，量子电动力学描述自然的理论是荒唐的，但它与实验非常符合。"

美国著名物理学家费曼。

　　人类的常识（common sense）是人类几万年生活、文化的积淀，当我们带着常识进入光怪陆离的量子世界时，常识会步步为营、层层设防地抵制量子力学新概念的"入侵"，以至于人类至今也没有能够完全理解量子世界稀奇古怪的行为。因此，在开始进入量子世界以前，为了避免读者走进令人灰心的死胡同，建议读者先尽量满足于接受观察到的实验事实，不要急于问"为什么会如此"这样的问题，因为谁也不能回答你。大自然就是这样的，没有人知道为什么，至少目前没有人知道为什么。大自然比任何一个科学家想象的都要奇妙得多。以至于爱因斯坦讲过的一句话"上帝是微妙的（Subtle is the Lord）……"，到现在还留在普林斯顿大学富康楼的一个教室里。记住这一点。只有当你首先相信了解量子力学以后，你才会安心地往下看那些更加古怪的内容，如薛定谔的猫、多宇宙诠释，等等。

　　现在，我们从 19 世纪末和 20 世纪初德国一位伟大的物理学家普朗克，以及他如何克服热辐射中出现的困难而引出量子论讲起。

无奈之中：普朗克揭竿而起

有一次，普朗克对他的学生和继承者麦克斯·劳厄（Max von Laue，1879—1960，1914 年获得诺贝尔物理学奖）说：

"我的座右铭总是：审慎地考虑前进的每一步，然后，如果你相信你能承担所负的责任的话，就不让任何东西阻挡你前进。"

的确，在许多重要的问题上，普朗克不会轻易地改变自己的观点，但在量子论问题上他却几次进退失据，显得胆怯而保守。而且谁也没有想到他这样一位审慎、比较保守的人，会提出掀起惊天巨浪的量子论。

普朗克其人

1858 年 4 月 23 日，普朗克出生于现石勒苏益格-荷尔斯泰因州的基尔市。那时荷尔斯泰因还属于丹麦王国的领土。在他 6 岁时，奥地利和普鲁士的军队开进了他所居住的城市。从此，战争在他一生中像凶神一样总是牢牢地盯住他，使他在物理学里创造辉煌的同时，饱受战争给他带来的痛苦。

普朗克的祖先是德国人，他的祖父和曾祖父都是哥廷根大学的神学教授。他的父亲是法学教授，因为要到基尔大学任教，才来到基尔市。1867年普朗克 9 岁时，他父亲转到慕尼黑大学任教，全家又搬到慕尼黑居住。

普朗克不是一个天才，在读书期间，他是一个循规蹈矩的好学生，但并不光彩溢人。他对所有的功课都认真学，学得也不错，不像爱因斯坦那样，不想学的就逃课不学。普朗克总是班上的 3 到 8 名，老师们没有看到他有任何天才的表现，但都欣赏他性格腼腆文静和坚强的优点。

普朗克也认为自己没有什么特殊的才能。对新奇的东西他不盲目追随，也不会立即做出反应。他自己曾说：

　　我天性平和，不喜欢没有把握的冒险。……而且不幸的是，我天生没有那种对新鲜事物迅速做出反应的能力。

　　普朗克在钢琴演奏方面颇有天赋，在 1874 年考大学时，他很想考音乐系，但他又喜爱数学和物理学，为此他犹豫了一段时间。据说后来是因为一位职业音乐家说他演奏钢琴时不够专心，他才决定放弃音乐，考取了慕尼黑大学理学院。开始他想学习数学，不久就决定专攻物理学。1877 年和 1878 年，他到柏林大学学习了两个学期，在那儿他认识了两位著名的物理学家基尔霍夫（G. R. Kirchoff, 1824—1887）和亥姆霍兹（H. L. F. Helmholtz, 1821—1894），他听过他们讲的课。虽然他们两人的讲课实在不吸引人，但他们的研究和科学思想却是绝对一流的。普朗克在他的《科学自传》中写道：

> 在柏林，在亥姆霍兹和基尔霍夫的指导下，我的科学眼界大为扩大。因为这两位物理学家的学生都容易有机会接触到他们那些开拓性的、为全世界所注目的工作。

　　在基尔霍夫的影响下，普朗克从 1879 年开始研究热力学。热力学里有两个定律，一个是热力学第一定律，另一个是热力学第二定律。热力学第一定律是说在任何自然界发生变化的过程中，能量可以转移和转化，但不能够产生和消灭，这就是人们熟知的能量转化和守恒定律。热力学第二定律是说，有些过程即使满足能量转化和守恒定律，也不能自动发生。例如，一杯热开水向四周散发热量，然后自己变冷，这个过程可以自动发生；但是，一杯冷水不可能自动地从四周空气中聚集热量，让自己沸腾起来。这一过程即使没有违背热力学第一定律，也不可能发生，因为这个过程违反热力学第二定律。普朗克被这些定律的普适性和绝对性迷住了，决定以热力学第二定律作为博士论文的题目。

1879 年获得博士学位时的普朗克。

1879 年，普朗克以论文《论热力学第二定律》进行了论文答辩。虽然他的论文受到了基尔霍夫的批评，但他还是顺利地拿到了博士学位。

拿到学位后，普朗克就留在慕尼黑大学任教，从 1880 年直到 1885 年。这期间工资比较低，因此他还不能建立家庭。1885 年，基尔大学愿意聘他为副教授，虽然这所大学远在德国的北端，普朗克还是接受了聘请，这样他有更高的收入，可以与青梅竹马的女友玛丽·默克（Marie Merck）结婚了。

1888 年，在柏林大学任教的基尔霍夫因病去世，柏林大学先后想聘请在维也纳的路德维希·玻尔兹曼和在波恩（Bonn）的亨利希·赫兹（Heinrich Hertz，1857—1894），但他们都不愿意离开他们熟悉的城市。当征询到第三位候选人普朗克时，普朗克当然非常高兴有这样难得的机会。1889 年 1 月，普朗克来到柏林大学任教。开始，他并不顺利，一来他的资历不高，二来他研究的方向不受重视。他第一次在柏林物理学会议上做的有关热力学的报告受到冷遇，在讨论时没有一个人发言，只有会议主席（一位生理学家）提出了几点批评性的意见。在回忆录中，普朗克对这次失利的报告写道：

> 基本上这是对我那热烈的想象浇了一瓢冷水。我步行回家，抑郁寡欢，但很快我就有了安慰自己的办法，因为我想：一个正确的理论即使没有巧妙的宣传也迟早会得到承认的。后来事实证明，我的想法完全正确。

三年后的 1892 年，普朗克升为教授。1894 年，他被选为普鲁士科学院院士。恰好这年，亥姆霍兹和孔脱（August Kundt，1839—1894）先后去世，普朗克成了柏林物理学家中最著名的一位，并且从 20 世纪初期起，成了德国首屈一指的理论物理学家。

当时有人把普朗克比为"帝国的科学首相"，他立即表示反对说："我不是亥姆霍兹。"

1896 年，普朗克开始热辐射的经典研究。正是这一研究把他带进了科学研究的旋涡中心，并让他痛苦迷惘了 20 多年。

无奈之中的抉择

按照劳厄的话来说，热辐射理论自始至终"形成于德国"。这第一批研究者当中，特别应该提到的是基尔霍夫。

　　谈起热辐射，每个人都对它有相当多的感性认识。在火炉里，当温度逐渐升高时，炉火的颜色由暗红变为亮红，然后又变为橘黄、黄色，甚至可以变为白色。因此，即使不是一位物理学家，他也知道在炉火的颜色与温度、转送热量之间有一定的关系。热可以从火炉向四周辐射，这种热辐射实际上也是一种电磁波辐射，只不过波长较长而已。

　　19世纪后期，德国工业崛起，它由一个土豆输出大国变为钢铁输出大国，因此，由于炼钢、电灯照明的需要，对热辐射的研究十分紧迫，有许多科学家都先后跻身于这项研究工作之中。基尔霍夫是一位兼理论与实验研究的全能型科学家，他曾发现化学元素铯和铷，对电流和流体力学也做出过有名的建树，但他最卓越的研究却是黑体辐射的研究。对于黑体（例如煤炭、黑色呢大衣）人们也不陌生，黑颜色物体即黑体，它有一个特点是能将大部分热辐射吸收进去，却反射得很少（所以人们在冬天穿黑色呢大衣较多，而夏天人很少穿黑色衣服）。基尔霍夫为了简化热辐射的研究，提出一种被称为"绝对黑体"（absolute black body）的理想物体。绝对黑体可以在任何温度下百分之百地吸收辐射到它上面的一切热辐射，一点也不反射回去。这样，整个热辐射的研究就可以简化为（绝对）黑体辐射研究。在大部分情形下，人们为了方便就把"绝对黑体"简称为"黑体"。然而"黑体"是一种理想的物体，所以虽然由它得出的黑体辐射定律有许多，但谁是谁非，却无法由实验检验。

　　1895年，德国物理学家威廉·维恩（Wilhelm Wien，1864—1928，1911年获得诺贝尔物理学奖）和他的同事发表了一篇题为《检验绝对黑体辐射定律的方法》的论文，在论文中他们提供了一个可以供实验测量的绝对黑体模型。这是一个带有小孔的空腔，它相当于能吸收射向它里面的

德国物理学家维恩，1911年获得诺贝尔物理学奖。

全部辐射的"绝对黑体"。这也让人不难理解，一束辐射（例如光）射进一个只有一个小孔的空腔，这束光再想从小孔射出来的可能性很小，如果空腔里再设置一些隔板，那么这束光就几乎再也出不来了。你从远处看一个楼房的窗口（越小越好），为什么窗口总是黑色的呢？因为那个有窗口的房间就有点像维恩设计的"小孔空腔"了，只不过维恩的小孔很小，而窗口相比较就嫌太大了。

有了这样一个带有小孔的空腔，人们才可以对黑体辐射进行实验研究，而不再只能做理论研究。维恩的这一个小小发明，可以说扭转了乾坤，功劳真可谓不小啊！但是维恩的政治态度却十分糟糕，他是一个沙文主义者，还是一个反犹太人的激进分子。

正在黑体实验开始有了进展之际，维恩却离开了柏林物理技术研究所，到亚琛（Aachen）大学任教，他原来想用这个新方法对以前一些由理论建立的辐射定律进行检验的计划，只好留给卢梅尔（O. Lummer, 1860—1925）和鲁本斯（H. Rubens, 1865—1922）等实验物理学家去做了。

当时辐射定律多得很，他们当然只能检验最有名的几个辐射定律，如斯忒藩-玻尔兹曼定律、瑞利-金斯定律和维恩辐射分布律，等等。经过一两年的反复实验，到 1900 年 10 月，鲁本斯他们已经可以准确无误地指出：维恩定律在长波部分（即光谱的红外区域）和温度很高时，其计算值与他们的实验值有显著的不同；而瑞利-金斯定律则在短波（即紫外区域）与实验明显不符，而且还趋于无限大，因此被称为"紫外灾难"（ultraviolet catastrophe）。

好，历史条件成熟了，普朗克上场了。由此，一场威风八面的重头戏开场。只是谁也没料到，居然是一位年过四十的物理学家唱了主角。

普朗克十分重视基尔霍夫黑体辐射定律的普遍特征。我们知道，黑体只要保持某一恒温状态，那么在热平衡时，辐射的规律与黑体的材料性质无关，是一种普遍的特征。普朗克一生都热衷于对普遍性、绝对性规律的追求，他在说明自己为什么要选择物理学作为终身职业时说：

> 外在的世界在某些方面独立于人，具有某种绝对的性质，寻找这些可以表征绝对性的定律对我来说，是生命和科学活动中最有意义的事情。

在研究黑体辐射定律的初期，他把维恩辐射分布定律作为研究的出发点，在 1900 年 10 月以前，人们认为这个分布律与实验吻合得比较好。但普朗克看重的只是这个定律的数学公式和结果，而不满意维恩在推导公式时引入了分子运动论的假说，这是因为分子运动论中有玻尔兹曼的统计概念。普朗克追求的是普遍性和绝对性，他厌恶统计规律，认为统计中少不了偶然性的东西，不是真正的科学规律。所以，他用电动力学和热力学严密结合的非统计的方法，重新推出了维恩定律。由此可以看出，说普朗克是一位比较保守的物理学家，应该是恰当的。

1899 年 5 月，在普鲁士科学院的一次会议上，普朗克公布了他推出的与维恩公式类似的公式。

普朗克在自己的书房里查阅资料。

他信心十足，以为成功在望：他认为自己能够在不必假设原子存在和不涉及统计规律的情形下，把握空腔辐射的规律。但是到 1900 年 10 月 7 日的中午，普朗克的信心动摇了，因为鲁本斯与他的妻子一起到普朗克家中告诉他，维恩定律与实验不符，在长波方面有系统误差。普朗克听说后，在惊诧和沮丧之余，竟立即根据鲁本斯他们的实验结果，又提出了一个半经验、半理论的辐射公式，这个公式就是至今仍然大名鼎鼎的"普朗克辐射公式"。

不到两周后的 1900 年 10 月 19 日星期五，在德国物理学家举行的一次例会上，普朗克在题为《论维恩定律的改善》的演讲中，公布了他的新公式。

奇迹出现了！

鲁本斯当天晚上立即在实验室里将普朗克的新公式同他拥有的测量数据进行了仔细的核对，结果他大为惊诧：普朗克的公式竟与实验数值完全符合！他感到又惊讶又高兴。第二天清晨，鲁本斯就迫不及待地把这个令人极为振奋的结果告诉了普朗克，并且说："这一定不是偶然的！"

在鲁本斯之后，又有一些实验物理学家做过实验，结果都证明在当时可测量到的任何情形下，普朗克的公式都是正确的。

普朗克为此大受鼓舞、兴奋异常。但他自己也明白，他提出的公式只是一种方法巧妙的半经验半理论的公式，其价值很有限，因此他的当务之急是要为这个公式寻求一个理论上的解释。普朗克后来在获诺贝尔奖演讲时回忆了当时的情形，他说：

> 即使证明了这个公式是绝对精确的，但……其价值仍然有限。由于这个缘故，从那时起，也就是从公式建立那天起，我一直忙于阐明公式的真正物理特性……经过一生中最紧张的几周工作之后，我从黑暗中见到了光明，一个意想不到的崭新前景展现在我的眼前。

所谓"黑暗中"的"光明"，是指他发现：为了解释他的公式，他必须承认辐射中的能量只能是不连续的、分立的，就像水果糖一颗一颗的，而不像水一样连绵不断。并且这分立的能量 ε 可以用下面公式表达：

$$\varepsilon = h\nu$$

这里 ε 被称为"作用量子"（quantum of action），h 是一个他发现的新的普适常数，后来被恰如其分地称为"普朗克常数"（Plank constant）。h 犹如一把锐利的砍刀，把原来视为连续的能量砍成一份一份的，而普朗克则是第一个挥起这把砍刀的人，虽然他后来为此后悔不已。常数 h 现在已经被证明是宇宙中最重要的基本常数之一，在各个领域里都少不了它。普朗克的理论则被名正言顺地称为"量子论"。这是一个具有革命性的理论，一个使物理学界为之哗然和震撼，连普朗克自己也几乎噤若寒蝉的理论。

普朗克进退失据

为什么说这是一个令人"震撼"和几乎让人"噤若寒蝉"的理论呢？这有一段悠久的历史，不了解这段历史，你就无法理解其中的革命性的意义。

在古希腊原子论者的眼中，自然界的某些特性中具有分立的特性，如他们猜测物质有最小的部分（原子）的存在，它使物体具有分立的、不连

续的特性。但到了亚里士多德
（Aristotle，公元前384—前322
年）以后，连续性思想逐渐占据
了统治地位。亚里士多德定义说：

> 两事物之外限相共处以
> 至于合一者，我称为"延续"
> （conti-nuous），所以诸事物由
> 于相贴切而成为一个整体者，
> 才可见其为"延续"。

这儿的"延续"即连续。他
还举例说，线、运动、时间和空
间，都是连续的东西。在《物理
学》里亚里士多德进一步说：

> 如果事物的外限是一个，
> 它们就是连续的……不可能
> 有任何连续事物是由不可分
> 的事物合成的，例如线不能
> 由点合成，线是连续的，而
> 点是不可分的。

亚里士多德的连续性思想在
两千多年以后，对于西方思想有
巨大的影响，它们几乎一脉相承，
绵延不绝，直到20世纪（见资料
链接）。

由此可以想见，普朗克需
要有多么大的勇气、多么明智的

资料链接：自然界的连续性

17世纪，德国伟大的数学家、哲学家莱布尼
兹（G. W. Leibnitz，1646—1716）宣称："任何事
物都不是一下完成的，这是一条基本准则，而且
是一条得到了证实的准则：自然决不做飞跃。……
这条规律，称为连续律（law of continuity）；这条
规律在物理学上的用处是很大的。

"连续律宣布自然不让它所遵循的秩序之中
留有空隙。

"这符合壮丽的宇宙的和谐……"

"在自然界中一切都是逐步地渐进而丝毫不
做飞跃的，而关于变化的这一规则是我的连续
律的一部分。"

莱布尼兹认为，连续性定律（或原则）贯
穿着全部哲学，宇宙中万事万物均要恪守无误。
他还对此做过进一步的解释："当前始终孕育着
未来，任何现存的状态只能由直接先于该状态
之状态来进行自然的解释。如果人们否认这一
点，那么世界就会有空缺，这些空缺将会推翻
这一具有充足理由的伟大原理，将迫使我们为
解释现象而乞怜于奇迹或者纯粹偶然性。"

牛顿（Issac Newton，1643—1727）与莱布
尼兹的想法相同，认为宇宙中的一切只能连续
地变化，不可能实现跳跃。他提到了时间、空
间、运动、液体……他认为这些量都只能连续
地改变。

还有英国的洛克（John Locke，1632—1704）
和德国的康德（Immanuel Kant，1724—1804）
等人都一脉相承，将连续性原理作为宇宙中至
高无上、不言而喻的原理，谁也没有对它怀疑
过，或提出过挑战。到19世纪末，麦克斯韦电
磁理论取得的光辉成就，更有力地支持了连续
性原理。被誉为"英国经济学之父"的马歇尔
（Alfred Marshall，1842—1924）在他的被誉为
"经济学里的《圣经》"的《经济学原理》中，
也同样把"自然界无跳跃"作为他"研究经济
学的基础"。

判断，才敢于打破两千年来根深蒂固的传统观念，提出不连续的能量子的概念！难怪普朗克把自己的这一行为称为"孤注一掷的行动"。在一次回忆中，他还非常生动地描述了他当时激烈的思想斗争：

> 我生性喜欢和平，不愿进行任何吉凶未卜的冒险。然而到那时为止，我已经为辐射和物质之间的平衡的问题徒劳地奋斗了6年（从1894年算起）。我知道这个问题对于物理学是至关紧要的；我也知道能量在正常光谱中的分布的那个表达式。因此，一个理论上的解释必须以任何代价非把它找出不可，不管这代价有多高。我非常清楚，经典物理学是不能解决这个问题的。……摆在我面前的是维持热力学的两条定律。我认为，这两条定律必须在任何情况下都保持成立。至于别的一些，我就准备牺牲我以前对物理定律所抱的任何一个信念。

普朗克（左）和儿子埃尔文一起爬山。埃尔文正在确定他们所处的方位。

1900年12月14日，普朗克以《正常光谱中能量分布的理论》为题，正式提出了他的量子理论，古老的"自然界无跳跃"的观念受到一次猛烈的冲击。后来这一天就被视为量子论诞生之日。

人们迎来了物理学的又一个新时代——量子时代。这一年普朗克42岁，对一般人来说，这个年龄不算大，但是对于物理学家来说这个年龄明显偏大。牛顿、爱因斯坦、玻尔、海森伯以及狄拉克等伟大的物理学家，他们在做出最初伟大发现的时候都只有20多岁，也许正是普朗克年龄偏大，使得他在这一伟大的物理学革命中显得非常保守。

在普朗克的量子理论发表后近十年内，人们一直只热衷于应用他的辐射公式，因为很管用，而对他的量子论则很少注意，也不怎么相信。这是不难理解的。越是革命性强的学说，越是难以被人们接受。但是更令人不安的是普朗克自己，他自己对量子论也没有十分的把握。海森伯（Werner Karl Heisenberg, 1901—1976, 1932 年获得诺贝尔物理学奖）在一篇文章中曾经说：

> 后来，据说普朗克的儿子埃尔文曾说过，当他还是一个儿童的时候，有一次同他父亲一起穿过格吕内瓦尔德做长途散步，途中父亲谈到了他的新观念。普朗克对他儿子解释道：我现在所发现的那个新观念，要么荒诞无稽，要么也许是牛顿以来物理学最伟大的发现之一。

人们对待量子论的态度也许让普朗克更增加一些犹豫。虽说他"不惜任何代价"地提出了在当时最具思想革命的量子理论，但他本人是一个"勉强革命的角色"。他在科学自传中承认，开始他根本没有清楚地认识到自己的理论有多了不起的意义，甚至认为自己的理论"纯粹是一个形式上的假设"，他也没有"对它想得很多，而只是想到要不惜任何代价得出一个积极的成果来"。可是后来进一步的研究使他犹豫、畏缩了。1909 年，他曾告诫自己和别人，"在将作用量子 h 引入理论时，应当尽可能保守从事，这就是说，除非业已表明绝对必要，否则不要改变现有理论。"

关于普朗克这种进退失据的窘态，伽莫夫在他的《震撼物理学的三十年》一书里写道：

> 将量子的精灵放出了瓶子，普朗克自己被吓得要死，他宁愿相信能量包不是来自光波本身的性质，而是来自原子内部的性质——原子仅能以一定的离散能量吸收和发出辐射。

这以后，在 1910 年和 1914 年，普朗克在量子理论上又做过两次大的后退。直到 1915 年，玻尔提出的原子模型被人们接受以后，普朗克才放弃了自己徒劳无益的后退行为。对于自己的后退行为，普朗克曾经做过自我评价，他说：

> 企图使基本作用量子与经典物理理论调和起来的这种徒劳无益的打算，我持续了很多年（直到 1915 年），它使我付出了巨大的精力。我的许多同事们认为这近乎是一个悲剧，但是我对此有不同的看法。因为

我由此而获得的透彻的启示是更有价值的。我现在知道了这个基本作用量子在物理学中的地位远比我最初所想象的重要得多，并且，承认这一点使我清楚地看到，在处理原子问题时引入一套全新的分析方法和推理方法的必要性。

普朗克的学生弗兰克（James Frank，1882—1964，1925年获得诺贝尔物理学奖）曾经回忆当时的情景："普朗克无望地努力回避量子理论。他是一位跟自己意愿做斗争的革命家。最后他得出了这样的结论：'这种努力没有用，我们只得接受量子理论。信不信由你，它的影响会不断扩大。'"

1918年，当量子理论在实际应用中获得成功之后，普朗克终于"因为发现基本作用量子（量子理论），从而对物理学的发展做出了巨大的贡献"，获得了诺贝尔物理学奖。

战争让普朗克饱受痛苦

哈伯（左）和爱因斯坦合影。

普朗克的一生本来应该非常美满幸福，但德国挑起的两次世界大战却给他带来了巨大的不幸，使他一生饱受儿女先他而去的痛苦折磨。第一次世界大战，他的大儿子卡尔在战场上牺牲；他的一对孪生女儿格蕾特和爱玛都在分娩时因为战争期间医疗条件不好，先后于1917年和1919年去世。爱玛刚去世后，爱因斯坦去看望普朗克，后来爱因斯坦在写给朋友的信中说："普朗克的不幸让我心碎。当我看见他时，我无法止住泪水……他令人惊叹地勇敢而且刚直，但是可以看出，悲痛严重损害了他。"剩下唯一的二儿子埃尔文，成了他最后的安慰。但是在第二次世界大战即将结束时的 1945 年元月，埃尔文又因为涉嫌谋杀希特勒而被杀害。他曾经向希姆莱求情，并且好像非常有希望减轻处罚。但是在一天晚间没有任何告示的情况下，埃尔文被执行死刑！这几乎要了普朗克的命。不幸好像还没有完，在盟军轰炸柏林时，他的住所包括他所有珍贵的藏书，全部被毁掉。

一个接一个的打击，几乎彻底摧毁了普朗克。那时他已是 80 多岁的老人。他几乎完全失去了人生的乐趣，身体的病痛更使得他痛不欲生。当美国军队最后找到这位 20 世纪曾经叱咤风云的科学伟人时，他和妻子正躲在树林里。普朗克躺在草堆上，目光呆滞地盯着天空。

除了家庭给他带来永远愈合不了的伤痛以外，作为威廉皇帝学会主席的普朗克，在纳粹迫害犹太人科学家（包括他最好的朋友和同事爱因斯坦、哈伯、迈特纳）时，他内心的痛苦简直无法描述！

1933 年 1 月 30 日希特勒上台。希特勒上台不到两个月，就中止 1920 年以来实行的《魏玛宪法》，宣布反犹太人的法令，废除德国犹太人的公民权。魏玛共和国由此寿终正寝，独裁的第三帝国正式开始执行迫害犹太人、扩军备战等一系列反人民、反民主的政策。

3 月 2 日，纳粹党报《民族观察者》猛烈抨击了爱因斯坦。幸运的是，爱因斯坦和爱尔莎已经于 2 个多月以前离开了德国。哈伯（Fritz Haber，1868—1934，1918 年获得诺贝尔化学奖）的命运最悲惨。这位功勋卓绝的犹太人、在第一次世界大战期间为德国军队做出巨大贡献的化学家，不仅没有受到任何关照，反而被从物理化学研究所所长的位置上撤了下来。这对哈伯是致命的打击。1934 年 1 月 4 日，哈伯在痛苦的流亡途中，因心脏病猝死于瑞士西部的巴塞尔（Basel）。

大约在 5 月份，普朗克看见那么多优秀的犹太科学家受到迫害，在无奈的情形下，想向希特勒反映这一可怕的形势。他曾回忆过这件事：

> 希特勒夺取政权后，作为威廉皇帝学会主席，我有责任去见元首。我决定利用这次机会为我的同事哈伯说几句公道话。如果不是他发明从空气中提取氮以合成氨的过程，第一次世界大战一开始我们就会失败。希特勒一个字一个字地回答说："我绝没有排斥犹太人的意思。但犹太人都是共产主义者；后者才是我的敌人，这才是我斗争的目的所

在。"我讲，犹太人有好多种……也包括有良好德国文化的古老家族，必须区别对待。他答道："不对，犹太人就是犹太人，所有的犹太人联合起来就有麻烦。哪里有一个犹太人，其他犹太人马上就会聚集到一起……"我讲，如果有才华的犹太人被迫移民，对我们意味着自己伤害自己，因为我们需要他们的科学和技术，再者他们会给别的国家带去好处。他不愿再说什么，最后他说："传说我偶尔受到神经衰弱之苦，那是谣言。我的精神是钢浇铁铸成的。"说到这儿，他把身体俯到膝部，话越说越快，开始发脾气。我再没有什么可说的了，只有沉默，然后离开了。

再到后来，普朗克完全失望了，他说："纳粹像一阵狂风横扫我们的国家。我们什么也干不了，只能像风中的大树那样听凭摆布。"

更让他为难的是如何对待爱因斯坦。爱因斯坦是最著名的犹太人科学家，而且他在美国越来越严厉地谴责纳粹政府。普朗克预感到大事不好，如果德国政府一旦采取严厉措施对待爱因斯坦，普鲁士科学院将处于十分尴尬的地位。所以他于3月19日写了一封信给爱因斯坦："……在这个困扰和艰难的时期，正是谣言风起之时，到处都传播着你的公开的和私下的政治声明，我知道以后十分痛心。你不该多讲话，我并不是要断定谁对谁错，我只是清楚地看到你的讲话，使得那些尊重和敬慕你的人更加难以保护你了。"

3月29日，纳粹政府的特派员向文化部下达命令，要对爱因斯坦反对第三帝国的言论进行全面调查，如果需要的话可以给予纪律处分。普朗克再也没有办法进行调解，他只好抓住机会赶快离开柏林，到西西里度假。如果留在柏林，他将无法不接受政府的决定。

幸好爱因斯坦在3月28日就主动向普鲁士科学院递交了辞呈。辞呈上写道："鉴于德国目前的状况，我不得不放弃在普鲁士科学院的职务。19年来，科学院为我提供了无数机会，使我专心从事研究，而没有任何特别的义务。我知道我欠下的恩情太多，我也非常不愿意离开这个学术机构；同时，在我作为院士期间，与同事们建立了融洽和谐的关系。但是在目前的情况下，我对普鲁士政府的行为无法容忍。"

开始，科学院还装模作样地讨论了几次，他们既想保持科学院的公正，又想让政府接受他们的决定。沃尔瑟·能斯特（Walther Hermann Nernst,

1864—1941，1920 年获得诺贝尔化学奖）见形势对爱因斯坦不利，焦急地对另外一个院士说："后人将会如何评论我们啊？肯定会认为我们是一群屈服于暴力下的懦夫！"

但是科学家们，包括普朗克，没有力量面对强大的、狂暴的纳粹政府。3 月 31 日，普朗克从度假地写信给爱因斯坦："对我来说，你（辞职）的做法是唯一可以保证你与科学院体面地断绝关系的办法，这可以使你的同事避免承受过多的悲痛。"

这是真心话，如果让他的同事们提出开除爱因斯坦的建议，那是多么可怕而沉痛的事啊！1933 年 5 月 11 日，普朗克从度假地回到柏林，科学院又一次提起"爱因斯坦事件"。普朗克不能不表示一个态度。在一份声明中他写道：

> 爱因斯坦先生不仅是一位杰出的物理学家，而且是这样的一位物理学家：他发表在我们科学院的所有研究成果，使本世纪的物理学得到进一步深化和发展，其重大意义只有开普勒和牛顿才可以与之相比较。
>
> 我有责任说清这一点。否则，我们的后代会认为爱因斯坦的同事们还不会鉴赏他的研究成果的重要性。

由此我们可以看出，普朗克处于多么为难的地步。这些困难恐怕比 1900 年热辐射研究中面对的困难更让他进退失据！

1935 年 1 月，在纪念哈伯逝世一周年活动中普朗克表现出的勇敢和不顾一切，让人对他刮目相看。这次纪念会议的召开是普朗克的功劳。虽然纳粹党一再警告，禁止德国各大学和高等学校的教授们和德国化学学会会员们参加这个纪念犹太人的大会，但普朗克却勇敢地说："我一定要组织和主持这次纪念会，除非警察把我抓走。"奥托·哈恩在回忆录中写道："普朗克使大家感到惊讶，他勇气十足地举行了这次纪念大会。"

普朗克的坟地，给人一种苍凉的感觉。下面隐约有一些看不清的文字。只有 Max Planck 看得比较清楚。

1947 年 4 月 10 日，89 岁高龄的普朗克在哥廷根离开了这个既给他带来了荣誉又给他带来无限痛苦的世界。他去世后，就葬在德国哥廷根市的公墓里。像许多科学家的墓碑上大都刻有一些符号、图形，标明墓主一生最伟大的贡献一样，在普朗克墓碑的最下部，刻有一排普朗克常数 h 的数字作为墓志铭，以对这位历经沧桑的伟大学者表示最后的敬意。因为岁月的磨砺，字迹已经非常模糊，加上墓碑下面长起来的野草，如果没有及时拔除，就会遮掩这排数字。我国学者赵鑫珊先生曾经到德国哥廷根市的公墓拜谒过德国物理学家普朗克的墓地，结果让他大失所望：他没有发现被野草遮掩的普朗克常数，以至于在他的《大自然神庙》一书里写道：

> 2004 年初秋，我头一回造访德国哥廷根城市公墓的普朗克坟。很遗憾，墓碑没有把普朗克常数刻上。在那里，我足足站了一刻钟。我多么想看到碑石上有这个神奇的符号……h……
>
> 当代人类文明大厦不能没有这个常数作为支撑。

这其实是赵鑫珊先生的疏忽，没有看到普朗克常数。不过，普朗克的墓地的确给人一种孤独苍凉的感觉，与普朗克生前那么伟大的贡献和那么高的职位相比，实在不相称。透过孤独苍凉的墓地，我们也许会不由自主地想起普朗克那辉煌而又不幸的一生；而辛弃疾那千古诗篇不由涌上心头："千古兴亡多少事？悠悠，不尽长江滚滚流！"

向前推进：爱因斯坦得不到理解

在前面一章，我们提到过，普朗克在一次散步时曾对他的儿子埃尔文谈及他对自己新发现的看法，"我现在所发现的那个新观念，要么荒诞无稽，要么也许是牛顿以来物理学最伟大的发现之一"。但是，普朗克在 1900 年提出量子论的时候，最多只承认电磁现象的不连续性发生在发射和吸收的过程中，至于电磁波在空间的传播则仍然是连续的。这种认识在今天看来，当然是极不彻底的，可是在当时普朗克还嫌自己的提法过分偏离经典物理学。正当普朗克彷徨不前甚至打算后退的时候，爱因斯坦却很快把普朗克的量子论"冒失地"、尽情发挥地向前大大推进了一步。

有趣的是，当爱因斯坦大力推进他的这个"也许是牛顿以来物理学最伟大的发现之一"的量子论时，普朗克居然害怕得不得了！不断告诫自己和别人："在将作用量子 h 引入理论时，应当尽可能保守从事，这就是说，除非业已表明绝对必要，否则不要改变现有理论。"而且多次批评爱因斯坦，认为爱因斯坦"在其思辨中有时可能走得太远了"，并一再告诫物理学家们应以"最谨慎的态度"对待爱因斯坦的光量子说。

这位量子论的创建者到底怎么啦？

伯尔尼专利局的技术员

1900 年 7 月爱因斯坦从苏黎世联邦技术学院毕业。但是毕业后两年的时间里他一直找不到工作，这让他十分沮丧，饱受精神折磨。一直到毕业两年后的 1902 年 6 月，他的厄运才终于结束。在大学最好的同学格罗斯曼（Marcel Grossmann，1878—1936）的父亲帮助下，爱因斯坦才有机会到伯尔尼专利局应聘。19 日，瑞士司法部通知爱因斯坦，联邦委员会于 6 月 16 日会议上"已经遴选您临时为联邦专利局三级技术专家，年俸 3500 法郎"。同

爱因斯坦与他的大学同学和终生的密友格罗斯曼。

日，瑞士专利局也通知爱因斯坦被临时录用，并告知他至迟于 7 月 1 日到任，当然"可以提前上任"。爱因斯坦得知这一消息，其高兴和激动是完全可以想象的。他哪儿有耐心等到 7 月 1 日，在 6 月 23 日（星期一）就提前一周多急不可耐地正式上了班。从此，爱因斯坦有了宁静的生活环境，可以保证他无忧无虑地去思考、追寻科学基础中的一些原理。

在专利局工作的 7 年多时间里，爱因斯坦总共写了 30 篇科学论文，创立了狭义相对论，提出了光量子假说，用布朗运动证实了原子的存在，开始构思引力理论，为广义相对论奠定了基础，还结了婚，生了孩子。这一切的获得，爱因斯坦自己认为和专利局的工作有必然联系。他在《自述片断》中深情地回忆了他的这段经历：

> 在（伯尔尼）我最富于创造性活动的 1902—1909 这几年当中，我就不用为生活而操心了。即使完全不提这一点，明确规定技术专利权的工作，对我来说也是一种真正的幸福。它迫使你从事多方面的思考，它对物理的思索也有重大的激励作用。总之，对于我这样的人，一种实际工作的职业就是一种绝大的幸福。因为学院生活会把一个年轻人置于这样一种被动的地位：不得不去写大量科学论文——结果是趋向于浅薄，只有那些具有坚强意志的人才能顶得住。

他还在很多场合和不同的时期，反复讲到专利局的工作对他很有好处。1902 年 9 月初，他在专利局上班还只 3 个月时，写信给阿劳中学的老同学沃尔文德（H. Wohlwend, 1878—1962）说："我非常喜欢专利局的工作，因为专利局的工作与其他工作很不相同，它需要不停地思考。"1919 年 12 月 12

日，已是柏林大学教授的爱因斯坦写信给好友贝索（Michele Besso，1873—1955）说："你计划重返专利局一事，我极为关怀，在那人间寺庙里，我曾悟出我最美妙的思想，在那里我们曾一起度过那样美好的时光。"

正是在这座"人间寺庙"里，爱因斯坦走上了创造之路、成功之路和辉煌之路，并且出现了 1905 年爱因斯坦"奇迹年"。

1905 年 5 月底，爱因斯坦写信给好友哈比希特（Conard Habicht，1876—1958）时谈到了他在 1905 年春天的四篇文章。他写道：

> 我可以答应回敬你四篇文章。其中第一篇马上就可以寄给你，因为我刚收到一些抽印本。它讲的是辐射和光的能量特征，是非常革命的……第二项研究是由中性物质的稀溶液和扩散和内摩擦来测定原子的实际大小。第三项证明以归纳的分子理论为前提，在大小为 1/1000 毫米的粒子悬浮在液体中时，必定出现一种由热运动所产生的可知觉的不规则运动。无生命的小悬浮粒子的运动，事实上已经为生理学家检验出来，他们把这种运动叫作"布朗运动"（Brownian movement）。第四项研究还只是一个概念：把空间和时间理论的一种修改用于动体的电动力学，这项工作的纯运动学部分无疑会使你感兴趣。

在科学史上还从来没有一个人在短短的三个半月（3 月 17 日—6 月 30 日）的时间里，如此深刻而全面地改写了物理学的基础概念，为 20 世纪的现代物理学奠定了新的基础。伯尔尼专利局的三等技术专家，创造了人类文明史上最令人惊讶的奇迹。3 月份的论文"非常革命"，使他成为量子理论的三大教父之一[1]，16 年后他因此获得了诺贝尔物理学奖；4 月份的论文是他的博士论文，使他成了苏黎世大学的博士；5 月份的论文使他成了统计力学的创始人之一，而且由此设计的实验使得原子假说被第一次用实验证实，原子假说从此不再有人反对；6 月底的论文使他创建了彻底改变人类时空观的狭义相对论。这正是：

> 天使飞翔在夜半的天空中，
> 他唱出悠扬的歌声；

---

[1] 另两位是普朗克和玻尔。

明月、繁星和那朵朵的乌云，

倾听他神圣的声音。

我们下面就开始"倾听他神圣的声音"中的一种——关于普朗克作用量子的乐章吧。

一个启发性观点

1905 年 3 月，在发表狭义相对论论文之前，爱因斯坦在德国《物理学年鉴》第 17 卷上发表了一篇石破天惊之作《关于光的产生和转化的一个启发性观点》。在这篇论文里，爱因斯坦认为，光不仅仅在发射和吸收时按 $\varepsilon = h\nu$ 不连续地进行，即使在空间传播时，光也像粒子一样是不连续的。他指出：麦克斯韦的波动理论仅仅对时间的平均值有效，而对瞬时的"涨落"（fluctuation）现象，则必须用粒子观点处理。

爱因斯坦特别强调，如果采用了光的粒子观点，那么许多用光的波动说无法解释的实验现象，如光电效应，就可以得到完满的解释。这里我们稍微介绍一下"光电效应"（Photoelectric effect）。

光电效应是德国物理学家赫兹在 1887 年研究电磁波的性质时首先发现的，但是他对这一偶然的发现没有做出任何解释，只是做了忠实的记录。但这一发现立即引起了许多人的注意，研究者也很多。从实验上研究得最有成果的要算赫兹的助手菲利普·勒纳。

光电效应是当光撞击到金属表面时，金属表面的电子受到光的激发而获得动能，如果这动能足够大，电子就可以"逃离"金属表面，逸入空中，这种电子称为"光电子"（photoelectron）；如果再加一个电场，逃出的电子即可形成"光电（子）流"。勒纳从 1899—1902 年由精巧实验得出以下规律：

（1）在单位时间内，金属受光照射后释放出的电子数，和入射光的强度成正比：即光越强，金属板释放的电子数越多，但每个光电子的动能与光强无关；

（2）每种金属都有一个最低的频率 ν_0——这个频率称为"红限频率"（red limit frequency），照射光频率如果小于 ν_0，那么，不管照射光的强度有多大，都不会出现光电效应；

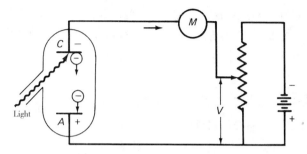

图（2-1）光电效应示意图。入射光（Light）照射到带负电的金属
板 C 上，打出的电子向带正电的金属板 A 跑去，形成光电子流。

（3）用光照射阴极金属板时，不论光强度的大小，几乎瞬时就会产生光
电流，不存在任何一个可观测的"滞后时间"（delayed time）。

以上三个由实验得出的规律，如果用光的波动说就无法解释。按照光
的波动说，光电子的动能应决定于光的强度（即光波的振幅），但实验结果
告诉我们，光电子的动能与光强无关，只与入射光频率成正比关系；按波动
说，只要光强足够供应电子释放出来时需要的能量，任何频率的光都应该引
起光电效应，但实验告诉我们，低于 ν_0，无论光多么强都不会发生光电效
应；最后，按光的波动说，金属中的电子从入射光中吸收能量，必须积累到
一定的数值，才能"挣脱"金属表面原子的控制飞出来，而且十分明显的
是，光越弱积累能量所需的时间就越长，但实验却显然表明，不论光多么
弱，只要大于 ν_0，光电子几乎是立即就飞出金属板，不需要"滞后时间"。

勒纳是当时研究光电效应的权威，他提出了一种"触发假说"，希望
在光的波动理论框架内，解决这一困难，但不成功。爱因斯坦则大大出人
们意料，假定光是由不连续的"光量子"（light quanta）组成，光量子的能
量 $E = n\varepsilon = nh\nu$（$n = 1$、2、$3\cdots\cdots$），其中 h 为普朗克常数，n 为自然数。
波动的振幅（即光强），决定于光量子的数目；不过，这数目只是一种统计
上的平均值。爱因斯坦在论文中写道：

　　　在我看来，如果假定光的能量不连续地分布于空间的话，那么，
我们就可以更好地理解黑体辐射、光致发光、紫外线产生阴极射线以
及其他涉及光的发射与转换时的各种观测结果。根据这种假设，从一

点发出的光线在传播时，在不断扩大的空间范围内，能量是不连续分布的，是由一个数目有限的、局限于空间的能量量子所组成的，它们在运动中并不瓦解，并且只能整个地被吸收或发射。

后来，"光量子"在1926年被美国物理学家刘易斯定名为"光子"（photon）；这个名称被沿用至今。

爱因斯坦的"启发性观点"，就是试图通过"光量子假说"断言电磁场具有量子性质，并且把这种性质推广到光和物质之间的相互作用上，即物质和辐射只能通过交换"光量子"而相互作用。这在当时的确是"非常革命性"的一步。对此，《爱因斯坦全集》主编、美国爱因斯坦研究中心的物理学史家斯塔赫尔（John Stachel）说：

在瑞士伯尔尼专利局任技术员的爱因斯坦。

他（爱因斯坦）在20世纪头10年的立场的独特之处是，他毫不动摇地坚信经典力学概念和麦克斯韦电动力学的概念——以及两者的任何纯粹的修正和补充——都不足以说明日益增多的一系列新发现的有关物质与辐射的行为和相互作用现象；他不断地提醒自己的同行，必须从根本上引进新概念用以解释物质和辐射两者的结构。他自己引进了某些新概念，特别是光量子假说，虽然他仍不能把它们整合成一个前后一贯的物理理论。

爱因斯坦的光量子理论，极完满地阐明了十几年来人们一直无法用经典电磁理论解释的"光电效应"和其他一些难题。但是尽管如此，爱因斯坦的光量子理论一提出来，立即遭到几乎所有物理学家的反对。连首先提出能量子概念的普朗克，也认为爱因斯坦"在其思辨中有时可能走得太远了"，并一再告诫物理学家们应以"最谨慎的态度"对待爱因斯坦的光量子说。

这儿特别要指出的是，每一个光量子的能量 $\varepsilon = h\nu$ 与普朗克的公式是一样的，表示的意思却完全不同。爱因斯坦的公式适用于每一个光量子的能量，物质可以吸收或发射 1 个、2 个……10 个或任何其他整数个光量子，但不会是半个、3 个半或其他分数个光量子；而普朗克的公式则是一个空腔里的原子和光相互作用时的能量这一特殊情形。我们的视觉之所以感受不到分立的能量，那是因为光量子能量太小，而进入眼睛的能量子数目惊人地大，一根蜡烛每一秒钟大约发出 10 万亿亿个光量子，所以统计平均值让我们感受不到分立的光量子，就像雨天打伞时感觉不到一粒粒雨滴冲击伞一样。

看起来是同一个公式，却由爱因斯坦第一次给出了正确的解释。

科学界对光量子的态度如何呢？科学界接纳光量子假说比起对相对论的接纳，经历了更艰难的过程和更长的时间。从 1909 年 9 月在德国萨尔茨堡召开的每年一度德国自然科学家和医生协会年会上发生的事情，就足以看出两者的反差之大。在萨尔茨堡年会上，爱因斯坦成了最有吸引力的人。这次会议有近 1300 人参加，许多人，尤其是一群年轻人，如奥托·哈恩、丽丝·迈特纳（Lise Meitner, 1878—1968）等，都想亲眼见一见这位传奇式的人物，听一听这位年仅 30 岁的专利局专家的演讲。

爱因斯坦于 9 月 21 日下午在会上做了演讲。这种演讲对爱因斯坦来说，是极高的荣誉，因为只有在各个领域内最具权威的人才能被邀请在会上演讲，对该领域做综合性评价。德国物理学史家赫尔曼（Armin Hermann）说："对有见地的与会者来说，这个演讲达到了科学的高点。"

使与会者感到惊讶的是，爱因斯坦的演讲内容不是关于相对论的，而是题为《论我们关于辐射的本质和组成的思想》。虽然在开始的时候他谈到了相对论，但却一带而过，重点讲述当时还很少有人接受的量子论。他认为尽管狭义相对论的时空观十分奇特，但已不值得再长篇大论地去讲它，因为大家已经十分熟悉，且大多数人已经接受了它。而量子论则是另外一回事，到他做演讲时为止，只有一位物理学家准备接受，这位物理学家是斯塔克（Johannes Stark, 1874—1957, 1919 年获得诺贝尔物理学奖）。但就是这位斯塔克，也错误地领会了爱因斯坦的本意。

爱因斯坦在演讲中又提出一个思想实验，这是一个十分生动、有趣的思想实验。在一个充满电磁辐射的洞穴里，假定里面有一只在飞行的小碟子。这只小碟子肯定会因为辐射压力的统计值的变化而发生振动，就像空中漂游的灰尘因为空气分子的碰撞而产生急剧的振动一样。如果普朗克定律对辐射真的适用（实际上这已经被实验实证！），那么碟子的振动公式可以用两项之和来表示：第一项来自光的波动理论，第二项则来自光的量子假说。这样一来，一方面光是一种波动，另一方面它又不可避免地是由"光量子"组成。

那么，光究竟是一种波动还是一种粒子呢？爱因斯坦认为两者都是，亦此亦彼。但当时还没有描述"两者都是"的数学方法，因此除了爱因斯坦之外，一般人都认为只能"非此即彼"，不能"亦此亦彼"。除了约翰内斯·斯塔克以外，与会者都认为光只能是波动，但斯塔克却又认为：光只能是粒子。结果正如黑格尔所说："听众中只有一个人理解我，却又误解了我的意思。"

普朗克和爱因斯坦，后来成为非常亲密的朋友。

爱因斯坦发言结束后，普朗克立即以会议主席身份发言。他表示了对爱因斯坦的尊敬，不过他同时婉转地拒绝光量子假说的大胆思想。普朗克的助手莱契（F. Reiche）后来在回忆中写道："我必须说，当这个用于描述振动的第二项出现在公式中时，我十分激动。当然，这只是对光子存在的一个十分间接的证据。我记得人们都强烈反对这个观点，并努力去寻找别的依据反对它。"

后来，科学史家海尔布朗（J. L. Heilbron）曾经访问参加过这次会议的美国物理学家爱泼斯坦（P. S. Epstein），谈到爱因斯坦的这次讲话。

　　海尔布朗：爱因斯坦的那次讲话有没有产生很大的影响？您能回忆得起来吗？

　　爱泼斯坦：没有很大影响。您知道，那次会议的主席是普朗克，他在爱因斯坦讲完话后马上就说，爱因斯坦的光量子假说非常令人感兴趣，但是他并不完全赞同它。会上唯一表示赞同的是斯塔克。您知道，爱因斯坦的假说走得太远了。

由此可见，在 1909 年（即离 1905 年之后的 4 年）人们接受了狭义相对论，却没有接受同时提出的光量子假说。

一片反对之声

爱因斯坦的独立思考能力、对经典物理学极其严峻的批判态度和合乎理智的傲慢品格，确实在 1905 年给科学界留下了极其深刻的印象。开始人们也许会认为他虽然目光敏锐、思想深邃，但也太过分了，太孟浪了。凡是其他人已经作为事实接受的结论，或者被认为是天经地义般的金科玉律，在他看来似乎都有缺陷，应该予以批判。有时这种批判能力简直令人难以置信，尤其是在光的本性上，爱因斯坦的批判和由此而提出的光量子假说，几乎没有一个人能够接受；唯一能接受的斯塔克又错误地领会了爱因斯坦的意思。

为什么光量子假说会让人们无法接受呢？这其中原因十分复杂，但简言之不外乎两个方面。

（1）光的波动说与光的粒子说经历过长期的争论，到 19 世纪 20 年代由于光的衍射、干涉、偏振等证实波动说的实验的成功，光的波动说才终于战胜了光的粒子说，并取而代之。麦克斯韦电磁理论的成功，将光的波动说推上成功的巅峰。这一系列的成功离 1905 年并不遥远，1888 年赫兹用实验证实麦克斯韦电磁波的假说，也只不过才过去 17 年。在这时爱因斯坦突然提出光量子说，人们一时难于接受是可以理解的。

（2）爱因斯坦的光量子说并不是重新回到牛顿光粒子说中去，他的光量子说认为光既具有波动性，又具有粒子性。正是这种"二象性"（duality）不仅使科学界几乎所有的人不能接受，连爱因斯坦本人也深感其中有着很难克服的矛盾，因此有时不免显得顾虑重重和犹疑不决。因为"光的二象性"不仅在物理概念上让人无法接受（波是弥散于无限空间的，而粒子是集中于空间某一处的，光一会儿弥散于无限的空间，一会儿又集中于一处），而且也没有描述这种特性的数学工具。甚至连 $\varepsilon = h\nu$ 这个公式都让人不能接受，因为它把无法联系的物理量（光量子的能量和辐射的频率）"硬拉"到一个公式里，让人觉得稀奇古怪。很明显，只有当辐射是一种波的时候，频率才有意义呀！这个爱因斯坦真是不可思议！他是谁呀，上帝？

由此可以想到，光量子说一提出来其命运肯定就会险恶异常。事实上，从

1905 年提出光量子说到 1910 年，据普朗克说也只有三个人支持光量子假说，他们是德国的斯塔克，英国的拉莫尔（J. Lamor，1857—1942）和 J. J. 汤姆逊。连提出量子概念的普朗克都不能同意光量子假说，他于 1907 年 7 月 6 日写信给爱因斯坦说，光量子只在吸收和发射的地方才有意义，至于在空间传播时，他认为：“真空中传播的过程已由麦克斯韦方程做了精确的描述。至少我还没有发现什么令人非相信不可的理由，要抛弃这个目前看来似乎是最简单不过的假说。”

普朗克是《物理学年鉴》的理论文章的责任编辑，他既然一开始就不同意光量子说，为什么又同意刊登爱因斯坦这篇文章呢？这恐怕正好反映了普朗克自由、宽容的作风：我不同意你的观点，但我支持你发表不同的意见。壮哉！

爱因斯坦不能同意普朗克的批评，他在 1908 年给朋友劳布（J. J. Laub）的一封信中曾写道：

> 普朗克也是一位志趣非常相投的通信者。只是他有一个弱点，就是不会寻找通往那些他觉得格格不入的思想的门径。这就说明了他为什么对我最近关于辐射的研究提出错误的反对意见。他还没有答复我的批评。因此，我但愿他已经读过，并且同意我对他的批评。这个量子问题是一个极端重要而又困难的问题，因此每一个人都应当在它上面下功夫。

有一次，爱因斯坦甚至激烈地批评普朗克，说他“顽固地坚守着那些无意识错误的先入之见”。

荷兰的洛伦兹相信普朗克的量子论，但他也不相信光量子假说。他在 1909 年 4 月 12 日给维恩的信上这样写道：“尽管我不再怀疑正确的辐射公式只有通过普朗克的作用量子假说才能得到，但是，我认为要把这些能量元当作在传播过程中能保持整体性不变的光量子看待，则是根本不可能的。”

到 1913 年，普朗克还拒不承认光量子假说。这年普朗克推荐爱因斯坦为普鲁士科学院院士时，他在推荐信中这样写道：“爱因斯坦在他的探索中有时可能会走极端，例如在光量子假说中。但这对他来说无可厚非，因为如果在精密科学中不偶尔冒点险，就不会有天才的革新。”

但爱因斯坦却毫不气馁，仍然继续设法打消人们对光量子假说的疑虑，坚持不懈地推进量子论的发展。因此，爱因斯坦被称为量子论的三大教父之一。但爱因斯坦深知波粒二象性将会对物理学引起的巨大变革，甚至会引起一场危机。人们（包括他自己）对这种变革或危机的认识和准备都还很不够，因此他表现得十分谨慎。这在 1905 年 3 月论文的题目上就显示出来了：他提出来的只是"一个启发性的观点"。在 1911 年索尔维会议上爱因斯坦又说："我坚持（光量子）概念的暂时性，看来它和实验所证实了的波动理论结果是不可调和的。"

也许正是由于这种深思熟虑，由于这种谨慎，在一段时期里曾形成一种误会，以为爱因斯坦要"放弃"光量子假说了。对于爱因斯坦的谨慎，荷兰物理学家派斯（Abraham Pais，1918—2000）曾经这样写道："我的印象是光量子思想所受到的阻碍如此强烈，以致爱因斯坦的谨慎很可能犯了一个犹豫不决的错误。但是，从他的文章和信件来判断，我感到没有证据表明他在任何时刻放弃了他在 1905 年所做的任何表述。"

1916 年似乎为光量子带来了好运气。

密立根歪打正着

爱因斯坦的光量子假说不能为人们接受是不奇怪的，但是连他本人也不清楚如何摆脱这一困境。除此以外，还有两个原因妨碍人们接受他的假说。

一是当时所有有关光电效应的实验都是很粗糙、很原始的。据光电研究的先驱休斯（A.L.Hughes）说："关于光电效应，当时的了解还非常原始。光电的真空工作还没有做过，即便做了，也是在非常可怜的条件下做的。事实上，在测定一定电路中足以制止光电流所需的遏止电压方面，也并没有做出什么努力。"

休斯还发现，爱因斯坦论文中的"爱因斯坦方程"

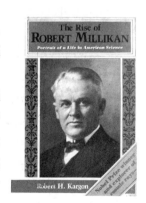

美国物理学家密立根在他的传记封面上的照片。

（$\frac{1}{2}mv^2 = h\nu - P = V\mathrm{e}$）的曲线的斜率（即 h），并非普适常数，而与辐照材料性质有关。上式中 m 为电子质量，v 为电子飞行速度，h 为普朗克常数，ν 为入射光的频率，P 为逸出功（work function），是电子挣脱金属表面对电子吸引所需的功，V 为 A 板和 C 板之间的电位差（参见前面图（2-1））。美国物理学家罗伯特·密立根（Robert Andrews Millikan，1868—1953，1923 年获得诺贝尔物理学奖）也说过类似的话。在谈到爱因斯坦方程时，他说：

> 那个时候实际上根本没有任何实验数据能够说明上述电位差与频
> 率 ν 的关系是什么性质的，也不能说明在方程中假设的物理量 h 是不
> 是比普朗克常数更大的一个数，……甚至爱因斯坦提出自己的假说之
> 前，这些论点中连一个都没有验证过，而且这个假说的正确性在不久
> 以前还被拉姆威尔无条件否定过。

另外一个原因是爱因斯坦自己对光量子假说的态度十分谨慎。很明显的是，他的光量子假说和电磁波动图像太矛盾了，他自己也颇为犹豫。正是由于他的谨慎和担心，劳厄和索末菲还误以为爱因斯坦放弃了光量子理论。1907 年劳厄写信给爱因斯坦说："你放弃了你的光量子理论，我真是十分高兴！" 1912 年，德国物理学家阿诺德·索末菲（Arnold Sommerfeld，1868—1951）写道："像我相信的那样，爱因斯坦现在已敢于不保留他（1905 年）的观点了。"

实际上，爱因斯坦担心的与其说是光量子，倒不如说是波粒二象性（Wave-Particle duality）这一两难问题。他曾经向他的好友哈比希特说，他的这篇文章 "讲的是辐射和光的能量特征，是非常革命的"。所谓 "非常革命"，正表明爱因斯坦意识到了波粒二象性是多么违背人们的传统信念。埃米里奥·塞格雷（Emilio Gino Segrè，1905—1993，1959 年获得诺贝尔物理学奖）说："这篇论文是物理学最伟大的著作之一。那个时候，科学家知道光是由电磁波组成的；若说确切无疑，莫过于此了。然而，爱因斯坦却对它产生了怀疑，进而揭示光的双重性质：波粒二象性。"

到 1915 年，情况变得对光量子假说有利了。因为密立根用精密实验证实了爱因斯坦的方程。开始，密立根并不是想证实这个方程是正确的，恰恰相反，是想证实它是错误的。他想抑止被他称之为 "不可思议的" "大胆的" 和 "轻率的" 爱因斯坦假说，他将自己视为光的波动理论的捍卫者。但到

1915 年，他在多次努力之后，竟意外地发现他已经用实验证实了，爱因斯坦方程的每个细节都是有效的，而且他还成功地测定了普朗克常数。密立根于1916 年撰文宣称：

> 看来，对爱因斯坦方程的全面而严格的正确性做出绝对有把握的判断还为时过早，不过应该承认，现在的实验比过去的所有实验都更有说服力地证明了这一方程。如果这个方程在所有的情况下都是正确的，那就应该把它看作是最基本的和最有希望的物理方程之一，因为它是可以确定所有的短波电磁辐射转换为热能的方程。

但是，尽管如此，密立根还是否定爱因斯坦方程的物理思想基础。1916 年他撰文说："虽然爱因斯坦方程从表面上看取得了完全的成功，但是这一物理理论是如此地站不住脚，我相信即使爱因斯坦本人也不会再坚持。"到1919 年，密立根还在他写的《电子》（*Electron*）一书中坚持否认爱因斯坦的光量子理论。在书中他写道："实验已经走在理论前面，或者更明确地说更加完善，在错误的理论引导下，实验已经发现似乎最重要也最令人感兴趣的关系，但是原因至今还不能完全解释。"

密立根精力过人，喜欢研究时下最紧迫的问题，实验技巧有灵感而且灵巧，非一般人所能及。在此前的 1910—1914 年，他以高超的实验技能和巧妙的设计，精密地测出电子的电荷 $e = 4.774 \times 10^{-10}$ 静电单位。这是一个了不起的成就。但是他与当时美国物理学家一样，理论物理水平实在不能让人称赞。他自己不赞成爱因斯坦的理论也罢了，居然自作聪明地认为"爱因斯坦本人也不会再坚持"，实在让人莫名惊诧！从 1921 年开始，密立根开始研究宇宙射线，并在测量宇宙射线方面做出很重要的贡献，"宇宙射线"（cosmic rays）这个词就是他发明的。但是他提出的宇宙射线理论有严重错误，而比他小 20 多岁的美国物理学家阿瑟·康普顿（Arthur Holly Compton，1892—1962，1927 年获得诺贝尔物理学奖）提出的宇宙射线理论则经受了实验的考验。在实验事实面前密立根死不认账，甚至利用虚假的实验数据攻击康普顿，结果引起科学界和媒体一致的不满和谴责。

1923 年，密立根"因为在基本电荷测定和光电效应方面的研究"，获得诺贝尔物理学奖。

康普顿效应定乾坤

美国物理学家康普顿。

1917 年前后，不仅密立根不相信光量子假说，实际上大部分物理学家都没有做好承认光量子假说的准备。

爱因斯坦的光量子假说的命运，自提出之日就坎坷多难，直到 1923 年由于"康普顿效应"（Compton effect）的正确解释被提出来以后，光量子假说才终于被科学界接受，这时距 1905 年已经 18 年了！在此之前，连刚冒出来的新秀丹麦物理学家玻尔（Niels Bohr，1885—1962，1922 年获得诺贝尔物理学奖），也完全不相信光量子。为了反对用光量子解释光电效应，玻尔甚至考虑能量和动量守恒定律是否普遍有效。在 1921 年 4 月召开的第三次索尔维会议上，玻尔在提到光量子理论时说过一句值得人们注意的话："如果我们坚持能量和动量守恒具有不受限制的普适性，那么光量子就提供了解释光电效应的唯一的可能性；然而，从光的干涉现象观之，光量子又显然面临难以克服的困难。"

也就是说，为了解释光电效应中出现了实验结果，玻尔宁可抛弃能量和动量守恒这样一个金科玉律，也不同意无法整合到干涉、衍射图像中去的光量子假说。玻尔还曾经开玩笑地说，如果爱因斯坦发电报告诉他光量子已被确证，那他就以这个电报本身作为证据来反驳，因为从柏林发出的信息是用无线电波传递的，在哥本哈根则用天线接收。

在 1923 年以前，光量子没有任何值得称道的进展。1916—1917 年，爱因斯坦曾经就光量子理论写过三篇论文，对普朗克的辐射定律进行了新的推导。这是他从 1911 年以来"不再过问"量子问题后又一次关注量子问题。1911 年 5 月 13 日爱因斯坦写信给贝索说："目前，我正在试图用量子假说推导固体电介质中热传导定律。至于这些量子是否确实存在，我也不再过问它们，因为，我已经明白，我们的脑子是无法透彻理解它们的。"

　　1911 年 10 月底，这时爱因斯坦已经到布拉格当大学教授了。在第一届索尔维会议上他发表了关于量子理论的报告《比热问题的现状》。但这时爱因斯坦主要的兴趣已经转向了广义相对论，决定暂时放弃光量子的研究。从 1912 年初起，他们的注意力几乎已经完全脱离了量子论问题。索末菲在 1912 年 11 月 1 日写信给哥廷根大学的数学家大卫·希尔伯特（David Hilbert，1862—1943）时说："我给爱因斯坦的信证明是徒劳的……显然，他已经那么深地卷进了引力问题，以致他对除此以外的一切都已统统充耳不闻了。"

　　到 1916 年 6 月，爱因斯坦关于广义相对论的研究取得了阶段性成果以后，又回过头来研究量子论。但没有取得什么令人欣慰的成果。

　　有趣的是，尽管大家普遍反对光量子假说，爱因斯坦还是因为"在数学物理方面的成就，尤其是发现了光电效应的规律"，在 1922 年获 1921 年的诺贝尔物理学奖。不过评委们闭口不提"光量子假说"，真是典型的掩耳盗铃！

　　幸好，正是 1922 年，阿瑟·康普顿于圣诞节前三周，在严寒的芝加哥举行的一次物理学会议上，宣读了他那篇有历史意义的文献《X 射线受轻元素散射的量子理论》，光量子假说终于被彻底证实。

　　康普顿 1892 年出生在俄亥俄州的伍斯特，他的父亲是伍斯特神学院的哲学教授。阿瑟有两个哥哥，后来都颇有成就，大哥威尔逊曾担任华盛顿大学校长，另一个哥哥卡尔也是著名的物理学家，曾担任麻省理工学院院长，在第二次世界大战期间还担任很多政府部分要职。

　　康普顿从小就喜欢自己动手做各种机械，十几岁就做了一架能够飞的滑翔机，后来还发明过一种回转飞机的控制器。因此在他读大学的时候，父亲对他说："选择职业要立足于发挥自己的特长。我看你从事科学研究会更有前途。"因此康普顿在 1909 年进入伍斯特学院物理系，1913 年毕业；后进入普林斯顿大学物理系读研究生，1916 年获得博士学位。毕业后他在明尼苏达大学教过书，在西屋电气公司任过研究工程师。但是志向远大的康普顿不满足于已有的知识，1918 年来到英国卡文迪什实验实，先是在 J.J. 汤姆逊手下研究，1919 年又转到卢瑟福（E.Rutherford，1871—1937，1909 年获得诺贝尔化学奖）手下做研究。那年卢瑟福正好实现了第一个人工核反应，把氮转变为氧，在当年这是震撼世界科学界的大事——科学家可以在实验室人为地转变元素，人类自古就梦想的炼金术，似乎有了真切的希望！

　　1919 年底回国后，康普顿立即开始着手进行 X 射线实验。1923 年，他

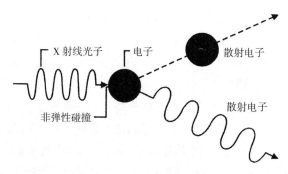

图（2-2）康普顿效应示意图。

就发现了康普顿效应。

康普顿在 X 射线散射实验中，测定散射后的 X 射线波长的变化。他将 X 射线以不同的入射角射到轻元素表面上，发现散射后的 X 射线有两种：一种波长不变，与入射 X 射线波长一样；另一种波长发生了变化，散射后的波长比原来的要长一些，比如说增加 Δλ（这时我们说 X 射线变"软"了）。为了解释波长变化的起因，康普顿开始试图用经典理论来解释，但都不成功，走了 5 年的弯路。

到了 1922 年以后，康普顿终于想放弃经典理论解释的方法，而试一试把 X 射线当作光量子看待。这样，当 X 射线射到轻元素上时，这个光量子与元素中的电子发生碰撞，然后他利用动量守恒和能量守恒定律列出两个方程，算出 X 射线波长的改变量 Δλ。结果，这个理论计算值与实验测出的结果精确地一致。据伦敦大学学院科学史和科学哲学教授阿瑟·米勒（Authur I. Miller）看来，康普顿也不是一位自觉的革命者，他开始只是因为没有其他出路而抱着用光量子试一试的想法，却没有想到居然获得意外的成功。米勒在他写的《情欲、审美观和薛定谔的波动方程》一文中写道：

　　光量子存在的证据，出现在 1923 年的那些实验之中。但是哪怕是做这些实验的康普顿也不相信自己的这些结果。他拒绝的主要理由在于光量子的能量（这毕竟是粒子，并且因此是定域化的）和它的波长（这不是定域化的）之间的关系。这些完全不同的一些量，怎么可能联系得起来呢？这难道不像是企图把鱼和石头联系在一起吗？

但是实验数据使康普顿不得不承认光的量子假说。最后，他在文章中声称："……几乎不用再怀疑伦琴射线是一种量子现象了。……验证理论的实验令人信服地表明，光量子不仅具有能量，而且具有一定方向的冲量。"

当康普顿的实验公布之后，美国哈佛大学教授杜安尼（W. Duane，1872—1935）立即表示反对，因为他本人也在做 X 射线散射实验，却并没有发现康普顿的实验结果，因此他认定是康普顿实验有错误。1924 年夏天，在加拿大多伦多召开的英国科学促进会上，康普顿和杜安尼两人展开了激烈的辩论，结果杜安尼占了上风。会议结束时，印度物理学家喇曼（Sir Chandrasekhara Vankata Raman，1888—1970，1930 年获诺贝尔物理学奖）似乎很同情地对康普顿说："您是辩论高手，但这次真理不在你这一边。"

康普顿没有气馁，会议结束后他回到芝加哥大学立即开始做进一步的实验，以便驳倒杜安尼教授。这里应该提到中国著名的物理学家吴有训（1897—1977）。吴有训当时是康普顿的研究生，而且是康普顿最得意的弟子。他在康普顿的指导下，完成了一系列实验，确切地证实了杜安尼的反驳是错误的，从而成功地证实了康普顿效应的正确无误。

康普顿实验大获全胜以后，这个轰动的消息立即像海啸一般传遍了国际物理学界。德国物理学家海森伯后来曾回忆说："康普顿的论文出现了，它占据了许多人的心。这篇论文强有力地表明了光量子图景的实在性。"索末菲把康普顿效应编到他 1924 年新版的《原子结构与光谱线》书中，并且评论说："这可能是当前物理学现状中能够做出的最重大的发现。"还有一位物理学家把康普顿效应的发现称为物理学发展史上的"转折点"之一。

光量子理论由此获得了决定性的胜利。1926 年，人们把这种没有静止质量但却具有能量和动量的粒子，命名为"光子"，成为了基本粒子成员中的一员。

光子理论虽然获得了决定性的胜利，但是争论并没有因此结束。一方面，正如派斯所说，"以玻尔为中心的反光子的重要堡垒依然存在"；另一方面，无论是爱因斯坦还是康普顿，都不会忽视电磁波理论所取得的辉煌胜利（包括玻尔前面提到的无线电报！）；这就迫使人们必须接受一个双重的形象，即，光时而是波，时而又是粒子。这种双重形象使人们感到惶惑、不安和迷惘。

爱因斯坦在 1924 年说："现在有两种光的理论，这两种理论没有任何逻辑联系，但我们却都不得不承认它们，因为它们是 20 年来理论物理学家付出了巨大的代价才取得的。"而康普顿则在他发表的那里程碑般的论文中写道:"不管怎样,散射问题与反射和干涉是如此紧密地联系在一起,对它的研究很可能给干涉现象与量子理论的关系这一难题投入一线光明。"康普顿期望的"一线光明",很快就由法国物理学家路易斯·德布罗意(Louis de Broglie,1892—1987,1929 年获得诺贝尔物理学奖)撒向了人间。后面还会专门讲到他的贡献。

福星降临：能斯特请教爱因斯坦

1910 年 3 月，苏黎世大学发生了一件了不得的大事——德国柏林大学教授兼柏林大学化学研究所的所长能斯特，居然专程来苏黎世大学拜访爱因斯坦！

这件事情的的确确让苏黎世大学的教授、学生和市民大吃一惊。苏黎世的人说："既然伟大的能斯特都从柏林专程来与爱因斯坦讨论问题，那这个爱因斯坦一定是一个了不起的聪明家伙！"

能斯特在一般人心目中的确很了不起，这不仅因为他是柏林大学的教授、研究所所长，还因为他有一个专利竟然卖了 100 万金马克！这可真是一个了不得的人物呀！连这样了得的人都来向爱因斯坦求教，那爱因斯坦当然一定是非同一般的人物了。这种评价虽然并不深刻，却十分准确。能斯特的确是有一个重要问题向爱因斯坦请教；而且由于他的虚心请教，量子论的命运有了大的改观，而爱因斯坦的名声也再次大大提升。后来，能斯特当年的助手赫维西（George de Hevesy，1885—1966，1943 年获得诺贝尔化学奖）在接受美国科学史家库恩（Thomas Kuhn，1922—1996）的采访时说，能斯特的造访"使爱因斯坦在苏黎世名声大震"。

能斯特要向爱因斯坦请教什么呢？是关于固体比热问题。

德国化学家能斯特。

固体比热出现难题

我们前面已经提到过，法国物理学家杜隆和珀蒂于

1820 年发现，一切固体的克分子比热（gram molecular special heat）都相同，是 6 卡 / 度，但大家却都不知道如何解释这一现象。到了 19 世纪 60 年代，科学家根据麦克斯韦 - 玻尔兹曼的分布律导出能均分定理，可以直截了当地解释杜隆和珀蒂的发现。这似乎是经典统计力学的一个了不起的成就。

但是，到 1872 年韦伯（Wilhelm Weber，1804—1891）测试金刚石、石墨、硼和硅的克分子比热时，却发现它们比杜隆 - 珀蒂定律的预期值低得多；只有当温度升高时，克分子比热才接近 6 卡 / 度。这一发现，引起了物理学界的巨大混乱，出现了"第二朵乌云"之说。开尔文认为一定是能均分定理错了，他试图从能均分定理的理论推导中找出错误，但没有找到。不过他还是坚持自己的观点，在皇家学会的演说中说："关于麦克斯韦 - 玻尔兹曼的学说，停留在满足于没有经过数学证明的判断和不真实的实验判断上，完全是不可信的。"甚至还说："摆脱这些困难最简单的方法，就是抛弃这一学说。"

另一个著名的英国物理学家瑞利（John Rayleigh，1842—1919）则认为，能均分定理没有错，危机的出现是因为人们"漏掉了某些东西"。

当爱因斯坦开始对比热问题有兴趣时，他所面对的比热问题就是这样的情境。在提出了光量子假说以后，爱因斯坦正确而又敏锐地认识到，热的分子运动论也应该用量子论加以修正。在这之前，普朗克的量子论只是在辐射这个非常特别的问题上扮演了一个角色，1906 年爱因斯坦已经不满足于只用量子论解决辐射问题，还试图用它来解释固体比热问题。1906 年 11 月，他在伯尔尼完成了这方面的尝试，写出论文《普朗克辐射理论和比热理论》。这篇论文的重要性不仅在于爱因斯坦根据能量子的概念，提出了新的克分子比热公式（其中包含有作用量子 $\varepsilon = h\nu$），当温度很高时，根据这一公式可以得到杜隆 - 珀蒂定律；而且由于爱因斯坦的这一工作，人们第一次知道：量子概念具有更为普遍的适用性，它可以和物质（而不仅仅是辐射）联系起来。实际上，爱因斯坦开创了一门新的科学：固态物质的量子理论。

爱因斯坦的工作虽然只是一个"粗糙的近似"，还需要进一步改善，但是从他的公式中可以得出一些重要结论：比热是随温度而变化的，并非一个恒定值；在高温时，比热趋向于杜隆 - 珀蒂定律的预期值（6 卡 / 度）；但当温度趋向于绝对零度时，所有固体的比热趋向于零。但是爱因斯坦的这一结果在当时只是一个纯理论推导，没有实验证实，因而没有受到重视。

正好在这时能斯特为了发展热学理论，在柏林大学实施一个庞大的测量计划，因此他很早就注意到爱因斯坦的比热理论。1905 年能斯特提出，在绝对零度时，系统的状态变化不随熵的变化而变化，这就是"能斯特热定理"（即"热力学第三定律"）。为了确证这一定理，他着手测量在低温状态时物质的比热。根据他的比热定理可以推出，在趋近于绝对零度时，一切物质的比热应该趋近于同一值（但不一定是零）。到 1910 年 2 月 17 日，他得到更确切的结果：在绝对零度时，一切物质的比热趋近于零，这和爱因斯坦的推断完全一致。能斯特说："如果把数据描绘成图形，那么在大多数情况下都近乎一条直线。而且这条直线往往向着低的温度愈趋降低，以致使人得到一个鲜明的印象，认为在极低温度上等于零，或者至少取一个非常小的值。这同爱因斯坦先生提出的理论性质上是一致的。"后来，随着测量的反复进行，能斯特越来越相信爱因斯坦的理论是正确的。正是在这一背景下，能斯特才决定到苏黎世与爱因斯坦面谈。

能斯特那时已经相信量子论的正确性，这对量子论的进一步发展具有重大意义。本来是为了解决一个迥然不同的问题——低温时比热的测量，现在却被证明可以用量子论来解决。这实在大大出乎人们的预料！

能斯特在 1906 年就开始进行比热的测量工作，这对量子论的进一步发展是件值得庆幸的事。因为这些实验到了 1910 和 1911 年已经取得了巨大的进展，而且实验研究的结果只能用量子理论来解释。难怪慕尼黑大学物理教授索末菲在 1911 年 9 月说：

德国国家物理技术研究院最初几十年历史的最光辉篇章之一，将永远是它为量子论铺设了一块奠基石，为黑体辐射理论奠定了实验基础。能斯特的学院也许值得受到同样的尊敬，因为它通过系统的比热测量替我们为量子论提供了另一块同样坚强的基石。

爱因斯坦的比热理论被能斯特证实，他自然十分高兴，他曾赞赏能斯特的功绩说："（能斯特）把一切有关的结

德国物理学家索末菲教授。

果都从理论蒙昧状态中解脱了出来。"当时光电效应实验
还没有跟上理论的发展，还只是在实验方法上的摸索；而
在比热的领域里，在极低温比热特性曲线方面，实验结果
已经完备，并且多少已走在理论工作的前面。

这样，爱因斯坦有了两个一流科学大师支持他：相对
论有普朗克的支持，量子论方面的工作有能斯特的支持。
虽然后者暂时还局限在比热这一特定领域，但后来由于能
斯特对量子论的关心和宣传，尤其是第一届索尔维会议的
精心讨论，量子论终于成为科学界关注和讨论的中心，科
学家们也终于认识到量子理论的重要价值。于是，爱因斯
坦得以成为量子论这一领域除普朗克以外的另一个奠基人。
他的名声再一次震动了科学界。

第一届索尔维会议

在苏黎世大学任教时的爱因
斯坦。

1911 年 6 月中旬，已经被捷克斯洛伐克的布拉格德
国大学任命为教授的爱因斯坦，收到一封让他十分吃惊
和高兴的信。这封信是比利时工业化学家索尔维（Ernest
Solvay，1834—1922）通过能斯特转交给他的，信中说请
爱因斯坦亲临这年秋季将在比利时首都布鲁塞尔举行的一
次会议，会上将专门讨论辐射和量子理论的现状。6 月 20
日爱因斯坦给能斯特回信说："十分高兴能参加布鲁塞尔的
会议，对指定我发言的内容我一定按时完成。从整个会议
的程序来看，我对它很有兴趣，我想您一定是这次会议的
倡导者和策划人。"

爱因斯坦没有说错，能斯特的确是这次会议的策划人
之一，但事情还得从索尔维讲起。索尔维是比利时的化学
家，没有受过什么正规的教育。但是由于他的父亲是制盐
厂厂主，他从小就生活在工业化学很浓的氛围中，受其熏
陶，很早就喜欢做各种化学和电学方面的实验；而且他还
喜欢学习，自学了许多化学方面的知识。他的叔父经营一

家煤气工厂，年青的索尔维被任命为叔父的助手。在此期间，他成功地完成了几项洗涤煤气的实验。在实验中，他发现洗涤煤气后的水中含有氨和二氧化碳，他想，如果浓缩这些吸附于水中的氨，也许能够得到有用的副产品。结果，他发现了制造碳酸氢钠非常经济的方法。此后由于他经营得法，终于成了世界上著名和富有的工业家。到了晚年，他把获得的财富捐赠给许多学校，帮助穷人的孩子进学校读书。

索尔维虽然没有多高的学历，但在工作之余却十分喜欢自己做些研究，也非常希望同著名科学家讨论他的发现。他自己提出了一个关于引力和物质的奇特理论，还将它们写进一本名为《引力—物质基本原理的建立》的书中，该书于1911年在布鲁塞尔出版。他的"理论"一定稀奇古怪而又不符合科学共同体的规范，所以没有人愿意听他的那一套；而他则自我感觉良好，认为自己的"理论"很有生命力，只是曲高和寡不被一般人理解而已。有一次他对能斯特说，有没有办法使他的"理论"引起像洛伦兹、爱因斯坦和普朗克这样著名科学家的注意？能斯特是何等聪明伶俐的人，他立即抓住这难得的机遇，建议由索尔维出资，在1911年组织一个高级科学讨论会，让世界一流的科学家聚集于布鲁塞尔，共同讨论物质和辐射，当然还有引力等诸多当今世界最前沿的一些难题。索尔维大喜，于是能斯特就开始邀请科学奥林匹亚山上的诸路神仙，到布鲁塞尔聚集一堂，共商大事。办事一向稳重的普朗克认为没多少人会关注辐射理论的变革问题，而关心这个问题的人也不见得愿意来布鲁塞尔。但出乎普朗克意料的是，索尔维亲自签名的邀请函于1911年6月发出以后，被邀请的人都像爱因斯坦一样非常高兴地表示愿意出席会议。

会议定在10月29日至11月7日，共10天。能斯特不愧为一个出色的组织家，一切都被他安排得妥妥帖帖，被邀请的著名学者都十分满意，都相信这次会议一定会大大加速科学的发展。为了使会议更有成效，有12位与会者被指名提交某一领域的总结性文章。爱因斯坦要提交的论文是《关于比热问题的现状》。

爱因斯坦这时已经开始从相对论的角度思考引力问题，整个身心已经沉浸到另一个不同的思考领域之中，现在又要总结比热问题的研究现状，这对他来说是一个不小的负担，而且要在这么多一流科学家中讨论，不非常认真地准备是不行的。但爱因斯坦仍然克服了困难，整个暑假全都投入到这一工作之中，终于按时准备好了论文，并于10月28日晚上6点到达布鲁塞尔，好歹赶上了会议开幕的仪式。

索尔维非常重视这次国际上最高层次的科学会议，他把会议放在布鲁塞尔市的首都大饭店，让前来参加会议的科学家享受总统级的招待，除了付给来往旅费以外，每人还可以得到 1000 比利时法郎的报酬。对于布拉格德国大学的爱因斯坦教授来说，1000 个法郎并不是最重要的，他能参加这次会议已经充分说明他已经成为欧洲而不仅仅是德国的著名科学家了。在这次会议上，他不仅见到了已经认识的德国科学家普朗克、能斯特、索末菲、鲁本斯、维恩和瓦尔堡，荷兰的洛伦兹和卡麦林-昂内斯（Herike Kammerling-Onnes，1853—1926），还认识了许多以前从未谋面的科学家，他们是英国的金斯（J. H. Jeans）和卢瑟福，法国的彭加勒（Jules Henri Poincaré，1854—1912）、朗之万（P. Langevin）、布里渊（M. L. Brillouim）、佩兰（J. B. Perren）和玛丽·居里，以及担任大会科技秘书的林德曼（F. A. Lindemann）和秘书德布罗意（M. de Broglie）等人。爱因斯坦和哈森诺尔（F. Hasenohrl）代表奥地利。

在开幕式上，索尔维简要地讲述了他的物质—引力理论的要点。索尔维

1911 年在布鲁塞尔召开的第一届索尔维会议。

坐者，从左到右： 能斯特，布里渊，索尔维，洛伦兹，瓦尔堡，佩兰，维恩，玛丽·居里，彭加勒。**站者，从左到右：** 高斯密特，普朗克，鲁本斯，索末菲，林德曼，M. 德布罗意，克努曾，哈森诺尔，霍斯特勒，赫曾，金斯，卢瑟福，卡麦林-昂内斯，爱因斯坦，朗之万。

在化学工业上的确很成功，但是他却想当然地认为他的物质—引力理论的重要性也非同小可，但实际上他讲的那一套都是过了时的物理理论，虽然他推出一些十分复杂的公式，但实质上没有任何新的观念。好在与会者对于他的高论都不置一词，免得弄得他没趣而失去聚会真正的目的。索尔维讲完走了以后，大家就开始讨论物理学的最新发展。

爱因斯坦的演讲安排在会议结束之前，这显示了爱因斯坦在科学界的地位是何等耀眼了。他演讲的第一段话是：

> 正是在比热的领域中，热的分子运动论取得了最早和最好的成就之一，它使得我们得以利用物态方程精确地计算出单原子的比热。现在，又是在比热的领域中，分子力学的不适用性被显示了出来。

在演讲中，他将分子热运动与辐射中的量子假说相比较，用普朗克的作用量子的概念来解决比热测量中出现的问题。他说："现在我们转向一个高度重要的问题：应该如何重新表述力学，以便新力学既能解释辐射公式又能解释物质的热性质？可惜这个问题至今基本上还没有解决。"

在整个演讲中，爱因斯坦利用量子的概念，巧妙地解释了比热中出现的困难，让与会者看到了希望。但爱因斯坦深知，在这个方向上虽然迈出了可贵的几步，但是由于量子的出现固然解释了某些方面出现的困难，但与此同时又带来了更多新的困难。因此在演讲完了以后的讨论中，爱因斯坦又讲道：

> 我们或许都同意，现在所谓的量子论确实是一种很有好处的手段，但它却并不是通常意义下的一种理论。无论如何，在今天它还不是一种能用逻辑自洽的方式来发展的理论。另一方面我们也已经发现，以拉格朗日方程和哈密顿方程来表示的经典力学，不能再被看成是一种对一切物理现象都有用的图式了。

面对这一十分困难的局面，爱因斯坦现在也持普朗克前几年的看法：在物理学发展的进程中无论怎么打破旧的框架，唯有热力学第一和第二定律不能违背，对其他经典定律则可以持怀疑、批判态度。

会议在讨论了爱因斯坦的报告后结束。在闭幕演说中，索尔维再三感谢大家热烈地参加讨论，并特别强调说他本人从会议中获益匪浅；大家没有对他的理论批评过一句话也许使他感到不安，但他又说他从未对自己的理论有丝毫的动摇。他还宣布，这样高水平的科学会议以后每两年举行一次，希望大家在第二次会议时再多花点时间讨论他的理论。

第一届索尔维会议的重要作用

比利时工业化学家索尔维。

爱因斯坦对这次会议有满意之处，也有不满意之处。能够被邀请出席这次会议并做综述性演讲，这本身就让爱因斯坦十分满意，更何况他可以在这次会议上认识以前只知其名未见其人的许多著名科学家，还和他们进行了积极的交往。他在11月份给朋友章格（Heinrich Zannger，1874—1957）的信中写道："我有不少时间与佩兰、朗之万和玛丽·居里夫人在一起，而且深为他们所吸引。居里夫人甚至答应要和她的女儿们来拜访我。"也许还有让爱因斯坦感到满意的是，当地许多报纸都提到了他早期的研究成果；索尔维的慷慨，想必也给爱因斯坦深刻的印象。

尽管满意的事情不少，但对爱因斯坦这样不断思考更深层领域奥秘的人来说，他往往会埋怨同行们为什么如此蹒跚跛行。1911年12月26日他给贝索的信中写道：

> 在布鲁塞尔，人们怀着悲伤的情绪看到这个理论的失败（指电子论——引用者注），找不到补救方法。那里的大会简直像耶路撒冷废墟上的悲号。没有出现任何积极的东西。我那些不成熟的见解引起了很大的兴趣，却没有认真的反对意见。我得益不多，所听到的都是已经知道了的东西。

彭加勒在这次会议上表现得十分活跃和明智。开始，会议主席洛伦兹还没有想到邀请彭加勒，认为他对量子论并不了解。但事后证明，邀请他实乃明

法国数学家、物理学家彭加勒。

智之举。彭加勒虽说是老一辈科学家，但他对量子论却持积极欢迎的态度，并以其新鲜的、探索性的疑问提高了会议的质量。他在会上没有谈论相对论，但在会下却对相对论做了评论，这可以从 1911 年 11 月 16 日爱因斯坦给章格的信中看出，他在信中写道："彭加勒虽然机敏过人，但总的说来只知道反对（狭义相对论），他激烈的言辞说明他对形势没有什么了解。普朗克有些偏见……但是没有人真正了解这一切。"

这段话的后一句中，是说普朗克在会上对爱因斯坦的光量子假说持反对态度。所有这一切，也反映在这次会议的会议录中。会议录对爱因斯坦的工作做了比较客观的评价。在简短地评述了爱因斯坦的狭义相对论以后，会议录写道：

　　尽管爱因斯坦（的狭义相对论）已经表明是物理学原理发展的基础，可是它现在的应用还与测量的限制密切相关。他对于现在处于热门的其他问题的研究，已经证明对物理学具有重大意义。正是他第一个表明了，对于原子和分子运动能量的量子假说的重要意义；从这一假设便可推导出比热公式。虽然这个公式还没

资料链接

1913 年 8 月，居里夫人和她的两个女儿果然到瑞士与爱因斯坦一起徒步游历瑞士东部的昂加地纳。在这一旅行者中间还有爱因斯坦的儿子汉斯。居里夫人的女儿艾芙在《居里夫人传》中有生动的描述：

"孩子们在前面跳跃着做先锋，这次旅行使他们高兴极了；稍后一点，那个爱说话的爱因斯坦精神焕发，对他的同行叙述他心里萦绕着的一些理论。而玛丽因为有极丰富的数学知识，是欧洲极少数能了解爱因斯坦的人之一。

"伊伦娜和艾芙有时候听见几句有点奇怪的话，觉得很惊讶。爱因斯坦因为心里有事，不知不觉地沿着悬崖边上向前走，并且攀登了一个高峰，而没有注意到他走的是什么样的路。忽然他站住了，抓住玛丽的手臂，喊着说：

"'夫人，你明白我需要知道的是，当一个电梯坠入真空的时候，乘客准会出什么事……'

"这样一个动人的忧虑，使那些年轻一代的孩子们哄然大笑；他们一点也没有猜到这种升降梯的坠落，含有'相对论'上一些高深的问题！"

有充分详细地予以证实，但无论如何它为新原子运动论的进一步发展提供了一个基础。他还利用新的有趣的关系，把量子假说与光电和光化学的效应联系起来，并可以用实验检验这种联系。他也是第一个指出晶体的弹性常数和光性质之间联系的人。一言以蔽之，人们可以说，在丰富了现代物理学的许多重大问题中，几乎没有一项是爱因斯坦没有做出某种显著贡献的。在他的科学生涯中，他有时会出现失误，例如他的光量子假说就是如此；可是不能因此而责怪他，因为即使在最严谨的科学中，要引入一种真正的新思想而不冒一点风险，实际上是不可能的。

从这份记录来看，虽然它对相对论的重大价值估计不充分，对光量子论的看法也不正确，但在当时的情况下，这两种学说都还没有找到确凿的实验证据证实，也还没有广泛传播，所以应该说评价还是比较公正的。但从爱因斯坦给贝索的信来看，他似乎不满意这次会议，甚至有点全盘否定的意思："大会简直像耶路撒冷废墟上的悲号。没有出现任何积极的东西。"这恐怕有些过分了。不过他说"在布鲁塞尔我得益不多"，这恐怕也合乎事实。

不过，从历史的角度来看，这次在布鲁塞尔召开的会议，正如阿尔明·赫尔曼在他的《量子论初期史》一书中所说："由于布鲁塞尔这次国际会议的召开，结果使量子概念从四面八方突破了德语世界的边界，而成为一个在法国和在英国一样使人感兴趣的论题。"

在法国，路易·德布罗意详尽无遗地研读了第一届索尔维会议阐述量子的文献。他这样描绘会议报告所给予他的巨大冲击：

> 我以青春的活力醉心于这些已被深入研究而又饶有兴味的问题，我立誓要不遗余力地去弄懂这些神秘量子的真正本性。普朗克早在十年之前就把它们引进到理论物理学中来，但那时还不了解它们的重大意义。

量子概念在 1911 年底和 1912 年初进入了英国，这对"新原子运动论进一步发展"具有极其重大的意义。玻尔在 1911 年底同卢瑟福进行的一次个别讨论中，获得了关于索尔维会议上开展的那些讨论的"一个生动的介绍"；当几个月之后会议报告出版时玻尔仔细地研读了它，后来由于玻尔进入量子论研究领域，给整个物理学带来了翻天覆地的改变。

赫尔曼指出："量子概念在英国科学的唯理智传统中找到了特别肥沃的土壤。在英国，更多的是倾向于唯象论—经验论，并且与德国不一样，一些时候以来原子的组成问题早已成为人们兴趣的焦点。"

对于爱因斯坦个人来说，这次会议更是十分重要，几乎可以说改变了他此后的生活。这次会议后不到半个月，即 1911 年 11 月 17 日，居里夫人为爱因斯坦写了一封推荐信，大约也正是这段时间里，彭加勒也为爱因斯坦写了一封推荐信。他们都是应苏黎世联邦技术大学的邀请而写的，因为这时爱因斯坦正在为离开布拉格德国大学而忙碌着。布拉格大学这座小庙，藏不下爱因斯坦这尊"大菩萨"了！

新秀玻尔：命令原子如何运动

1913 年 8 月，玻尔的一篇文章在欧洲物理学界又一次掀起了滔天巨浪！真个是"天翻地覆慨而慷"呀！原因？原因是年仅 28 岁的玻尔在他的论文里提出了两个假设。如果说，玻尔的第一个假设让许多德高望重、名闻遐迩的老一辈科学家们大不以为然的话，那么第二个假设更会让他们觉得这位年轻的丹麦博士太"过分"了，太"异想天开"了，简直不知天高地厚，不知道自己吃了多少盐！把经过几代人努力才建立起来的"发光机制"一下子彻底推翻了。

啊哟，一切全乱了套！真个是"请君莫奏前朝曲，听唱新翻《杨柳枝》"。

玻尔到底提出了两个什么样的假设，让一大群物理学家"如丧考妣"一般地难受呢？话得从头说起……

来到剑桥，又离开剑桥

1911 年，量子理论已经走出了德国。从此，除了德国，其他欧美国家也开始加入到量子理论的进一步发展中来。

当爱因斯坦在德国大力推动量子论向前发展的同时，一位在英国做博士后研究的丹麦博士玻尔，却在德国物理学家完全没有想到的一个领域——原子结构里，把量子论大大向前推进了一步，让所有的物理学家目瞪口呆！

玻尔在 1911 年 5 月 13 日的博士论文中研究金属中电子的运动时，必然涉及原子和原子结构，事实上，他在论文中多次谈到 J. J. 汤姆逊的原子模型。这使他对原子结构产生了兴趣，至少他已经充分认识到要想弄清楚金属导电性、导热性和磁现象等棘手问题，不了解原子构造是很难深入下去的。

当时研究原子结构最有成绩的地方，正是 J.J. 汤姆逊所领导的卡文迪什实验室，于是玻尔选择到 J.J. 汤姆逊这儿来做博士后研究，也就是顺理成章的事了。

英国在量子理论的研究方面虽然远远落后于德国，但是对原子结构的研究却比德国要重视得多，成就也大得多。后来，美国科学史家库恩在 1963 年访问玻尔时问道：

"您为什么去剑桥做博士后研究？"

玻尔回答说：

"最重要的是我已经研究过伟大的电子理论。另外，我认为剑桥是物理学的中心，而汤姆逊是一位最了不起的人。"

特别需要指出的是玻尔比较熟悉量子理论，所以他能来到英国，实在是"正其时也"！

丹麦物理学家玻尔，摄于 1902 年。

玻尔于 1911 年 9 月到剑桥大学，正是 J.J. 汤姆逊研究阳极射线（anode ray）取得重大进展之时。汤姆逊在阿斯顿（F. W. Aston，1877—1945）的帮助下，对实验仪器做了重要改革，使得阳极射线的实验"可能为分析放电管中的气体、测定其原子量提供一种有价值的方法"。因此，玻尔到了剑桥后 J.J. 汤姆逊理所当然地要让玻尔投身到阳极射线的实验研究中去。

可惜玻尔是一位适合于做理论物理研究的人才，根本不适于做实验研究。他在哥本哈根大学做化学实验时，就是有名的"爆破大王"。他的无机分析化学老师布杰朗（N. J. Bjerrum，1879—1958）曾经在回忆中说，在他 12 年的实验室工作中，从未遇到一个学生损坏的实验玻璃器皿有玻尔那么多。有一天，整个实验室因多次猛烈爆炸而震动得很厉害，在另一间屋指导学生实验的布杰朗说：

"哦，这一定是玻尔！"

布杰朗还说：

"玻尔出于急躁和好奇心，在观察某种反应时总喜欢超过安全的上限。"

再者，J.J. 汤姆逊虽说是一位伟大的物理学家，但他的思想方法仍然和大多数老一辈英国物理学家一样，倾向用定性的直观方法来建立模型，模型与实验的关系比较松散。这样，越是到远离直接知觉的复杂领域（如微观世界），汤姆逊的方法就越是捉襟见肘。

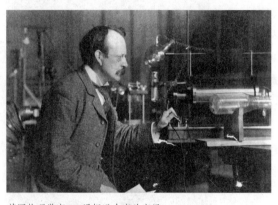

英国物理学家 J.J. 汤姆逊在实验室里。

这两个研究兴趣不一样、研究方法也不尽相同的人在一起，自然很难相处。更加上玻尔初见汤姆逊的时候，居然以为指出汤姆逊一篇文章的错误是最好的初次见面方式，以为这样一定会使汤姆逊对他产生好感并由此重视他。他后来一谈起自己当时鲁莽的想法时就哈哈大笑，还介绍经验说："初次见到大人物的时候，千万不要指出他的缺点！"

也不知道是不是汤姆逊真的由此觉得这个英语说得不好的年轻人太冒失，引起他心中的不快，因此一直没有阅读玻尔递交给他在丹麦就写好的论文。玻尔对这篇论文抱有很大的期望，满心指望在汤姆逊指点下能很快在英国物理杂志上刊登出来。当玻尔几个月再见汤姆逊的时候，却发现他的论文已经被压到汤姆逊办公桌上文件堆的最底层，而且盖满灰尘。玻尔十分失望和沮丧，并由此萌生了离开剑桥的想法。正好这时卢瑟福来到剑桥。

1911 年 12 月 8 日，J.J. 汤姆逊最喜爱的学生卢瑟福从曼彻斯特回到剑桥，参加卡文迪什实验室一年一度的聚餐会。这一天，有许多散布在世界各地的校友将回来欢聚，并报告自己最近研究的进展。卢瑟福当然少不了要介绍一下他提出不久的有核原子结构模型。他是一位壮得像农夫一样的人，嗓门特大，笑起来几乎不顾一切。还谈了许多轶事趣闻，引得大家一阵阵地哄笑。J.J. 汤姆逊照例对这些有点"粗鲁"的笑话装聋作哑，时不时微笑点头。卢瑟福还谈到不久前召开的索尔维会议，在那次会议上，有全世界的物理、化学界超级明星如爱因斯坦、洛伦兹、居里夫人、汤姆逊等大牌科学家参加。卢瑟福吸引人而又激动人心的报告以及他那大嗓门、豪爽的欢笑，对别人成就的衷心欢悦和赞美，以及对错误的坦率批评，真让玻尔百分之百的倾倒；

他忧郁、沮丧的情绪一扫而空，兴高采烈地与大家一起高声唱起来：

> 啊，我亲爱的，亲爱的，
> 亲爱的离子哟！
> 你一会儿消失，
> 一会儿又迅速出现，
> 啊，我亲爱的离子哟！

从此，玻尔离意已定。他在给未婚妻玛格丽特（Magrethe Norlund，1890—1984）的信中谈了自己的想法：

> 卢瑟福真是个第一流人物，极其能干，很多方面比 J.J.汤姆逊更强，虽说天赋也许不及他。J.J.汤姆逊是一个了不起的伟大人物，而且我从他的讲课中学到了许多东西，我非常喜欢他，我在离开剑桥之前还要告诉你更多关于他的事……我想他已对我失去了信心，因为他们一点也不理解我为什么要离开剑桥，但我素有喜欢尝试的爱好，而在曼彻斯特，我将有很好的工作条件……

既然决心已下，玻尔反倒宁静自在下来，除了抓紧时间听讲座，做点理论工作以外，开始把眼光瞩目于剑桥的美，否则一旦离去，连剑桥是个什么样子都不清楚，那岂不遗憾终生了吗？他不仅上运动场踢足球、溜冰，还特别喜欢到郊外远足和在近处散步。他曾兴致勃勃地、像诗人一样向玛格丽特报告自己如何沉醉于剑桥的美景之中。

1912 年 3 月，玻尔来到了曼彻斯特。

他当时也许并没有充分预料到，半年之后他就脱颖而出，成了世界科学界一颗最明亮的新星。这正是："安知清流转，忽与前山通。"

来到卢瑟福的身边

1907 年春天，卢瑟福和妻子、女儿一家三口离开了使他们无比怀念的加拿大蒙特利尔市，来到灰蒙蒙、潮湿的工业城市曼彻斯特，不久他身边就有了来自6个国家的15名优秀助手，如德国来的盖革（Hans Geiger，1882—1945）、新西兰来的马斯登（Enerst Marsden，1889—1970）等人；还有一个设备精良的实验室，以及一批求知若渴的大学生。虽然这儿的自然环境比加拿大差远了，但这儿毕竟是欧洲科学的中心，学术风气大不相同，所以卢瑟福的心情仍然非常振奋。他曾对人说："这里的学生对一位有名望的教授几乎敬之如神，而在加拿大，学生对教授常采取批评态度。在这儿任教真令人心清神爽。你想，当你察觉别人对你怀有感情和尊敬时，那种感受不是很好吗？"

在这种让人"心清神爽"的条件下，卢瑟福在1911年又让全世界物理学家大吃一惊：提出了有核原子模型，即原子结构像太阳行星模型一样，有一个带正电的核，电子则绕核旋转。玻尔在剑桥就知道了这个信息，但由于 J.J.汤姆逊"坚决反对这个模型"，以及普遍的不相信，所以人们还很少提到这个模型，也没怎么认真对待这个模型。玻尔到曼彻斯特，主要是冲着放射性研究而去的，开始的时候对这个有核模型也没怎么在意。他曾说过："当我到曼彻斯特去的时候，我想将能学会放射性技术真是太妙了……待我去了几周之后，我也真学到了这奇妙的技术。"

即使到了曼彻斯特以后，玻尔在开始也没有将有核原子模型当作自己主要的关心对象。现在看来，这件事情似乎有点奇怪，不可理解。其实在当时来说，并没有什么令人不解的地方。1962年10月31日，当库恩等人问到这个问题时，玻尔说："当时人们并没有把卢瑟福的原子模型当真。今天我们似乎不太明白这一点，但当时的确没有人认真对待这个模型。任何场合都没有人提及。"

卢瑟福自己的沉默也是一个主要的因素。在1911年秋季第一届索尔维会议上，他对自己的有核原子模型只字不提，甚至在他一年以后出版的670页的《放射性物质和它们的放射性》（*Radioactive Substances and their Radiations*）一书中，只有3页谈到 α 粒子散射。曾任英国皇家研究院院长并与卢瑟福合作过的物理学家安德雷德（E. N. C. Andrade，1887—1971）在1958年曾说过："卢瑟福似乎并没有认识到他的发现将是划时代的，就像以后事实证明的那样。"

玻尔到曼彻斯特以后，卢瑟福安排他到实验室去研究铝对 α 粒子的吸

英国物理学家卢瑟福在实验室里。

收。实验室拴不住玻尔的心，他也许又有点担心。他在给弟弟的信中就表达了这种忧虑："可惜我必须坦白地说，我还不能肯定从卢瑟福让我做的工作中能得到多少成果。"

但总的说来，在曼彻斯特仍然使玻尔感到高兴，因为卢瑟福对年轻人很热情，常常到实验室来问长问短、亲临指导，而且"按时来听取进展情况并谈论每一件事"。更重要的是，尽管卢瑟福更热衷于实验，但他能够赏识玻尔理论方面的才能，有一次玻尔的好友赫维西问卢瑟福某种辐射是从原子的哪一部分发出来的，卢瑟福立即回答说："去问玻尔。"

有人问卢瑟福何以如此信任玻尔，卢瑟福幽默地说："玻尔的不同，是因为他是一个足球运动员。"

一个年轻人能受到著名科学大师的赏识，那当然会感到兴奋和欣慰；即使有点别的担心，也就不会耿耿于怀。玻尔在卢瑟福面前也受到过挫折，他甚至埋怨说，"这儿找不到一个真正（对基本理论）感兴趣的人"，但也由于同样的原因，玻尔并没有觉得沮丧。但接下来发生的事激发了玻尔巨大的活力。

玻尔到曼彻斯特之后，赫维西正在为完成卢瑟福的

瑞典籍匈牙利化学家赫维西。

任务而忙个不停。卢瑟福让赫维西分离出一些放射性新元素，但他却怎么也分离不出来，于是赫维西把他的想法告诉了玻尔。玻尔敏感地将赫维西失败的原因，与有核原子模型联系到了一起。玻尔想，这些元素之所以不能分离，恐怕有深层的原因。如果元素的化学性质由绕核电子来决定，那么这不能分离的元素就很可能有相同数目的电子；而它们之所以还有些不同，可能是在原子核上有些不同。从 1910 年起，人们就知道有一些元素化学性质完全一样，但原子量却不相同，赫维西曾把这件事告诉过玻尔，这更使玻尔觉得自己上面的想法可能是真的。玻尔的想法在一年以后，由索迪（F. Soddy，1877—1956，1921 年获得诺贝尔化学奖）用"同位素"（isotope）的理论证实。同位素是指一些元素有不同的原子量 A，但原子序数（核电荷）Z 却相同。索迪后来因为提出同位素理论而获诺贝尔化学奖。其实，在索迪提出同位素理论之前一年，玻尔已经有了相同的认识，而且他还认识到"当元素放射性衰变发射 α 或 β 粒子时，这元素在周期表上的位置将分别后移两格或前进一格"。这就是现在众所周知的"放射性位移定律"（radioactive displacement law）。这儿值得注意的是，玻尔认为 β 粒子是从核里发射出来的，这与卢瑟福当时的看法相左，卢瑟福认为 β 粒子来自核外分布的电子。

玻尔的想法很了不起，如果卢瑟福能支持他，那索迪的功劳很可能就被玻尔夺去了。我们且看玻尔对采访者讲的话：

> 当我把我的想法告诉卢瑟福并希望知道他的反应时，他像通常一样对任何能达到简单性的结果都表示兴趣，但他用惯常的小心警告我不要对原子模型的作用过分夸大，也不要在不充足的实验事实基础上建立太多的理论。……我说我的推理可以最终证实他的原子模型……我还想把我的推理写成文章出版，但后来被别的事岔开了……我对卢瑟福说："要不了几年，我的想法将会成为您的原子模型的基础……"他有点不耐烦，说他有许多事要做，一时还不想进入原子核，等等……为了建议发表我的研究结果，我找了卢瑟福五次。

卢瑟福可能没有了解或者不相信玻尔试图告诉他的东西。玻尔有关放射性位移的思想明确暗示。α 和 β 粒子都来自原子核，但卢瑟福在 1913 年出版的书上仍然明确地写着 β 粒子是来自核外的电子：

"……中心物质的不稳定性和电子分布的不稳定性。前一种不稳定性导致 α 粒子的发射，后者引导起 β 和 γ 射线的出现。"

玻尔有点着急了，他留学一年的时间快满了，7 月底他将回到哥本哈根。回哥本哈根之前，他要尽可能多发表几篇文章，否则会为再回到哥本哈根大学担任讲师带来困难。

正在这时，发生了一件意想不到的事情，这使玻尔突然闯进了一个崭新的研究领域，并很快使他获得了辉煌的成功。这一成功与他对卢瑟福的原子有核模型的认真思考有关系。

诗云："会待长风吹落尽，始能开眼向青山"！

转　　机

事情是这样的：玻尔的实验缺少镭（α 粒子发射源），他需要等待几天才能继续实验。正在等待的日子里，他偶然看到 C. G. 达尔文（C. G. Darwin，1887—1962）写的一篇题为《α 射线的吸收和散射的一种理论》的论文。转机由此出现！

C. G. 达尔文是伟大的进化论创始人老达尔文的孙子，他是学应用数学的，从剑桥大学来到卢瑟福这儿，成为他身边唯一的一位理论家。卢瑟福让达尔文研究一个理论问题：当 α 粒子穿过物质时其能量的损失。达尔文研究的结果就是上面提到的论文。玻尔看了这篇论文后，久已蓄集的灵感突然爆发，喷涌而出，而且一发而不可收。在兴奋之余，他在 6 月 12 日写信给弟弟哈拉德（Harald August Bohr，1887—1951）说：

> 目前我过得不错，一两天前我在理解 α 射线吸收方面有了一点点新的想法（情况是这样的，这儿有一位年轻数学家 C. G. 达尔文——老达尔文的孙子，他刚发表了关于这个问题的一种理论，但是我觉得这个理论不但在数学上不十分正确——有点小错误，而且在基本概念上也是很不令人满意的）。于是，我得出了关于这个问题的一种小的理

论；这个理论或许会在原子结构有关的某些问题上带来某种光明，即使带来的不多。我已考虑发表有关这个理论的论文。这儿有那么多可以进行交谈的人，你可以想象得出，在这儿有多么好。……我告诉了那些对这类问题懂得较多的人，而卢瑟福教授对他认为值得关心的每一件事都表现出极大的关切。最近这些年，他已经创立了一种原子结构理论，这种理论要比迄今为止的任何一种理论更坚实可靠。我的理论还没有那么重要，也不属于同一类型，但我的结论和他的还符合得不错……

玻尔看了达尔文的文章以后，认为达尔文在概念上的错误是：他假设电子在与 α 粒子碰撞时，电子是自由的。按玻尔的观点，电子应绕核旋转，并不那么自由。现在，玻尔决定继续深入考虑电子绕核运动的问题，因为他已确信，绕核运动的电子决定了元素的一切化学性质。

但是，假定这种电子绕核转动的结构是真的，那（卢瑟福和）玻尔就得面临一个原子稳定性（stability）的问题。按照经典电磁理论，带负电荷的电子在绕核作加速运动时，它会因为电磁辐射迅速失去能量，并很快就会落到核上（大约只需要 10^{-6} 秒），原子于是就此坍塌！但事实上，宇宙间的原子已经存在几百亿年，并没有坍塌。在经典物理学里，这是一个无法回避的佯谬，众多的物理学家不能接受有核原子模型，就连卢瑟福也犹豫不决，这是其中最大的障碍之一。

但玻尔在博士论文中已经研究过普朗克和爱因斯坦的量子论，他肯定并没有忘记他们如何用量子论来解开经典物理学无法避开的难题。由此他会认识到，经典规律不大可能应用于原子世界；原子世界是另一个层次，在那儿应该像普朗克和爱因斯坦那样，必须考虑量子定律。我们这儿最好用玻尔自己的回忆来说明他在 1912 年 7 月底以前的思想经历。在 1958 年度卢瑟福纪念讲座上，玻尔回忆说：

我的兴趣很快就转向了新原子模型的一般理论的含义，特别是这种模型所提供的一种可能性，即在物质的物理属性和化学属性中，有可能明确地区分起源于原子核本身的那些属性和主要依赖于受到原子核束缚的电子的分布的那些属性……

从一开始就很明显，按照卢瑟福模型，原子体系的典型稳定性，是完全不能和经典的力学原理及电动力学原理相容的。事实上，根据牛顿力学，任何点电荷系都不可能有稳定的静态平衡；而按照麦克斯韦电动力学，电子绕核的任何运动又都会通过辐射而引起能量的耗散……结果，原子核和电子就会结合到一个比原子尺寸小得多的区域中去了。

但是，这种形势并不是过于值得惊奇的，因为，经典物理学理论的一种根本性的限制，已在1900年由普朗克通过普适作用量子的发现揭示了出来；这种发现，特别是经过爱因斯坦的处理，已经在比热和光化反应的说明方面得到了如此有希望的应用。因此，有了完全独立于原子结构方面的新实验资料，当时已经存在着一种广泛的期望，认为量子概念可能和物质的原子构造这一整个问题有着决定性的关系了……

在1912年春天，在我停留于曼彻斯特的早期阶段，我已经相信卢瑟福原子的电子构造是彻头彻尾地由作用量子支配着的了。

由这段话可以看出，玻尔在6月份给弟弟哈拉德的信中所说的"新的想法"、"发现了有关原子结构的一些东西"，都是指他决心用量子规律来解决有核原子的稳定性问题。接着，他开始不分昼夜地用数学计算来证实自己的想法是否正确。赫维西和C. G. 达尔文等人有时想把他拖出去吃饭，都碰了壁，大家甚至生气地责备玻尔不能如此不顾一切地急于求成。

但玻尔怎么能不着急呢？留学一年的时间很快就到期了，自己却一直无所成就，这样回去，何以见江东父老？

7月6日，他把自己写的关于原子结构的论文提纲寄给了卢瑟福，并在附言中说：

"现寄上您想要的关于分子结构和分子稳定性的论述。"

这份论文提纲后来被科学史家海尔布朗和库恩称为《卢瑟福备忘录》（*Rutherford Memorandum*），现在大家都采用这个名称。

7月22日，玻尔又同卢瑟福面谈了一次。在谈话中，玻尔详细介绍了自己的想法：从有核原子模型的研究结果看来，有可能用它对元素化学性质的周期规律提出合理的解释；至于原子的稳定性必须用量子理论解决；等等。

卢瑟福对于理论一贯存有戒心，他对物理理论缺乏兴趣，使理论几乎成为实验的陪衬品。卢瑟福喜爱的一位苏联来的学生卡皮查（Peter Kapitza，1894—1984，1978 年获得诺贝尔物理学奖）曾说：

> 一般说来，物理学研究者可分成两大类，一类可以称为德国学派，实验者从某一理论假设出发，然后用实验来检验这些假设；相反，英国学派的物理学家则不从理论出发，他们从现象出发，然后看能否用现有的理论解释这一现象。对后者来说，主要只涉及现象本身和它的分析与解释。如果这种分法是可行的，那么，卢瑟福就是后一派的优秀代表。卢瑟福的主要目的是要了解现象，实验要做得能清晰地表明现象的本质。为此目的，测量的精确性和复杂性必须足以看透所考察的现象。

卢瑟福又一次告诫玻尔不要过分依靠他的原子模型，因为在实验证据并不太多的情形下推广理论太危险。但这次不同的是，卢瑟福在说完了导师该提醒的话以后，就热切地与玻尔讨论起来，并鼓励玻尔进一步充实改进论文提纲内容，准备发表。

玻尔高兴极了。但他还没充分估计到在曼彻斯特最后一个多月做的工作，即将导致物理学上的一场轰轰烈烈的大激荡、大改变、大分化。

7 月 24 日，玻尔带着充满幸福和希望的愉快心情，离开了曼彻斯特，返回哥本哈根。

8 月 1 日，他与一头金发的美丽姑娘玛格丽特结了婚。玛格丽特不仅美丽、有教养，而且她有聪敏的头脑，可以帮助玻尔的工作。

结婚后，新婚夫妻原准备到挪威度假，但由于玻尔原来对 α 粒子的研究的论文还没写完，他们决定不到挪威而去了英国。他们先在剑桥停留了一个星期，在这儿玻尔完成了论文，然后由新娘子用她那秀美的字体誊清，她还附带为玻尔的英文进行润色。此后，玛格丽特就一直成为丈夫的秘书了。

玻尔完成留学一年中的第一篇论文题目是《论运动带电粒子在通过物质时的减速理论》。在这篇论文的结论部分，玻尔提出了有基本意义的信息：

采用了卢瑟福教授的原子构造理论，看来就可以根据 a 射线的吸收而肯定地得出结论：一个氢原子在其带正电的核外只含有一个电子，而氦原子则在核外只含有两个电子；后者是根据卢瑟福理论所必须预期的。由这些问题以及由 a 射线的吸收实验，可能得出关于原子构造的某些进一步的信息。

卢瑟福夫妇和玻尔夫妇合影。

完成这篇论文后，新婚夫妇去了曼彻斯特，于 8 月 12 日拜会卢瑟福夫妇，并把论文手稿交给了卢瑟福。卢瑟福夫妇见了新娘子，简直被她的美貌和贤淑所折服，以至于只顾和新娘子说话，忘了与玻尔谈他们最喜欢谈的物理学。卢瑟福夫妇的亲切接待，使他们两家从此建立了亲密无间的关系。从曼彻斯特，玻尔夫妇又去了苏格兰，然后于 9 月 1 日左右返回哥本哈根。

原子内部信息的传递者

1912 年秋，玻尔开始在哥本哈根大学任教。当时，原来教过玻尔的克里斯蒂安森教授已经退休，由原任讲师的克努森（M. Knudsen，1871—1949）接替教授席位，讲师的位置则暂时空缺。玻尔作为克努森教授的助教，除了给非物理系的学生讲授物理学课程以及在实验室工作以外，还开了一门选修课程《热力学的力学基础》。

1913 年初，玻尔正式被任命为讲师。

这一学期，玻尔像每一个开始在大学任教的年轻教师一样，忙得不可开交，每天骑着自行车匆匆赶到学校，由于实验室的工作繁忙、琐碎，他得干到很晚才能骑车往家里赶。他在回忆这段生活时说：

　　当我刚成为克努森教授的助手后不久，我忙得不可开交……整天
在实验室忙乎，在很低的气压下测试各种气体的摩擦力……一点空闲
时间也没有，于是我去找克努森，说我想要……喏，后来我和妻子到
乡下去，我们写了一篇很长的论文，讨论各种……

　　这篇"很长"的论文，是想将他在 8 月份写的《论运动带电粒子在通过
物质时减速理论》中的一些研究继续讨论下去。玻尔本想借助在研究粒子通
过物质的减速，弄清楚原子内电子轨道的大小和频率，但却遇到了困难。他
在 1912 年 11 月 4 日写给卢瑟福的信中
写道：

　　我还没有能够完成我关于原子的
论文并把它寄给你，十分抱歉。但是，
我一直有那么多的课要讲和实验室的
工作要干，所以剩下的时间就很少了。
我已经在色散问题方面取得了一些小
的进展。……但是，也正是在这一计算
中，我遇到了起源于所考虑体系不稳定
性的严重困难，这种困难使我无法将计
算进行到所希望的程度。

玻尔推着自行车与妻子走在哥本哈根街上。

　　卢瑟福试图安慰玻尔，在回信中他写道："我并不认为你迫切需要发表
关于原子构造的第二篇论文，因为我认为可能没有任何人在做这方面的工作。
我希望你能成功地克服困难。……请向玻尔夫人致亲切问候，希望你们安好。"
　　1912 年 12 月 23 日，玻尔在看了英国物理学家尼科耳森（John
Nicholson，1881—1955）发表于《皇家天文学报》上的论文后，忍不住在给
弟弟哈拉德的圣诞贺卡上写上几句。他先写了一句贺词"玛格丽特和我祝你
圣诞快乐"，然后立即转向尼科耳森的论文。他认为尼科耳森的理论所关心
的是正在辐射的原子，即原子正在发光时的状态，而他自己的理论只考虑了
"最后状态或经典状态"——其实也就是"稳定态"。
　　到 1913 年 1 月 31 日，玻尔在给卢瑟福的信中又一次提到了尼科耳森的

理论，他写道："尼科耳森的理论给出了一些与我的理论明显不同的结果，开始我认为我们两者中一定有一个错了。现在我改变了看法。"

这种改变了的看法，与他给弟弟信中所说的差不多，这时玻尔仍然没有把光谱公式和他的原子构造理论联系到一起。在这封给卢瑟福的信中，他谈了许多尼科耳森的工作，谈到了光谱线，但就是没有发生联想。

在 2 月 7 日玻尔写给赫维西的信中，他向赫维西简短地描述了关于原子结构和分子结构的基础概念，信中仍然只字不提光谱和光谱公式。

但是在 2 月 7 日以后，奇迹出现了！ 2 月 7 日以后的某一天，玻尔知道了巴耳末公式。于是，蕴藏已久的思索、计算、基础概念、困顿……一下子集结成蔚为壮观的瀑布般的思想流，轰然"飞流直下三千尺"，真是使得人们"疑是银河落九天"！我们这儿必须介绍一下"光谱"和"巴耳末公式"了，否则有一些读者会坠入五里云雾之中。

谈光谱，我们还得从牛顿谈起。当牛顿在他那著名的光的分解实验中，让太阳光通过一只三棱镜时，他发现太阳光被三棱镜分解成 7 种颜色。这 7 种颜色在他看来是连续的，实际上这是因为他的仪器的分辨率太差，看不到太阳光中分立的黑线，人们后来把这 7 种颜色称为"连续光谱"（continuous spectrum）。由于仪器的限制，光谱的研究长期没有进展，直到 1859 年德国科

实验室得到的氢光谱图清晰地显示出各条不同的谱线。

学家本生（R. W. Bunsen，1811—1899）重复了牛顿实验之后，才取得新的进展。本生对牛顿的实验做了重大改进，他用浸了食盐液的布条燃烧时发射的光代替牛顿使用的太阳光。结果本生在实验时却看不见牛顿观察到的彩色的连续光谱，看到的是很少几条亮线，其中有一条是明亮的黄线。

本生的实验立即引起基尔霍夫的注意。他们在多次实验之后得出结论：太阳光包含有所有波长（即各种颜色）的可见光，而实验室的光源在燃烧某种元素，所以光谱中只出现特有的光谱颜色，如本生实验中的食盐中的钠元素燃烧时，只显示明亮的黄色，这黄色光谱对应于一个单一的特定的波长，称为钠的"特征光谱"。实验证明，每种元素都有它自己的特征光谱，这些

特征光谱好像是各种元素的"身份证"或"名片"。当然，其他元素的特征光谱要比钠的光谱复杂得多，它们有时由为数很多的光谱线构成。例如，氢的特征光谱是由 4 条可见光（红、蓝、两条紫线，即图中 4 条标有 H 的线）构成。比氢光谱更复杂的光谱还很多。

到了 19 世纪末，光谱学已经积累了大量实验数据，成了一门精确度极高、实用性很强的实验科学。例如，1868 年 8 月 18 日，法国天文学家詹森（C. J. Janssen，1824—1907）在赴印度观察日全食时，利用分光镜观察日珥，发现太阳喷射出来的炽热气体的光谱中有一条黄色明线，和钠光谱黄线的位置不同，他称之为 D 线，但没确定是由什么物质产生的。过了不久，英国天文学家洛克耶（J. N. Lockyer，1836—1920）在进一步研究詹森的实验后，确认这条谱线是不属于地球上任何已知元素的新谱线，他把这条谱线所代表的新元素称为"helium"，意为"太阳上的元素"，它来自希腊文"太阳"（helios）一词。后来，这个元素果真被拉姆赛（W. Ramasay，1852—1916）在地球上发现，于是科学家就把这元素称为 helium，译为中文是氦（He）。氦元素发现的过程，成了化学元素发现史上的一段趣话。

由于光谱学的成就不凡，人们自然会对光谱线所对应的波长的数据有了兴趣，企求从这些神秘的数据中寻找出一种经验的规律。一位年近花甲的数学老师是这些人中的一个。令人惊讶的是他竟然奇迹般地得出了一个数学公式。

这位数学老师叫巴耳末（J. J. Balmer，1825—1898），是瑞士人。他在 1849 年获数学博士学位以后，在巴塞尔女子学校任教，过着平静的生活。到了快 60 岁时，他突然对光谱中出现的数据发生了兴趣，尤其是氢光谱中的 4 条表示波长的光谱线，他希望从这些似乎毫无关联的数据中，寻找出一种数学上的规则。

巴耳末从氢光谱着手。当时知道在可见光里氢的 4 条谱线的波长分别是 6536 埃、4861 埃、4341 埃和 4102 埃，巴耳末在思索的是：这些数据之间有没有什么隐蔽的数学规则呢？

我们趁他思索时，再稍微介绍一下这位多少有点神秘的数学老师。关于他，我们知道的并不多，只知道他总共发表了三篇物理学论文，其中前两篇完成于 60 岁，并使他不朽，物理学教材或科学史书上，人们总要提到他；他的第三篇论文发表于 72 岁，似乎没引起任何人的兴趣。有一篇 1921 年发表于德国杂志上的文章提到了巴耳末，文章说："巴耳末既不是一位有灵感的数学家，也不是一位聪明的实验家，他只是像建筑师一样的数学老师。对他来说，整个世界、宇宙、艺术，都具有伟大的统一的和谐，而他生命的目的就是从数字上把握这种和谐。"

好，我们再回到巴耳末的思索之中。当时科学家们认为，光谱线的规律和声学中"基音"与"和音"的关系有相似之处。循着这个方向，巴耳末作了许多试探之后，居然在 1885 年得到现在人们熟知的巴耳末公式：

$$\frac{1}{\lambda_n} = R \left(\frac{1}{2^2} - \frac{1}{n^2} \right) \quad (n=3、4、5\cdots\cdots)$$

（式中 R 为里德伯常数，其值为 1.0968×10^7，λ 为光的波长。）当 $n = 3$，4，5，6 时，就可以得到氢的 4 个光谱！

1884 年巴耳末把这个经验公式公之于众。巴耳末公式公布后，人们对这一个组合式的数字规律发生了极大的兴趣，于是许多科学家开始寻求另外一些光谱的经验公式，从而形成一次高潮。到了世纪之交，人们已经积累了相当丰富和相当精确的光谱学资料，这些资料形成了"光谱分析"这门高尖技术，用它可以对各种物质进行精密的分析和鉴定。至今，它仍然是一门十分重要的技术。

但非常遗憾的是，光谱学的分析虽然高度精密，但它所具有的规律却一直是纯经验的规律，在理论上一直找不到一个像样的理论来解释这些规律。如果像开尔文勋爵说的物理学晴朗的上空有两朵乌云，那么在光谱学这一小块天地的上空，简直可以说乌云密布，阳光一直穿不过去。

现在，玻尔在不经意的情况下，居然为巴耳末公式找到了真正的物理解释。这正是："踏破铁鞋无觅处，得来全不费工夫！"

真正的伟大突破即将来临！

伟大的突破

3 月 6 日，玻尔写了一篇文章，把原子结构和光谱中的巴耳末公式联系起来，并对长久迷惑人们的巴尔末公式的物理意义，做了初步的解释。这意味着原子结构的量子理论从此拉开帷幕。

是谁让玻尔知道了巴耳末公式呢？是玻尔的朋友汉森（Hans M. Hansen，1886—1956）。汉森那时刚从哥廷根大学学习归来，受聘于哥本哈根综合工艺学校，在实验室任助教。他是一位研究光谱的学者，思想活跃，与玻尔关系不错，两人常常在一起讨论彼此都感兴趣的科学问题。有一次，玻尔向汉森谈到了他不久前在乡下写的有关原子结构的问题。汉森很感兴趣地听着，为玻尔立志侦破原子结构的奥秘深深感动。玻尔讲完以后，汉森立即追问：

"你的原子结构理论能不能解释原子的某些特殊光谱公式呢？"

玻尔回答说："不能。"

玻尔为什么这么回答呢？这是因为光谱太复杂了，他认为用原子结构理论来解释如此复杂的现象，恐怕毫无希望。想必汉森对玻尔的回答不很满意，从玻尔的回忆中可以看出这一点。在玻尔去世前一周，他曾对采访者回忆说：

> 接着我说我一定去看一看关于光谱的公式，以及这类的话吧。事情很可能就是这样的。关于光谱公式我什么也不知道。然后我去查了一下斯塔克写的书……结果我发现氢的光谱公式十分简单，并且，我立即感觉到，我们将知道氢光谱是怎么一回事了。

玻尔的回忆也许有些遗误。他受教于克里斯蒂安森（Christian Christiansen, 1843—1917）教授，而克里斯蒂安森写的教材中就专门介绍过巴耳末公式，玻尔肯定学过；但他很可能没怎么注意这个公式，最后把它忘得干干净净。

不管怎么说，是汉森使玻尔在研究原子结构处于困顿的时刻，注意到了巴耳末公式。这一公式的简单性一定使玻尔像触电一样，一下子得到了巨大的启发，正如他自己以后不止一次说过的：

"我一看到巴耳末公式，整个问题对我来说就全都清楚了。"

玻尔真的是什么都清楚了，近一年来的苦苦追索，终于有了坚实的立脚点，他的研究成果像火山爆发那样喷薄而出。1913年3月6日，他就向卢瑟福寄出了三部曲《光谱和原子结构理论》（The Theory of Spectra and Atomic Constitution: Three Essays）第一部分的初稿。

整个"三部曲"于1913年8月27日全部完成。我们这儿要稍为详细地介绍第一部分。第一部分的标题是《正核对电子的束缚》。

玻尔首先讨论的是最简单的原子，即由带一个正电的核和一个电子组成的氢原子。在2月份以前，玻尔已经洞察到用经典物理学不可能解决原子结构的稳定性问题，只有在量子论里才能寻求到出路。玻尔在获诺贝尔奖演说中这样谈到稳定态问题：

> 在原子系统可能的运动状态中，设想存在着一种"稳定态"。在这些状态中，粒子的运动虽然在很大程度上遵守经典力学的规律，但是，这些状态的稳定性不能用力学来解释。

稳定性问题让许多科学大师（包括洛伦兹、J.J. 汤姆逊、卢瑟福和玻尔本人）感到束手无策，几乎到了无可奈何的地步。玻尔从普朗克和爱因斯坦的工作中得到启发，认识到人们之所以束手无策，是因为在寻找解决问题的钥匙时仍然盯着经典物理学。于是玻尔决定用量子理论来解决稳定性的问题。

普朗克提出的能量不连续性概念虽然在普朗克那儿带有很大的局限性，但却使玻尔得到很大的启发。能量既然是不连续的，只能采取某些符合普朗克公式（$E = nh\nu$）的分立值，而在原子里每一个电子在某一轨道上运动既然也具有相应的能量，那么这能量当然也应该只采取某些分立值。这样，电子的轨道就不可能有无限多个，我们可以用普朗克公式作为一个"筛子"，筛选出符合公式的轨道，电子只能在这些轨道上运动。其他轨道根本不存在，而且这些被承认存在的轨道，就被玻尔称为"稳定态"。玻尔还宣称：电子在稳定轨道上运动时不辐射能量，因此它们的稳定性问题不能用麦克斯韦理论解释。

这就是玻尔原子结构理论的第一个假设"定态假设"（postulate of stable state）："原子里有一些具有分立能量值的电子轨道是稳定的（即稳定态），不需要从经典物理学对它们的稳定性做出解释。"

派斯在评价玻尔的第一个假设时说："这是引入物理学中最大胆的假设之一。"

玻尔走到这一步之后，徘徊了许久，无法继续前进。2月份知道了巴耳末公式以后，他第二次获得了灵感。我们知道，氢谱线频率 ν 可以精确地用巴耳末公式表示：

$$\nu = R\left(\frac{1}{n_1^2} - \frac{1}{n_2^2}\right) \text{（式中 } R \text{ 是常数，} n_1 \text{ 和 } n_2 \text{ 是两个整数。）}$$

我们还知道，$h\nu$ 代表普朗克公式中分立的能量值，于是玻尔立即意识到

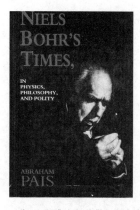

派斯写的《玻尔传》。有商务印书馆的中译本。

上式两端乘以普朗克常数 h，则上式右端的差，实际上是能量的差，而左端正好是发射频率为 v 的电磁辐射（在合适频率下则为可见光）。而这"能量的差"则被玻尔认为是电子从一个稳定态"跃迁"到另一个稳定态时所需之能量。

这就是说，用量子化这个神秘的筛子，筛去了两相邻稳定态之间的所有轨道后，两相邻稳定态之间就被一条似乎"不可逾越的鸿沟"所隔离。但是，玻尔又说，电子可以逾越这条鸿沟，从一个稳定态跃迁到另一个稳定态上去。这就是玻尔的第二个假设"跃迁假设"（postulate of transition）：

与经典电磁理论相反，稳定态不发生辐射，只有在两个稳定态之间的跃迁才发生辐射，辐射的特性相当于以恒定频率作谐振动的带电粒子，按经典规律产生的辐射，但频率 v 与原子粒子的运动不是单一的关系，而是由下面的关系来决定：

$$hv = E' - E''$$

式中 h 为普朗克常数，E' 和 E'' 是原子在两个稳定态（即辐射过程中的始态和末态）的能量值。反之，用这种频率的电磁波照射原子时，可以引起吸收过程，使原子从后一个稳定态跃迁回到前一个稳定态。

如果说，玻尔的第一个假设让许多德高望重、名闻遐迩的老一辈科学家们大不以为然的话，那么第二个假设更会让他们觉得这位年轻的丹麦博士太"过分"了，太"异想天开"了，简直不知天高地厚！他居然把经过几代人努力才建立起来的"发光机制"一下子彻底推翻。为什么这样说呢？因为经典电磁理论认为，电磁波起因于带电体的振动，而且在一般情形下，电磁波的频率就是带电体振动的频率。这是人们早已视为金科玉律、不可动摇的法则了，但玻尔却说：不对，事情根本不是这么一回事！光谱的出现，不是起因于带电体的振动，而是原子内部电子在跃迁时辐射出来的，而且辐射的频率一般也不等于振动的频率，而是由不同稳定态之间的能量差来决定！

一切全乱了套！正像普朗克在1920年6月2日在瑞典皇家科学院作诺尔演讲时所说：

> 在玻尔的理论中，作为建立作用定律基础的是一些特殊的假设，这些假设若出现在30年前，毫无疑问会被每个物理学家断然拒绝。要说在原子中存在着某个完全确定的量子对选择轨道起着特殊作用，这也许还能接受，但是要接受在这些轨道上以一定的加速度旋转着的电子的完全不辐射能量，却不那么容易。对于一个在正规学校里培养出来的理论物理学家来说，电子引起光子的发射，但两者频率不同这样一个事实，看起来是难以置信的，在心里建立起这样一个图像则更是难以容忍的要求。

但玻尔却似乎胸有成竹，这恐怕除了与理论上的逻辑自洽有关以外，还与玻尔成功地导出了巴耳末公式中的里德伯常数有关。由电子在稳定态所具有的能量（这可以由经典理论方便地得到）：

$$W_n = -\frac{2\pi^2 me^4 Z^2}{n^2 h^2}$$

再利用光谱公式

$$hv = W_{n_1} - W_{n_2} = hR\left(\frac{1}{n_1^2} - \frac{1}{n_2^2}\right)$$

就可以得到氢原子（Z = 1）的里德伯常数

$$R = \frac{2\pi^2 me^4}{h^3}$$

式中 m 为电子质量，e 为电子电量，h 为普朗克常数。把这些物理量代进去，就可以得到理论上的里德伯常数值。结果玻尔发现，他的理论值与精确的实验值符合得非常好。这当然会使玻尔大受鼓舞，几十年来笼罩在光谱公式上神秘的光圈终于显露出了它的真面目。

在探索原子世界秘密的进程中，玻尔最了不起的贡献就是把氢光谱和氢原子模型紧密联系起来，把原子辐射的频率与原子在两个定态之间的跃迁（而不是只与一个定态的能量）联系起来。爱因斯坦对此给予了极高的评价，他在1951年发表于美国《科学》杂志上的一篇文章中说：

> 这件事对我来说，就像是一个奇迹——而且即使在今天，在我看来仍然像是一个奇迹。

对于原子光谱的规律，爱因斯坦也曾经思考过，但始终未找到解答。所以他把玻尔的思想称为"思想领域中最高的音乐神韵"。

虽然玻尔的两个假设背离了经典物理学（力学和麦克斯韦电磁理论）的规律，但是有了氢光谱与氢原子模型之间紧密的关联，却强有力地说明这种"背离"是必不可少的。除了氢光谱被成功地从理论上阐明以外，玻尔还讨论了氦离子的光谱，后来虽然为这一讨论发生了争论，争论的结果却更进一步证实了玻尔原子模型强大的生命力。

在谈到"三部曲"的卓越成就时，我们还可以毫不夸张地说，玻尔有资格被冠以"原子之父"的桂冠。当然啦，很古老的时候，人们就有了原子假说，还有人把古希腊哲学家德谟克里特（Democritus，约公元前460—前430年）称为"原子之父"；到了20世纪，人们甚至已经相信原子还有结构。但是，在玻尔的"三部曲"发表之前，没有任何人知道原子内部的运动由什么规则驾驭。但玻尔在1913年已清楚地知道，这种运动不可能由经典物理学来描述；虽然如此，玻尔还是在经典物理和量子之间寻找到了一个连接点，为人们了解原子结构和原子动力学指出了一个坚实而可靠的方向。在这个意义上来说，称玻尔为"原子之父"是完全合适的。

反　响

"三部曲"在英国1913年11月的《哲学杂志》全部刊登完了以后，立即引起了多方面的迅速反响。

（1）惊讶，赞赏

最早的赞赏恐怕要算卢瑟福 1913 年 3 月 20 日写给玻尔的信件了。玻尔写完第一部分的初稿后，立即于 3 月 6 日将稿子寄给卢瑟福，并在信中写道："我希望您将发现，对于同时应用旧力学和由普朗克辐射理论所引入的新概念这一奥妙的问题，我采取了一种合理的观点。我十分急切地希望知道您对这一切将有什么看法。"

卢瑟福在两周后复信时首先表示了他的赞赏：

> 你的关于氢光谱的起源方面的想法是很巧妙的，而且看来也是很适用的。……我将很高兴把它寄给《哲学杂志》，但是如果你能将论文的篇幅减到适当的分量，我就会更满意。……附带提到，我对你的有关福勒光谱的推测很感兴趣。……如果你是对的，那将是一个非常重要的结论。

当玻尔"三部曲"的第一部分于 7 月在《哲学杂志》刊登以后不久，恰好苏黎世大学和苏黎世联邦理工学院联合召开了每周一次的物理学学术讨论会。会上有人报告了玻尔"三部曲"的第一部分，劳厄在讨论时对玻尔的论文表示抗议，他说：

"全是一派胡言！麦克斯韦的理论在任何情形下都成立。"

爱因斯坦听了劳厄的话以后，提出了不同的看法，他说："非常值得注意！玻尔的理论后面一定大有文章。我不相信他纯靠运气导出了里德伯常数的绝对值。"

爱因斯坦的支持对玻尔来说一定十分重要，因为那时爱因斯坦的相对论已经引起了科学界的高度重视，他已是科学界一颗耀眼的明星。爱因斯坦还不止一次对玻尔的新理论表示支持。这年的 9 月，爱因斯坦应维也纳普鲁士科学家学会和物理学学会的邀请，到维也纳讲学。玻尔的朋友赫维西在 9 月 23 日下午一次会间休息时碰见了爱因斯坦，赫维西抓住这个机会问他对玻尔的理论的看法。谈完之后，赫维西立即将当天谈话的好消息在信中转告玻尔。他在信中写道：

> 今天下午我和爱因斯坦谈了一会儿……然后我问了他对你的理论

的看法。他告诉我说，你的理论是一个很有趣的理论，很重要的理论，如果它是对的话，等等。而且他说他在多年以前就有很相似的想法，但是没有勇气去发展它。我接着又告诉他，现在已经可以肯定地说，匹克灵－福勒光谱是属于氦的。他听到这话以后感到非常吃惊，并且告诉我："那么，光的频率就完全不依赖于电子的频率了，这是一个巨大的成就。那么，玻尔的理论一定是对的。"我简直无法告诉你我当时是多么高兴。确实，有什么能比得上爱因斯坦这种自发的判断更使我开心的呢。

在柏林，反响也很积极。坡耳（Robert Pohl，1884—1976）在回答采访者问题时说："在玻尔的第一篇论文发表以后，柏林物理学会的反应异乎寻常。瓦尔堡在一次报告中说，'玻尔的论文是一篇非常重要的论文'，他说，这是一个了不起的进展，当他宣称'玻尔取得了真正的成功，普朗克的常数 h 将是了解原子的关键'时，我相信，几百位听众会立刻明白这句话的分量。"瓦尔堡（Emil Warburg，1846—1931）是德国著名物理学家，柏林大学教授，当时还是柏林物理技术研究所所长。

一向持成稳重的玻恩（Max Bohn，1882—1970，1954 年获得诺贝尔物理学奖）这样评论玻尔的理论："（它）对人类的理智实现了一次伟大的魔法。"

在英国，除了有卢瑟福支持以外，还有剑桥大学天文学、物理学教授金斯也表示了支持。1913 年 9 月 12 日，在伯明翰召开的不列颠科学促进会会议上，英国科学家第一次对玻尔的理论进行了公开的讨论。金斯在会上做了关于量子理论应用于原子结构和辐射理论的综述报告。在报告中，金斯几乎是充满激情地说："玻尔博士对光谱系规律做出了巧妙而卓越的解释。我觉得还应该加上'令人信服的'这 5 个字。"

他指出，玻尔的理论所取得的一系列结果"太显明了，我们不能把它看作是偶然的成功而不重视它"。对于玻尔的两个基本假设，判断它们的正确性的唯一标准，金斯认为只能是"看它成功的程度"。

很可能是在金斯的这种肯定支持下，英国伦敦的《泰晤士报》9 月 13 日刊登了介绍玻尔和玻尔论文的消息，《自然》杂志也刊登了对金斯发言的短评。

玻尔也应邀从哥本哈根赶来参加会议。玻尔深受感动，虽然还有一些科学大师对他的理论表示怀疑或反对，但这么多大师来讨论他这个默默无闻的青年的论文，这本身就让他感到激动；何况，还有金斯的支持。金斯是英国一位颇有名望的学者，他的支持使玻尔感到十分受鼓舞。

1913 年 11 月 16 日，英国的科学新星莫斯莱（H. G. J. Moseley, 1887—1915）写信给玻尔，盛赞了玻尔的理论：

"你的理论正在对物理学发生了不起的影响，我相信，当我们真正清楚原子是什么的时候（我相信这用不了几年的时间），你的理论即使细节上有差错，也仍然值得充分信赖。"

（2）怀疑，反对

新理论的创造性与对新理论的反对是成正比的。玻尔的理论如此严重地违背了经典物理学的规律，当然会受到许多年龄较大、思想较保守的物理学家的怀疑和反对。

卢瑟福和一些科学家虽然也有怀疑，但从根本上是赞成的意思居多，只是对如此根本上的背离（以及不完善之处）有些担心，而另一些科学家是从否定、反对的立场上对玻尔的理论进行驳斥的。在我们上面提到的伯明翰科学促进会会议上，就有几位科学界的"泰斗"提出了疑问。

首先是洛伦兹。在玻尔对自己的理论做了简单介绍以后，他立即问道："你的原子从力学上应该如何解释呢？"

这个问题使玻尔很难回答，因为他只肯定了经典力学是不可能对原子结构做出正确解释的，但当时能对原子结构做出解释的量子力学尚未建立起来，因此他暂时无法回答洛伦兹的问题，只好回答说：

J. J. 汤姆逊和卢瑟福在一起讨论问题。

"一旦我们接受了量子理论，提出上述见解就是必然的事情。"

曾经当过玻尔老师的 J.J. 汤姆逊根本就不相信玻尔的理论，在玻尔介绍自己理论的前一天，J.J. 汤姆逊正好宣读了自己的一篇《论原子结构》的论文。在这篇论文中，他也提出了一个原子结构模型。通过这个模型，他指出不必利用任何经典物理学原理以外的原理，就可以解释诸如光电效应、能量按量子化吸收等许多现象。更令人注意的是，J.J. 汤姆逊对玻尔的原子结构理论的不信任，后来持续了许多年，例如 1914 年和 1923 年，在他出版的两本论原子结构的书里，就根本没有提到玻尔的量子理论。直到 1936 年他已是 80 岁的老人，才在他的一本回忆录中提到玻尔 1913 年的论文。

哥廷根对玻尔理论的不信任态度，在德国理论物理学家朗德（A. Landé，1888—1975）1962 年的回忆中也讲得十分明确。他说，当 1914 年初夏玻尔到哥廷根研讨班报告自己的研究时，听众中纷纷的议论被他听得一清二楚：

> 玻尔的德语讲得很糟，声音又特别地轻。前排坐的都是大人物，他们都摇头说："如果他说的不是胡话，至少也毫无意义。"在报告完以后我同爱恩谈话时他说道："玻尔讲的绝对地古怪和不可信赖，但是这位丹麦物理学家看起来非常像是一位有创造能力的天才，因此无法否认，也许他讲的还真有些东西……"老一辈的人，如通常情形一样，赶不上时代的发展。一切都是那么复杂和让人摸不到头脑……有些人一开始就声称，玻尔的理论是一派胡言，是对未知的未来的一个廉价的胡说罢了。

要想让物理学界接受玻尔的原子理论，还得用实验事实说话。而这些最迫切需要的实验事实，先后来到了。其中弗兰克和赫兹的实验，对于肯定玻尔的理论起了至关紧要的作用。谈起弗兰克和赫兹的实验，还有非常有趣的故事呢！

无心插柳：弗兰克和赫兹谱新篇

在朱祖延先生编著的《引用语大辞典》883 页里，对"有意种花花不活，无心插柳柳成荫"的解释是："比喻用心做的事做不成功，而无意做的事反有结果。"在科学研究中，也常常有这样的事情：研究者并没有想到要证实什么，但是却在无意中证实了一个了不起的理论。

德国物理学家弗兰克。

德国实验物理学家詹姆斯·弗兰克（James Franck，1882—1964，1925 年获得诺贝尔物理学奖）和古斯塔夫·赫兹（Gustav Ludwig Hertz，1887—1975，1925 年获得诺贝尔物理学奖）[1] 就遇到过这种情形。更加有趣的是，当玻尔告诉他们，说他们做的实验证实了他的了不起的"氢原子理论"，他们两人居然不肯相信。如果真的如玻尔所说他们的实验证实了玻尔的理论，那弗兰克和古斯塔夫·赫兹就了不得啦！玻尔的理论是划时代的伟大理论，但就是很少有人相信，如果现在弗兰克和古斯塔夫·赫兹证实了这个理论，得个把诺贝尔奖可以说是不在话下了！但是，弗兰克就是不买玻尔的账，还一再肯定地说玻尔错了。

哎呀呀，这弗兰克和赫兹真个是"不识好歹"了！幸好弗兰克和赫兹后来终于醒悟：玻尔说对了，他们的实验真的证实了玻尔的氢原子理论！于是，他们在玻尔于 1922 年获得诺贝尔物理学奖之后三年，也"沾光"地得到了诺贝尔物理学奖！这正是："有心种花花不活，无心插柳柳成荫。"

---

1 请注意不要把这个赫兹与发现电磁波的 H. R. 赫兹弄混了，G. L. 赫兹是 H. R. 赫兹的侄子。

在获奖时弗兰克说:"我自己简直不能理解……我们未能纠正我们的错误和澄清实验中依然存在的不确切之处。……后来我们认识到了玻尔理论的指导意义,一切困难才迎刃而解。"

这段故事的确很有趣:一波三折,跌宕起伏。

弗兰克-赫兹实验

德国物理学家古斯塔夫·赫兹的纪念邮票。

1914 年,当弗兰克和刚刚获得博士学位的赫兹,完成了一项设计构思极其巧妙的实验以后,他们由此得出一个重要的结论。这个结论看来是十分合理的,能展示出以前从未设想过的自然现象,但理论物理学家玻尔却根据上一章他刚提出的氢原子结构理论,指出弗兰克和赫兹对他们自己的实验结果做出了错误的解释;正确的解释应该按他玻尔的原子结构理论来判定。弗兰克和赫兹对与他们差不多同龄的玻尔的意见颇不以为然,坚持他们原来的意见。

这一段历史不仅十分具有戏剧性,而且有相当大的研究价值:正确的实验方法怎么会使物理学家仍然陷入了误区呢? 要想弄清楚其间曲曲折折的内情,我们得从气体放电(gas discharge)讲起。

气体放电显示出的若明若暗、扑朔迷离、流光溢彩的辉光,不仅是一个引人入胜的研究问题,而且还是研究原子结构一个正确的方向。弗兰克和赫兹由于受到他们的导师瓦尔堡(Emil G. Warburg,1846—1931,当时是柏林物理技术研究所所长)所做的一些研究的鼓舞,兴趣也转到这个研究方向上来了。

1911 年,当弗兰克和赫兹开始他们的实验研究时,人们对原子研究的兴趣几乎是与日俱增。在气体放电的实验中,他们两位想测量的是"电离电位"(ionization potential)。这儿稍做一些解释。所有的原子(包括气体原子)在不受外来作用下,一般都保持电中性。当原子受到外界作用(例如电子的撞击、光的照射等)的时候,如果作用的能量足够大,原子核外的电子有可能被撞出原子,这时原子就会带上正电荷,成为带正电的"离子"。电子离开原子核束缚时所需要的能量,叫作"电离能",用电位表示这个能量时就称为"电离电位"。电离电位的测定对原子结构有很重要的意义;在 1911 年前后,人们对电离电位虽说做了许多实验测量，但这些测量绝大部分是间接的，而且测量所依据的理论、推导都不统一，令人十分怀疑；测定的值也彼此有很大的差距。

弗兰克和赫兹十分看重勒纳的实验方法，和由这一实验方法做出的结论。勒纳试图通过图（5-1）的装置，测出气体中电离过程发生时所需的电离电位。紫外线由窗口 g 照射到金属板 A 上，A 板上就有光电子产生。A 和 P 之间由电势差 V_1 产生一加速电场 E_1，A、P 间距离1.45cm；在距 A 板为 3cm 处安置一绝缘的金属环 R，环面与 A 板和 P 板平行，在 P 板和 R 之间由电势差 V_2 产生一个减速电场 E_2。R 与静电计相连，用以测量 R 的带电情形。仪器中气体

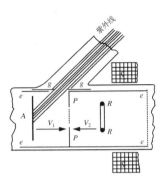

图（5-1）勒纳测电离电位的实验装置。

的压强为 10^{-2}mmHg，在这种压强下，电子的平均自由程（mean free path）同 A 板和 R 之间的距离有相同的数量级，从统计学的观点来看，这样可以保证电子在从 A 到 R 的运动过程中，只和一个气体原子相碰撞。电子穿过 AP 加速后，在 PR 中做减速运动。勒纳认为，当电子具有一定的能量，在撞击气体原子足以使气体原子电离时，产生的正离子到达金属环 R，R 上面就立即会有正电流出现。通过这一巧妙设计的实验装置，勒纳对不同气体（空气、氢气和二氧化碳等）的电离电位做了测量，发现它们都在 11 伏特左右。由于勒纳的这一实验以及其他人的一些实验，当时许多人都认为，原子的电离电位和原子种类无关，一律都是 11 伏特左右。

勒纳的实验方法中有一个非常重要的特征，被弗兰克和赫兹注意到了，即勒纳根据非弹性碰撞的研究，使人们能够用实验测量基本粒子间能量的传递。由中学物理课我们已经知道，弹性碰撞只改变相互碰撞粒子的速度（包括大小和方向），而不改变粒子内能；而非弹性碰撞则可以改变相互作用粒子的内能。但勒纳的实验有个问题；光电子的能量比较高，因而当它与气体原子碰撞时，难以区分什么情形下是弹性碰撞，什么情形下是非弹性碰撞。为了保证在达到电离电位以前的碰撞都是弹性碰撞，弗兰克和赫兹做了许多研究。1913 年，他们在一篇论文中证明，在低电势情形下的碰撞可看作是没有能量损失的弹性碰撞。这时，一个电子与静态原子相碰，其动能损失仅千分之一伏，故可以将这一碰撞看成是弹性碰撞。在 1926 年的诺贝尔演讲中，

弗兰克对此做过解释，他说：

> 电子的质量是我们所知道最轻的原子氢原子的 1/1800，所以根据
> 动量定律，在做通常的气体分子运动论意义上的碰撞时，就像两个弹
> 性球那样碰撞，轻的电子传递给重的原子的动量必然很少。当具有一
> 定动能的慢电子与一静止的原子相碰时，慢电子必然反弹回去，能量
> 实际上没有什么损失，就像一个皮球撞到一堵厚墙上一样。弹性碰撞
> 现在可通过测量来研究。……只有当气压很大并发生数次碰撞时，弹
> 性碰撞造成的能量损失才能显示出来。

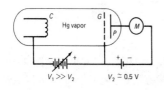

图（5-2）弗兰克、赫兹 1914 年实验装置示意图。图中 Hg vapor 表示管子里填充的是水银蒸气。

为了达到使"电子和原子是做弹性碰撞这种说法和实际情况非常接近"，弗兰克和赫兹对勒纳的实验装置做了改进。他们的实验装置示意图如图（5-2）所示。

C 是电子源，用钨丝做成，由电流加热到白炽程度，G 为网状栅极，与 C 的距离为 4cm，在 CG 之间的电势差 V_1 约为 10 伏，使电子加速。在真空情形下，电子将得到的动能为

$$\frac{1}{2} mv^2 = eV_1$$

式中 m 是电子的质量，v 是电子到达 G 的速度，e 是电子电荷。P 为集电极，与电流计 M 相连。P 和 G 距离远小于 4cm，仅有 1—2mm，它们之间的电势差 V_2 与 V_1 反向，而且大大小于 V_1，只有 0.5V 左右。仪器中气体的压强大约为 1mmHg，这就使得电子的平均自由程远小于从 C 至 G 的距离，但却等于或大于 GP 间的距离。弗兰克和赫兹为了将实验做得很精确，考虑得十分细致。例如，他们在仪器里充进去的气体是惰性气体或水银蒸气，因为它们被认为是对电子没有亲和力的气体，这样可以保持电子的自由态；再例如，他们进行的碰撞是慢电子碰撞，受到碰撞的原子将被激发到发光状态或电离，则碰撞将是非弹性的了。

弗兰克和赫兹的错误结论

在实验时，弗兰克和赫兹逐渐增大加速电压 V_1，并同时仔细观察电流计 G 的读数。结果得到了如图所示的集电极电流 I（纵轴）和加速电压 V_1（横轴）之间变化的曲线。开始由于加速电位差小于减速电位差，故集电极上电流为零，随着加速电位差的增加，电流逐渐上升，直到 V_1 等于"电离电位"为止。弗兰克和赫兹在他们 1914 年著名的论文中写道：

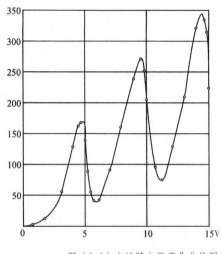

图（5-3）电流随电压变化曲线图。

> 这时，电子在栅极 G 附近与原子进行非弹性碰撞，并将原子电离。因为这些电子和电离时释放出来的电子在飞向栅极 G 的路上，只有很小的附加电位，因而它们穿过栅极 G 时只有很小的速度，不能再克服减速电场向前飞行。这样，只要加速电位差稍大于电离电位时，电流计的电流将突然下降。

对此弗兰克和赫兹解释说，这是因为电子在临界电压时，弹性碰撞变为非弹性碰撞，电子将能量传递给气体原子，使其电离，因而自身速度突然下降。弗兰克和赫兹认为，这临界电压可以看成是气体原子的电离电位。他们接着写道：

> 如果继续增大加速电位差，那么电子受到非弹性碰撞的地域将从栅极 G 附近移向阴极 C 附近。这样，受到非弹性碰撞以后的电子在到达栅极 G 的路上经历的电位差，将等于加速电位和电离电位之差。一旦这个电位差超过集电极 P 和栅极 G 间的减速电位时，电子又具有穿过反向电场的能量，于是电流计中的电流又开始增大。由于电离的结果，电子的数量增加，所以电流比前一次增大了许多。但是，当加速

电位差等于两倍的电离电位时，电子又一次在栅极 *G* 附近发生非弹性碰撞。电子由于非弹性碰撞又失去了全部能量，而新产生的电子也没有很大速度，所以它们都不能克服减速电位差产生的减速电场而继续向前运动，因此，当加速电位差等于两倍电离电位时，电流计的读数又一次突然下降。此后，当加速电位差等于电离电位的整数倍时，这种电流突然下降的现象将反复出现。因此，可以推断，实验所得的曲线将有一系列极大值，极大值之间的距离等于电离电位。

上图正是这样的一个曲线。弗兰克和赫兹得出汞的电离电位是 4.9 伏，误差为 0.1 伏。他们还测量了氦气的电离电位（约 20 伏），这一结果与其他人用旧方法得出的结果十分一致，这使他们增强了对自己所做结论的信心。

玻尔研究所第一批成员的照片。**站立者（左起）**：雅可布森、罗瑟兰德、赫维西、汉森和玻尔；**坐者（左起）**：弗兰克、克拉默斯和秘书苏尔兹。

当弗兰克和赫兹确信 4.9 伏是水银的电离电位以后，他们又受图（5-3）中"量子"形式的启发（即能量传递的量子特性），联想到爱因斯坦在解释光电效应时创立的光量子理论（弗兰克曾说："实际上，我们从一开始就亲眼看到了普朗克量子理论的发展。"）他们猜想：在光电效应中，光能可以转变成电子的动能，那么在他们的实验中，也许发生了电子动能转化为光能的现象？如果真是这样，那么用下面的方程

$$\frac{1}{2}mv^2 = eV = h\nu$$

式中 m 为电子质量，v 为电子运动速度，e 为电子电量，V 为加速电位差，h 为普朗克常数，v 为激发光的频率。由上式可以算出，对应于 4.9 伏加速电位差的波长（$\lambda = 1/v$，v 为频率）将是 2537 埃（1 埃 = 10^{-10} 米）。这个值与美国实验物理学家伍德（Robert Wood，1868—1955）发现水银蒸气有 2536 埃的谐振线十分一致，因而他们认为："这和我们测得的数值符合得极好，很难相信这是偶然巧合。"

后来，他们还专门做了测量水银蒸气的光谱实验，结果与伍德的一致。这时，弗兰克和赫兹本应停下来思索一下，非弹性碰撞损失的能量到底是使气体原子电离了，还是仅仅使气体原子激发而发光？虽然他们两人这时还不知道玻尔的原子理论，但受激发光总是需要能量的呀，这个能量称为"激发电位"（excitation potential）。弗兰克和赫兹已经想到并利用了光电效应，就理应想到正电流有可能是光电效应，就理应想到集电极 P 上的正电流有可能是光电效应引起的。可惜他们没这样深入思考，他们的总结是：

1. 只要电子的动能小于 hv（v 对应于共振线的频率），它们被汞原子反弹回来时就没有能量损失；

2. 电子的动能一达到 hv 时，这个能量子就在随后的碰撞中传给原子，发出频率为 v 的光谱线；

3. 被传递的能量部分用来电离，部分用来发射频率为 v 的光；

4. 这些实验可以确定 h 的值，其值为 6.59×10^{-27} 尔格秒，可能误差为 2%。

由以上结论可以看出，弗兰克和赫兹相信，在 4.9 伏激发的 2536 埃的光谱线，同汞分子电离有关。

引起争论

弗兰克和赫兹的论文《论 2536 埃汞谐振线通过电子碰撞的激发》于 1914 年正式发表以后，物理学家们立即对他们的实验结论产生了兴趣。有一些物理学家认为，他们的结论非常正确；还有一些物理学家则持完全相反的态度，认为弗朗克和赫兹的结论完全错了，他们的仪器设计只不过记录了非

资料链接：氢光谱的谱系

在氢光谱中，除了巴耳末谱系中的 4 条可见光谱线以外，在紫外区还有赖曼谱系和红外区的帕邢谱系的许多光谱线，后者需要更加精密的测量才能发现。这些不同的谱系可以用下面公式表示：

$$\frac{1}{\lambda}=R(\frac{1}{n_1^2}-\frac{1}{n_2^2})$$

区域	谱系名称	值	
		n_1	n_2
紫外	赖曼谱系	1	1、2、3…
可见光	巴耳末谱系	2	2、3、4…
红外	帕邢谱系	3	4、5、6…

弹性碰撞的出现，不能区别激发电位和电离电位。海尔布朗就曾正确指出，弗朗克和赫兹实验的装置是"靠不住的简单设备"。下面，我们简单介绍一下当时两种不同意见争论的情形。

赞成弗兰克和赫兹结论的多是实验物理学家，他们有加拿大多伦多大学教授、低温实验室主任麦克伦南（J. C. Mclennan，1867—1935），以及汉德森（J. P. Henderson）、纽曼（F. H. Newman）等人。纽曼在英国《哲学杂志》上发表文章说，他的实验结果与弗兰克和赫兹的结果完全一致，并特别强调了这一结论的重要性和普适性。麦克伦南和汉德森则在文章中强调指出，弗兰克他们的结论"成为量子理论一个新的、最有趣的应用，因为……如果一种元素的蒸气可以显示一种单一光谱，那么这种单一光谱的频率就可以用来测定电离该种元素原子时所需的最小能量。"最有意思的是他们的实验结果与弗兰克和赫兹的结果并不完全相同，而且他们已经走到了正确解释弗兰克–赫兹实验结果的边缘，可惜他们却由于仍然相信弗兰克他们的电离电位解释，继续支持弗兰克他们的结论。

美国物理学家古切尔（F. S. Goucher）虽然认为，在弗兰克和赫兹的实验中，他们测出的电离电位的"精确值"是令人怀疑的，他还提出了一些减少错误的设想，以求得到汞蒸气电离电位的精确值，但显然他也相信弗兰克和赫兹的解释是正确的。

　　首先对弗兰克和赫兹的实验解释提出怀疑的大概是玻尔。玻尔一知道弗兰克和赫兹实验就立即意识到，他们的解释如果真是正确的话，将会威胁到他刚提出的原子理论，因为玻尔根据理论可以推出，汞的电离电位是 10.5 伏，这与弗兰克他们的实验值 4.9 伏显然相差悬

弗兰克（中）和玻尔（左）一起讨论问题。

殊。玻尔相信自己的理论是正确的，因而他怀疑弗兰克和赫兹的实验。他认为，弗兰克和赫兹测出的 4.9 伏这一电位，应该是中性原子从一种稳定态到另一稳定态跃迁时所需的能量，即这只是一种"激发电位"，并非电离电位。如果玻尔的看法是真实的，那弗兰克和赫兹实验将是第一个强有力证实玻尔原子理论的实验。那可真是太了不起了！

　　1916 年，弗兰克和赫兹看到了玻尔的文章以后，重新审查了他们的观点，但他们拒绝接受玻尔的解释。这无疑是对玻尔理论的一个挑战。不过这儿应该说明的是，由于第一次世界大战的爆发，他们两个人都到德国军队服务，弗兰克还在俄国战线上染了重病，几乎不能走动，因而他们没有机会仔细阅读玻尔在新的实验基础上提出的建议。

　　与玻尔从理论上提出怀疑同时，泰特（J. T. Tate）认为，弗兰克和赫兹的实验并没有证明 4.9 伏的电子与汞原子相碰时真发生了电离，他们只不过证明，在 4.9 伏时碰撞变为非弹性的了。不难想到，电子在碰撞时损失的能量可能只不过转变成原子内电子的激发能，未必真的把电子碰出了原子。他自己的实验研究表明：在汞蒸气中，当电子能量达到 10 伏时才发生明显的电离；这个值非常接近玻尔的理论值。但是，泰特的异议中还带有明显的犹豫。

玻尔原子理论最终获胜

　　到 1919 年，古切尔和戴维斯（B. Davis）通过新的实验设计得到了与弗兰克和赫兹实验极不同的结论。他们新的结论是：

在加速电位差为 4.9 伏时发生的碰撞并没有引起电离，只引起了受激辐射；4.9 伏时电子具有的能量对应帕邢系第一谱线 $\lambda = 2536$ 埃的波长。

古切尔和戴维斯的实验结果，证实了玻尔的理论是正确的。

这儿我们加一小段关于玻尔的挺有意思的插曲。玻尔虽从 1915 年就怀疑弗兰克和赫兹的实验解释，而且认识到这关系到他的新原子理论的命运，但他不是一个实验物理学家，尽管他急于澄清这个大是大非的问题，他却只能求助于实验物理学家。玻尔这时在英国曼彻斯特与他的恩师卢瑟福一起工作。在卢瑟福的敦促下，马考瓦（W. Makower）答应与玻尔一起对弗兰克和赫兹的实验结论做验证性实验。但马考瓦和实验室的一位德国玻璃工匠鲍姆巴赫（O. Baumbach）老是争争吵吵。鲍姆巴赫是一位了不起的玻璃工匠，据说他能使卢瑟福的 "darling"（心肝宝贝儿）——α 射线——在各种玻璃装置里自由来去，如入无人之境。但他喜欢信口开河。在第一次世界大战爆发后，鲍姆巴赫经常嘴巴没遮拦地说德国将会采取可怕的行动，英国人肯定会大吃苦头，以及其他一些威胁英国人的话。

玻尔性格温和，对鲍姆巴赫的话不在意，但马考瓦可就受不了，常常不客气地叫鲍姆巴赫这个"敌国公民"把嘴管严一点，否则将自食恶果。但鲍姆巴赫照说不误，激烈的威胁话仍然自由自在地向外发泄。最终，他被拘留。更加不幸的是，他们已经做得差不多、快完成了的复杂而精巧的设备，在鲍姆巴赫被拘留后又被一场火给烧毁了。接着，马考瓦又应征到部队，实验就这么惨兮兮地搁了浅。

由此可知，当玻尔得知戴维斯和古切尔 1919 年的实验结论后，该是多么高兴！他情不自禁地说道：

> 1919 年，这个问题终于被纽约的戴维斯和古切尔两位用出色的实验所解决。结果与我所设想的十分一致。我曾提到我们在曼彻斯特那次毫无结果的尝试，目的仅在于说明我们当时所面临的困难，我们那时的困难与家庭主妇面对的困难颇为相似。

大约从 1919 年开始，弗兰克和赫兹开始正式承认了玻尔对他们实验结果的重新解释。在 1919 年发表的题为《由慢电子与气体分子非弹性碰撞确认光谱中的玻尔原子理论》论文中，他们宣称他们重新审查了 1914 年的实验，证明了在实验中 4.9 伏加速电位差根本不能使水银原子电离。实验的结果表明，2537 埃与水银最长波长的吸收线一致，对应这一波长的能量正如玻尔理论所预言的那样，是最低激发能。在 4.9 伏所发生的正电流，是光电效应引起的。

一场规模不算太大、持续时间也不算太长的争论到此结束，一个划时代的原子理论却因而意外地被实验证实了。"塞翁失马，焉知非福"——弗兰克和赫兹获得了 1925 年的诺贝尔物理学奖！

通过这场争论，弗兰克被玻尔如此深刻的真知灼见所折服，他以后多次公开地声称自己是玻尔的崇拜者。他甚至说："与玻尔不能接触太久，否则你将觉得自己过分无能而陷于失望和沮丧之中。"

初生牛犊：法国王子让爱因斯坦自叹弗如

法国物理学家德布罗意。

本节主人公路易·德布罗意（1892—1987）真是一个传奇人物！

第一奇，他从小就是一位德国亲王；1960年他的哥哥莫里斯·德布罗意（Maurice de Broglie，1875—1960）逝世后，他同时又是法国公爵。在法国历史上，德布罗意家族一直显赫于政界、军界，近200年中至少为国家提供了一位总理、一位国会领袖、多位部长和驻外大使，为法兰西军队提供了三位上将和多位高级军官。还有一位"左倾"的高祖父查理（Charles）欢迎法国大革命，但是在罗伯斯庇尔（Robespierre）倒台前的一个月被送上了断头台！到了20世纪，莫里斯·德布罗意和路易·德布罗意兄弟俩一反家族传统，转而立意要为科学事业献身，并且都取得了杰出的成就；

第二奇，路易·德布罗意原来在巴黎大学攻读历史和法律专业，是一个文科学生，但是后来却又转行研究起物理学来，居然还获得了诺贝尔物理学奖！

第三奇，这位不是物理学科班出身的物理学家，居然"荒唐"地认为微观粒子，如电子，是一种波！简直让当时的物理学家们大跌眼镜，笑掉了大牙！但是由于爱因斯坦的重视和赞成，这位亲王"荒唐"的"胡说八道"居然成了极其重要的理论！

第四奇，科学史上有无数的事例表明，科学思想的独创性越强，获得诺贝尔奖就越不容易，获奖的时间也拖得越后。普朗克是在量子论提出 18 年之后的 1918 年才获得诺贝尔奖；爱因斯坦是提出光量子理论 16 年之后于 1922 年获得（1921 年的）诺贝尔奖。但奇怪的是，路易·德布罗意的物质波思想在独创性方面并不逊于（或者应该说是胜于）普朗克的量子思想和爱因斯坦的光量子思想，而物质波思想被人们所接受却如此之快，从它提出之日仅过了 6 年，德布罗意就因为"发现电子的波动性"而获得诺贝尔物理学奖，这在科学史上是不多见的。

这一连串的奇迹到底是怎么回事？您一定非常好奇吧？

现在我们回顾和探讨这一段历史，可以从中得到许多有益的启示。

路易·德布罗意其人

路易·德布罗意是 20 世纪 20 年代为创建量子力学做出杰出贡献的物理学家中，最后去世的一位物理学大师。

1892 年 8 月 15 日，路易·德布罗意诞生于法国塞纳河畔迪埃普的一个世袭贵族家庭。他在巴黎詹森公学毕业后，进入巴黎大学攻读历史和法律专业。后来他怎么成了著名的物理学家呢？说来话长。归纳起来大致有三个因素促使他的兴趣转向了物理学。

其一，他哥哥莫里斯·德布罗意知道弟弟很有才华，就劝说弟弟改行研究物理学。莫里斯是法国著名物理学家朗之万的研究生，也是一位杰出的实验物理学家。莫里斯非常富有，足以在自己的房子里投资建立一个很好的实验室。

其二，他阅读过当时法国最著名的物理学家、数学家和科学思想家彭加勒著的《科学的价值》和《科学与假设》等几本书，因此对自然科学有足够的了解。

其三，前面我们提到，被称为物理学首脑会议的第一届索尔维会议 1911 年在布鲁塞尔召开，莫里斯以工作人员的身份参加了这个会议，得到了会议的全部文件。这次会议的主题是辐射和量子论。路易怀着极大的兴趣阅读了他哥哥带回来的文件和资料，这使他最终下决心要贡献出自己的全部力量"去弄清楚普朗克引入的量子概念"。

于是路易·德布罗意开始攻读物理学，并于 1913 年在郎之万的指导下获得科学硕士学位。正当他准备对"神秘的量子"进行悉心研究时，第一次世界大战爆发了。他虽贵为亲王，也必须入伍。在军队期间，他大部分时间在埃菲尔铁塔无线电报通信的中转站做一名无线电工程师，就这样度过了战争中的大部分时间。非常幸运的是，埃菲尔铁塔距离他哥哥别墅中的私人实验室很近，所以只要有空闲时间他就到他哥哥的实验室做实验。他的哥哥建议他把注意力转到辐射同时需要波动模型和粒子模型这个问题上，这个问题是当时物理学家们困惑的最大的问题。路易后来写道：

> 我和哥哥长谈了 X 射线的性质……这导致我深刻思索了始终将波动性和粒子性联系在一起的必要性。

第一次世界大战结束后，他立即退伍重入大学，在朗之万手下攻读理论物理博士学位，于 1924 年获得巴黎大学理学博士学位。

1924 年和 1925 年初物理界的情况是，玻尔的旧量子论出现了停滞不前的局面，原子物理学中的情形变得可怕而混乱。当时物理学家一致的看法是，玻尔的原子理论已经走进了死胡同，除了氢原子这一简单的例子以外，它不能以任何精度去处理任何问题。到了该考虑建立新力学的时候了。正如德布罗意曾经在回忆中所说的：

> 从一切迹象来看，我们必须着手建立一个新的力学，量子概念应该在其基本公理中就取得自己的位置，而不像旧量子理论那样是附加上去的。

路易·德布罗意是爱因斯坦光量子假设的坚定追随者。他在哥哥的实验室里通过光电效应等实验，对辐射的量子性质有深刻印象；但同时通过 X 射线衍射实验，使他对辐射的波动性质也了解得非常清楚。

伦敦科学博物馆科学传播主任格雷厄姆·法米罗（Graham Farmelo）在《一场没有革命者的革命：关于量子能量的普朗克–爱因斯坦方程》一文中指出：

> 正是这条思路引导他提出了一个深刻的问题，而对这个问题的回答将改变科学的进程：如果电磁波的行为可以像粒子一样，那么像电子这样的一些粒子的行为是否也能够像波一样呢？爱因斯坦在一年以

前曾经简单地涉猎过这个主题，但是路易·德布罗意洞察得更加深刻、更加清晰。德布罗意后来回忆起，他曾经有一个顿悟的时刻，在科学的现实中，这种情况比在民间传说中要少得多："1923 年（8 月）间，在长时间孤独地冥思苦想以后，我突然想到了，爱因斯坦在 1905 年做出的发现应该推广到所有的物质粒子中去，特别是推广到电子中去。"德布罗意忽然想出，$E=hv$ 这个方程不仅适用于辐射，同样也适用于物质。当爱因斯坦用这个方程来描述辐射时，他不得不解释量子的能量怎样才能与波的性质，即它的频率联系起来。德布罗意有一个相反的问题：人人都熟知电子以及其他物质粒子的意思，但是与之相联系的波究竟是什么呢？根据德布罗意的想法，每个粒子都具有某种与之相联系的物质波。他对大家熟悉的公式 $E=hv$ 进行了类推，写下了一个简单公式来表示与一个自由粒子（即作用在这个粒子上的合力为零）相联系的波的波长。德布罗意提出，当这个粒子的动量增大时，它的波长就变短，而波长的大小取决于普朗克常量 h 的值。

在这一"冥思苦想"后的"顿悟"中，德布罗意在 1923 年写出了他的博士论文。

德布罗意的博士论文

1923 年 9 月 10 日，法国科学院的《会议通报》第 177 卷上登出了德布罗意的第一篇探讨实物粒子波动性的文章《波动和量子》。在这篇不长的文章中，他根据相对论和量子论研究中得出的一个差异，引入了一个"与运动质点相缔结的假想的波"，并用这种波形成的驻波来分析电子绕核旋转的圆周运动，结果自然地得出了玻尔提出的但却又解释不了电子运动轨道的量子化条件。他认为，这种驻波就是量子条件的物理机制。这当然是一个非常具有颠覆性的假设。一个电子是粒子，这是从来没有争议的事实，现在居然把电子看成是一个波。这正如美国女诗人艾米丽·狄金森（Emily Dickinson，1830—1886）诗中所说：

　　许多疯狂是非凡的见识——

在明辨是非的眼里——

许多见识是十足的疯狂——

9 月 24 日，他又发表了第二篇文章《光量子、衍射和干涉》。在这篇文章里，他试图回答与电子相缔结的波到底是一种什么波？这显然是他提出的崭新的物理思想必须回答的问题。他首次引入了"相波"（phase wave），他"把相波看作是引导着能量转移的波动，这样就能使波和电子的综合成为可能"。并且指出："自由质点的新动力学与古典力学（包括爱因斯坦力学）的关系，一如波动光学之于几何光学。通过反复研究可以看出，我们提出的综合似乎是在与 17 世纪以来动力学和光学的发展的比较中得出的一个逻辑结果。"作为他的新思想的验证，他预言："一束电子穿过非常小的孔，可能会产生衍射现象。这也许可以验证我的观点。"

10 月 8 日，德布罗意接着发表了第三篇文章《量子、气体运动论及费马原理》。在这篇文章里他进一步解释了几何光学和经典力学奇妙的类比。当他把几何光学中的费马原理（即最小光程原理）推广应用到与粒子运动缔结的相波上时，他证明这种粒子的运动也能表述为莫泊丢原理（即最小作用量原理）的形式，于是，"连接几何光学和动力学的两大原理的基本关系，得以完全清晰"。

1924 年 11 月，德布罗意将上面三篇文章进一步整理和加工之后，以《量子理论的研究》为题，作为他的博士论文进行了答辩。论文一开头就明确指出：

> 考虑到频率和能量的概念之间存在着一个总的关系，我们认为存在着一个其性质有待进一步说明的周期现象。它与每一个孤立的能量块相联系，它与静止质量的关系可用普朗克-爱因斯坦方程表示。这种相对论性理论将所有质点的匀速运动与某种波的传播联系了起来，而这种波的位相在空间中的运动比光还要快。

在论文结束时，他写道："相位波和周期现象的定义我有意说得比较含糊……所以目前只能把这一理论看作是一种形式上的方案，它的物理内容尚未充分确定，因而也是一个还不成熟的学说。"

德布罗意的理论因为认为物质具有波动性，因此被称为"物质波理论"（matter wave theory）。这个理论公布于世之后，开始并没有引起人们的重视。大多数物理学家包括他的导师朗之万——一位相当豁达和具有宽容心的学者，也都认为德布罗意的想法虽然有很高的独创性，但很可能只不过是一个转瞬即逝的思想火花而已。当时整个巴黎大学都"由于不知道如何估价德布罗意的论文而处境尴尬"。普朗克于 1934 年曾回忆当时人们对待德布罗意的理论的态度，他说：

> 早在 1924 年，路易·德布罗意先生就阐述了他的新思想，即认为在一定能量的、运动着的物质粒子和一定频率的波之间有相似之处。当时这个思想是如此之新颖，以至于没有一个人相信它的正确性，……这个思想是如此之大胆，以至于我本人，说真的，只能摇头兴叹。我至今记忆犹新，当时洛伦兹先生……对我说："这些青年人认为抛弃物理学中老的概念简直易如反掌。"

法国物理学家朗之万（右）和爱因斯坦（左）合影。

不仅老成持重的普朗克、洛伦兹如此，就是思想颇开放的朗之万也认为德布罗意的想象过分大胆，几近荒谬。但他又想到，玻尔的理论也曾被认为极其荒谬，因此说不定德布罗意的论文也会有点什么了不起的东西呢！在论文答辩之前，朗之万曾对苏联著名物理学家约飞（A. A. Joffe，1880—1960）说："（德布罗意）的思想当然很荒唐，但表述得十分优美和精巧，所以我将同意进行答辩。"

朗之万并没有随意否定德布罗意的思想。他很可能认为，真正的胡说八道是不可能表述得那么优美、那么精巧的；一个理论之所以完美，是因为它的内部深藏着某种暂不为人知的真实的东西。这种深藏着的东西超越了朗之万能理解的范围，于是他聪明地将德布罗意博士论文的副本寄给了爱因斯坦。朗之万记得爱因斯坦曾经对人们一时不能接受的玻

尔氢原子理论做过如下评价："这是思想领域中最高的
音乐神韵。"

爱因斯坦慧眼识英才

后来的事实证明，朗之万的这一措施，对于人们迅
速接受德布罗意的理论起了至关重要的作用。爱因斯坦读
了朗之万寄来的德布罗意博士论文的副本后，高兴地赞赏
道："厚幕的一角被德布罗意揭开了！"日本物理学史家广
重彻在他写的《物理学史》一书中，曾对此感叹地说道：
"爱因斯坦的作用是何等重要啊！"

爱因斯坦之所以能够迅速认识到德布罗意思想的重要
性，其间也有一定的原因。

1924 年，一位不知名的印度物理学家玻色（Satyendra
Nath Bose，1894—1974）寄给爱因斯坦一篇论文，他根据
他自己发现的"玻色统计"用光量子气体推导出了普朗克
辐射分布公式。这个年轻人真是大胆，他不仅希望爱因斯
坦酌情推荐一下，并且鲁莽地"想麻烦爱因斯坦把他（用
英文写的）文章翻译成德文"，以便能在德国物理期刊上
发表。幸好爱因斯坦没有因为玻色的无礼而把他的文章丢
进字纸篓里，反而认真仔细看了玻色的文章。这一看，出
现了物理学史上的一个伟大发现！

印度物理学家玻色。

在阅读玻色的文章之前，爱因斯坦在研究量子统计时
已经注意到，应该对物质粒子的独立性、可识别性加上某
种限制，所以他一读完玻色的文章，他立即知道，他的光
量子假说借助玻色统计便可以得到普朗克公式。这显然是
一个重要突破，于是他很快将玻色的论文译成德文，寄给
了德国的《物理杂志》。

接着，爱因斯坦把玻色的方法扩大到理想气体的统
计力学，得出了"玻色-爱因斯坦凝聚"（Bose-Einstein
condensation）。在此之后，他又用完全类同于 1909 年推导

黑体辐射公式的方法，得出了一个涨落公式，这个公式的第二项暗示光和物质都应该具有波粒二象性！但是，爱因斯坦对于光有二象性还有胆量设想，对于物质粒子也有二象性，却是连想都有一些不敢想。

正在这时，爱因斯坦收到了朗之万寄来的德布罗意论文的副本。他在德布罗意的论文中立即发现了他想过但未敢提出的设想：物质粒子和光类似，也具有波粒二象性。于是他立即相信，他的公式中的第二项正是由德布罗意物质波的干涉所引起的。这正如俗语所说，"瞌睡来了送枕头"，爱因斯坦正需要一个大胆的假说时，德布罗意就送来了一个合适的假说。

于是，爱因斯坦一有机会就极力向人们推荐德布罗意的理论。1952 年德布罗意曾经回忆说：

> 1925 年 1 月的论文吸引了爱因斯坦的注意。在此之前，没有什么人肯对它多瞧上两眼。由于这个原因，我永远对他怀着非常深沉的个人感激之情，感激他给我的巨大鼓励。

正是由于爱因斯坦的极力推荐，才使一些著名的物理学家迅速注意到德布罗意的物质波理论。其中对德布罗意理论的传播和应用起十分重要的作用的有两位：薛定谔（Erwin Schrödinger，1887—1961，1933 年获得诺贝尔物理学奖）和玻恩。玻恩注意到德布罗意的理论之后，就和哥廷根的同事弗兰克就德布罗意物质波的实验证明进行了一些讨论。1925 年，玻恩收到美国实验物理学家克林顿·戴维孙（Clinton J. Davisson，1881—1958，1937 年获得诺贝尔物理学奖）的一篇颇有一些奇怪的实验报告，其中的实验曲线非常像物质波的衍射图形（下面还会详细说到），于是建议让研究生埃尔萨瑟（Walter Elsasser，1904—1991）进行研究。正是这些量子力学大师的关注，才让德布罗意的理论迅即被人们接受。

我们在后面还会专门讲到实验，现在先谈谈德布罗意的思路。这两位实验物理学家以后我们还会见到。

德布罗意的思路

那么，德布罗意得到物质波理论的思路是怎样的？这显然是一个十分有意义的问题。大致上说，他的思路有三条：

其一，是来源于爱因斯坦 1905 年关于光量子的论文以及爱因斯坦后来的一些工作，即光子不仅具有能量，而且还具有动量，这已经使得光具有波粒二象性。大部分物理学家没有认识到波粒二象性的实质，却想尽力消除这种矛盾的和令人困惑的现象；但德布罗意敏锐地注意到了这个矛盾。这与他经常在他哥哥 M. 德布罗意的 X 射线实验室观察、工作有关。德布罗意在《波动力学的起源》（*The Beginnings of Wave Mechanics*）一书中提到，他青年时期"特别为普朗克、爱因斯坦和玻尔关于量子的工作所吸引。在爱因斯坦的光量子论中，我认识到光辐射中波与粒子共存乃是自然界本身最核心的基本事实。在跟随我哥哥莫里斯研究 X 射线谱的工作中，我已觉察到电磁辐射的两重性是非常重要的。此外，在学习了力学中的哈密顿–雅可比理论之后，我看到了把波动和粒子结合起来的雏形。最后，我还深入学习了相对论，我深信它应该是一切新的假说的基础。"

德布罗意还在回忆中特别提道："我哥哥把 X 射线看作是一种波和粒子的联合体，但由于他不是一个理论物理学家，所以对此并没有特别明晰的思想。"但受他哥哥的影响，他"经常注意到波和粒子的两重性是不可否认的现实，并认识到其重要意义"。

其二，玻尔的量子条件直接提示电子具有波动性。我们知道，决定定态的量子条件的整数 $n = 1, 2, 3\cdots$，这自然而然地使人想到了波的干涉条件也有相同的形式 $n = 1, 2, 3\cdots$。在德布罗意思考这些问题的时候，他还看到一位法国物理学家列昂·布里渊（Léon N. Brillouin，1889—1969）在 1919 年到 1922 年间发表的有关玻尔氢原子的系列论文中，试图用一种近乎粒子的观点来解释玻尔氢原子理论中"定态轨道"的设想。他认为电子在核周围运动的时候会激发其周边的"以太"发生振动，这些振动的以太会形成一种以太波向外转播，这就会发生波的干涉：在彼此相消处，电子就不会出现在那儿；而在相涨的地方，就形成玻尔所说的"定态轨道"了！

德布罗意很看重布里渊的思想，但是认为"以太说"不可取。布里渊思想里的精髓——关于电子的思考，却大大地启发了他：

> 在 1923 年，以下思想突然浮现在我心头，即波与粒子共存绝不仅限于（爱因斯坦）研究过的光，而应推广到一切粒子。当应用于电子

时，看来我必须阐明原子中电子运动的离奇性质，它们表现在（玻尔的）原子定态理论中。在（玻尔的）原子理论中出现的整数量子数，在波的共振和干涉理论中也同样出现。……在电子的量子运动规律中有整数出现，我觉得，这就说明在这些运动中有干涉存在……

其三，康普顿于 1923 年发现的康普顿效应，给他以极大启发。光既是粒子也是波，这已被康普顿效应证明是确凿无疑的事实，但许多人对此大惑不解，而德布罗意却由此结合相对论得出：具有一定质量的光子有波动性，为什么电子就不能具有波动性呢？ 1964 年春，德布罗意给库伯利（Friz Kubli）的信中说：

1922—1923 年期间，当我开始得到波动力学的基本观点时，我的意图是把爱因斯坦已经发现的、在光的情况下存在的波和粒子共存的想法，推广到所有粒子上去。为此，我从爱因斯坦确立了适用于光子（即光量子）的公式 $E = h\nu$ 及 $p = h\nu / c = h / \lambda$ 出发，将这两个公式应用到光子之外的其他粒子上去。当然，这使我写出适合于它们的公式：

$$E = m_0 c^2 / \sqrt{1-\beta^2} = h\nu,$$

$$及 \quad p = m_0 \mathrm{v} / \sqrt{1-\beta^2} = \frac{h}{\lambda}, \ (\beta = \mathrm{v} / c).$$

（上式中 E 为粒子能量，m_0 为粒子静止质量，h 为普朗克常数，ν 为物质波频率，λ 为物质波波长，v 为粒子移动速度。）

爱因斯坦在看了德布罗意的博士论文之后，迅即于 1925 年 2 月发表的文章中表达了他对德布罗意论文的看法，他说："我不相信它仅仅是一个类比，我以后将详细讨论这种解释。"正是爱因斯坦的态度，使薛定谔首次注意到德布罗意的工作。薛定谔在 1926 年 4 月给爱因斯坦的信中说："如果不是您……有关气体简并的论文使我注意到德布罗意思想的重要性的话，我的整个工作恐怕还未开始呢。"

德布罗意的理论除了受到几位著名理论物理学家如薛定谔、玻恩和海森伯等人的重视以外，其预言的电子衍射，也于 1927 年由戴维孙和 G. P. 汤姆逊（G. P. Thomson，1892—1975，J. J. 汤姆逊的儿子，1937 年获得诺贝尔物理学奖）先后通过实验证实，因此物质波动理论迅即被人们接受。人们至此才明白，电子等所有基本微观粒子不同于常见宏观物体的根本特征，那就是它们既有分立的粒子特性，又有连续的波动性。有了这一认识之后，物理学家们逐渐意识到，一门新的（量子）力学的模糊轮廓似乎已经若隐若现地出现了。1925 年初，玻尔就曾预言，与经典物理学"最后决裂的日子"已经为期不远。海森伯也曾生动描述过当时的情形："1924 年至 1925 年冬，在原子物理学方面，我们显然进入一个浓云密布，但已透过微光的领域，而且有幸展望令人激动的新远景。"

物质波思想的实验验证

德布罗意在 1923 年 9 月 24 日发表的文章里曾预言："一束电子穿过非常小的孔，可能会产生衍射现象，这也许可以验证我的假说。"但十分奇怪和令人不解的是他的哥哥莫里斯·德布罗意没有从事这一具有伟大物理意义的实验，结果把诺贝尔物理学奖拱手让给了美国的戴维孙和英国的 G. P. 汤姆逊。

（1）戴维孙逢凶化吉

1919 年前后，戴维孙和康斯曼（C.H. Kunsman）开始研究电子二次发射不久，就发现了一个完全出乎意料的现象，有约 1% 的入射电子被散射回来了，方向直指电子枪，而且能量也没有损失。显然，金属与电子发生了弹性碰撞。他们还特别注意到二次电子散射时的角度分布有两个极大值，并且出现绝对没有预料到的曲线（如图（6-1））。在进一步实验的基础上，他们提出了一个原子壳层模型，并根据这一模型作了定量计算。不幸的是，他们的实验数据、模型和预言都与卢瑟福的理论和实验不一致。尽管戴维孙仍坚持继续实验，但到 1923 年仍毫无结果，于是康斯曼离他而去，他自己也有一年没有继续做散射实验。

正当戴维孙灰心丧气时，他们的散射曲线却引起了德国科学家们的关注。首先是玻恩让他的研究生洪德（F. Hund）根据戴维孙的模型重新计算散射曲线中的极大、极小值，并将计算结果在讨论班上做了报告。玻恩的研

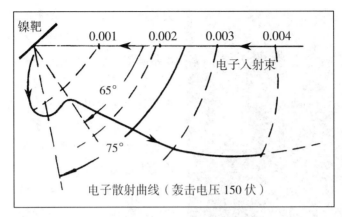

图（6-1）1921 年戴维孙-康斯曼电子散射曲线。

究生另一位埃尔萨瑟听了洪德的报告后，对这一散射曲线有了不同一般的兴趣，因此玻恩就建议他认真做一些研究。埃尔萨瑟在做了一番研究之后，认为戴维孙和康斯曼散射曲线中的极大值有可能是电子波动性造成的。他在利用德布罗意公式估算了极大值所需的电子能量后，发现数量级是相符合的。由此埃尔萨瑟清晰地看到了德布罗意理论可以怎样得到验证。他指出，如果德布罗意是正确的，那么一块单晶体就应该能使照射到其上的一束电子发生衍射；埃尔萨瑟还从计算中得出，如果用 150 伏特的电压加速电子，它们就应该具有一百亿分之一米的波长，只比位于典型金属中的原子之间的间隔稍小一点。埃尔萨瑟指出，这就是电子发生衍射的适当条件。因此如果德布罗意是正确的，实验家们应该能够在从晶体中以不同角度散射出来的电子数中，探测到波峰和波谷。1925 年，埃尔萨瑟在德国的《自然科学》上发表了题为《自由电子的量子力学说明》的论文。在论文中，埃尔萨瑟指出，利用电子的波动性完全可以解释戴维孙和康斯曼的散射曲线。他还指出，如果用大单晶使电子束反射，那就会更加明显而有决定性地证明电子衍射现象。

　　爱因斯坦看了埃尔萨瑟的文章以后对他说："年轻人，你正坐在一座金矿上。"

　　据 G. P. 汤姆逊说，戴维孙读过埃尔萨瑟的文章，但认为埃尔萨瑟的说法不正确。

　　1924 年，戴维孙又回到电子散射实验上来了。10 月份，美国实验物理学家革末（Lester Germer，1896—1971）代替康斯曼当戴维孙的副手。功

美国实验物理学家戴维孙和革末（右）。

夫不负有心人，这次戴维孙交了好运，竟在一次不幸的事故中，不自觉地按埃尔萨瑟的预言（用大单晶作为金属靶）行事了。有一天，他的助手革末正准备给实验用的管子加热去气，真空系统的瓶子突然破裂了，空气冲进了真空系统，镍靶严重氧化。过去也曾发生过类似事故，整个管子往往就报废了，这次戴维林决定采取修复的办法，在真空和氢气中加热，给阴极去氧。经过两个月的折腾，又重新开始了正式试验。这一次出现了奇迹。

1925 年 5 月初，结果还和 1921 年所得差不多，可是 5 月 14 日曲线发生特殊变化，出现了好几处尖锐的峰值（如图（6-2-c）所示）。他们立即采取措施，将管子切开，看看里面发生了什么变化。经一位显微镜专家的帮助，发现镍靶在修的过程中发生了变化，原来磨得极光的镍表面，现在看来构成了一排大约十块明显的结晶面。也就是说，镍靶受到氧化，晶格的排列发生了变化，由多晶变成了单晶，于是 5 月 14 日的散射实验曲线出现了埃尔萨瑟曾经预言的极大值。但是戴维孙不清楚（或者不相信）埃尔萨瑟的预言，所以看到极大值的出现十分惊诧，这时他仍然没有把有极大值的图形与电子的衍射联系起来，只是含糊地断定散射曲线"反常的原因"在于原子重新排列成晶体阵列。

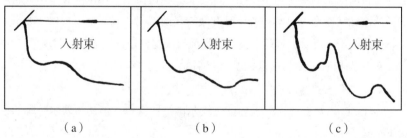

图（6-2）偶然事件前后电子散射实验曲线比较：（a）1921 年，戴维孙与康斯曼的实验结果；（b）1925 年 4 月 29 日，戴维孙与革末的实验结果；（c）1925 年 5 月 14 日，戴维孙与革末的实验结果。

但是，这一事故促使戴维孙和革末修改他们的实验计划。他们做了一块大的单晶镍，并且取一特定方向来做实验。他们事前并不熟悉这方面的工作，所以前后花了近一年的时间，才准备好新的镍靶和管子，然后于1926年春夏之交又继续实验。

事有凑巧，1926年夏天，戴维孙陪他的夫人到英国探亲，使他有机会随同英国物理学家里查孙（Owen Richardson，1879—1959，他的妹妹是戴维孙的妻子）参加英国科学促进会1926年8月10日在牛津召开的会议。会上他听到玻恩说，戴维孙和康斯曼所做的散射实验是德布罗意物质波理论所预言的电子衍射的证据，这使戴维孙感到十分意外。会后，戴维孙与玻恩、弗兰克、布莱克特（Patrick Blackett，1897—1974，英国物理学家，1948年获得诺贝尔物理学奖）等人进行了热烈而深入的讨论，玻恩还建议戴维孙仔细研究一下薛定谔论述波动力学的论文。

玻恩在他的自传《我的一生》中回忆道：

> 1925年的一天，我收到了美国物理学家戴维孙的一封来信，我想他是在贝尔电话实验室工作的，而且曾到哥廷根访问过我们。这封信描述了金属表面上电子反射的实验，还包括一些照片和曲线图，它们显示了很突出的结果，即在某些方向的反射有奇怪的极大值和极小值。我把这些结果拿给弗兰克看了，我想正是弗兰克首先提到了以下的可能性：戴维孙的极大值代表金属晶格反射的电子的德布罗意波产生的干涉条纹。于是我对最大强度的角做了初步的估计，这一估算对上述想法是有利的。接着我们要求弗兰克的一位学生埃尔萨瑟（他后来转到我的部门并从事理论方面的工作）仔细地探索这个问题。他的文章发表在《自然科学》上，这是对德布罗意理论的第一次证实。后来，戴维孙与革末一起用系统的实验证明了德布罗意物质波的存在。同样，G. P. 汤姆逊也独立地做到了这一点，他是 J. J. 汤姆逊的儿子。

由此可知，戴维孙在听了玻恩他们的意见之后，才有了明确而又令人激动的研究目标。1926年11月戴维孙在给里查孙的信中高兴地说：

> 我仍然在为薛定谔等人的理论进行实验。我相信，我已经得到了一

点想法，特别是已经明确了用我们这个散射实验如何验证物质波理论。

1927 年 1 月，他们的实验终于成功地验证了德布罗意的物质波理论，电子衍射实验宣布成功。同年 4 月份英国《自然》杂志随即刊登了他的实验结果。两个月后，该杂志又刊登了 G. P. 汤姆逊的电子衍射实验报告。

英国物理学家 G. P. 汤姆逊。

（2）G. P. 汤姆逊的高能电子衍射实验

戴维孙的电子衍射用的是低能电子束，这种实验正如 G. P. 汤姆逊在 1967 年所说："极为困难……即使现在去做也很难重复。而我的（高能电子衍射）实验就容易得多了。"

1924 年德布罗意关于物质波的论文在《哲学杂志》上发表不久，G. P. 汤姆逊就读了这篇论文，立即表示赞赏，并于 1925 年写了一篇文章试图评价德布罗意的论文，该文也发表在《哲学杂志》上。

这似乎有点不寻常，因为当时绝大部分物理学家都无法接受德布罗意的理论，何以 G. P. 汤姆逊独具慧眼，对之赞赏呢？也许他自己的一段回忆可以解释这一疑点：

那时老布拉格说过一句后来常常被人们引用的话，他说，星期一、三、五，光的行为像波，星期二、四、六，它又像粒子，到星期天那就什么也不像了。这句话把当时的情形形容得简直太妙了。造成这种局面的根源就是 h 所隐藏的伟大秘密。

当时我们都在设法寻找可能的方法，将这些明显无法调和的东西调和起来。有一种想法认为，也许光实际上就是粒子，只不过用波伪装起来。但为什么会这样呢？谁也说不清楚。我听到的第一个建议是小布拉格提出的，有一次小布拉格，即劳伦斯·布拉格爵士对我说，他认为电子并不像看起来那么简单。他以后没有对这一想法追究下去，但却给我留下了一个极为深刻的印象。所以，德布罗意的第一篇论文在1924年的《哲学杂志》上登出来以后，我就对之十分赞赏，并也在1925年7月的《哲学杂志》上发了一篇短文评论德布罗意的假说。这篇文章实在不怎么样，也许堪称糟糕理论文章的典范。我这儿提到它是为了说明，当德布罗意论文第一次出现时，我对他的假说的确十分注意。

G. P. 汤姆逊也参加了1926年8月10日的英国科学促进会。据他回忆，他没有与戴维孙说过话，也没有读过埃尔萨瑟的文章，但有可能与读过这篇文章的人谈过文章的内容。不管怎么说，G. P. 汤姆逊在思想上，已经有了进行电子衍射实验的理论准备了。

正好在这次会议之后，G. P. 汤姆逊从阿伯丁到卡文迪什实验室访问，在那里他看到了氦气中电子的散射实验。在散射时出现了一种令人注意的效应，即在某些特殊方向上散射特别强，这使G. P. 汤姆逊立即联想到托马斯·杨（Thomas Young，1773—1829，英国物理学家）干涉图形里出现的光圈。当时G. P. 汤姆逊认为这就是电子衍射。回到阿伯丁后，他想："好吧，气体的电子衍射已经做出来了，那么让我们试一下固体吧。"他让研究生瑞德（A. Reid）用明胶纤维制成的极薄的膜来做电子衍射实验。

因为他们一直在做散射实验，所以这项实验研究进展非常顺利。正如G. P. 汤姆逊回忆说："只要将感应线圈的极性反接，……瑞德几乎立即就得到了明显显示出弥散光圈的照片。"

1927年6月18日的《自然》杂志，登出了G. P. 汤姆逊和瑞德的实验报告。

几点启示

物质波这一非常具有独创性的理论在1924年提出，可以说有惊无险、顺顺当当地在1927年就被实验证实，回想起来实在有一些不可思议，我们从中可以得到一些非常重要的启示。

第一，德布罗意之所以能做出这一伟大发现，是与他考察物理问题的特点分不开的，同时也是他一直把相对论放在重要地位的结果。无论是他早期的科学生涯还是后期的探索活动，他都走着一条别具一格的独立道路。社会的进步要靠不断创新去实现，在工作、学习中，是人云亦云，随大流，还是独立思考，走自己的独立道路；教育是按"模子"浇铸人才，还是不拘一格培养人才，德布罗意为我们做出了榜样。

第二，一个大胆的科学思想的提出，尤其是年轻人的独特见解，往往要靠负有盛名的科学家的推荐和介绍才能被科学共同体迅速接受。年长的、著名的科学家应该心胸开阔，思想豁达，能包容奇谈异论，这样创新思想才能大放光彩；年轻人也才能迅速脱颖而出，而不会出现所谓的"普朗克效应"（即老一代科学家都死了，新的科学思想才能最终确立）。科学史上有许多导师由于思想狭隘，缺乏宽容心，结果使他们的学生本可放出异彩的思想，被扼杀于萌芽状态之中。例如维恩对于海森伯，泡利（Wolfgang Pauli，1900—1958，奥地利物理学家，1945年获得诺贝尔物理学奖）对于克罗尼格（Ralph de Kronig，荷兰物理学家）和 J. J. 汤姆逊对于玻尔等的许多事例中，都不乏扼杀和几乎扼杀年轻人独创性的悲剧。这方面我们应向朗之万和爱因斯坦学习。

第三，任何重大的科学发现一定包含了许多其他人的劳动，没有其他人的奠基性工作，可以说，任何科学发现都不会产生。要了解和掌握别人的工作，最好的方法就是进行广泛的科学交流，从别人的工作中吸取智慧和营养，激发自己的创造意识。在上面的讨论中我们可以看出，广泛的科学交流对戴维孙和 G. P. 汤姆逊都产生了重大影响。如果戴维孙没有参加1926年8月的科学促进会，他可能会失去发现电子衍射的机会；如果 G. P. 汤姆逊不及时看到德布罗意的文章，没有听到埃尔萨瑟的想法和到卡文迪什实验室参观，他至少不会那么快就完成电子衍射实验。

第四，德布罗意在1929年就因为1924年发表的文章而获得诺贝尔物理学奖。这么一个让老一代物理学家直摇头的怪异理论，5年之后就获奖，这在诺贝尔颁奖史上是非常快的。他之所以这么快就获得诺贝尔物理学奖，是因为他的思想在理论上迅速结出了硕果（薛定谔的波动力学和海森伯的矩阵力学），在实验上也迅速得到了证实。如果两者缺其一，恐怕他也不会如此之快就获得诺贝尔奖。德布罗意自己就曾经说："到了1927年，波动力学的基本概念已经被广泛接受了。这在很大程度上要感谢薛定谔在1926年发表的才华出众的文章，和戴维孙、G. P. 汤姆逊关于电子衍射的卓越实验。"

绝境求生：海森伯和矩阵力学的崛起

我们在学习中学物理学时，老师常常会说到电子绕核运动的"轨道"；在许许多多科普读物或者科学书籍中，也会常常见到电子绕核旋转的轨道图。因此我们谈到电子运动，自然而然会涉及运动轨道的问题。如果有一个人说："电子根本没有什么轨道！"恐怕大部分读者会说："这人怎么啦？脑子有毛病吧。"但是且慢！1932 年获得诺贝尔物理学奖的海森伯在 1925 年写信给他的好友泡利说："我的所有微弱的努力，就是要消除……那些无法观察到的轨道。"

这下该轮到你傻眼了吧？也许你会说："科学大师也会犯错误的呀。"是的，科学大师的确也会犯错误。那么，这次海森伯是真的说错了，还是里面大有文章呢？请你往下看。

走进物理学殿堂

1920 年夏天，海森伯高中毕业了。他想进慕尼黑大学数学系，专攻数学。他父亲那时正在这所大学执教，于是叫他去拜会数学系的林德曼（Ferdinand von Lindemann，1852—1939）教授。林德曼是一位有着白胡子的老人，年事已高。海森伯去见他时，他正不大舒服，精神也不好，听了海森伯想进数学系的要求后，就不大耐烦地问："你最近读些什么书？"

海森伯回答说："读过韦尔的《空间、时间和物质》。"韦尔（Hermann Weyl，1885—1955）是德国鼎鼎大名的数学家，他的《空间、时间和物质》（*Space-Time-Matter*）一书在当时可是热销一时的科学名著。

在回答时，海森伯可能还洋洋得意，他看的这本名著，许多大学生都看不懂，而他不但看懂了，而且正因为看了这本书才决心进数学系。他想林德曼一定会大吃一惊，并高兴地收留他。但海森伯高兴早了，林德曼一听海森

海森伯（左）和他哥哥的合影。

伯的回答就决断地说："那你就根本不能学数学了！"

完了！就这样莫名其妙地被林德曼教授打发走，还不知道为什么呢！海森伯只好对父亲说："我也可以读理论物理，试一试，行吗？"

幸亏林德曼不接收这个学生，否则海森伯就不会转向物理系了。父亲让他去会见物理系的索末菲教授。索末菲那时刚 50 岁出头，留着一副向上翘的八字胡，精力旺盛，对人和善，而且在世界物理学界很有名气。索末菲倒是很痛快地接收海森伯做他的学生，但是当他听说海森伯读过《时间、空间和物质》一书时，不免沉思了一下，然后对海森伯说：

"请你注意，做学问不能从最难的地方开始，你应该从基本物理学领域开始，先做一些要求不高的、细致的工作。你在中学里做过一些什么实验？"

海森伯回答说："曾经做过一些小仪器，如小马达等，但我不大喜欢同仪器打交道。"

索末菲知道聪明的学生往往年轻气盛，仍然耐心地对他说：

> 即使你想专门攻理论物理，也应该以最大的耐心做一些你认为不重要的小题目。一些大题目要解决，如爱因斯坦的相对论，但是也有许多小题目要解决，这些小问题不解决，大题目就完成不了。

海森伯还是听得不虚心，又斗胆地加了一句："可是，我对大问题后面的哲学问题更感兴趣，而对小问题不太有兴趣。"

索末菲不大高兴了，心里想："这年轻人也够狂的了，说了半天他还听不进去。"但索末菲向来对年轻人很善意，于是又耐心地说："你可知道，大诗人席勒曾经说过：'如果国王要建造宫殿，推手车的人可有事情做啦。'首先，我们都要做推手车的人！"

　　海森伯不敢再多说。索末菲也不想多指责学生，就说："你有没有能力，我们很快会看出来的，你可以参加我们的一些讨论班。我倒想看看，你如何来参加。"

　　就这样，海森伯没有走进数学领域，而被一位高手领进了物理学的殿堂。但是，海森伯与索末菲第一次谈完话后，心中颇有些沮丧。他原想一下子进入到最前沿的科学问题中，现在索末菲明确无误地告诉他，先要从基础学起，做推手车的人，离前沿课题还远得很呢！

　　"真令人扫兴！"海森伯想。

　　不久，他在讨论班看见一个胖胖的、长相有点滑稽的同学。索末菲告诉海森伯："这是泡利。"

　　索末菲本来要走，忽然又转身对海森伯说："他是我最有才能的学生之一，你可以从他那里学到很多东西。将来在学习中有什么不懂的，可以问他。"

　　这个胖乎乎、说话尖刻得让人要哭一场的泡利，从这天起就成了海森伯终生的诤友。

　　泡利是从奥地利到德国来的学生，比海森伯只大一岁，但他的物理知识可比海森伯要广博得多多，理解得深。尤其令人佩服的是，前不久德国出版《数学百科全书》时，索末菲竟然让泡利撰写《相对论》这一节。结果，泡利把这一节写成了一本书，而且后来成了名著，受到爱因斯坦极力称赞。这个泡利，总是让人大吃一惊。

　　有一天上课时，海森伯请坐在他身边的泡利下课后谈谈如何学习物理。正说着，索末菲进了教室。索末菲理了理漂亮而又向上翘的胡子，开始上课。海森伯正准备聆听讲授时，泡利向海森伯悄悄说：

　　"你瞧，我们的教授是不是像一个骑兵上校？"

　　课后，泡利根据海森伯的要求，仔细谈了他对当前物理学和如何学习物理的种种看法。他说：

德国著名物理学家索末菲教授，他是海森伯和泡利的导师。

当前的物理，已不能用我们日常生活中熟悉的概念来描述，必须用抽象的数学语言才行。所以，今日物理对实验物理学家来说已经太难了。我们必须有现代的数学训练，否则就无法研究物理学了。

海森伯听了之后，大受启发，真正感到："听君一席话，胜读十年书！"

泡利和海森伯有同样的缺点，都不喜欢认真做实验。教他们物理实验的是维恩教授，这是一位获得 1911 年诺贝尔物理学奖的实验物理学大师，对学生非常严格。而且，维恩认为，学习物理必须精于做实验，对索末菲的几个高才生，他总抱着不信任的态度，因为这几个人总不好好做实验，却一个劲地讨论高深的数学。

有一天，泡利和海森伯一起做实验，测定音叉的振动频率。但他们进了实验室之后，根本没做实验，却讨论起原子结构中一些有趣的问题。谈了许久，忽然泡利大叫一声："糟了！马上要下课了，我们还没动手做实验。"海森伯也慌了："这如何是好呢？"还是泡利脑袋灵光，出了一个馊主意："就利用你的听觉吧！我敲一下音叉，你听出是什么音调，我就可以算出音叉的频率。"海森伯大为高兴。这堂测量实验，就这样混过关了。

这一对在大学时代的好朋友，在以后几十年的科学研究生涯中，成了相互支持、相互帮助的终生伙伴。他们的许多重大发现，都是两人在不断通信讨论和当面争论中，逐渐萌芽、孕育和成长起来的。

"玻尔节"上遇玻尔

1922 年春天，在一次讨论班下课后，索末菲突然对海森伯说："玻尔马上要到哥廷根做一系列演讲，我也被邀请去参加这次演讲。我想带你去，你愿意去吗？"嘿，海森伯哪有不愿意去的理由？

1922 年 6 月 12 至 14 日、19 至 22 日，玻尔在哥廷根一共做了 7 篇有关原子结构的演讲。演讲时，听众中不仅有哥廷根的科学家，还有从慕尼黑来的索末菲和他的研究生海森伯及助手泡利，以及从法兰克福来的朗德和革拉赫（W. Gerlach, 1889—1979），从荷兰的莱顿则来了埃伦菲斯特（Paul Ehrenfest, 1880—1933）。总共约有 100 来人听了玻尔的演讲。由于玻尔的演讲大受欢迎，所以人们高兴地把玻尔的演讲说成是"玻尔的节目表演"。

梅拉（J. Mehra）和雷森堡（H. Rechenberg）在他们写的《量子理论的历史发展》（*The Historical Development of Quantum Theory*）一书中曾高度评价了"玻尔节"的意义：

> 新的哥廷根时代是以一桩戏剧性的事件开始的：在 1922 年 6 月间，玻尔发表了一系列（七篇）关于原子结构理论的演讲。在演讲中，他向听众介绍了这一课题最新研究的详细进展。玻尔在哥廷根的访问和演讲后来被称之为"玻尔节"，它不但使几位青年与会者确定了他们未来的事业，而且也唤起了一些年龄较大的像玻恩这些人的热情，开始对玻尔的理论进行积极的研究。就这样，它引发了最后的一个发展阶段：在这一发展阶段中，普朗克、爱因斯坦、玻尔和索末菲的量子理论被量子力学的新体系所替代了。

玻尔的七篇演讲，虽然每一篇都不长，但所论述的内容却相当全面。前三讲主要讲述的是原子理论基础的基本原理和对氢光谱的应用，论述了存在于原子结构的量子理论中的奇特局面，并在第三讲中强调了对应原理的作用；从第四讲开始，玻尔介绍了用原子结构理论来解释元素周期表，最后一讲他通过讨论 X 射线谱，证明他的原子结构理论经受住了严峻的考验。他说：

> 到此为止，在我们的探索中，我们曾经企图通过考虑电子的逐个俘获来深入到原子结构问题中去。事实上，这是一种合理的处

资料链接：

对应原理
（correspondence principle）

物理学中选定新理论的哲学准则，要求新理论能解释旧理论已能解释的一切现象。这一原理由丹麦物理学家 N. 玻尔于 1923 年正式提出，是他创立原子理论（量子力学的一种早期形式）的思想精华。20 世纪初，原子物理学处在混乱之中，实验结果显示了一幅看似无可辩驳的原子图像：若干个被称为电子的微小带电粒子沿圆形轨道在一个带相反电荷的异常致密的核的周围不停地运动。但是根据已知的经典物理学定律，这种模型是不可能的；因为按这些定律预测，绕核旋转的电子必定辐射出能量而沿螺旋线盘旋落到核内。然而原子却并没有逐渐丧失能量而崩坍。玻尔等人打算把原子现象的这些佯谬包括到一个新理论中。他们注意到在物理学家探讨原子本身以前，旧物理学一直是正确的。玻尔推论：任何新理论都不应当只能正确地描述原子现象，而且还必须能再现旧物理学，从而对日常习见现象也适用。这就是对应原理。对应原理除了对量子力学适用外，对其他理论也同样适用。正是这样，由相对论物理学描述的超高速运动客体性状的数学表述，在低速条件下就简化为对日常运动的正确描述。（《大不列颠百科全书》4，第 500 页）

理方式，但是，这种方式并不是充分的，因为原子
的稳定性在自然界中要受到很不相同的考验。作为
例子，我们只需回想到 X 射线和 β 射线对原子的影
响也就够了。原子的稳定性在这种可怕的干扰中也
同样应当得到保持，故而我们转头来考虑 X 射线
谱。我们立即可以看到，我们的假设只利用 X 射
线谱来解释稳定性条件，在我看来，这或许是对我
们看法正确性最强有力的支持。X 射线谱对（我的）
理论来说有巨大的重要性。

玻尔那种直观领悟真理，而不必将它译成包括数学
在内的人类语言的能力，以及很少大量使用数学方法的
特色，在演讲中表现得十分明显。但是这种思考方式与
哥廷根强调的公理化思考方式简直相差太远，开始很难
为哥廷根学派的科学家接受。尤其是希尔伯特，他几乎
无法认真考虑玻尔的论断，所以他几乎没有从玻尔那儿
学到什么东西。

但是，与会者都承认玻尔已经抓住了原子世界中最
本质的奥秘，虽然玻尔那种非常慎重的措辞，常常弄得
听众感到玻尔讲述的图像犹如在云雾缭绕之中，显得似
显似隐，像多雾的丹麦那样，神秘兮兮的。然而，也正
是这种模糊的神秘性大吊青年学者的胃口，显示出一种
强大的诱惑力。由于前几排是留给教授们坐的，海森
伯、泡利这些研究生和一些教授的助手如斯特恩（Otto
Stern，1888—1969，1943 年获得诺贝尔物理学奖）、朗
德（Alfred Landé）、洪德（Friedrich Hund）、格拉赫以
及约旦（Pascual Jordan）这群未来之星，只能坐在后
面。听了好久，海森伯也没有听清玻尔在讲什么，他不
免奇怪，就低声问旁边一位哥廷根的大学生：

"玻尔教授怎么说话不清楚，低声嘀些什么呀？"

那位大学生肩膀一耸，又把左手的食指竖到嘴边：

在哥廷根时的海森伯。

"别作声！玻尔教授讲演总是这样，竖起耳朵听吧！"

好吧，竖起耳朵仔细听。听呀听的，海森伯倒也听出了一个子丑寅卯，还品出了味道，觉得玻尔讲的物理太有意思，令人激动和神往。后来，他在回忆录《物理学及其他》（*Physics and Beyond*）中，把当时的感受活灵活现地写了下来。他写道：

> 1922 年初夏，哥廷根这个位于海茵山脚下布满了别墅和花园的友好小城镇里，到处都是葱绿的灌木、争奇斗艳的玫瑰园和舒适的居所。这座美丽的小城似乎也赞成后来人们给这些奇妙的日子所取的名称——"玻尔节"。我永远忘不了玻尔的第一次演讲。大厅里挤满了人，那位伟大的丹麦物理学家站在讲台上，他的体魄表明他是一位典型的斯堪的纳维亚人。他轻轻地向大家点头，嘴角上带着友好和多少有点不好意思的微笑。初夏的阳光从敞开的窗户射进来。玻尔的语调相当轻，略带丹麦口音，温和而彬彬有礼地讲着。当他解释他的理论中的一些假设时，他非常慎重地斟词酌句，比索末菲要慎重得多。他用公式表示的每一个命题都显示出一系列潜在的哲学思想，但这些思想只是含蓄地暗示着，从不充分明晰地表达出来。我发现这种方式非常激动人心；他所讲的东西好像是新颖的，但又好像不完全是新颖的。我们从索末菲那儿学过玻尔理论，而且知道有关的一些内容，但是听玻尔本人亲自讲却又似乎完全不同了。我们清楚地意识到，他所取得的研究成果主要不是通过计算和论证，而是通过直觉和灵感，而且他也发现，要在哥廷根著名的数学派面前论证自己的那些发现是很不容易的。

玻尔在做第三次演讲时，引用了克拉默斯（Hendrik Kramers，1894—1952）关于弱电场中氢谱线多重结构的详细计算。在演讲结束时玻尔表示：尽管量子理论还有许多难以解决的困难，但克拉默斯的结果却应该一直成立。他说："如果由量子论得到的这一详细图景竟然不对，那将会使我们大感意外；我们对量子条件形式实在性的信念是如此强烈，如果实验竟会给出和理论所要求的答案不同的结果，我们将会十分惊讶。"

讲完以后是听众提问题。海森伯原来已经学过并深入考虑过这个问题，

玻尔（右）与海森伯合影，摄于 1925 年左右。

但他的结论与玻尔恰好不同，因此他大胆地站起来讲了自己的想法，并把自己的推算告诉了玻尔。

后来，海森伯在回忆中提到了这件事，他说："我当时之所以想提出批评，只是想听听玻尔对我的批评有什么高见，这本身就极富趣味。而且，我还想看看玻尔的答复是不是遮遮掩掩，也想了解我的批评是否击中要害。"

海森伯注意到玻尔对他的批评有些震惊，回答也有些含糊其辞。不过海森伯当时是第一次接触玻尔，不知道玻尔治学的风格。玻尔虽说在回答海森伯的问题时有点含糊，但却绝不会寻求什么托词。所以海森伯没有料到，讨论一结束，玻尔就邀请他下午一同去海茵山散步，说在散步中也许能比较深入地讨论一下整个问题。这次散步是海森伯第一次与玻尔深谈，玻尔在散步时对海森伯说：

> 在以往的科学中，新的现象可以用旧的理论来解释，但现在研究到原子里面去了以后，我们没有办法很形象地说明原子里发生的事。这就像一个航海家漂流到一个荒岛，荒岛上有土著人，但由于语言不通，无法进行会话。……一个人对原子结构下论断，我认为要非常严肃谨慎……我的模型……是通过推测，来自于实验而不是来自于理论计算。我希望这些模型能同样用来描述原子的结构，而不是"只有"在传统物理的描述语言中才是可能的。……也许我们必须研究一下"理解"这个词的真实含义究竟是什么。
>
> ……
>
> 所以，我们必须非常谨慎地向前摸索。今天上午你不同意我讲的，但我暂时没有办法讲得更清楚。

海森伯通过这次交谈才真正明白，量子理论的奠基人之一玻尔是如何对理论的困惑感到烦恼的。许多年之后，海森伯在《量子论及其解释》一文中，生动地回忆了这次散步。海森伯写道：

> 讨论结束后他过来邀请我到哥廷根郊外的海茵山坡上去散步。我真是求之不得。我们在林木茂盛的海茵山坡上边走边谈。那是我记忆中关于现代原子理论的基本物理及哲学问题的第一次详尽讨论，自然对我以后的事业有着决定性的影响。我第一次了解到当时玻尔对他自己的理论比许多别的物理学家（如索末菲）更持怀疑态度；我还了解到，他对原子理论结构的透彻理解，并不是来自对基本假设的数学分析，而是来自对实际现象的深刻钻研，因此，他能直觉地意识到内在的关系，而不是在形式上把关系推导出来。于是我懂得了：自然知识主要是以这种方式获得的；仅仅作为第二步，才可能用数学公式把这种知识表示出来进行完全理性的分析。从根本上来说，玻尔是位哲学家而不是物理学家；但是他懂得，我们这个时代的自然哲学如果不是每个细节都经受得住实验的无情检验的话，便是无足轻重的。

玻尔邀请海森伯第二年春天到哥本哈根去访问几个星期，如果有可能的话，以后搞个奖学金在那儿工作一段时间。就这样，海森伯开始了与玻尔进行亲密友好合作的时期。对于海森伯来说，这真是运气，因为这段时期正好是量子论中的困难越来越令人困惑的时期；它的内在矛盾似乎越来越严重，把物理学家逼进了困境。然而也正是在这短短的几年时间内，一连串激动人心的惊人发现打开了解决问题的新局面。由于玻尔的邀请，海森伯得以身历其境，并做出了重要的贡献。

差一点得不到博士学位

自从与玻尔散步谈话以后，海森伯有了一个强烈的愿望：到哥本哈根去。那儿有一大群从世界各地来的物理学家，个个精明、能干、年轻和朝气蓬勃，他们正在玻尔教授的引导下，对原子物理学里激动人心的问题进行研究。那里是原子理论研究的一座灯塔！到那儿去，海森伯可以投入到紧张而有成效的研究中去。可惜他暂时不能去，他的学习还没有结束，他必须先在慕尼黑大学拿到博士学位。

索末菲虽然很喜欢他的这位高足，但他总觉得海森伯缺乏系统知识的训练。海森伯只喜欢学习他所喜欢的课程，尤其是原子物理的理论问题。索末菲认为这样不好，就对海森伯说："你不能只研究原子物理，你还应该加强基础训练，否则以后要吃亏！你的博士论文题目我选好了，是关于水流中的涡旋问题。"

另外，由于维恩教授对海森伯一直很恼火，因此索末菲又说："维恩教授对你有些看法，你要选修中级物理实验这门课。今后你对实验要认真一点，否则会遇到麻烦的。"

海森伯忧郁地说："他大概不会给我及格分的。"

索末菲为了鼓励海森伯，说："不能说死了，关键是你要改变一下态度，不能再对别人说做实验是浪费时间。"

当时的规定是：物理考试既要考理论，也要考实验，两方面合起来算一个成绩。理论考试由索末菲负责，当第一考试人；实验则由维恩负责，当第二考试人。如果维恩不给海森伯及格，海森伯就要倒霉，不能毕业！没办法，海森伯只好到中级物理实验室去，按维恩的要求做实验。可是，他怎么也做不好，也提不起精神。过了不久，他又在实验室里偷偷研究起理论物理，把实验撂在一边。

1923 年 7 月 23 日，博士考试的日子终于来临了，海森伯心情十分紧张。维恩教授的这一关，恐怕凶多吉少。考试开始，维恩问了一个很容易的光学中的分辨率问题，但海森伯没有回答出来。维恩有些恼火了："这么一个简单而重要的问题，你都回答不出来，恐怕我们真是在'浪费时间'吧？"

维恩特别把"浪费时间"几个字说得重重的，那意思海森伯当然心领神会。

"我不想为难你，"维恩又说，"我再问你一个最简单的问题，铅板蓄电池是怎么工作的？"

这个问题的确够简单的，恐怕汽车司机都可以回答。可是真要命，海森伯从来没有关心过这类简单的问题，还是回答不出来。

维恩教授板着脸，气呼呼地说："好了，我的问题问完了。"

海森伯出了考场，见了任何人都不搭腔，一脸晦气，心想："完了！博士帽戴不成了。"

幸亏他的理论文章写得好极了，索末菲颇为得意地对人说："这篇论文难度很高，只有海森伯可以做出来。"

维恩的意见完全相反，他根本不同意让海森伯毕业。但索末菲自有办法，他终于说服了维恩，让他高抬贵手，给了一个最低的及格分数。好险呀，差一点不能得到博士学位！海森伯终于毕业了。

1923年10月，海森伯来到哥廷根，被玻恩私人出资聘为助教。

1924年3月15日—17日，他迫不及待地到哥本哈根去会见玻尔。此后，海森伯多次来往于哥廷根和哥本哈根之间。

哥本哈根之行，灵感突发

德布罗意的假说在丹麦有很长一段时间不为人知晓。曾经在哥本哈根工作过的美国物理学家斯莱特（J. Slater，1900—1976），在他的自传中曾回忆说："1924年春，哥本哈根没有人知道巴黎德布罗意的工作，……他的主要论文直到1925年初还没引起普遍的关注……即使在1925年也还没有为人所共知。"

在哥本哈根，有他们自己注意的热点。

1924年5月1日，海森伯再次来到哥本哈根的玻尔身边。1922年他与玻尔在散步中交谈时，他们就色散问题做了重点交谈；到了哥本哈根之后，他就和荷兰来的克拉默斯一起继续研究色散问题。正是在这一研究中，海森伯得到了量子力学的另一种方案：矩阵力学（matrix mechanics）。

事情是这样的，当时最让人们困惑的一个问题是，尽管玻尔的理论可以预言氢原子的光谱频率，并且与观察结果相一致，但是这些频率与玻尔所假设的电子绕核运动的轨道频率都不相同。人们开始意识到，经典轨道的应用也许根本就不适合。一些思想更激进的年轻人，包括海森伯和泡利，已经深信经典轨道模型必须在原子领域中被彻底抛弃。例如海森伯就说过："我的所有微弱的努力，就是要消除……那些无法观察到的轨道。"

1924年，玻尔的助手克拉默斯沿着"消除轨道"之路取得了第一个重要进展，他成功地获得了第一个具有完全量子形式的色散关系式。这一结果"不再显示……轨道数学理论的更多回忆"。

玻恩后来评论说："这是从经典力学的光明世界走向尚未探索过的、依然黑暗的新的量子力学世界的第一步。"

如果轨道运动的观念是不正确的，那么原子中的电子到底是怎样运动的呢？我们又应当如何描述它呢？在克拉默斯成功的激励下，海森伯开始着手"制造量子力学"——一种没有轨道运动的新的力学。

1925年4月27日，当海森伯在哥廷根兴致勃勃地想用公式表示光谱中的谱线强度时，陷入了困境。在困境中他再一次对在量子理论中一直使用的电子的轨道这一直观概念产生了怀疑。他还想到了爱因斯坦在建立狭义相对论时，曾经强调不允许使用绝对时间这类"不可观测量"。于是他决定去掉那些不可观测量，仅使用那些能观测的量，如辐射频率和强度这些光学量。先建立基本的运动模型。

恰好这时海森伯因为对花草过敏，得上了严重的花粉热病，脸肿得像挨过揍一样，于是他只好向玻恩请两周病假。6月7日他离开哥廷根来到北海边一座荒芜的岩岛，那是德国海边的赫尔兰疗养岛。海森伯希望远离花草并在令人心旷神怡的海滨空气中尽早恢复健康。可是，他当时的脸确实肿得惹人注目，女房东一口咬定他是一个不安分守己、好惹是非的小伙子，差一点把他拒之门外，后来总算遇上一位热心人帮忙说情，女房东才勉强答应收纳并照料他。女房东把他安排在三楼。由于这幢房子建在岩岛的南边，居高临下能看到远处的沙滩和大海那壮丽的景象。

除了每天散步和长时间游泳之外，赫尔兰岛没有什么能使海森伯分心的。他一个人孤独地伴随着海边的沙石、大海的浪花，思考着电子的轨道问题，因此思考的进展要比在哥廷根快而深。他感觉到，只须再有几天就足以抛开各种数学障碍，得出他自己所考虑问题的简单的数学公式。

在赫尔兰岛的一个深夜，海森伯忽然意识到总能量必须保持常数。对，能量守恒！这一领悟使他可以把一种新的乘法规则，用到相应的经典表达式上，通过转译导出量子定态的能量。这一点确实是关键。他匆忙做了一些计算，经过若干失败的尝试，终于与已知观察值非常符合。他成功了！海森伯终于等到了量子力学定律从他心底里涌现出来的伟大时刻。几年之后他回忆道：

　　……一天晚上，我就要确定能量表中的各项，也就是我们今天所说的能量矩阵，用的是现在人们可能会认为是很笨拙的计算方法。计算出来的第一项与能量守恒原理相当吻合，我很兴奋，而后我犯了很多的计算错误。终于，当最后一个计算结果出现在我面前时，已是凌晨 3 点了。所有各项均能满足能量守恒原理，于是，我不再怀疑我所计算的那种量子力学具有数学上的连贯性与一致性。刚开始，我很惊讶。我感到，透过原子现象的外表，我看到了异常美丽的内部结构，当想到大自然如此慷慨地将珍贵的数学结构展现在我眼前时，我几乎陶醉了。我太兴奋了，以至于不能入睡。天刚蒙蒙亮，我就来到这个岛的南端，以前我一直向往着在这里爬上一块突出于大海之中的岩石。我现在没有任何困难就攀登上去了，并在等待着太阳的升起。

这时的海森伯恐怕真有"海到尽头天作岸，山登绝顶我为峰"的豪迈感觉了！

1925 年 6 月 19 日，海森伯回到哥廷根。经过反复考虑，他对在赫尔兰岛所取得的突破进行提炼并总结成论文。这篇具有划时代重要性的论文《关于运动学与力学关系的量子论转译》（以下简称《转译》）完成于 1925 年 7 月 9 日。

在这篇论文中，海森伯开门见山地写道："本文试图仅仅根据那些原则上可观测量之间的关系来建立量子力学理论基础。"

矩阵力学横空出世

当海森伯将玻尔的对应原理加以拓展，并试图用来建立一种新力学的数学方案时，他惊奇地发现他建立的是一个连他自己也十分陌生的数学方案，其最大特征是两个量的乘积决定于它们相乘的顺序，即 $pq \neq qp$（一般乘法是 $pq = qp$，如 $2 \times 3 = 3 \times 2$）。海森伯对这个新方案感到没有把握，因而在论文的结尾写道：

> 利用可观测量之间的关系……去确定量子论中论据的方法在原则上是否令人满意，或者说这种方法是否能开辟走向量子力学的道路，这是一个极复杂的物理学问题，它只能通过数学方法的更透彻的研究来解决，这里我们只是十分肤浅地运用了这个方法。

当别人还在对电子轨道恋恋不舍、犹豫不决时，彻底抛弃它的海森伯终于发现了一套新的数学方案——"魔术"乘法表，原子辐射的频率和强度在表中按照一定的规则排列成一个数的方阵，方阵之间按照一种新的乘法规则进行运算。

后来海森伯把他的论文《转译》送给他的导师玻恩，请他指点。玻恩在认真研究海森伯的符号乘法时，发现它们"既面熟又陌生"。他立即意识到在这个新的乘法规则背后，一定有一些基本的东西，可能对开拓新的量子力学有重要作用。经过整整一周的冥思苦想，到第八天早晨，玻恩忽然领悟：海森伯的符号乘法就是代数中的矩阵乘法（matrix multiplication）。而这些计算玻恩在大学时代，就从布雷斯劳大学的罗桑斯（Jacob Rosanes，1842—1922）教授的线性代数课程中学过。难怪他有"面熟"的感觉！另一方面，由于海森伯的符号乘法在表达形式上与数学家的习惯方式又有很大差别，海森伯当时完全不知道"矩阵"为何物，难怪连玻恩这样的"矩阵"行家都要感到陌生了。

玻恩在他的自传《我的一生》中回忆说：

> 将海森伯的论文送给《物理学杂志》发表之后，我开始思考他的符号相乘，不久我就极深地陷了进去，以致我天天想，夜里几乎睡不着觉。因为我觉得在他的背后有某些根本的东西，也是我们多年来奋力以求的目标。在一天早晨，大约是 1925 年 7 月 10 日，我突然看见了光明：海森伯符号相乘不过就是矩阵运算，从我的学生时代，从在布雷斯劳听了罗桑斯的课的时候起，我对这种运算就非常熟悉。

泡利收到海森伯《转译》的副本后的反应是"欢欣鼓舞"。紧接着几个月，由于《转译》而引起在量子力学方面的突破与进展，给一度灰心丧气的泡利带来"新的希望并重新唤起生活的乐趣"。正如泡利在 1925 年 10 月写信给克朗尼格说的那样，"虽然这还不是谜底，但我相信现在有可能再一次向前推进了。"

不过泡利却失去了与自己以前的老师合作的机会，这要怪泡利自己一时糊涂。玻恩在自传中回忆说：

> 当时是 1925 年 7 月中旬，德国物理学会的下萨克森区分会正准备

在汉诺威召开一次会议。有相当多的物理学家从哥廷根坐火车去那儿；坐北方特快大概要一小时。在火车上我碰到了几个从其他大学来的物理学家，其中有我的前助手泡利。

这阵子泡利已经很出名了，他写了很多极好的论文，其中有著名的不相容原理。就是靠这个原理，玻尔建立了他的元素周期系统的理论。泡利是从苏黎世（那边暑假比德国开始得早一些）来的，也去汉诺威开会。

玻恩接着写道：

我与泡利正好在一个厢房里。由于对自己的新发现非常热衷，我立刻把有关矩阵的事告诉了他，并提到了求那些非对角元素时所遇到的困难，接着问他是否愿意在这个问题上同我合作。

但是，我得到的不是所期待的关心，而是冷冷的、讥讽的拒绝："是呀，我知道你喜欢搞冗长和复杂的形式主义，你只能拿你的琐碎的数学把海森伯的物理概念糟蹋掉。"……

提到泡利不愿同我合作的事，他后来对旁人做过解释，他说没有认真思考过海森伯的想法，并且不愿意干预海森伯的计划。……不论怎样说，我以为像泡利那样伟大的人，也免不了对这种很难的问题做出错误的判断：他没有抓住要点。

当玻恩意识到海森伯的量子乘法其实只不过是两个矩阵相乘的规则后，也就立即断定它的发表价值。所谓矩阵，就是代数里常用的一种计算法，例如 2×2 的矩阵

$$\begin{pmatrix} 2 & 5 \\ 6 & 4 \end{pmatrix}$$

就是一个 2×2 的方块乘法表。3×3 的矩阵

$$\begin{pmatrix} 3 & 6 & 5 \\ 5 & 9 & 8 \\ 4 & 2 & 7 \end{pmatrix}$$

就是 3×3 的一个方块乘法表。这种计算方法在代数里常用，但是对当时的物理学家很生疏，连学过这种计算方法并担任过希尔伯特助手的玻恩，都一时想不起来，更别说一般物理学家了。但是到了现在，不仅仅是物理学家已经经常使用这种计算方法，就是一般理科大学生在线性代数课里也一定会学到它，而且以后工作上经常使用它。

7 月底，海森伯还在英国访问期间，《转译》在《物理学杂志》上发表了。这篇论文及其新乘法规则开创了量子力学的矩阵形式。

海森伯只是出于物理学家的直觉，并迫于物理事实的需要，才发现了一个类似下棋规则那样的新规则，因此他的量子乘法缺乏严格的数学证明。现在需要像玻恩那样的"量子数学家"上阵参战了！

海森伯的乘法新规则经玻恩重新表述，成为矩阵力学的基本方程。原先在普通代数或经典力学中，$pq-qp = 0$。现在原有的乘法交换律被破坏了，但当用 $h/2\pi i$ 代替 0 之后，又重建了一种量子力学的、新的对易关系

$$pq-qp = \frac{h}{2\pi i}I$$

（$i = \sqrt{-1}$，粗体字表示矩阵，I 代表单位矩阵）

玻恩的墓碑。墓碑上有 $pq-qp = \dfrac{h}{2\pi i}$ 的公式。

新的规则由于包含普朗克常数 h，因而打上了量子化的烙印。这个新的非对易关系完全是玻恩靠着他那精湛的数学功底发现的，与海森伯几乎没有任何关系，但是由于玻恩"是天底下最谦逊地人"（美国数学大师诺伯特·维纳语），后来这个公式竟然被称为"海森伯非对易关系"，实在是天下最可悲的误会！但是，海森伯也是有责任的，他本应该出来澄清，但是他却含含糊糊地听之任之，实在有些不地道。但是玻恩到底没有把这个他自己认为的最得意之作拱手让人，而是把这个公式刻在了他的墓志铭上，让无言的墓碑去叙述这段历史。

后来玻恩的另一位助手德国物理学家约尔丹（Ernest Jordan，1902—1980），加入了合作，因为约尔丹的数学天才在哥廷根十分闻名。玻恩十分兴奋，日夜盼望的"自洽的量子力学"已经呼之欲出了！两个月时间，玻恩与约尔丹果真实现了这一目标。他们的合作论文《关于量子力学》完成于1925年9月下旬。这篇文章后来被称为"二人论文"，《转译》则被称为"一人论文"。

玻恩的助手约尔丹，他是一个数学天才。

《关于量子力学》一文明确提出了矩阵力学的纲要。论文肯定，海森伯的《转译》是他们的基本出发点，海森伯所表明的物理思想透彻而深刻，因而毋须做补充，然而在数学形式上大有可改进之处，这正是玻恩与约尔丹所要做的工作。他们是这样来表明自己关于矩阵力学的研究纲领的：

> 海森伯的理论方法……向我们显示出相当大的潜在意义，它旨在建立一个新的与量子理论的基本要求相符合的运动学与力学表述。……引导海森伯思想发展的物理上的原因已被他描述得那样清楚，以致任何附加的评论都显得多余。但是在形式、数学方面，他的处理尚处在初级阶段：他的假设仅仅应用在简单的例子上，没有被充分地过渡到一般的理论。由于他的思想尚处在形成阶段，我们就处在可以了解它的有利地位上。现在我们这里将努力简化海森伯处理方法的数学形式并提出自己的一些结论。我们将表明，从海森伯所做的基本论证出发，建立一个既与经典力学明显密切相似，同时又维护量子现象特征的严密的量子力学数学理论，实际上是可能的。

后来，在1925年11月16日，玻恩、海森伯和约尔丹三人又合写了一篇《量子力学Ⅱ》（被称为"三人论文"），其中第一次提出了一种系统的量子理论。在这个理论中，经典的牛顿力学方程被矩阵形式的量子方程所代替。后来人们把这个理论叫作矩阵力学。

1925 年 12 月 25 日，爱因斯坦在给好友贝索的信中对这个新理论评价说：

> 近来最有趣的理论成就，就是海森伯-玻恩-约尔丹的量子态的理论。这是一份真正的魔术乘法表，表中用无限的行列式（矩阵）代替了笛卡儿坐标。它是极其巧妙的……

海森伯他们也自豪地宣称：这个新的量子力学已经达到了人们长期追求的目标。因为在新量子力学中，旧量子论该有的它仍然有（如定态能量与量子跃迁假说等核心假说仍包含在新体系的基础之中），而旧量子论本不该有的（如逻辑上的不一致性）它就不再有了。毫无疑问，新量子力学是逻辑上完全自洽而在数学上更严密的形式体系。并且它在原则上允许计算任何周期或准周期体系（例如原子），同时仍然与经典力学之间存在密切的相似性。

1926 年 3 月 16 日，海森伯和约尔丹从哥廷根提交了一篇论文，名为《量子力学在反常塞曼效应中的应用》。哥廷根的"矩阵工厂"开始生产它的批量的"量子产品"了。海森伯的乐观主义与进取精神已经转入玻尔所希望的轨道。海森伯与约尔丹利用电子自旋和量子微扰理论的全部套路，对原子的量子力学行为进行成功的计算。

1933 年，海森伯一人获得了补发的 1932 年的诺贝尔物理学奖，而玻恩却榜上无名。这显然是极不公平的。连海森伯自己也觉得很过意不去。他在 1933 年 11 月 25 日写给玻恩的信中说：

> 亲爱的玻恩先生：
>
> 　　这么长时间没有给你写信，也没有感谢你对我的祝贺，部分原因在于我对你实在于心有愧。我一个人接受了诺贝尔奖奖金，而工作却是你、约尔丹和我在哥廷根合作完成的，这件事使我深为抱憾，我不知道该怎么写信给你。当然，我很高兴我们共同的努力现在受到了敬重，我愉快地回忆起那段合作的美好时光。我还相信，所有善良的物理学家都知道你与约尔丹对量子力学结构的贡献有多么巨大，而且这

是不会为外界的错误决定所改变的。为了全部出色的合作，我只能再次感谢你，并且感到有所羞愧。

致以亲切问候！

你的 W.海森伯

1933 年 11 月 25 日于苏黎世

玻恩在他的自传《我的一生》（*My life, Recollection of a Nobel Laureate*）里仍然谦逊地写道：

"这虽然是辛苦的时期，但是也是工作富有成效和充满欢快的时期，我们三人之间没有吵闹，没有猜疑，没有妒忌，读了我们文章的人都会明白这一点。海森伯的一封信也清楚地表明了这一点，……

"意味深长的是这封信的日期和地点：1933 年 11 月 25 日于苏黎世。那时希特勒已经上台，我作为难民正住在剑

1933 年海森伯（右）和薛定谔从与瑞典国王在颁奖典礼上合影。

桥。海森伯不能从纳粹德国寄出他的感受信，不得不等到他到了瑞士。

"收到这封信我很高兴，它既是海森伯的友情的表现，也是我们在研究中合作的证词，这个工作使他单独获得了殊荣。"

后来玻恩终于在 1954 年因为对量子力学的贡献，获得了诺贝尔物理学奖。爱因斯坦立即写信给他："很高兴得知你因为对量子理论的奠基性贡献而获得诺贝尔奖，虽然它来得莫名其妙地迟。"玻恩回信说："我没有在 1932 年与海森伯一同接受诺贝尔奖，这件事在当时深深地伤害了我。"

关于玻恩的故事，在后面"异写突起：玻恩的几率诠释"这一章中还有得讲。

拨云睹日：泡利不相容原理和电子自旋的发现

　　奥地利物理学家泡利曾被誉为"物理学的良心"和"上帝的鞭子"。在相当一段时间里物理学家们总是唯泡利的马首是瞻。荷兰物理学家克朗尼格于是想把自己的一个了不起的创见送给泡利审查。

　　不幸的是，泡利这次犯了他一生很少犯的错误。当克朗尼格瞅准机会把自己的想法告知泡利时，泡利的回答使克朗尼格大为失望。泡利说："你的想法的确很聪明，但大自然不喜欢它。"

　　泡利怎么知道"大自然不喜欢它"？这显然是一种傲慢。但是克朗尼格却因此失去做出一个伟大发现的机会，并且把机会拱手让给了别人。爱因斯坦说得好："再伟大的科学家也会犯错误，谁也不能例外。在真理的认识方面，任何以权威自居的人，必将在上帝的戏笑中垮台！"

　　下面的故事将告诉我们：泡利的确是一位罕见的天才，但他也犯过一些重大的错误。因此我们要小心，别让权威蒙住了你的眼，捆住了你的手脚！

天才泡利

　　1900 年 4 月 25 日，泡利诞生于奥地利首都维也纳，他的父亲是一位颇有名望的医药化学家。泡利天赋极高，在读中学时就自修了大学物理学，并在 1918 年 9 月上大学之前就写了一篇关于引力场的论文。

　　1919 年，泡利带上他父亲给索末菲的介绍信，要求索末菲允许他不读大学课程，而直接做他的研究生。索末菲那时是在慕尼黑大学任教的著名物理学家。索末菲答应了，但怀疑这个矮矮胖胖的泡利是否能够听懂给研究生上的课。但是，使他大吃一惊的是，泡利不仅保证能听懂课，还冒失地要求参加给高年级研究生安排的讨论班。索末菲觉得这一要求毫无意义，而且一定觉得泡利有点不知天高地厚。但不久索末菲就改变了看法，这有两方面的原因：一是在讨论班上，泡利表现出了卓越的才能，成为讨论班里掌握和理解问题最快和最深的一个学生；另一原因是 1919 年 6 月 4 日，泡利又发表了一篇文章，仍然是讨论引力理论，在文章中他竟斗胆批评当时已是苏黎世联邦理工学院教授的韦尔，指出韦尔有一篇文章的计算中把符号弄错了。这些表现，着实让索末菲对泡利另眼相看。不过这时的泡利毕竟才是一个年仅 19 岁的小青年，所以批评韦尔的语气十分客气："我怀着尊敬的心情指出，在韦尔的文章中有一个小的疏忽。"以后他批评人就没有这么客气了。

过了 5 个月，泡利在 11 月 3 日又发表了他的第三篇文章，他再次批评了韦尔的错误。这一次批评显示出泡利对物理学有不同于一般的深刻理解。他指出，韦尔的理论在计算场强时连续地计算到电子内部，但物理学家在定义场强时只是对检验电荷而言。现在既然没有比电子更小的检验电荷，那么一个数学点的电场强度似乎就是一种空幻的构想。泡利在文章中提出了一个重大的物理学问题："人们当然会要求，只有在本质上可观测的量才能被引入物理学。"

哥本哈根的一次会议，前排左起为泡利、约尔丹、海森伯和玻恩。泡利后面站立者为玻尔。

这个观点与爱因斯坦的不谋而合，在日后量子力学创建过程中，它一再显示出巨大的物理意义。

这几篇论文，不仅使索末菲认识到泡利是最有资格参加讨论班的一个，而且还为泡利赢得了很高的声誉。泡利在他的第一篇论文中曾讨论将广义相对论用到水星运动中去的可能性和方法，这使索末菲感到十分惊讶；而他对韦尔的批评，更使得韦尔简直无法相信，一个 19 岁的学生竟有如此深刻的洞察力。他曾写信给泡利说："我几乎难以理解，你这么年轻就掌握了认识相对论的种种方法和为此所需要的自由思考。"韦尔甚至认为，这个 19 岁的青年可以是他的巨著《空间、时间和物质》的新的合作者！

接着，在 1921 年出版的《数学科学全书》时，索末菲大胆推荐泡利为该书撰写相对论的综述介绍。当时泡利只有 21 岁，我们可想而知这时索末菲已经多么相信泡利了！泡利不负师望，把这篇综述写得如此之成功，连爱因斯坦也称赞不已。爱因斯坦 1922 年在一篇文章中写道：

> 读了这篇成熟的、构思宏伟的著作，谁都不会相信它是一个 21 岁的人写的。思想发展的心领神会，数学推导的精湛，深刻的物理洞察力，评价的恰到好处——人们简直不知最先称赞什么才好。

1922 年 6 月，玻尔到哥廷根讲学，当时泡利作为玻恩的助手也在哥廷根。泡利在听玻尔讲学时所做的发言，引起了玻尔的注意，于是玻尔邀请泡利去哥本哈根理论物理研究所工作一段时间。泡利为此受到极大鼓舞，答应了玻尔的邀请。从此，泡利和玻尔结下了深厚友情，并走上了使他今后获得光辉成就的量子理论研究的道路。

在玻尔周围聚集了一大批天才青年，而在这些年轻人当中，泡利是十分令人瞩目的一位。他的特点是思维缜密、反应敏锐，善于发现别人没有注意到的问题，而且语言犀利、尖刻，有时尖刻得真令人忍受不了。由于他批评别人特别不留情面，荷兰物理学家埃伦菲斯特善意地称他为"上帝的鞭子"。

对于泡利这根"鞭子"的褒贬，随人而异。已成熟的超级天才，如玻尔、海森伯、朗道等人，都对他极力称赞，倍加欣赏。例如玻尔曾经说：

> 确实，每个人都渴望听到泡利永远很强烈和很幽默地表示出来的对于新发现和新想法的反应，以及他对新开辟的前景的爱与憎。即使暂时可能感到不愉快，我们永远会从泡利的评论中获益匪浅；如果他感到必须改变自己的观点，他就极其庄重地当众承认。因此，当新的发展受到他的赞赏时，那就是一种巨大的安慰。同时，当关于他的性格的那些轶事变成一种美谈时，他就越来越变成理论物理学界的一种良知了。

但也有人持不同意见的观点，认为泡利的尖刻、武断，伤害了许多人，于人于己都产生了不利的影响。例如梅拉和雷森堡在他们的著作《量子理论的历史发展》中就曾指出：

> 除了海森伯在 1925 年 5 月、6 月及 7 月的工作和薛定谔在 1926 年春天的工作以外，在新原子理论的建立中，几乎没有哪一步不曾受到泡利至少是一次的批评，泡利表现得好像他就是"量子力学的良心"，而且后来好像他真是"物理学的良心"了。但是在许多方面，这是一种有毛病的良心，更多的情况是他像"上帝的鞭子"似地抽打了他的那些同时代人，而不是像一种新的和革命的理性之光那样照射了他们。事实上，在他一生的很大部分中，泡利一直是关于物理学王国里的创新事物的阴暗面的预言家。这可以用他在 1958 年春天对我说过的一句话来说明，他说："Ich war doch ein Klassiker."（我当时是一个古典主义者。）

由于梅拉和雷森堡的这部巨著很多人不喜欢，也有许多可商榷和批评的地方，因而他们对泡利的这种评价我们也不可全盘接受；但泡利"是一个锋芒毕露的人"，说话有时过于尖刻，因而损伤了一些不太成熟的年轻物理学家的信心，这大概是不会错的。过于武断，不仅会使自己陷入误区而不能自拔，还会使别人受到影响一同陷入误区。在电子自旋的发现过程中就出现过这种情形。

除此之外，泡利还是一个兴趣极其广泛的人。阿瑟·米勒在《情欲、审美观和薛定谔的波动方程》一文中生动地描述道：

> 泡利的兴趣总是很广泛，其中还包括数字命理学和犹太教神秘哲学这样的一些秘传。他也不反对涉猎汉堡下层社会的毒品和色情。在 20 世纪 30 年代初，泡利成了苏黎世心理分析学家荣格（Carl Jung）的一名信徒。他们俩进而合著了一本书，泡利在其中写下了对于伟大的天文学家开普勒（Johannes Kepler）的令人难忘的荣格式分析。除了对科学有兴趣这一点以外，开普勒是一个与泡利不同的人。[1]

1　大卫·林多尔夫（David Lindorff）在 2004 年出版过一本书《泡利和荣格：两位巨人心灵的相撞》（*Pauli and Jung: The Meeting of Two Great Minds*），Ques Books。这段引文由本书作者翻译。

不相容原理——泡利原理

1922年泡利取得博士学位后，开始研究反常塞曼效应[1]。根据碱金属和惰性气体的原子光谱所积累的大量经验资料，泡利写了一篇文章《原子内的电子群与光谱的复杂结构》，并于1924年12月12日寄给了玻尔。在这篇文章中，泡利提出了后来闻名于世的"不相容原理"（exclusion principle）。当时泡利认为自己的提法太抽象，所以还拿不定主意。但哥本哈根的反应还不错，玻尔还鼓励他发表这篇文章，于是泡利将这篇文章发表于1925年3月21日出版的《物理杂志》上。在这篇文章里，泡利把不相容原理明确表示为：

> 在一个原子中，不可能存在两个或更多的等价电子，它们在强外磁场中的所有量子数：n，K_1，K_2 和 m_1 都相同。若在外磁场中，原子中一个电子的这些量子数都有确定的值，那么，由这些量子数所表征的那个（状）态就被"占满"了。

说简单一点，不相容原理可以表述为：在一个原子中，任何两个在核外轨道上运动的电子，不可能有完全相同的4个量子数。物理学家为了对在轨道上运动的电子进行描述，一般用4个"量子数"（quantum number），例如

资料链接：四个量子数

名　称	符号	可　取　值	作　用
主量子数	n	正整数 $1, 2, 3, \cdots$	确定电子能量的主要部分
角量子数	l	当 n 给定后 $l = 0, 1, 2, \cdots, (n-1)$	确定电子角动量
磁量子数	m_l	当 l 给定后 $m_l = 0, \pm 1, \pm 2, \cdots, \pm l$	确定角动量沿某一方向的分量
自旋磁量子数	m_s	$\pm \dfrac{1}{2}$	确定自旋沿某一方向的分量

2　即光谱线在外磁场中一条谱线可以分裂成几根谱线，由此显示出复杂谱线的现象。

泡利说的 n，K_1，K_2 和 m_1，以及现在使用的 n，ℓ，m_1，m_s。每一个在轨道上运动的电子的量子数都是独一无二、彼此不同的，而且是"排他的"。这样，每一个电子进驻了一个轨道上的位置以后（即占有了确定的 4 个量子数），其他电子就不能再"挤进来"。这样就可以避免所有的电子都挤进能量最低的轨道上去，而是"对号入座"地各就各位，一层一层地在核外壳层上由里向外地排列整齐。

泡利由于提出了不相容原理，后来获得了 1945 年的诺贝尔物理学奖。

泡利不相容原理提出以后，玻尔预期的目的之一——准确解释门捷列夫元素周期律——就顺利完成。这在当时来说，的确是一个非同小可的胜利，物理学家们都为此欢欣鼓舞。但有一个问题仍然没有得到解决。泡利在不相容原理中指出，描述原子中的电子除已经有的和大家认可的三个量子数以外，还需要第四个量子数。由

泡利和夫人到斯德哥尔摩去领诺贝尔奖。

这四个量子数所确定的定态，只能为一个电子所具有，也就是说，在一个原子中不可能存在四个量子数完全相同的两个电子。但是，这第四个量子数到底应该怎样从物理意义上加以解释呢？以前的三个量子数都可以在经典物理学中得到解释，而唯独这第四个量子数使人们感到玄妙莫测，泡利为此亦颇感沮丧。他当时只能说，这第四个量子数是"一种经典方法无法描述的、电子的量子理论特性中的二值性"。所谓"二值性"是说第四个量子数只有两个值，其绝对值相等，而符号相反，例如 +1/2 和 –1/2（见上面表中的量子数）。泡利十分强调"经典方法无法描述"这一点，他根本不相信第四个量子数会像前三个量子数那样，有经典力学的解释。他认为第四个量子数反映了一种"非力学的 Zwang（应力）"。

但是事情出乎他的意料。

克朗尼格的不幸

这时，在德国图宾根的荷兰物理学家克朗尼格，对泡利的第四个量子数

的物理解释却很有兴趣，这是因为朗德在 1925 年 1 月 7 日将泡利于 1924 年 11 月 24 日写给他的信给克朗尼格看了。这封信里谈到了关于原子结构的新思想。克朗尼格 1960 年在一次报告中回忆说：

> 泡利的信给我的印象十分深刻，而且十分自然地使我对原子的每一个电子用量子数描述产生了好奇心。这些量子数，特别是两个角动量 l 和 m_s，在强碱金属原子光谱中是时常被提及的。显然，m_s 不能再归因于核，而且我还立即想到，量子数 m_s 可以被看成是一个电子自旋角动量。

泡利（右）和他的同事们在一起。

他之所以得出这样的看法，据他自己回忆说是因为"在量子力学出现以前，模型是讨论问题唯一的基础，就此意义而言，第四个量子数只能被看成是电子绕自身轴的自旋"。

克朗尼格十分清楚，这种模型会带来一些意料不到的严重困难，但这个想法太吸引人了，他舍不得扔掉，就在 11 月 24 日当天下午立即用这一模型推导出了一些结论，这些结论非常鼓舞人心。例如，仅从这一模型出发，不需要任何相对论的考虑，克朗尼格竟得出了一个十分重要的相对论公式，克朗尼格兴奋地将这一结果告诉了朗德，朗德也表示十分欣赏。

正好，泡利第二天要到图宾根来。他们两人常迫切地希望听到这位被誉为"物理学的良心"和"上帝的鞭子"的知名物理学家的意见。

不幸的是，泡利这次犯了他一生少有的一个大错误。当克朗尼格瞅准机会把自己的想法告知泡利时，泡利的回答使克朗尼格大为失望。泡利说："你的想法的确很聪明，但大自然不喜欢它。"

显然，泡利不相信电子可能有自旋，这是为什么呢？原来他以前对相对论性电子和塞曼效应做过深入的研究。他的研究表明，一个绕轴自旋的电子，其表面旋转的速度接近光速。所以其磁矩（magnetic moment）就不会如克朗尼格所推断的那样是一个常量，而与质量的相对论性增量有关。另外，大约也是最根本的原因是，泡利认为，解决原子问题应该从量子理论的概念中去寻找。他在后来的诺贝尔获奖演讲中曾回忆说："由于自旋的经典力学特性，一开始我就强烈地怀疑这一想法的正确性……"

按泡利当时的意见，所有经典模型都应该被坚决舍去。事实上，泡利曾下决心要把经典形象统统从量子物理学中赶出去，但这显然不是一件轻而易举的事情。他开始也许把事情想得太容易，所以曾在玻尔面前夸过海口："我不会碰到物理学方面的困难的……"但是到了1925年，在屡遭挫折之后，他不得不叹息道："……物理学对我来说太难了。"他甚至感到物理学又一次被逼进了死胡同。

由于泡利的反对，朗德私下对克朗尼格说："如果泡利这么说，那么，大自然一定是不喜欢它的。"在当时，泡利的意见是很有分量的，物理学家们甚至认为"泡利在判断和发现任何理论的弱点上，差不多是具有传奇式的能力的。因此除非能得到泡利的赞同，很少有人对他们本身的工作感到完全有把握"。比利时物理学家罗森菲尔德（Leon Rosenfeld，1904—1974）也说："在物理学家的心目中，无论谁的赞誉都抵不上泡利所赐的首肯。这对玻尔也不例外。"

年轻的克朗尼格见泡利坚决反对，哥本哈根那边也没有积极的反响，再加上计算中遇到一些困难，于是他放弃了自己的想法，甚至以后连提都不提了。

乌伦贝克和高斯密特运气好

但是，大约在半年之后，与克朗尼格相同的想法，被埃伦菲斯特的两个学生又重新提出来了。这两位学生就是乌伦贝克（George Uhlenbeck，1900—1985）和高斯密特（Samuel Gousmit，1902—1977）。他们在原先并不知道克朗尼格的工作的情形下，提出应该将泡利的第四个量子数与"电子的自旋"联系起来。他们的意见肯定也会遭到反对，但比克朗尼格幸运的是，他们的导师埃伦菲斯特十分支持他们，再加上下面将要提到的一些机遇，他们的想

埃伦菲斯特（左2）、爱因斯坦（左4）和高斯密特（右1），摄于1923年。

法最终得到了包括泡利在内的一致承认。

埃伦菲斯特将这两个学生组合在一起，实在高明。高斯密特精通量子物理，乌伦贝克擅长经典物理方法，他们两人组合到一起可以互相取长补短。不到几个月的工夫，他们就提出了电子自旋的惊人之见。

有一次，高斯密特向乌伦贝克介绍泡利不相容原理，这给乌伦贝克留下了深刻的印象。但是乌伦贝克觉得泡利的理论体系与玻尔的原子模型之间缺乏最起码的联系，并觉得泡利的理论过于形式化了。乌伦贝克擅长用经典统计力学处理问题，所以他很自然地想到，前三个量子数都对应电子的一个自由度（freedom），那么第四个量子数就应该意味着电子还有一个自由度，换句话说，电子必须自转。乌伦贝克把这个想法告诉给高斯密特听时，高斯密特问："什么是自由度？"这使乌伦贝克大吃一惊。等乌伦贝克把自由度解释清楚以后，高斯密特立即十分赏识这一看法。在迅速做了一些计算之后，他认为如果电子的角动量是$\hbar / 2$（$\hbar = h / 2\pi$），那么电子相对于轨道运动就有两种转动，由此即可对反常塞曼效应的分裂做出圆满的解释。如果再假定自旋转动的回磁比是经典值（电子轨道运动）的两倍，那么电子的磁矩为：

$$2 \times \frac{e}{2m_e c} \times \frac{\hbar}{2}$$

这就正好等于一个玻尔磁子！这样一来，以前由核来确定的一些特性，现在可由电子特性加以描述了，泡利的思想也就更明晰，更令人易于理解。对此，高斯密特曾回忆说：

当他谈到自旋以后，我立即认识到，现在完全可以弄清楚为什么 m_s（即第四个量子数）总是 $+\frac{1}{2}$ 或 $-\frac{1}{2}$，而且可以更进一步地将整个玻尔磁子（即 $\frac{e\hbar}{2m_ec}$）的磁矩用到电子上面。这样，塞曼的分裂就可以得到解释。另外，可以明显看出，自旋与我们对氢（光谱）的新解释完全一致。

但他们两人没有把握，不知道新的假设是否导致新的困难。而且，上面公式中的数字 2 是他们人为加上去的。（以后成了一个妨碍人们接受的疑问。）他们将自己的想法告诉了埃伦菲斯特。埃伦菲斯特听了以后，认为这一想法可能十分重要，当然也可能是胡说八道。他说："我要问问洛伦兹先生。"

1925 年 10 月 16 日，埃伦菲斯特给洛伦兹写了信。与此同时，埃伦菲斯特又嘱咐高斯密特和乌伦贝克把他们的想法和计算写成一篇短的论文，他要推荐给《自然》杂志。

洛伦兹是当时全世界公认的伟大物理学家，当时已经退休，但他每周星期一上午十一点到莱顿大学做有关物理最新进展的报告。乌伦贝克在 10 月 19 日乘洛伦兹来校做报告的机会，将他们的新设想告诉了洛伦兹，洛伦兹对乌伦贝克非常和蔼，对乌伦贝克的想法也表示很感兴趣，但他说得回家去想一想才能提出意见。10 月 26 日又是星期一，洛伦兹带来了一大沓写满了算式的稿子。他对乌伦贝克说，如果电子的半径是 $r_0 = \frac{e^2}{m_ec^2}$，并且以角动量 $\frac{\hbar}{2}$ 自转，那么其表面速度将为真空中光速的十倍左右！如果电子磁矩为 $\frac{e\hbar}{2m_ec}$，为保证其质量为 m_e，其磁能将大到使其半径至少为 r_0 的十倍。

乌伦贝克听后大吃一惊，这才知道困难竟如此严重。他立即找到埃伦菲斯特，要取回投给《自然》杂志的稿子，乌伦贝克认为，他们的想法很可能真是一些胡说八道。埃伦菲斯特的回答使乌伦贝克大吃一惊，他说他已经将稿子寄出去了，可能即将出版。乌伦贝克感到很狼狈，但埃伦菲斯特平静地安慰他说："你们还很年轻，干一点蠢事也没有什么关系！"

文章于 11 月 20 日刊印出来了。第二天，海森伯从哥廷根给高斯密特写了一封信。他与高斯密特以前就有学术上的交往，彼此可以说十分熟悉。在信中，他表示钦佩他们的想法，并认为利用自旋-轨道耦合（spin-orbit Coupling）作用，可以解决泡利理论中所有的困难。但他提出了一个使乌伦贝克和高斯密特感到十分棘手的问题，那就是如何解释在一个"双线公式"中多出来的一个因子 2。对这一困难，他们无法回答，他们没有计算过双线公式，甚至根本不知道如何进行计算。

幸运的是正在这时，爱因斯坦到莱顿大学做每年为时一月的访问。他为他们提供了一个重要的解决办法：在相对于电子静止的坐标系里，运动原子核的电场 E 将按照相对论的变换公式产生一个磁场 $E \times v / c$，其中 v 是电子的速度。但是，用这种方法进行计算，双线公式倒是得出来了，但因子 2 的困难仍然没有解决。对这一困难，无论是爱因斯坦，还是 12 月初到莱顿参加庆祝洛伦兹获得博士学位 50 周年纪念活动的玻尔，虽然也持慎重态度，但同时都认为以后会有更好的计算解决这一困难。

由于有了爱因斯坦和玻尔这两位物理巨匠的支持，电子自旋的假说就基本上被物理学家们接受了。但泡利仍然不同意这一假说，他继续采用一种"纯量子理论"描述进行研究，坚持认为任何一种经典的模型都是"错误的教条"。

玻尔从莱顿返回哥本哈根时路经柏林，参加了 12 月 18 日德国物理协会举办的庆祝量子理论诞生 25 周年纪念活动。在柏林玻尔见到了泡利，但玻尔不仅没有说服泡利，相反，泡利还回敬了玻尔一些不客气的话："一种新的邪说（Irrlehre）将被引入物理学。"

不过，这时泡利的反对，正如玻尔在一封埃伦菲斯特的信中所说，已经"不是决定性的"了。在物理大师们的鼓舞下，乌伦贝克和高斯密特又接连在《物理杂志》（1925 年 11 月 25 日）和《自然》（1926 年 2 月）上发表了他们进一步研究的成果。

因子 2 仍然是一个谜。但到了 1926 年 2 月，这个谜被一位正在哥本哈根工作的英国物理学家托马斯（Llewellyn Thomas，1903—1992）顺利解决了。托马斯于 1921 年至 1925 年在剑桥大学学习物理，曾经听过爱丁顿（Arthur Eddington，1882—1944）的演讲，对狭义相对论十分熟悉。1925 年秋天他到哥本哈根时，知道了自旋电子模型中因子 2 的困难，他立即问道：

"那么，为什么不用相对论的理论来研究呢？"

克拉默斯回答说："相对论只能做一个很小很小的修正。"

托马斯没有听信这一回答，他记得爱丁顿在他的《相对论的数学理论》（*The Mathematical Theory of Relativity*）一书中曾计算过关于月亮交点

（Moon's nodes）的狭义相对论效应。托马斯立即查阅了这本书，并将其计算方法用于电子自旋中。到第三天，他解决了这个谜。原来问题出现在坐标系的变换上。当人们将运动的电子和静止的核这个坐标系统变换为电子静止而核运动这样一个坐标系统时，忽略了一个重要的相对论效应。这一效应的起因是电子具有加速度，它应该折合为一个内磁场 H_i 发生作用。托马斯还通过进一步的计算，居然让令人迷惘的 2 这个因子就在相对论效应考虑中，自然而然地解决了！

乌伦贝克后来回忆说："当我第一次知道托马斯的想法时，我几乎不相信一个相对论的效应能给出一个因子 2，我原以为它只能给出 v/c 这样一个数量级。"其实，不仅乌伦贝克没想到这一点，甚至一些十分精通相对论的人（包括爱因斯坦自己！）都对这一结果感到相当惊诧。

托马斯将自己详尽的计算发表在《哲学杂志》上，玻尔立即表示十分信服。不久，海森伯和约尔丹又用一种纯量子力学的计算得到了同样的结果。

泡利开始有几个星期仍然持怀疑态度，1926 年 3 月 8 日，泡利在给克拉默斯的信中还说："在这场争论中，我完全是正确的。"但到了 3 月 12 日，他的态度来了一个大转向，他在那天给玻尔的信中说："现在，对我来说，只有完全投降。"3 月 13 日给高斯密特的信中，泡利写道：

> 我今天首先应告诉你的是，从哥本哈根得到的最近的报告，使我相信反对托马斯是错误的。我现在相信他的相对论性考虑是完全正确的。无可置疑，精细结构的问题现在可以被认为得到真正满意的解释。

这一事态的发展，对克朗尼格显然是一个沉重的打击。他的懊恼也是可以想见的，他当时曾不无心酸地说："由于最优秀的物理学家们完全改变了他们以前的反对态度，……留给我们做的唯一的事情是清除前进道路上的障碍。"懊恼之余，他还给玻尔写了一封信，把心中的怨气发泄了一通。

泡利在接受了电子自旋理论以后，立即试图将电子自旋与量子力学更深刻的特征结合起来。在这方面，玻尔的结论一定使泡利感到满意，玻尔说："电子自旋不能用经典方法可以描述的实验来测定（例如在外磁场中电子束的偏转）。因此，我们必须考虑电子的量子力学本质。"

关于自旋的本质，本文不再探讨下去。最后应该指出的是，总的说来，泡利并没有错。1940 年他进一步证明自旋是出于量子场论的需要，正如荷兰著名科学史家范·德·瓦登（Van de Waerden）指出的那样："自旋是不可能由经典力学的模型来描述的。"

而且对自旋两种状态想做更进一步描述，直到今天仍然是不可能的。但另一方面，电子自旋概念的提出，的确又如玻尔当时所说，解决了当时原子理论中大部分令人头痛的难题，在量子物理几乎"被逼进死胡同"的时刻，拯救了量子物理。

量子力学里可以说到处都有令人不可思议的事情发生，所以费曼常常对他的学生说：

> 我想我有足够的把握说，没有人真正懂得量子力学……你要尽可能避免这样问自己："但是它为什么会这样？"因为这样你就会掉进地下排水道，走进死胡同，再要出来就难了。没有人知道它怎么会这样或那样。

谁更聪明：薛定谔方程还是薛定谔

莎士比亚《麦克白》第五幕第五场麦克白说："……这是一个白痴讲的故事，一派胡言乱语，没有一点意义。"莎士比亚《哈姆雷特》第二幕第二场波洛涅斯说："虽说是发疯，其中却自有道理。"

套用莎士比亚的话，"活还是不活，这可是个问题。"我们也可以说："麦克白还是波洛涅斯，这可是个问题。"

我们经常会遇到类似后面这个问题。1926 年，奥地利物理学家薛定谔继海森伯提出矩阵力学以后，又提出"波动力学"来描述微观物体的运动。因为他们两人的理论开始显示出的巨大差异，他们相互指责对方的理论。

海森伯："我越是考虑薛定谔理论的物理内容，就越是厌恶这个理论。"

薛定谔不客气地回击道："在我知道你那蔑视任何形象化的、极为困难的超级代数方法时，我要是不感到厌恶，就准会感到沮丧。"

于是，物理学家们面临着这样的问题："海森伯还是薛定谔，这可是个问题。"

这个难题是如何出现的？又是如何解决的呢？这是物理学史中一个非常富有戏剧性的故事，真可谓一波三折，起伏跌宕！我们先从薛定谔的故事讲起。

维也纳大学出来的物理学家

薛定谔于 1887 年 8 月 12 日出生于维也纳一个亚麻油毡厂主的家庭。他的父亲鲁道夫（Rudolf Schrödinger，1857—1919）虽然是一个工厂主，但他不是整天迷着发财的那种资本家，他对知识和艺术有着执着的追求，早年学过植物学、化学，发表过许多关于植物遗传学的论文，还热衷于意大利油画和木刻。薛定谔的外公鲍尔（Bauer）在维也纳大学学习过数学和化学课程，后来

奥地利物理学家埃尔文·薛定谔。

在维也纳的一些大学和技术研究所当过教授，人们称他是"奥地利化学的铺路石"。薛定谔的母亲乔基（Georgie）喜欢音乐和文学，特别喜欢拉小提琴和读歌德的作品。乔基只生下这么一个儿子，因此薛定谔独占了父母的宠爱，分享了他们的知识。除了母亲的悉心关照以外，他从小还从两个姨妈罗达（Rhoda）和明妮（Minnie）那儿得到不亚于母亲的关爱。在这种条件下成长起来的薛定谔，和多数独生子女一样，不太合群，常常会做出一些使人难堪的举动，让人厌恶。

也由于是独生子，薛定谔的初期教育是在家庭完成的，直到 11 岁（1898 年）他才直接考入中学学习。他的父亲是他的启蒙老师，凡是他不懂的问题都向父亲请教。他还向父亲学习木刻艺术，后来木刻成了他终生的爱好。父亲对他的影响很大，这从他下面一段话可以清楚看出：

> 我很感激我的父亲。是他给了我舒适的生活，让我健康成长，并且让我享受到无忧无虑的大学教育。他直到生命垂危之际，仍对所继承的兴隆的油布生意缺乏热情和天赋，他有着非同寻常的深厚文化功底；他在大学学的是化学，但很多年来，他都很关注意大利画家，自己也绘制风景画和铜版画，但最终这些都统统让位于显微镜，因此他还发表了一系列有关系统发育的文章。对他年岁渐长的儿子来说，他是良师，是益友，是永远不知疲倦的谈话伙伴，是可以激发他从事自己珍爱的事情的帮手。我母亲非常和蔼可亲，是天生的乐天派，即使生活面临惶惑，也从不苛求。我感谢我的母亲，不仅因为她对我无微不至的关怀，我想还有我对女性的尊重。

进了中学以后，薛定谔才与家庭以外的人员接触。开始他的确有一些不适应，但后来却让他感到很愉快，这恐怕与他在学习上游刃有余，门门功课优秀领先有关。从进中学到 1906 年中学毕业，他在班里总是独占鳌头、遥遥领先。他的一个同学在回忆中写道：

> 我不记得我们这位佼佼者有回答不出老师提问的时候。我们都知道他确实是在课堂上就掌握了老师讲授的全部知识，而绝不是死记硬背埋头读书的人。特别是在物理学和数学中，薛定谔有着天才的领悟力，无须通过作业，在课堂上就能立刻理解老师所讲的东西，并加以运用。在最后三年，教我们这两门课的纽曼老师常常会在讲完当天的课程后，把薛定谔叫到黑板前，让他解答问题，他呢，简直就跟玩儿似的，轻松极了。对我们一般学生来讲，数学和物理真是可怕，而这两门偏偏是他偏爱的知识领域。

1906 年秋季，薛定谔以优等生的身份进入维也纳大学，维也纳大学的玻尔兹曼教授的统计力学思想吸引着年轻的薛定谔，引导着他走上物理学研究的道路。可惜在薛定谔进大学不久，玻尔兹曼于 9 月 6 日自杀了。薛定谔曾经说：

> 古老的维也纳研究所，不久之前玻尔兹曼以悲剧的形式离我们而去，弗里茨·哈森诺尔和弗里茨·埃克斯纳在这所大楼里工作，玻尔兹曼的很多弟子在这里进进出出，此时我的心完全被一种伟大的思想占据了。对我而言，对一颗年轻热爱科学的心而言，玻尔兹曼的思想有着不可磨灭的影响，再也不可能有什么思想让我如此着魔了。

薛定谔认为，玻尔兹曼统计力学的精髓在于承认原子。在研究原子过程中玻尔兹曼略去了微观世界的细节，但对于不可观察的量绝对没有实证主义的态度。从薛定谔以后的研究中可以看出，他从玻尔兹曼那里牢牢记住了一个原则：理论虽然应当推导出与可观测量相符的结果，但理论工作的出发点绝对不能仅限于可观测的量。

由于玻尔兹曼的去世，薛定谔在大学主要是在理论物理学家哈森诺尔和实验物理学家埃克斯纳（Franz Exner，1849—1926）指导下学习。

1910 年，薛定谔在哈森诺尔手下获得博士学位，毕业后留在维也纳大学第二物理研究所工作，协助埃克斯纳教授，直到 1914 年第一次世界大战爆发。在战争期间，薛定谔在意大利前线海军炮台服役。1915 年 9 月 27 日的日记中，薛定谔写道："真是可怕！我多么怀念工作啊！再这样下去，我一定会身心俱毁。"

这年年底，在他服役地区发动的一场进攻中，奥地利军队伤亡 8 万人，薛定谔命大，不仅没有负伤，还因为"作为炮兵连预备役指挥官指挥非常成功"，获得军中传令嘉奖。嘉奖令中说："在敌人反复发起的强大攻势面前，他无所畏惧、沉着冷静，是勇武豪胆的光辉榜样。"

但他的老师哈森诺尔却没有这样幸运，他在意大利前线蒂洛尔战区领导 14 步兵团作战时，被榴弹炸伤不治身亡。哈森诺尔的阵亡，使薛定谔痛苦万分。后来，大约因为哈森诺尔的死亡引起了有关方面的关注，觉得这样高级人才牺牲在战场，损失太大，于是在 1917 年把薛定谔调到维也纳给防空军官讲有关气象学的知识，同时还兼任大学物理实验课。这样，薛定谔又可以继续他的物理学研究。

1921 年 9 月 16 日，薛定谔接受了苏黎世大学的聘请，成为这所名牌大学的教授。以前爱因斯坦、德拜（Peter Debye，1884—1966，美籍荷兰物理学家和化学家，1936 年获诺贝尔化学奖）、劳厄都在这所大学担任过教授，现在他也能到这所大学当教授，当然高兴而且受到鼓舞。他决心大干一场，取得高水准的研究成果。

1922 年，薛定谔显示出了他的能力。他用爱因斯坦的光量子学说解释了多普勒效应，率先把有质量粒子电子和无质量粒子光量子联系起来。多普勒效应是一个老课题，以前物理学家们从宏观层次来研究过它，也有很好的结果。现在薛定谔用光量子和电子的粒子性来重新阐述这个问题，把"运动的光源"视为电子一边运动一边放出光量子，结果损失了部分动能和动量，然后利用能量守恒定律和动量守恒定律来计算光谱的位移量。这是在爱因斯坦 1905 年解释光电效应后，在电子和光量子之间发现的又一种关系。

资料链接：
多普勒效应

由于声源或光源与观测者相对运动而引起的声波或电磁波观测频率的变化。若源的速度是朝向观测者的，则频率增加；若是离开观测者的，则频率下降。

1922 年至 1923 年，薛定谔的课程排得满满的，每周 11 小时。与现在大学授课不同，那时著名教授要承担绝大部分的教学任务。薛定谔讲课很受大学生欢迎，他的一个学生穆拉特（Alexander Muralt）回忆说：

> 他首先提出课题，接着回顾人们是怎么着手解决的，然后用数学术语讲述其基础并在我们面前进一步演算。有时候，他会突然停下来，羞涩地一笑，坦白承认他在数学演算中遗漏了一个分歧点，又重新回到关键的地方，一切从头开始。这一幕真令人着迷，在他演算的过程中，我们学到了很多东西。自始至终他都不看备课本，直到演算完毕，他两相对照，说："对了！"在夏天，天气很热时，我们一起到苏黎世湖边浴场，坐在草地里做笔记，大家一起看着这个身穿泳裤的瘦子在我们带来的黑板上信笔进行数学运算。

1923 年是薛定谔科学创作低谷之年，这一年他没有发表一篇文章。低谷后面是波峰，他的伟大的创作就要来了！

机遇找上了薛定谔

前面我们讲了德布罗意在 1924 年 11 月 25 日得到了博士学位，他的论文题目是《量子论的研究》，这是他1922 年以来的研究总结，标志着物质波的发现。

1924 年底，慕尼黑大学物理化学教授亨利（V. Henri）到巴黎大学访问时，从德布罗意的导师朗之万那里得到一份德布罗意的论文，他让薛定谔看，请他发表看法。薛定谔看了以后说："一派胡言！"

后来亨利把薛定谔的意见转告朗之万，朗之万说："我认为薛定谔错了，他应该再多读几遍。"

薛定谔的确又"多次"读过德布罗意的论文，但其

在苏黎世大学时的薛定谔。

中原因不是听了朗之万的建议，而是受到爱因斯坦的影响。实际上当时对绝大多数物理学家来说，德布罗意的物质波理论非但奇特，而且简直是荒诞和"一派胡言"，怎么能把电子看成是一个波？粒子和波风马牛不相及，怎么能够扯到一起？在一片反对的声浪中，只有爱因斯坦认为物质波理论是"一项有趣的尝试，……是投射到我们这个物理之谜上的第一道微弱光线"，而且在1925年2月发表的一篇关于量子统计的论文《单原子理想气体量子论》中，提到他文章中的"能量波动公式中的干涉项"是根据物质波推导出来的，还说："一个物质或物质粒子系怎样与一个波场相对应，德布罗意先生已在一篇很值得注意的论文中指出了。"

一贯重视统计力学研究的薛定谔看到了爱因斯坦的这篇论文。爱因斯坦如此重视德布罗意的物质波思想，不免让薛定谔暗地大吃一惊，于是认真地研究了德布罗意的论文。

恰好这时德拜对他说："薛定谔，我不明白德布罗意在说些什么，你读一下，也许能做一次不错的报告。"薛定谔答应了德拜的请求。

11月3日，薛定谔写信给爱因斯坦说："几天前我怀着极大兴趣读了德布罗意别具匠心的论文，并且最终明白了……"

12月6日，他给朋友朗德写信说："这些天来，我深入思考了德布罗意别具一格的理论。它非常令人激动，但同时也面临困难。"

大约在12月23日，薛定谔在每两周举行一次的"专题讨论会"上，介绍了德布罗意的物质波理论。介绍完以后，德拜认为德布罗意的想法太幼稚，还追问薛定谔："既然涉及波动性，怎么没有波动方程呢？"

对呀！声波、电磁波都有波动方程来描述，那物质波也应该有一个波动方程呀！这使薛定谔决定不惜一切去找到这个波动方程。

据当时参加过专题讨论会的美籍瑞士物理学家布洛赫（Felix Bloch，1905—1983，1946年获得诺贝尔物理学奖）回忆说：

> 德拜随便说了一句，他认为这种谈话的方式像弄得好玩似的。作为索末菲的学生，他当然明白要想准确地了解波，必须有波动方程。……仅仅几周之后，薛定谔在讨论上做了另外一个报告，他的开场白是："我的同事德拜建议应该有个波动方程；好吧，我已经找到了一个！"

　　但实际情形比布洛赫说
的要复杂得多。布洛赫说的
"另外一个报告"是1925年
圣诞节之后，确切地说应该
是在1926年1月9日以后。
因为在1925年圣诞节前几天，
薛定谔带着"维也纳前女友"
到玫瑰山谷（Arosa）别墅区
共度圣诞佳节。玫瑰山谷是
瑞士的滑雪胜地，每年许多
欧洲人在圣诞节期间都喜欢

赫维格博士的山庄。1925年—1926年圣诞节，薛定
谔在这儿发现了波动力学。

到这儿来滑雪度假。薛定谔当时正被物质波的波动方程所困扰，决定乘假期
与自己的情人在阿尔卑斯山雪地的清新空气中获得激情和灵感。薛定谔一生
艳遇不断、情人无数。玻恩在薛定谔去世后曾经说："薛定谔的私生活对我们
这些中产阶级分子来说显得格格不入，但是这些都不重要。他是个非常讨人
喜欢的人，独立、有趣、随和、友好而且慷慨，并且他有一个极为完美和高
效的大脑。"

　　极有戏剧性的是，情人加雪山，使薛定谔才智激增。圣诞节之后，他进
入了长达12个月之久的活跃创造期。沃尔特·穆尔（Walter Moore）在他写的
《薛定谔传》（*Schrödinger，Life and Thought*）中写道：

　　　　正如那位激发了莎士比亚创作十四行诗灵感的神秘女郎一样，这
　　位在玫瑰山谷的女士也成了一个永久的谜。我们知道她既不是洛蒂
　　（Lotte）也不是伊伦娜（Irene），也绝不可能是弗莉歇（Felicie）……
　　不论薛定谔的这位神秘伴侣是谁，薛定谔灵感突然大爆发，非常令人
　　惊讶。他进入了长达12个月之久的十分活跃的创造期，这在科学史上
　　确实是罕见的。当他对一个重要问题感到迷惑时，他可以达到极度甚
　　至绝对专心致志的程度，动用了他作为理论物理学家的全部智慧。

　　阿瑟·米勒在《情欲、审美观和薛定谔的波动方程》一文中写得更是活
灵活现。米勒写道：

　　埃尔温·薛定谔的一位好朋友回忆道："他在生命中的一次姗姗来迟的情欲大爆发中完成了他的伟大工作。"[1]这次顿悟发生在1925年的圣诞节，当时这位38岁的维也纳物理学家正与一位从前的女友一起，在瑞士达沃斯附近的滑雪胜地玫瑰山谷度假。他们的激情是长达一年的创造性活动爆发的催化剂。虽然薛定谔的妻子很可能对她丈夫最近一次不忠并非一无所知，但是就像那位激发了莎士比亚写那些十四行诗的黑女士一样，这位女友的名字仍然是一个谜。也许我们应该把一些了不起的事实归功于这位身份不明的女子，那就是使一些相互之间显然没有联系的研究线索结合了起来，而薛定谔就此发明了以他的名字命名的那一个方程。

　　我们还是回头来谈薛定谔在玫瑰山谷的伟大发现。开始他得到的一个方程是考虑了相对论效应的方程，也就是前面布洛赫说的"几周之后……找到了"的那个方程。但这个方程用来计算氢原子光谱时，得到的结果却与实验值不符合，而且也不能得到氢原子谱线的精细结构。这种失利让薛定谔当时十分沮丧，并使他怀疑自己思考的路线可能出了错误。现在我们已经明白，问题并不出在薛定谔身上，而是因为当时物理学家还没有发现电子有自旋，因此薛定谔得到的方程只能描述无自旋的电子。过了几个月，他才从沮丧中恢复过来，再次回到这一研究中。1926年上半年，薛定谔使用非相对论方法，得到了一个比原来还简单一点的波动方程，结果由方程推导出来的许多结果如光谱、频率、电子能级等，都与实验结果相符。

　　这个方程今天被称为薛定谔方程，是量子力学的基本方程，和经典力学中的牛顿方程相当。薛定谔用它不仅自然而然地解决了氢原子光谱中玻尔提出的假设，还算出了能级，导出了塞曼效应和斯塔克效应。长期以来，物质怎样由原子组合起来，化

资料链接：薛定谔波动方程

$$\nabla^2 \psi + \frac{8\pi^2 m}{h^2}(E-V)\psi = 0$$

　　式中 ψ 是波函数（wave function），m 是电子的质量，E 和 V 分别表示电子的能量和势能，h 是普朗克常数，∇^2 是拉普拉斯算符。

1　这句话是薛定谔的朋友赫尔曼·韦尔说的。见库马尔（Manjit Kumar）《量子理论》，重庆出版社2012年，第163页。——本书作者注

学键的本质是什么，原子为什么稳定地存在……这一系列问题一直都是一个谜。现在好了，有了薛定谔方程，微观世界物质运动的规律才终于被揭示出来。薛定谔本人也因此名垂青史，并于 1933 年获得诺贝尔物理学奖。

1926 年 11 月，他把六篇关于波动力学的文章结集出版，并写了前言：

> 这六篇文章应读者的强烈要求而再版。最近，我的一个小朋友对我说："嘿，当你开始时，你肯定从来没想过会产生出这么多聪明玩意儿。"在适当扣除含有恭维成分的形容词之后，我完全同意上述表述，这使我记起了这本书涵盖的工作成果，是一个一个接连取得的。后面部分的知识对于前面部分的作者来说经常是全然未知的。

比起量子理论发展史上的其他著名科学家，薛定谔可以说是大器晚成。他发表第一篇使他成名的波动力学论文时 39 岁。在快 40 岁时还能在彻底改变经典物理学的量子革命中成为中流砥柱，实在不简单。

惊喜和诅咒并存

薛定谔的波动方程公开发表以后，出现了科学史上极罕见的、几乎是绝对对立的态度。老一辈的物理学家如爱因斯坦、普朗克、劳厄等，都惊喜得如久旱逢雨一样，欢呼雀跃、以手加额、奔走相告。但年轻的一代物理学家们则深恶痛绝、切齿愤盈，驱之犹恐不及。

早在 1926 年 4 月初，普朗克在收到波动力学的第一篇奠基性论文的抽印本之后，立即写信给薛定谔说：

> 我正像一个好奇的儿童听解他久久苦思的谜语那样，聚精会神地拜读您的论文，并为在我眼前展现的美而感到高兴。

几个星期以后，他又告诉薛定谔："您可以想象，我怀着怎样的兴趣和振奋心情沉浸在对这篇具有划时代意义的著作的研究之中，尽管现在我在这特殊的思维过程中前进得十分缓慢。"

以前玻尔兹曼在赞扬麦克斯韦电磁场方程时，曾引用歌德的《浮士德》中浮士德那热情洋溢的话："这种符号难道不是出自上帝之手吗？"现在玻恩在赞扬薛定谔方程时，感叹地说："在理论物理学中，还有什么比他在波动力学方面的最初六篇论文更出色呢？"

爱因斯坦也高兴地写信给薛定谔说："您的著作的构思证实着真正的独创性。"

1926 年 4 月 23 日，薛定谔在写给爱因斯坦的信上感谢爱因斯坦对他的鼓励，并坦率承认他受惠于爱因斯坦的影响。他写道：

> 资料链接：简并（degeneracy）
>
> 　　以白矮星（white dwraf）为例，白矮星体积小、质量很大，因此引力极大，例如天狼星表面的引力是地球的 23 500 倍。在如此强大引力的挤压下，原子中的电子离开了正常情形下的运动轨道，被压到一块儿，成了所谓的"自由"电子，而原子核成了"裸露"的核。这种状态称为简并态。

> 　　您和普朗克同意德布罗意的物质波的观点，对我比半个世界还有价值。而且，如果不是您的第二篇关于气体简并的论文，使德布罗意思想的重要性恰到好处地引起我的注意的话，全部事情一定还不能，或许永远不能得到发展（我不是说被我发展）。

4 月 26 日，爱因斯坦又回信给薛定谔说："我确信，你已经做出了一次决定性的发展……正如我同样确信，海森伯……路线已经偏离了正轨。"

雅默尔（M. Jammer）在他的《量子力学概念的发展》(*The Conceptual Development of Quantum Mechanics*)一书中说：

> 　　薛定谔的光辉论文无疑是科学史上最有影响的贡献之一。他深化了我们对原子物理现象的理解，最终成为用数学求解原子物理、固体物理及某种程度上核物理问题的便利基础。他还打开了新的思路，事实上，非相对论性量子力学以后的发展，在很大程度上仅仅是薛定谔工作的加工和运用。

由雅默尔的评价我们大致上可以了解，薛定谔波动方程何以如此受到重视和欢迎。尤其是在海森伯提出矩阵力学以后，由于物理学家们普遍不熟悉这种代数方法，加上它过分强调德布罗意物质波的不连续性，从而使大部分物理学家心慌神迷不知所措。正在这时，薛定谔用他的波动方程恢复了波动的连续性，能以大家非常熟悉的数学方法——微分方程，消除玻尔提出的令人怀疑的量子跃迁，这是何等让人兴奋的事情！海森伯的实验物理导师维恩高兴地说薛定谔方程是"阐明量子理论的最重要的一步"，并且希望此后不再要陷入"量子泥坑"，他还预言"严格的物理学将再度占上风"。海森伯的导师索末菲一开始惊呼薛定谔的波动力学"完全疯了"，但是他很快改变了看法，并且宣称："虽然矩阵力学的真实性是不容置疑的，但是它的处理方式却极其复杂而且过于抽象，几乎令人害怕。现在好了，有薛定谔帮助我们解了围！"连发现矩阵力学的主将玻恩也在 6 月份就宣称，"波动力学是量子定律的最深刻的形式"。

　　但实际上，薛定谔这种片面强调波动性而完全抛弃了波粒二象性的观点，将给量子力学带来许多困难。因此泡利称薛定谔的理论是一种苏黎世的"地方偏见"，这让薛定谔难受了好一阵子。泡利还因此写信劝慰并加以解释："这不是针对你个人的不友善行为，我其实只想表达自己的观点：量子现象很自然地展示出连续物理学（场物理）概念所无法表达出的内容。"但是当泡利发现薛定谔方程可以相对轻松地解决原子问题时，他十分惊讶地对约尔丹说："我相信这是薛定谔最近发表的论文里最重要的论文，你一定要仔细和认真地读完它。"

　　海森伯比泡利更激进地反对薛定谔的理论，他写信给泡利说："对薛定谔理论的物理部分考虑得越多，我就越是厌恶它。薛定谔写的文章几乎没有任何意义，换句话说，我认为简直是在胡说八道。"海森伯对薛定谔试图保留和恢复经典物理学连续性概念的努力，持严重怀疑态度，坚持认为矩阵力学才是描述原子运动最好的方式。当他得知玻恩"变节"后十分恼火。而薛定谔则认为矩阵力学缺少形象的模型，根本无法解决量子力学中的新问题，他写信给洛伦兹说："玻尔模型中的电子跃迁看起来真是荒谬。"

　　1926 年 7 月 16 日，薛定谔在柏林德国物理学会做报告，题目是《波动理论中原子论的基础》；17 日晚上还在普朗克家举行了家庭晚宴。柏林的老一辈物理学家，如爱因斯坦、普朗克、劳厄、能斯特，对薛定谔的数学天赋及半经典化解释都显示了莫大的热情。普朗克甚至开始认真考虑来年退休后让薛定谔到柏林来接任他的职位。（1927 年 10 月普朗克退休后，薛定谔果然被任命为普朗克在柏林大学物理学教授职位的继任人。)

1926 年 7 月 21 日，薛定谔来到慕尼黑大学索末菲的"星期三讨论会"上做报告。两天后，他为巴伐利亚物理学会重复了在柏林的报告。海森伯恰好探亲也在慕尼黑，他去听了薛定谔的这次演讲。

在演讲前，维恩说："现在研究原子内部的问题，有了正确的理论，大家放了心。"索末菲插了一句："薛定谔的发现是 20 世纪最惊人的发现。"

接着，薛定谔做报告。海森伯越听越觉得薛定谔的说法有问题。他看了索末菲一眼，心想："索末菲教授也不会同意薛定谔的想法，他怎么不发言表示不同意呢？"

又听了一会儿，海森伯简直坐不住了，一等到提问时他就站起来问道："请问您如何利用您的连续模型，解释如光电效应和黑体辐射这样的量子过程？"

维恩是东道主，觉得海森伯太狂，不给他请来的客人一点面子；再加上两年前在博士考试时的不愉快，没有等到薛定谔回答就抢先气愤地打断了海森伯的话：

> 年轻人，你还要先好好学点物理才行！我知道，由于薛定谔教授的发现，使你的那些奇怪的东西失去了意义，你的心情不好，但你不能如此无理。你提到的困难，我想，薛定谔教授一定会很快解决的。……所有像量子跃迁之类的废话都结束了。

由于维恩大发脾气，当时的情景就正像后来海森伯对泡利说的那样，"差一点把我从报告厅里扔出去！"于是会场秩序大乱。大家议论纷纷，像出了什么大乱子一样。索末菲见势不妙，连忙出面为薛定谔说好话："薛定谔的理论是很受欢迎的，不应该怀疑他的讲演。"

这次讨论会使海森伯颇为沮丧，他无法让自己的观点给众人留下印象。一向看重他的索末菲都不支持他，特别让他心烦意乱。他立即给玻尔写信谈到这儿发生的事情，于是玻尔写信给薛定谔，邀请他到哥本哈根认真地讨论一番。

这一去又有了许多故事。

殊途同归，各有千秋

有趣而又奇怪的是，在举众欢腾时，物理学家们心里都十分清楚，薛定谔方程中波函数 ψ 的四周几乎是一片黑暗，大家都不知道如何解释 ψ 这个函数。但这种状况似乎并没有怎么影响物理学家欢欣的心情，也许他们都相信一句俗话："有了好的开头，总归会有好的结尾。"

薛定谔本人倒有点坐立不安，因为他并不清楚波函数 ψ 到底是指什么东西。而其他物理学家虽然也能够用薛定谔方程解决一些奇妙的问题，但却正如著名物理学家维格纳（E. P. Wigner，1902—1995，1963 年获得诺贝尔物理学奖）所说："人们开始进行计算，但是却有些稀里糊涂。"

匈牙利裔美国理论物理学家维格纳。

起初，薛定谔认为波是唯一实在的东西，粒子（如电子）实际上只不过是派生的东西，是波掀起的"泡沫"。这显然是一种一元论观点。为了坚持这一观点，他利用线性谐振动波函数迭加成波包（wave packet），来代替电子的实际情形。他在 7 月 9 日发表的论文中指出："我们的波群永久地结合在一起，经过一定的时间不会扩展到一个更大的范围。"薛定谔的愿望是，波动力学将成为经典物理学的一个分支。但是，伤脑筋的是，波包——即波群这种玩意儿，在数学计算上总是弥散的，它有时聚拢，且又随时间而扩散，似乎电子将随时间时而"发胖"，时而"变瘦"。

虽然在 ψ 的解释上争议颇多，但许多人都仍然十分认真地对待薛定谔方程，并利用它得出了许多结论。这种情况，使得薛定谔深感责任重大而疑虑重重，并且在一次会议上，表示了对方程的怀疑。一位瑞士物理学家文策耳（G. Wentzel，1898—1978）曾当场诙谐地对薛定谔说："薛定谔呀，最可庆幸的是别人比你更相信你的方程！"还有人作打油诗取笑薛定谔，说薛定谔的方程比薛定谔本人还聪明，薛定谔本人想不到的问题，方程竟能奇迹般地提出并加以解决。例如德拜的一位年轻同事、德国理论物理学家赫克尔（Erich Hückel，1896—1980）写了一首打油诗：

> 薛定谔用他的普塞（ψ），
> 能做许多好的计算；
> 但有一事实在不懂，
> 普塞到底意思何在？

薛定谔遇到的困难，实际上是因为他片面强调了波动性，试图抛弃波粒二象性所引起的。

转机来自 1926 年 9 月。9 月底薛定谔应玻尔的真诚邀请，来到了哥本哈根。海森伯在他写的《物理学和其他》一书中详细记录了薛定谔访问的情况。

> 玻尔和薛定谔之间的论战在哥本哈根火车站就拉开了帷幕，此后每日通宵达旦。薛定谔住在玻尔的家里，这样他们的论战几乎不受外部环境干扰。虽然玻尔为人友善体贴，但我感觉此时的他像着了魔一般，不给对手留丝毫情面。他寸土必争、丝毫不让，不容忍他的对手有丝毫闪失。要充分表达这场讨论有多么热烈，双方的信仰有多么根深蒂固，几乎是不可能的，这充分显示了他们的辩才。

薛定谔坚持认为量子跃迁的观点简直是胡说八道：根据电磁学定律，跃迁必须平稳连续地发生。玻尔则反驳说：跃迁的确会发生，我们不能用描述日常生活的旧理论模型来想象跃迁；这种过程不能被直接感受到，我们已有的概念对它不适用；比如在推导普朗克黑体辐射定律时，原子的能量必须是分立的，它的变换也是不连续的。最后薛定谔举起双手，做出一个投降的姿势，无可奈何地说："如果我们打算忍受这该死的量子跃迁，我真后悔牵涉到量子理论中来。"玻尔试图让他平静下来："如果你能做到这一点，我们其他人都会非常感激。而且你的波动力学在数学上是非常清晰和简洁的，与旧量子力学相比，是一个巨大的进步。"

争论夜以继日地进行着，但没有达成任何共识。几天后，薛定谔因感冒发热病倒在床。玻尔太太端茶送水地照顾他。不过即使坐在他的床边，玻尔仍然坚持不懈地继续争论："但是当然，薛定谔，你必须明白。"但是薛定谔还是不明白，为什么必须消除原子过程中的时空描述，至于如何实现，他也一窍不通。

但是正如穆尔在《薛定谔传》中所写的那样："这次讨论深深地影响了薛定谔和海森伯两人。薛定谔意识到同时承认波和粒子的必要性，然而他从未对量子现象做出详尽解释以与哥本哈根正统学说相抗衡。他愿意保留审慎的怀疑态度，并对此感到满足。"海森伯也觉得薛定谔强调对微观客体进行时空描述多少有一些道理，而矩阵力学所缺乏的正是这种考虑。……不久，海森伯在考虑这种时空描述的过程中，发现了"不确定性原理"。

1926 年，薛定谔在一篇论文中令人意外地声称，矩阵力学和波动力学是统一理论的两个不同的方面，他指出：

沃尔特·穆尔写的《薛定谔传》一书原文封面。

> 矩阵和本征函数间等价确实存在，而且其逆等价也存在。不仅矩阵可用上述方法由本征函数来构造，而且反过来本征函数也可由矩阵给出的数值来构造。因此，本征函数并不是为"裸体的"矩阵骨骼上披上了一件任意的和特殊的"富有肉感的衣服"。

后来，人们将这两种力学通称为量子力学，而薛定谔方程则作为量子力学的基本方程。但薛定谔本人对方程中的波函数提出的物理解释则是错误的，后来玻恩对波函数提出一种几率诠释（probability interpretation）。这种诠释认为由波函数并不能准确确定一个电子的位置，只能根据波动情况，在空间某一点确定电子存在的几率。于是人们弄清楚了一件极重要的概念：对原子现象的描述在原则上只能是统计性的。

哥本哈根的一批物理学家们在玻尔直接影响下，迅速接受了玻恩的几率诠释；但与此同时，这一诠释又受到许多著名物理学家如爱因斯坦、薛定谔等人的反对，而且爱因斯坦直到去世都坚持认为："我无论如何都深信：上帝是不掷骰子的。"

还有一个与此相关的故事很值得在这儿一述。

事情是这样的：当物理界感到莫衷一是，几乎不知怎么样才算公平地对待海森伯和薛定谔的理论时，哥廷根的数学家希尔伯特却哈哈大笑了。希尔伯特为什么哈哈大笑？

哥廷根的数学领袖希尔伯特。

原来，1925年夏天，当波动力学尚未问世、矩阵力学刚刚提出时，玻恩和海森伯曾专门就他们的量子力学矩阵运算问题请教过希尔伯特，因为希尔伯特是当时数学界公认的领袖。希尔伯特说，每当他遇到矩阵运算中的方形表时，它们都是作为波动中的微分方程特征值的副产品而出现，因此希尔伯特建议："如果你们找到能导致矩阵的波动方程时，可能你们就容易对付矩阵了。"

遗憾的是，这两位物理学的佼佼者都犯了一个大错，他们没有听进希尔伯特的劝告，恐怕还以为这位数学大师胡说些什么呀？如果他们两人仔细思考一下希尔伯特的劝告，详细了解一下希尔伯特的数学思想，那么，薛定谔方程也许不会在物理学史上出现，出现的也许是玻恩-海森伯方程，而且还可能提前半年出现。难怪希尔伯特看见物理学家们那副吃惊、窘迫的模样时，不由得开心地哈哈大笑了。

灵机一动:"具有魔力"的狄拉克方程

继薛定谔方程之后,英国物理学家狄拉克(P. A. M. Dirac,1902—1984,1933 年获得诺贝尔物理学奖)又提出了一个相对论性的波动方程。2004 年获得诺贝尔物理学奖的美国物理学家维尔切克(Frank Wilczek,1951—　)在他写的《一套魔法:狄拉克方程》一文中写道:

> (狄拉克)方程看来具有魔力。正像《魔法师的学徒》中变幻出来的那把扫帚一样,方程会具有其自身的力量和生命,给出其创造者所意想不到的结果,会失去控制,甚至可能会使人厌恶。爱因斯坦的质能公式 $E = mc^2$ 是他用狭义相对论对加固经典物理基础的最大贡献。然而,当他发现这一公式时,他既没有考虑过大规模杀伤性武器,也没有认识到会有能量取之不竭的核电站。
>
> 在物理学的所有方程中,狄拉克方程也许是最"具有魔力"的了。它是在最不受约束的情况下被发现的,即受到实验的制约最少,且具有最奇特、最令人吃惊的种种结果。
>
> ……狄拉克却不同于其他那些物理学家,也不像物理学大师——牛顿和麦克斯韦,他不从实验事实出发研究,哪怕是一点点都不。他改为用不多的几个基本事实以及一些已意识到的必要理论规则(现在我们知道其中的一些是错误的)来引导他的寻觅。狄拉克试图用一个精简的、数学上一致的构架把这些原理涵盖在一起。在"耍弄了一些方程"(这是他的原话)以后,他灵机一动,得出了一个非常简单、优美的答案。当然,这便是狄拉克方程。

杨振宁教授(1922—　,1957 年获得诺贝尔物理学奖)在中央电视台《百家讲坛》做过一次演讲,题目是《新知识的发现》,在这次演讲中他提到了英国物理学家狄拉克。

> 又过了半年，另外一个年轻人出现了，这就是狄拉克。狄拉克一
> 来，……他把费米的工作，玻色的工作，海森伯的工作，都一下子网
> 罗在里头。所以我曾经说，看了狄拉克的文章以后，你就有这么一个
> 印象，觉得凡是对的东西，他都已经讲光了，你到里头再去研究，已
> 经研究不出东西来了。

由维尔切克和杨振宁的话，可以看出狄拉克非同一般的贡献和才能了。
但这样一位伟大的天才却有着非常不幸的童年。

狄拉克青少年时期

一切都起因于他的父亲查尔斯·狄拉克（Charles Dirac）的特殊性格和
教育方式，它们影响了狄拉克一生。狄拉克的父亲是一个身体壮实、固执己
见、专横霸道的家长，在布里斯托尔商业技术学院教法语。他自己厌恶社
交，因此把整个家庭管制得像一座牢狱一般，不准家庭任何成员与外界"过
多地"接触。狄拉克后来多次抱怨他父亲把他控制在一个冷酷、沉寂和孤立
的环境里。他曾对物理学史作者梅拉说："命中注定我只能是一个性格内向的
人。"1962年他对科学哲学家库恩说："在那些日子里，我从不与任何人讲话，
除非别人对我说话。我是一个性格十分内向的人，因此，我把我的时间都用
在对大自然问题的思考上。"

1962年他在接受访谈时还说：

> 实际上在我童年、少年时期，我一点社交活动也没有。……我父
> 亲立下了这样一条家规：只允许用法语讲话。他认为这样会对我学习
> 法语有好处。由于我不能用法语表达，所以我就只好保持沉默而不能
> 用英语讲话，因此，那时我就得十分沉默寡言。这一切在我很小的时
> 候就形成了。

狄拉克很少和男孩一起游戏、玩耍，更不用说与女孩交往了。他无法抗

拒父亲的专制作风，幸亏他对数学和物理学的领悟能力很强，这使他能以宗教般的热忱沉醉于数学和物理学的伟大的美中。随着年龄的增大，狄拉克潜意识中对他的父亲感到憎恶，不希望与父亲有任何接触。1936年他父亲去世时，他没有感到伤心，在给妻子的信中甚至写道：“我现在感到自由多了。”

1918年，16岁的狄拉克进入布里斯托尔大学工学院。这时他的人生道路已经开始，但他还没有想好应该怎么走。他并不是因为想成为一名工程师而进入工学院，实际上他喜欢的是数学，这是他唯一喜爱的学科。狄拉克还远没有成熟。在枯燥的工科学习期间，幸好发生了一件当时震惊世界的科学事件，改变了狄拉克的一生。

1919年11月6日，英国皇家学会和皇家天文学会召开联合会议，公布爱丁顿和戴森（Frank Dyson）在当年5月底的日蚀考察中，证实了爱因斯坦广义相对论所做的预言，使诞生了14年之久的广义相对论，从默默无闻一下子变成了媒体头版头条新闻，炒得几乎家喻户晓。原来不知道相对论的狄拉克，迅即迷上了相对论。他在1977写的《激动人心的年代》一文中回忆说：

> 要看出产生这个巨大影响的原因是很容易的。我们刚刚经历过一场可怕的、十分残酷的战争。……每个人都想忘记它。那时，相对论作为一种通向新的思想境界的奇妙的想法出现了。这是对过去发生的战争的一种忘却。……那时，我是布里斯托尔大学的一名学生，当然，我也被卷进由相对论激起的浪潮当中。我们大家对此谈论很多，学生们彼此讨论相对论，但极少有什么精确的知识能将讨论继续下去。相对论曾经是每个人觉得自己能够以一般的哲学方式写文章讨论的主题。哲学家们只是提出了每一事物都必须相对于其他事物来加以考虑的观点，他们居然因此声称他们一贯懂得相对论。

自从1919年底开始，狄拉克就一直痴迷于相对论，并很快深入学习下去。他最先自学的是爱丁顿1920年出版的《空间、时间与引力》（*Space, Time and Gravitation*），从此他对理论物理学的热情从来没有衰减过。

1921年从工学院毕业以后，正好遇上战后英国经济萧条，失业率居高不下，狄拉克找不到合适的工作，只好又回到布里斯托尔大学专攻了两年数学。这时，他杰出的数学才能被数学教授费雷舍（Peter Fraser）发现。1923年，在一份奖学金的资助下和费雷舍的推荐下，狄拉克来到了他仰慕已久的剑桥大学。

剑桥大学的研究生

1923年，狄拉克离开了父母来到剑桥，剑桥大学是狄拉克生命历程中最重要的地方。正是在这儿，他才被造就成为一位著名的物理学家，成为继牛顿、麦克斯韦之后的又一代宗师。

在剑桥大学，拉尔夫·福勒（Ralph Howard Fowler, 1889—1944）被指定为狄拉克的导师。开始，狄拉克对福勒成为他的导师感到失望。这有两个原因：一是福勒是著名学者，经常在外国开会，研究生要想找到他至少得碰上五六次壁；其次是福勒是剑桥唯一一个紧跟量子论最新发展的物理学家，而1923年夏天，狄拉克对量子理论知道得很少，而且开始的时候他还觉得这个领域的研究远不及他知道得较多的电动力学和相对论有趣。

但是，既然已经成为福勒的研究生，就不得不硬着头皮学习原子理论和正在兴起的量子理论。幸好不久他就发现，量子理论很有吸引力。在回忆中他说："福勒向我介绍了一个十分有趣的领域，这就是卢瑟福、玻尔和索末菲的原子理论。我先前从来没有听说过玻尔的理论，它使我大开眼界。令我十分惊讶的是，在原子理论里居然也可以应用经典电动力学方程。在这之前我认为，原子是一个完全假想的事物，而今天已经有人开始研究原子结构的方程式了。"

剑桥圣约翰，狄拉克在这个学院当研究生。

在剑桥大学，狄拉克很快发现自己在布里斯托尔大学获得的知识有很大的缺陷，他立即奋起直追，开始阅读和研究当时刊登量子理论最多和最重要文章的德国《物理学杂志》，以及德国物理学家索末菲的权威性著作《原子结构和光谱线》。

在一年时间里，狄拉克迅速掌握了当时所有的量子理论。与此同时，狄拉克也没有放松对经典力学和相对论的学习。通过学习惠特克（Edward Whittaker）的《粒子和刚体的分析动力学》（*A Treatise on the Analytical Dynamics of Particles and Rigid Bodies*），他掌握了哈密顿动力学和一般变换理论，对这两个理论的精通，使他以后在量子力学的研究中迅速成为领军人物。他研究爱丁顿的新著《相对论的数学原理》（*The Mathematical Theory of Relativity*），进一步掌握了相对论的精髓，这对日后发展量子力学也起了关键作用。

他像一支升火待发的军舰，时刻准备冲向科学发现的海洋！

英国物理学家莫特（Nevill F. Mott，1905—1906，1977 年获得诺贝尔物理学奖）在自传《为科学的一生》（*A Life in Science*，1986）中曾说："在剑桥大学做物理专业的学生是一件孤独得可怕的事情。"但对于从小习惯孤独的狄拉克来说，他一点也不觉得孤独，甚至有如鱼得水之乐。他在回忆中写道：

> 那时，我还只是个研究生，除了搞研究以外没有别的什么职责，我集中全部精力于更好地理解物理学当时所面临的问题。和当前的大学生一样，我对政治一点兴趣也没有，我完全投身于科学工作之中，日复一日，从不中辍，只有星期天我才放松一下。如果天气好的话，我就独自一人到乡间走一走。散步的目的是在一周的紧张学习之后休息一下，也许还想为下星期一的研究得到一个新的看法。但是这些散步的主要目的是休息，就是有问题我也会把它们置诸脑后，有意识地不去思考。

1924 年 3 月，在狄拉克到剑桥大学半年之后，他开始发表论文，他的第一篇论文发表在《剑桥哲学学会学报》上。从此他的论文就一发而不可收地接连发表，到 1925 年底已发表了七篇文章，内容有相对论、量子论和统计力学的，这充分说明他已经具有了很强的研究能力。事实上他在 1925 年就开始引起剑桥内外物理学家们的关注。福勒曾经不无骄傲地对 C. G. 达尔文说："狄拉克是我的一位天才学生。"

到了 1925 年夏天，狄拉克在剑桥已经被普遍认为是一位有前途的理论物理学家，但在英国之外，他还不被人所知。但机会很快就来了，他在接下来的一年里，迅速成为广为世人所知的大师级物理学家。

初显身手，气度不凡

1925 年 7 月 28 日，海森伯到剑桥大学卡皮查俱乐部做了一次演讲，题目是《光谱项动物学和塞曼植物学》(Term-zoology and Zeeman-batany)。在演讲中海森伯介绍了他刚发现不久的推导光谱规则的新方法。这种方法上一节已经介绍过，即后来被玻恩、约尔丹弄清楚的矩阵力学和不对易规则。

狄拉克那天有事没有听到海森伯的演讲，幸亏福勒听了，而且 8 月底福勒还收到海森伯论文的副本，他看了以后立即寄给了狄拉克，并叮嘱他仔细研究这篇令人惊讶的文章。那时狄拉克正在布里斯托尔与父母一起度暑假。

狄拉克立即认真阅读和研究了海森伯的论文。他迅即明白，海森伯创建了研究原子的一个革命性方法。接着，他进一步深研海森伯论文中蕴涵的物理思想以后，发现海森伯的思想不清晰，表述也因此复杂而难于让人理解，而且海森伯还没有考虑到相对论。狄拉克深入学习过分析力学和相对论，他觉得如果在哈密顿的变换理论中表述海森伯思想，不仅可以使思想脉络一清二楚，而且还可以与相对论相符。

杨振宁对海森伯的特点做过概括，他说："海森伯的特点是，他在模模糊糊之中，就抓住一个东西不放。他这个本领特别厉害，屡屡显示出来。……狄拉克一来，这问题就完全明朗化了。"

暑假结束后，狄拉克回到剑桥，继续思考海森伯论文中出现的奇怪的非对易动力学变量（时间、位置、能量，等等）。他做过一次尝试，但没有成功。在 10 月的一次散步中，他灵感突现，打开了不可对易量奥秘的大门。在 1977 年的《激动人心的年代》一文中他写道：

> 1925 年 10 月初我返回剑桥，又恢复我原先的生活方式，在一周之内我紧张地思考那些问题，星期天休息一下，独自到郊外徒步远行。这些远足的主要目的是休息，以便下星期一我能精神振作地开

始工作……就是在 1925 年 10 月的一个星期天的散步中，尽管我想要休息一下，但我还是老想着这个 uv-vu，我想到泊松括号（Poisson brackets）。我记起了以前我在高等力学书籍中研读过的这些奇怪的量，即泊松括号，根据我能回忆起的内容，两个量 u、v 的泊松括号与对易子 uv-vu 看起来十分相似。我想，这个想法先是闪现了一下，它无疑带来了一些激动，然后自然又出现了反应："不对，这可能错了。"我不大记得泊松括号的精确公式，只有一些模糊的记忆。但这里可能会有一些激动人心的东西，我认为，我也许领悟了某一重大的新观念。这实在是令人焦躁不安。我迫切需要复习一下泊松括号的知识，特别是要找出泊松括号的确切定义。但是那时我正在乡下，没有书可查，所以我必须马上赶回家去查看我能找到的关于泊松括号的东西。我仔细查阅了我听各种讲演时所做的笔记，但其中竟没有一处提到泊松括号。我家里有的教科书都太粗浅了，不可能提到它。我真是什么也不能干，因为那是星期日的傍晚，图书馆全都闭馆了。我只好迫不及待地熬过那一夜，不知道这一想法是否真好。但我仍然认为我的信心在那一夜间逐渐增长了。第二天清晨，一家图书馆刚开门，我就赶紧进去了。我在惠特克的《粒子和刚体的分析动力学》中查到了泊松括号，发现它们正是我所需要的。

泊松括号是哈密顿力学中一个重要的运算，在哈密顿表述的动力学系统中时间演化的定义扮演着中心角色，它是法国数学家泊松（Simeon-Denis Baron Poisson，1781—1840）在 1809 年首次提出的。狄拉克很快推出泊松括号与海森伯的乘积有如下关系：

$$(xy-yx) = \frac{h}{2\pi i}\,[\,x, y\,]$$

上式左端是海森伯乘积（$xy-yx \neq 0$），右端 $[\,x, y\,]$ 即泊松括号。狄拉克惊喜地发现，有了这个等式，我们就不必与人们不熟悉、不喜欢的矩阵打交道，可以利用经典的泊松括号建立一个新的代数！

有了这一重要发现，狄拉克立即写出论文《量子力学的基本方程》（The fundamental equaticn of quantum mechanics）。《皇家学会会报》在 11 月 7 日的一期迅速发表了他的文章，从收到到发表只用了三周时间，可见编辑部和

福勒深知这篇文章的重要性。事实上，狄拉克的这篇文章不仅使他一下子名
声大作，而且它也成为现代物理学经典论著之一。

有了狄拉克推出的方程，可以用它推出一个令人满意的、符合玻尔氢原
子理论的定态定义，还能推导出 1913 年玻尔给出的频率公式

$$E_m - E_n = h\nu$$

我们还记得，在玻尔的理论中，定义和公式都是作为假设人为地提出的，
而在狄拉克的新方程中，却可以由方程自然推导出来。这确实是一件了不起
的成就，所以狄拉克也十分满意。他把论文的副本寄了一份给海森伯。海森
伯回信称赞狄拉克的文章"非常漂亮"，但他告诉狄拉克一个让他非常失望的
消息，原来他得到的公式，已被海森伯、约尔丹和玻恩先发现了。海森伯在
1925 年 11 月 20 日写给狄拉克的信中安慰道：

> 我现在希望您不要为此事而感到不安，因为您的部分结论在前些
> 时候已经在这儿发现了，并且在两篇论文中独立地发表了：一篇是玻
> 恩和约尔丹写的，另一篇是玻恩、约尔丹和我合写的。然而，您的结
> 果决不是不重要的。一方面，您的结果，特别是关于微分的一般定义
> 及量子条件与泊松括号的联系，考虑得比我们深远；另一方面，您的
> 文章也的确比我们给出的表述更好、更精练。

虽然这件事让狄拉克感到有一些失望，但他感到满意的是，事实证明量
子力学可以按照他的思路独立地发展，而且他相信他的方法更适合量子力学
进一步的发展，例如荷兰物理学家克拉默斯就认识到：狄拉克的结论是更有
成效的。狄拉克也曾经说：

> 海森伯最后的方程当然是对的，但我们不用他那种大惊小怪、牵
> 强附会的方式，也能够得出同样的结果。用我的方式，同样能得出 $xy-$
> yx 的差值，只不过把那个让人看了生厌的矩阵换成我们的经典泊松括
> 号 $[x, y]$ 罢了。然后把它用于经典力学的哈密顿函数，我们可以顺理成
> 章地导出能量守恒条件和玻尔的频率条件。重要的是，这清楚地表明
> 新力学和经典力学是一脉相承的，是旧体系的一个扩展。

就因为这篇文章，狄拉克在物理学界的名声很快就大幅提升，被认为是奠定新力学的专家，经常到卡皮查俱乐部发表学术演讲。在随后的一年里，他已成为物理学界的一位明星。如果我们记得，1925年狄拉克23岁，还是一位在读研究生，欧洲大陆的量子理论前辈几乎都不知道他，我们一定会惊讶于他与众不同的能力。

年轻时的狄拉克。

1926年5月，狄拉克完成他的博士论文，随后得到了博士学位，留在剑桥大学任教。

狄拉克方程和第一个意想不到的礼物——自旋

正在这期间，量子力学研究领域发生了一件大事，薛定谔按照德布罗意电子是一种波的思想，提出了自由电子的波动方程，即前面提到的薛定谔方程。

狄拉克可能是在1926年3月中旬第一次听说薛定谔方程的，那时德国物理学家索末菲在剑桥大学访问。4月9日，海森伯写了一封信给狄拉克，想知道狄拉克对薛定谔方程有什么看法："几周以前，薛定谔发表了一篇文章……您认为薛定谔对氢原子的处理方法究竟与量子力学有多大关系？我对这些数学问题很有兴趣，因为我相信这个理论将有巨大的物理意义。"

海森伯信中说的"量子力学"还只是指他发现的"矩阵力学"，还没有想到薛定谔方程后来会成为量子力学的首要方程。狄拉克早在1925年夏天就赞成德布罗意的物质波理论，并且证明这个理论与爱因斯坦光量子理论等价，但是当时狄拉克太专注于海森伯的矩阵理论，没有想到把物质波理论发展成量子力学的理论；薛定谔的理论发表后，他也没有认为它值得深究。狄拉克在回忆中曾写道：

起初我对它（薛定谔的理论）有点敌意……为什么还要倒退到没有量子力学的海森伯以前的时期，并重建量子力学呢？我对于这种必须走回头路，或许还得放弃新力学最近取得的所有进步而重新开始的想法，深感不满。一开始我对薛定谔的思想肯定怀有敌意，这种敌意持续了相当一段时间。

后来，泡利和薛定谔先后证明薛定谔的波动力学和海森伯的量子力学（矩阵力学）在数学上是等价的以后，狄拉克对薛定谔理论的"敌意"立即消失了，并认识到在计算方面波动力学在许多情况下更优越。他还发现波动力学正合他的需要，可以和他熟悉的分析力学、相对论力学一起使用。因此，他立即开始紧张地研究薛定谔的理论，并很快就掌握了它。

我们知道，狄拉克一直钟情于相对论，深知相对论方程里时空融合在一起，在洛伦兹变换下应该是协变的。但薛定谔方程中时间和空间扮演着截然不同的角色，所以它的非相对论性是固有的和明显的。

薛定谔并不是不知道这一点，他明白相对论的考虑至关紧要。前面我们提到过，最初他导出的是一个相对论性的方程，但他没有发表，因为这个方程所导出的精确氢原子光谱与实验测定值不符。为此他沮丧了几个月，后来他放弃了相对论性波动方程，得到了一个与实验值相符的非相对论性波动方程（即薛定谔方程），他把它公布于世，却因此大获名声，还在 1933 年为此获得了诺贝尔奖。薛定谔后来向狄拉克谈到了他的这一经历，狄拉克在《激动人心的年代》一文中记录下来："薛定谔深感失望。（他的第一个相对论性方程）这么漂亮，这么成功，就是不能运用于实践中。薛定谔该怎么面对这种情况？他告诉我，他很不开心，把这事放下了几个月。……对于放弃第一个相对论性方程，他一下子不下了决心。"

狄拉克认为，薛定谔本应该坚持他那漂亮的相对论性理论，不用太多地考虑它和实验的不一致。狄拉克的这一思想成为他"数学美原理"的基石。

1926 年底，电子自旋和相对论有着密切联系得到了普遍的承认（请参见本书"拨云睹日：泡利不相容原理和电子自旋的发现"这一章），但自旋、相对论和量子力学三者间如何自洽地统一到一个理论之中，人们观点很不一致。在薛定谔方程里，自旋只能作为一个假设置入其中，方程本身没有这个解。这显然不能令人满意。

狄拉克有强烈的信心，认为自旋问题不足虑，用不了许久就会被弄清楚。十分有趣的是，1926 年 12 月，当狄拉克在哥本哈根访问时，他与海森伯就什么时候能正确解释自旋还打了一个赌。1927 年 2 月海森伯在写给泡利的信中写道："我和狄拉克打了一个赌，我认为自旋现象就像原子结构一样，至少还要三年时间才能被弄清楚。但狄拉克却认为在三个月里（从 12 月初算起）肯定可以了解自旋。"更有趣的是，一直不相信电子有自旋的

玻尔（左）、海森伯（中）和狄拉克在林道诺贝尔获奖者聚会上（1962 年 6 月）。

泡利本人，差不多在同时与克拉默斯打赌说："不可能构造一个相对论性自旋量子理论。"

　　狄拉克在与海森伯打了赌以后，开始研究电子自旋问题，与此同时，他也在潜心寻找一个相对论性波动方程，但应该指出的是他也并没有把这个方程与自旋联系在一起。海森伯与狄拉克的打赌，各对一半。狄拉克在三个月里没有弄清楚自旋，但在两年（而不是三年）后就意外地弄清楚了，而且是在他提出相对论波动方程以后由方程自动提供的！泡利的打赌则完全以失败告终。

　　事情的经过如下：1927 年 10 月，第五届索尔维会议狄拉克受到邀请，这说明他已经成为世界顶级物理学家之一。在会议期间，狄拉克向玻尔提到了他对相对论性波动方程的看法。哪知玻尔回答说这个问题已经被克莱因（Oskar Klein，1894—1977）解决了。狄拉克本想向玻尔解释他对克莱因的方程并不满意，但会议开始后，他们的谈话中止，此后他也没有和玻尔进一步深谈。狄拉克是一位腼腆少言的人，而且厌恶争论。他只是认为："这件事使我看清了这样的事实：一个根本背离量子力学某些基本定律的理论，很多物理学家却对它十分满意。……这和我的看法完全不同。"

　　从布鲁塞尔的索尔维会议回到剑桥以后，狄拉克撇开其他问题，专注于研究相对性电子理论。令所有人惊讶的是，两个月内整个问题全都解决了。1927 年圣诞节前几天，C. G. 达尔文到剑桥时得知狄拉克的新方程，在 12 月 26 日写信告诉玻尔："前几天我去剑桥见到了狄拉克，他现在得到了一个全新的电子方程，它们很自然地包含了自旋，好像就那样自然而然地得到了。"

狄拉克就像发现 X 射线的伦琴一样，通常独自一人工作，几乎是秘密而不为人知的。英国物理学家莫特在《回忆保罗·狄拉克》一文中写道："狄拉克的所有发现对我来说，都来得很突然，它们仿佛在那儿等着他去发现。我从来没有听到他谈到它们，它们简直就是从天而降！"

狄拉克划时代的论文《电子的量子理论》（The quantum theory of electron）于 1928 年分两部分发表于《皇家学会会报》的 1 月和 2 月号上。文中的电子相对性波动方程就是鼎鼎大名的狄拉克方程。

狄拉克方程是建立在一般原理之上的方程，而不是建立在任何特殊电子模型之上。当泡利、薛定谔等人热衷于复杂的电子模型时，狄拉克对这些模型嗤之以鼻，

> 资料链接：狄拉克方程
>
> 狄拉克（相对论性电子）方程的形式简单而又优美：
>
> $$i\gamma\partial\varphi = m\varphi$$
>
> 这个形式简单的方程，如所有其他伟大而重要的方程一样，并不像看起来那么简单。式中 m 是电子的质量，i 为 $\sqrt{-1}$，因子 γ 表示四个 4×4 的矩阵，而 φ 不再是薛定谔方程中简单的波函数，现在是四个分量；而这个方程所有的微分关系压缩成一个记号 ∂。
>
> 这个方程后来被刻在威斯敏斯特教堂的狄拉克纪念碑上。

一点兴趣也没有。结果他的方程带来了丰富的成果，其中有一些是意料不到的。首先，这个方程自然而然地得到自旋，而他事先根本没有考虑自旋；其次，他的新方程得到了氢谱线精细结构的修正值，而这正是德布罗意和薛定谔无法做到的；其三，也是更令人惊讶的是，狄拉克由新方程预言了一个新的基本粒子（正电子）的存在，而且 1932 年居然被安德森在实验中找到了这个新粒子（详情请见 16 章）。

没有事先引进自旋，就能够得到正确的自旋解，这是一个伟大而又没有意料到的胜利。连狄拉克自己都颇为震惊，他在回忆中说：

> 我对于把电子的自旋引进波动方程不感兴趣，我根本没有考虑这个问题，而且也没有利用泡利的工作。其原因是，我主要的兴趣是要得到与一般物理解释以及变换理论相一致的一个相对论性的理论……稍后，我发现最简单的解就包含有自旋，这使我大为震惊。

狄拉克的《电子的量子理论》是他对物理学做出的最大贡献。

约尔丹说："要是我得到了那个方程该多好啊！不过，它的推导是那么漂亮，方程是那么简明，有了它我们当然高兴。"

曾与玻恩一起工作的罗森菲尔德说："（自旋的推演）被认为是一个奇迹。普遍的感觉是狄拉克已经得到的比他应该得到的还要多！要是像他那样搞物理，就无事可做了！狄拉克方程真的可以看作是一个绝对的奇迹。"

连一向年轻气盛的海森伯也曾对他的学生外扎克（Carl-Friedrich von Weiszäcker）说："那个叫狄拉克的年轻英国人是那样的聪明，根本无法与他竞争。"

到了20世纪30年代，狄拉克方程已经成为现代物理学的基石之一，标志着量子理论的一个新纪元的到来。它无可争议的地位并不在于在实验上它一再被证实，而是在于它在理论上的巨大威力和涵盖的范围。

狄拉克方程的第二个意想不到的礼物——反粒子

在科学史上常常出现这种奇迹，即科学家发现的方程总是比发现它的科学家本人料想的还要神奇一些。前面我们讲过薛定谔方程比薛定谔还聪明的故事，现在，狄拉克方程比薛定谔方程更加神奇和惊人，狄拉克方程不仅自动出现电子自旋，解决了电子自旋的奥秘，让狄拉克"大为震惊"。而且还石破天惊地预言了反粒子（anti-particle）的存在。这岂止让狄拉克"大为震惊"，而且让全世界科学家都惊讶得目瞪口呆了！

原来，狄拉克方程包含了四个分量，也就是说它包含四个分离的波函数来描述电子。其中两个分量成功地解释了电子的自旋，另外两个分量该怎么办呢？开始狄拉克觉得事情有一些不大好办。因为要想解决另外两个分量，似乎电子的能量除了可以取正值以外，还应该可以取负值。能量取负值？这未免也太荒谬了吧！负能量是什么意思？人们从来没有听过和见过什么负能量。

那么，也许可以抛弃狄拉克方程中这个"极其荒谬"的解？每位中学生十分熟悉，当解方程得出一个不合理的负值（如求多少人参加什么活动，结果得出负值）时，便会毫不犹豫地把这个负值作为"增根"舍去。例如，求能量 E 时得出下面的解：

$$E = \pm \sqrt{p^2 c^2 + m^2 c^4}$$

中学生或一般的科学家会因为能量不能为负值，而毫不犹豫地将负值作为"增根"舍去。

现在狄拉克也算到这儿来了，他也想将这负根舍去，但他立即发觉不能去掉这个负值，负值对于全面描述电子的行为有重要的作用。狄拉克当然知道，承认了有负能量的物体，将会给物理学带来多么巨大的困难，但是，科学家的好奇心是没有止境的。经典物理学中没有见到过负能量，并不意味着它就不存在；经典物理学中不可能发生的事情，在微观世界不一定就不可能发生。20世纪从一开始到30年代，不知道有多少原来认为不可能发生的事情，在爱因斯坦、玻尔、海森伯、德布罗意……的研究中，都被证明在微观世界里是可以发生的。现在，狄拉克方程揭示出的带有负能量的电子，为什么就不可能是真的呢？所以在量子力学里，一般是遵从"不被禁戒的就是必须实现的"原则。

狄拉克相信他的方程是忠实可靠的，因此他没有回避负能量的存在，而是迎着困难上，研究如何解释负能量的物理意义。

1929年12月6日，狄拉克第一篇关于负能粒子的论文《电子和质子的一个理论》（A theory of electrons and protons）在《剑桥哲学年刊》上发表。在这篇文章中，狄拉克把负能解看成是带正电的粒子的解，而且这负能粒子可能就是人们已经知道的质子，因为当时只有质子是带正电的。这是很自然的事情。再说狄拉克开始也没有胆量提出一种前所未知的新粒子存在，他只能够把他的理论所要求的带正电的反粒子看成是质子。但是这种设想很快就暴露出一些严重的困难。例如，按照狄拉克1927年提出的量子电动力学（quantum electrodynamics，QED）的理论，正反粒子对相遇后会立即湮灭成一束光子；而一束光子在特定条件下也可以"生成"一个正负电子对。但是电子—质子对的生成和湮灭，就从未被观察到过；而且如果真有电子—质子对的湮灭，那么含有一个电子和一个质子的氢原子就会在几微秒之内自发地自我毁灭——幸好这事没有发生！

读者也许会产生疑问：为什么狄拉克不敢提出一个新的粒子？原因之一是，预言一个新粒子，与当时流行的自然哲学观点不相容。自然界如果只存在电子和质子（那时还没有中子），宇宙显得多么简单而又对称，多么和谐而美妙。增加一种新粒子，显然会破坏科学家梦寐以求的宇宙美学图景。狄拉克后来曾对人说过：

> 在那个时候，我恰好不敢假定一种新粒子，因为那时整个舆论是
> 反对新粒子的。

狄拉克（中）和奥本海默（左）、派斯正在谈论什么。

在强大传统思想压力之下，狄拉克胆怯了。他甚至还想阐明他如此这般思考的理由。法国作家罗曼·罗兰说得好："人们只有在吃不明智的亏以后，才会变得聪明起来。"

后来，许多物理学家如美国的奥本海默（Julius Robert Oppenheimer，1904—1967）、苏联的塔姆（I. E. Tamm，1895—1971）、德国的韦尔等人，都先后批评狄拉克，说如果按狄拉克的说法，用质子代替一种尚不为人知的新粒子，会给整个理论带来灾难性后果。狄拉克思考了一段时间，终于在1931年5月勇敢地迈出了关键性的一步，撤回了他早先把负能粒子视为质子的观点，转而根据方程的要求，大胆认为存在"一类新的基本粒子，这是实验物理学家至今还未发现的，它与电子有相同的质量和相反的电荷"。

他把这个"新的基本粒子"称为"反电子"（antielectron），它的质量、电量、自旋等一切属性都与电子完全一样，但却带有同量的正电荷。现在人们都称这个反电子为"正电子"（positron），我们此后一般也称之为正电子，虽然这个名称并不十分合适，因为按照字面应该译为"正子"，但也只能约定俗成随大流了。

正电子是人们发现的反物质世界中的第一个反粒子（anti-particle）。有了正电子的存在，就可以合理地解释狄拉克方程中出现的四个分量。

从此，反物质世界慢慢向人们展示出那绚烂多彩、奇异怪骇的奥秘。关于实验上发现正电子的故事，后面的章节还会详细讲到。

荣获诺贝尔物理学奖

1933 年，薛定谔和狄拉克因为"创立有效的、新形式的原子理论"获得该年度诺贝尔奖。海森伯在 1933 年也获得 1932 诺贝尔物理学奖，结果三个人同时到达斯德哥尔摩火车站，留下了珍贵的照片。那时狄拉克还没有结婚，由他妈妈陪同到斯德哥尔摩领奖。本来诺贝尔奖委员会允许他邀请他的父母参加，但他不希望他的父亲和他一起去。他没有忘记他童年所受的伤，尽可能不和父亲联系。

瑞典皇家科学院普雷叶教授在颁奖词中说：[1]

1933 年，薛定谔（右 1）、海森伯（右 2）和狄拉克（右 3）在斯德哥尔摩火车站。从左到右：海森伯母亲，薛定谔夫人，狄拉克母亲。

狄拉克从最普通的条件出发，建立了波动力学，从一开始就提出满足相对论要求的条件。从问题的这一普遍阐述看，以前由于考虑到实验事实而作为假设被引入理论的电子自旋，现在成为狄拉克普遍理论的一个结果。

接着普雷叶教授谈到狄拉克方程预言正电子的存在和其重大意义。

薛定谔在诺贝尔演讲中做了《波动力学的基本思想》的报告；这样，狄拉克在演讲中就没有多谈一般的波动力学思想，而是侧重谈到由于狄拉克方程引起的反物质粒子（正电子和负质子）这一惊人发现。他的题目是《电子和正电子理论》。狄拉克在演讲结束时做了两个预言：

1　颁奖词和下面狄拉克演讲的文字，引自《诺贝尔奖讲演全集》物理学卷 I，福建人民出版社，2003，741 页，777—778 页。

　　我认为可能存在负质子，因为迄今的理论已确认正、负电荷之间有完全的对称性。如果这种对称性在自然界中是根本的，那就应该存在任何一种粒子的电荷反转，当然，在实验上产生负质子更加困难，因为需要有更大的能量与较大的质量相对应。

　　如果我们承认正、负电荷之间的完全对称性是宇宙的根本规律，那么，地球（很可能是整个太阳系）上负电子和正质子在数量上占优势应当被看作是一种偶然现象。对于某些星球来说，情况可能完全是另一个样子，这些星球可能主要是由正电子和负质子构成的。事实上，有可能是每种星球各占一半，这两种星球的光谱完全相同，以至于目前的天文学方法无法区分它们。

　　第一个预言是存在一种反质子（除了电荷为-e以外，其他性质均与质子相同），他还指出"在实验上产生负质子更加困难，因为需要更大的能量与较大的质量相对应"。这一预言被证实了：很难找到的反质子（以及反中子），在预言后的22年（1955年）被意大利裔美国物理学家塞格雷和他的助手们找到。后来物理学家们认识到，所有粒子都有反粒子。

　　狄拉克的第二个预言是说宇宙里正反物质是对称的。从宇宙的尺度来看，应当有一半的物质，一半的反物质（反物质由反粒子组成），二者在数量上是相等的。但这一预言恐怕有问题，从目前各种迹象来看，粒子的含量远远大于反粒子含量，二者是不对称的。

　　为什么从自然界的基本规律来看，具有非常对称性质的正反粒子，在自然界的存在却如此不对称？这是现代宇宙学里一个基本问题。英国科学家弗雷泽（G. Fraser）在他于2000年写的《反物质：世界的终极镜像》（*Antimatter, The Ultimate Matter*）一书中猜测说："宇宙的反物质可能已被禁闭在黑洞里了。"

　　这个问题太深奥，这儿不能再深入下去。

　　领完奖回英国的途中，玻尔邀请狄拉克、海森伯和他们的母亲到他的新宅卡尔斯堡宅邸住了几天。

　　狄拉克成了诺贝尔奖获得者以后，他本从此有权提名其他科学家成为诺贝尔奖候选者，几乎所有获奖者都充分利用过这个权利，但据《狄拉克科学传记》作者克劳（Helge Kragh）说："就我所知，狄拉克从未提名任何人。"

争长竞短：不确定性原理和互补原理

　　与狄拉克喜欢一个人独自思考相反，玻尔喜欢在争论中思考，因此他几乎总是在和他的学生、助手争论不休。但是，不断的争论也并不是"放之四海而皆准"的好研究方法。例如，1926年在哥本哈根，玻尔整天和海森伯没完没了地争论不休，据说有时海森伯真的受不了了，还为此伤心地哭泣过。……两人几乎都精疲力竭了。

　　最后，玻尔决定到挪威奥斯陆去滑雪，暂停争论。这样，两个人都可以冷静地独立思考，而不必为每一点新的建议而反复争论。玻尔滑了近一个月的雪，而海森伯就留在哥本哈根的研究所里。玻尔走了以后，海森伯可以不受拘束地思考问题了。

　　事后看来，激烈的思想交锋以后的分离，是完全必要的，其效果也出乎意料的好。海森伯把自己的发现迫不及待地寄给了物理刊物，唯恐玻尔回来又会否定自己的发现，让自己又一次失去信心。

　　等这两位朋友兼对手在3月中旬重新见面时……

矛盾重重，争论不断

　　矩阵力学建立后，玻尔坚信一种自洽的"量子力学"的突破性、决定性的创立业已完成。但玻尔仍然不能满足已经取得的成绩，坚持认为还有某种最基本、最主要的东西没有被抓住，从物理学家的鼻尖上溜过去了。由于玻尔不停地提出佯谬、疑问，海森伯也受到影响，深感不安。

　　正在这时（1926年）传来了薛定谔的波动力学的论文。在哥本哈根理论物理研究所，各国研究的最新成果总能很快地被他们获知。玻尔对波动力学强烈突出了"波粒二象性"的特征感到非常高兴。事实上，玻尔是最深刻认识到波粒二象性佯谬的一位科学家；爱因斯坦固然也深刻认识到这一佯谬的深刻困难，但采取的对策与玻尔大不相同（在"爱因斯坦：上帝不掷骰子"一章中还将进一步谈到这种差别）。玻尔等人提出 BKS 论文，实际上是试图把波粒二象性当作解释量子论的出发点，认为波是一种概率场。尽管这一探索在某些方面失败了，

玻尔和海森伯合影。

但玻尔敏锐而正确地感到，表面上的二象性是极重要的现象，应该是任何解释的出发点。

1926 年 4 月 14 日，玻尔写信给英国理论物理学家福勒说：

> 看来我们现在确实走上进步的康庄大道了……薛定谔在最近一期《物理杂志》上提出确定各定态的优美方法，将肯定得出与海森伯、玻恩及狄拉克方法相同的结果。看来薛定谔的方法可能带来计算上的简化，特别是在确定跃迁几率方面更是如此。

玻尔还对哥廷根大学的洪德说过，不能小看薛定谔的波动力学，它有非常深刻的东西值得认真探讨；他还认为量子力学必须建立在粒子和波动这两个概念的基础上。而且玻尔还表示，他将会把量子力学的这两根支柱弄得同样地坚固。

但玻尔强烈反对薛定谔的诠释。为了进一步弄清楚量子力学中的一些迫切需要澄清的问题，玻尔邀请薛定谔到哥本哈根来访问和演讲。

1926 年 10 月 4 日，薛定谔在丹麦物理学会上对一百多位听众做了演讲，题目是《波动力学的原理》。他反对玻恩前不久在 7 月份提出的几率诠释，认为波动方程中解出的波函数，本身就代表一个实在的、物理上可观测的量，它描述的是物质分布。他还强调，由玻尔提出的跃迁过程可以用连续的数学函数描述；在跃迁过程中，一种振动将慢慢地消逝，而另一种振动则

资料链接：BKS 论文

BKS 论文是玻尔、克拉默斯和美国物理学家斯莱特（J. Slater，1900—1975）三人合写的论文《辐射的量子理论》，发表在 1924 年 5 月份的《哲学杂志》上。

BKS 论文的要点是：承认辐射的波动性而拒绝其量子性（不承认光子的真实性）；他们认为利用对应原理和几率的诠释可以克服跃迁中的多年疑虑。还有，他们声明：在基本粒子的基元过程中可以不遵循能量守恒定律；但大量的基元过程的平均统计中，又可以回复到经典理论的联系中，遵循能量守恒定律。

这一论文发表后，受到包括爱因斯坦在内的大多数物理学家反对。1925 年 4 月 18 日，德国物理学家玻特（W. Bothe，1891—1957）和盖革用精确的实验证实基元过程中也精确地遵守能量守恒定律。

玻尔知道后很快放弃了怀疑光子真实性的想法。

慢慢形成。因此，不连续性或量子跃迁的概念可以被摒弃于物理学之外。

玻尔听了薛定谔的诠释后，他的反应是可以想见的。量子跃迁是玻尔理论的两大基石之一，现在薛定谔却宣称它可以被"摒弃于物理学之外"！前面我们曾经提到过，海森伯 7 月份回德国度假时在慕尼黑大学听过薛定谔的演讲，当时他就批评了薛定谔的诠释，但被维恩教授一顿盛气凌人的斥责堵住了嘴。海森伯和玻尔都认为薛定谔的诠释完全错了。

接下去的几天，他们三人进行了激烈的争论，玻尔毫不留情地抨击了薛定谔理论中的每一个漏洞，更不能容忍薛定谔对跃迁的处理，他向薛定谔指出：如果真的没有不连续的跃迁，那么普朗克的辐射公式以及爱因斯坦的推导都将不复存在！玻尔的坚持和穷追不舍的讨论作风，使薛定谔陷入了绝望之中。后来，他终于体力不支而病倒了。这些在前面都讲过，这儿不再赘述。

薛定谔离开哥本哈根后，玻尔和海森伯已经得出较明确的结论，薛定谔的诠释可以不再理会了。试图用经典波动理论诠释量子力学是不会有前途的，但他们也感到缺少一些重要的基本概念，以致无法澄清波动和粒子两种图像之间的矛盾。玻尔和海森伯两人都力求寻求这种"重要的基本概念"，但是他们寻求的方向彼此并不相同。玻尔的想法是两种图像都不可缺少。现在我们来谈海森伯的想法。

海森伯的想法是，人们已经掌握了没有矛盾的数学方法，而且量子力学的基本假设也已经确定，因此只要再向前发展一下，似乎就可以得到带有普遍性的解释，因而无须依赖什么直观的模型（这与玻尔不同）。但是，这种数学

1930 年第六届索尔维会议上，海森伯和爱因斯坦同时出席。前排坐者右 2 玻尔，右 5 爱因斯坦，右 6 朗之万，右 7 居里夫人，右 8 索末菲；后排站立者右 1 海森伯，右 2 费米，右 5 泡利，右 6 德拜。

方法却连最简单的实验情形也说明不了。例如，矩阵力学的理论前提条件是：电子轨道以及它们的任何一种运动的径迹都不可观测。但在威尔逊云室的照片上，那白色的雾线却显然可以让人们精确地追踪电子在时空中的运动，这又怎么解释呢？理论是完美的，实验是精确的，但它们却相互矛盾着。海森伯为此绞尽脑汁，而且还得和玻尔没完没了地争论……两人几乎都精疲力竭了。

最后，玻尔决定到挪威奥斯陆去滑雪，暂停争论。这样，两个人都可以冷静地独立思考，而不必为每一点新的建议而反复争论。一个多月后，这两位朋友兼对手在（1927 年）3 月中旬重新见面时，他们每人都取得了一种决定性的突破。

玻尔走了以后，海森伯可以不受拘束地思考问题了。有一个晚上，海森伯正在思绪联翩时，忽然想到一年前与爱因斯坦的一次谈话。

那是在 1926 年 5 月在成为玻尔助手以前，海森伯曾于 4 月 28 日在柏林大学物理学讨论会上做过矩阵力学的专题报告。这次讲演显然引起了爱因斯坦的兴趣，会后爱因斯坦邀请海森伯陪伴他回家，以便在路上一起讨论矩阵力学问题。

海森伯有些受宠若惊，立即愉快地接受了。在柏林的林荫道散步半个小时就到了爱因斯坦的住所。海森伯在两年前也曾与这位伟大的物理学家会见，不过那次短暂的会见集中于爱因斯坦对 BKS 理论的反对和对因果律及能量守恒的维护。当然，爱因斯坦早就对这个聪敏的年轻人有所了解，不过这一次会见情况有所不同，这次海森伯是以一个新的革命性理论的发现者的面貌出现，这个新理论令大部分物理学家感到十分困惑。

在这以前的几个月里，他俩已经就这一课题交换过几封信。现在爱因斯坦想更多地了解海森伯的研究，海森伯则想听听比自己年纪大一倍的爱因斯坦有什么好主意，以便帮他做出抉择：是去莱比锡，还是去哥本哈根。爱因斯坦极力主张这位年轻人应当与玻尔一起工作。

两人最后进入爱因斯坦那装饰雅致的住所。屋子里的书架上陈放着歌德、席勒和洪堡的全集。进屋之后，他俩把话题转向量子力学。从这次谈话以后的结果来看，它使得爱因斯坦在量子物理学上又一次起了重要的作用。

爱因斯坦不喜欢矩阵力学，他更偏爱薛定谔的波动力学。他与薛定谔分享了这样的信念：量子必须放在传统的关系中去理解，而不只是被假设或被接受。就在海森伯访问柏林的前两天，爱因斯坦还写信给薛定谔，表示他相信薛定谔的工作代表了"向前跨出了决定性的一步……正如我所深信的，海森伯、玻恩的研究则脱离了轨道"。

爱因斯坦对海森伯的可观察量原则提出异议，他把话题扯到电子径迹问题上。他说，即使我们能在威尔逊云室里清楚看到电子的径迹，您也拒绝考虑它们的轨道，是吗？

海森伯回答说，我们确实无法看到原子内部的电子轨道。但是，根据原子发光放电却可以得知相应的频率与振幅。

爱因斯坦问道："难道您真的相信单凭可观察量就可以建立物理理论吗？"

海森伯十分惊讶地反问道：您在狭义相对论中不正是这样做吗？"绝对时间"正因为实际观测不到才没有意义。

爱因斯坦轻声说："同一条妙计不能试用两次。"接着他强调说：

> 在原则上，试图单靠可观察量来建立理论，那是完全错误的。实际上，恰恰相反，是理论决定我们能观察到的东西。只有理论，即自然规律的知识，才能使我们从感官印象推断出基本现象。

1927年3月的一天，海森伯记起一年多前爱因斯坦说的这句话以后，立即意识到这句话是解开困难的钥匙。他试着分析云室中电子的径迹到底说明什么？怎样才能在新力学的基础上对此类观测做出适当的说明。后来，他觉得非得从修改描述问题的方法着手进行。对此，他曾在回忆录中说：

> 我们常常信口开河地说，在云室中一定能观察到电子的径迹，但我们真正观察到的要比它少得多。也许我们只是看到电子所通过的一系列分立的、轮廓模糊的点。事实上，我们在云室中所看到的一个团块，仅仅是比电子大得多的单个水滴。因此，正确的提问应该是这样的：量子力学能够说明发现电子这一事实，是电子本身是处在大体给定的位置上，并以大致给定的速度运动吗？我们能使这些给定的近似值接近到不至于引起经验上的异议吗？

接着海森伯用 γ 射线显微镜这一思想实验，对位置和速度进行一番操作分析（就像爱因斯坦对"同时性"进行操作分析一样），结果发现了著名的"不确定性原理"（uncertainty principle），即：在微观领域里谈论一个粒子同时具有确定的速度和位置，是毫无意义的。要想准确地知道位置 Δx，就不能同时准确地其动量 Δp；要想准确地知道动量 Δp，就不能同时准确地知道其位置 Δx；它们之间的关系要满足下面的公式：

$$\Delta x \times \Delta p \approx h\,(h\text{ 为普朗克常数})$$

诸如位置和动量、能量和时间这些物理量的不确定关系，正是量子力学中出现统计关系的根本原因。有趣的是，泡利在 1926 年 10 月致海森伯的信中，给出了一个更加通俗的说法："一个人可以用 p 眼看世界，也可以用 q 来看世界，但是当他睁开双眼时，他就会头昏眼花了。"高山先生在他的《量子》一书中，有一幅插图很有意思，它形象地说明了这种情况。

睁开单眼　　　　　睁开单眼　　　　　睁开双眼

海森伯得出了这个结论以后，有可能担心玻尔那种打破砂锅问到底的

玻尔骑着伽莫夫的摩托车，带着妻子行驶在郊外。

作风会延误他的论文及时发表，所以玻尔从挪威滑雪回来时，他已经把论文寄出去了。玻尔知道后很不满意海森伯这种轻率的行为。一方面是玻尔写论文极为严格，对每一个细枝末节都要解释得一清二楚才行，而玻尔很快发现海森伯在用 γ 射线显微镜讨论不确定性关系时，只强调了光的量子本性，忽略了波的衍射是本质性的。（还记得海森伯在博士论文答辩时，回答不出维恩提出的"显微镜分辨率"的往事吗？现在他要为此付出代价了。）另一方面玻尔在挪威的一个月中，已经有了一种对量子力学基础相当确定的看法。因此，在他对海森伯划时代的发现做出高度评价和赞赏的同时，也提出了深刻的批判。

激烈的争论几乎在两人一见面就又开始了。玻尔只同意海森伯的结论，却完全不同意他对这一关系的思想基础所做的解释。海森伯认为不确定性关系告诉了我们位置和动量、能量和时间这些经典概念在微观层次中的适用界限；玻尔则认为这一关系并不是告诉我们粒子语言或波动语言的不适用性，而是说一方面同时应用它们不可能，另一方面又必须同等应用它们，才能对物理现象提供完备的描述。另外，海森伯对波动性持有片面、轻视的态度，认为不确定的原因皆起于"不连续性"；而玻尔则认为不确定性的原因在于"波粒二象性"，并强调只有波粒二象性才是整个量子力学的核心。再者，海森伯认为在相互独立的两种语言中，无论使用粒子语言和波动语言都可以，而且都可以做出精确描述，但必须受不确定性关系的限制；而玻尔则坚持认为必须兼有粒子语言和波动语言两种语言，才能做出最佳描述。

由于争论的双方都坚决维护自己的观点，所以争论变得趋于紧张，据海森伯回忆说，他由于受不了玻尔毫不含糊的追问，甚至哭了起来。后来，幸亏有瑞典物理学家克莱因的调停，双方才就一些最重要的问题达成了一致：即两人探讨的是同一件事，不确定性关系只是玻尔的更普遍性原理——即后来正式定名为互补原理（complementary principle）的一个特例。海森伯让步了，同意在将发表的论文上加一个附注，声明文章中有些要点被忽视了，它们将在玻尔即将发表的文章中进行更深入的讨论。

互补原理和哥本哈根学派的诠释

德国伟大的诗人歌德曾经说过：

> 一个伟大的科学家根本不可能没有想象这种崇高的禀赋。我指的不是脱离客观存在而想入非非的那种想象力，而是站在地球的现实土壤上、根据真实的已知事物的尺度来衡量未知的设想的那种想象力。这样才可以证实这种设想是否可能，是否不违反已知的规律。这种想象力的先决条件就是要有开阔冷静的头脑，把活的世界及其规律都巡视遍，而且能够运用它们。

玻尔正是这样一位有丰富想象力的科学家，他有"开阔冷静的头脑"，而且真正把大自然的规律"都巡视遍"。他经过了一条多么漫长而曲折的道路，才终于认识到波动和粒子的两重性是辐射与物质都具有的内在和不可避免的性质。但在这之前，他经历了多么严酷的思想交锋啊！1925 年以前，玻尔像许多物理学家一样，鉴于辐射的波动性有众多实验精确地证实，因而倾向于波动性，不愿承认爱因斯坦的光子概念；即使当康普顿于 1923 年发现了他那著名的效应以后，很多人以此为光子的"判决性实验"，玻尔也仍然对光子持怀疑态度。这其中的原因是玻尔深知波粒二象性将会给物理学家带来多么严重的困难，如果不把其他可能性先做最深入地探讨，他觉得最好不要先承认波粒二象性的结论。直到 BKS 论文在 1925 年遭到致命一击以后，玻尔才终于承认波粒二象性的事实，即光的本性有粒子性的一面，也有波动性的一面。后来德布罗意的物质波理论提出来以后，玻尔又坚决不同意薛定谔片面地把波动性视为量子力学中唯一决定因素的极端想法。在这种左右开弓、两面作战的艰难过程中，玻尔深深地认识到，波动和粒子的两重性是物质的一种内在属性。

1927 年夏天，海森伯离开了哥本哈根回到德国，到莱比锡大学物理系就任理论物理学教授，玻尔和海森伯合作的辉煌时代也到此结束。

这年夏天，玻尔全身心地投身于发展和完善互补性这一新的思想中，并在克莱因的帮助下探讨互补性概念将对量子力学产生什么后果。9 月中旬，在意大利的科摩湖边将举行一次会议，会议是以纪念意大利科学家伏打（Count Alessandro Volta，1745—1827）逝世 100 周年的名义召开的，许多一流物理学家如玻恩、德布罗意、康普顿、泡利、海森伯、普朗克、卢瑟福等人都将参加；爱因斯坦受到邀请，但因故没有参加。玻尔决定在科摩会议上第一次正式向科学界阐述他的互补关系的观点，为此他整个夏天都在为会议写一篇讲稿。

要是谈到互补性的思想，玻尔在很早以前就有了，例如 1910 年 6 月 26 日，他曾在给他的弟弟哈拉德的信中写道："感觉或许也像认识一样，必须安排在一些不能互相比较的平面上。"类似这样的思想，他经常会不经意地讲出来。有一则趣闻颇能说明这一点，这则趣闻是海森伯在回忆中写的：

> 在一次与几个好友乘帆船到海上航行时，由于阳光灿烂再加上帆船平稳地向南驶去，玻尔觉得这正是向朋友们解释互补原理的好机会，于是他谈起了语言的困难，表达手段的局限性。玻尔强调说，所有这些困难和局限性都应该在科学研究中予以考虑，不可忽视；不过令人高兴的是现在已经有了一种数学方式来清晰地表达这一局限性。正当玻尔讲得兴致勃勃时，一位朋友不动声色地说："但是，你刚才说的并没有什么新奇之处，你十年前就已经说过了！"

玻尔就是这样的科学家，虽然想法早有了，但他要在大自然面前反复琢磨、反复修正；新的想法和怀疑随时可能出现，所以他得不断地修改、否定、充实和完善。尤其是这么复杂和深邃的重要关系，作为量子力学诠释的基石，玻尔更是特别小心谨慎，对它做出成熟和精确的表述之前，他决不轻易公之于世。

但玻尔这种不断地否定、修改，几乎使他的助手陷于绝望的境地，如果不是哈拉德的极力催促，玻尔很有可能在科摩会议前写不出一篇完整的稿子。稿子总算写好了，他打算尽快发表在英国的《自然》杂志上。他告诉助手们，在他离开哥本哈根去科摩后的第二天早上，把手稿从研究所寄出去。但命运又使得玻尔再一次修改手稿，原来他在离开哥本哈根的最后时刻找不到护照，只好第二天早上乘第一班火车南下，他就决定自己带上手稿，他的助手克莱因曾生动地回忆过这件事：

> 玻尔当时正在力争完稿。后来他又突然说："现在，除了给编者写的信以外，一切都弄妥了。"我们又吃一惊，后来才明白他指的是签名上不满意：他写成了"尼尔斯·玻尔"，而他认为应该写成"N. 玻尔"。哈拉德说："但是你本来就叫尼尔斯（Niles）嘛。"当时他们就要坐出租车到火车站去了，火车将于晚上 12 点稍过一点开出。我提前一点回了家。第二天早晨，当我来到研究所时，才知道他们是在早晨才刚刚走的，因为他们在最后时刻没有找到护照……我也听说，论文没有寄出，他们随身带走了。

9 月 16 日的会上，玻尔以《量子公设和原子理论的最近发展》为题发表了演讲。由于这篇演讲的特殊重要意义，人们常称它为《科摩演讲》。玻尔在演讲时开门见山地提出问题的缘起：

> 量子论的特征就在于承认，当经典物理的概念应用于原子现象时，有一种根本的局限性。这样就使得我们面对的形势有一种奇特的性质，因为我们对于实验资料的诠释在本质上是建立在经典概念的基础上的。

玻尔指出，在经典物理（也包括相对论）中，人们通常总是认为人们在观察客体时根本不用考虑观察手段对客体的干扰，但在量子理论中却再也不能忽略这种干扰了。例如在 γ 显微镜中

玻尔演讲的漫画。这张照片刊登在 1929 年 4 月 9 日丹麦的《政治家》报。

要观察电子，γ光子就会深深地影响电子的行为（即干扰了电子）。因此："量子公设意味着对原子现象的任何观察，都必将（使得被观察现象）涉及一种不可忽略的和观察仪器的相互作用。这就不可避免地使得被观察的现象和观察仪器不能再具有通常物理意义下的独立实在性了。"

接着，玻尔分析了时空描述和因果描述之间的关系：

> 量子论的本性使得我们不得不承认，时空标示和因果要求是依次代表着观察的理想化和定义的理想化的一些互补而又互斥的特点，而时空标示和因果要求的结合则是经典理论的特征……确实，量子公设给我们提出了这样一个任务，即要发展一种"互补性"的理论，该理论的无矛盾性只能通过权衡定义和观察的可能性来加以判断。

玻尔的意思十分明确：自然现象服从严密的因果性关系以及要用空间时间描述客体的一切现象的两大经典要求，不可能同时得到满足。这两者代表原子现象互相排斥而又互相补充的两个方面。

在意大利罗马，玻尔（右1）与海森伯（前左1）和费米（海森伯的左后面）。

玻尔的互补性原理和对量子理论的诠释，以后被以玻尔为首的哥本哈根学派的物理学家们接受，并称之为"哥本哈根学派诠释"。这一诠释后来虽然为绝大多数物理学家接受，但在科摩会议上却受到人们意外的冷淡。这其中的原因恐怕是多方面的：玻尔所面对的是一个极困扰人的、最深邃的问题，人们一下子并不可能了解玻尔思想的宏伟、深刻；另外，玻尔讲话声音低，而且由于他的演讲风格许多人初次领教，因此常常陷入迷惘之中。关于他的演讲风格，穆尔在《玻尔传》里有一段精彩的形容：

> 讲演中，玻尔往往会离开准备好了的稿子。他常常说一个"但是"，接着自己就陷入深深的思考之中；过一会儿，他又冒出一个"而且"就又继续讲下去。他心里倒是已经有了一个完整的想法，但却常常忘了告诉自己的听众，把他们丢在一边，听任他们去胡猜乱想。

不过，在 10 月份召开的索尔维会议上，玻尔可真让世界所有一流物理学家刮目相看了，他的互补原理终于被大多数物理学家接受了，但是也有一些著名物理学家如爱因斯坦、普朗克、薛定谔、劳厄等坚持不同意玻尔的诠释。关于这次会议的情形我们在"爱因斯坦：上帝不掷骰子"这一章再讲。在结束本章之前，我们还要把玻尔关于互补原理比较全面的概括写在下面。

1929 年，玻尔再次指出：

> 我坚持指出，从经典的观点看来，作用量子的不可分割性这一基本公设本身就是一种不合理的要素；这种要素迫使我们采用一种称之为互补的新描述方式，互补描述的意义在于：一些经典概念的任何确定应用，将排除另一些经典概念的同时应用，而这另一些经典概念在另一种条件下却是现象所同样不可缺少的。
>
> 作用量子的有限值迫使我们完全不可能在现象和观测仪器之间，画一条明确的分界线：这种分界线是通常观察概念的根据，也是形成经典运动概念的基础。注意到这一点，以下事实就不足为奇了：量子力学方法的物理内容限于一些统计规律性的陈述，这些规律性存在于那些测量结果之间的关系中，而各结果则表征现象的各种可能进程。

我们在"爱因斯坦：上帝不掷骰子"这一章还会看到，互补原理面临一场严峻的考验！

异军突起：玻恩的几率诠释

文学家和艺术家很早就强调朦胧是一种很美的意境，例如法国印象派画家莫奈（Claude Monet，1840—1926）的画，就常常在画面上展示一片朦胧混沌，让人在朦胧中感觉到一种恢宏的气度和浩渺的辽阔。例如他的早期作品《日出·印象》描绘的就是勒阿弗港口一个多

莫奈的《日出·印象》，三只小船在雾气中显得模糊不清。

雾早晨的景象：三只小船在薄涂的色点组成的雾气中显得模糊不清。船上的人或物依稀可辨，还能感到船似乎在摇曳中慢慢前行。远处的工厂烟囱，大船上的吊车……似有似无，摇摇晃晃……。如此大胆地运用"零乱"的彩色表示雾气交融的景象，这对于当时一贯正统的学院派艺术来说，显然是一种挑战，是一种叛逆。口诛笔伐一时甚嚣尘上，舆论哗然。

若干年过去了之后，莫奈成了伟大的画家，印象派成为诸多画派之一种，确立了它的地位。

在莫奈去世的1926年，玻恩在物理学上也发动了一场类似于莫奈的挑战——科学也钟情于朦胧。这种挑战给物理学乃至于整个自然科学的基本概念带来了巨大的冲击和革命性的变化，成为人类思想史上的一座里程碑。

那么，玻恩到底提出了什么样的挑战呢？

"我怎样成了一个物理学家"

玻恩在他写的《我的一生和我的观点》(*My Life and My Views*) 一书中，第一节写的就是"我怎样成了一个物理学家"，开始几段话是：

> 我在 1882 年出生于普鲁士西里西亚省的首府布雷斯劳 (Breslau)。我的父亲在大学里教解剖学，但是，他的主要兴趣在于研究胚胎学和进化的机制。我是在一个科学气氛很浓的有教养的家庭里成长起来的。当我们还很小的时候，我的姐姐和我常常到父亲的实验室里去，那儿除了其他东西，还摆满了各种仪器、显微镜和切片机。后来，我被允许去听他同他的科学上的朋友的讨论，其中有几位出了名……

对于玻恩的这一段回忆如果要做一点补充的话，有如下两点：一是他出生于 1882 年 12 月 11 日；二是他的家庭是犹太人家庭。正因为是犹太人家庭，所以在希特勒上台以后玻恩流亡英国二十多年。

1901 年玻恩开始在布雷斯劳大学学习，他的父亲曾劝他不要一进大学就立刻确定专业，最好先在大学里听各种不同的课，一年后再选择专业。好在当时德国的大学给予学生学习上充分的自由，大多数课程没有一定的教学计划，既不检查听课人数，除了毕业生以外也不举行考试。每个大学生可以自己选择听那些他最感兴趣的课程；学生自己负责在毕业考试前获得必要的知识，以便有能力从事某种职业或得到博士学位。玻恩听从父亲的建议，在大学第一年给自己定了一个相当庞杂的学

年轻时的玻恩。

习计划，包括物理学、化学、动物学、哲学、逻辑学、数学和天文学。其中他最喜爱的两门课程是数学和天文学。但他不久就厌倦了天文学里那无穷无尽的数字计算，于是他开始集中钻研数学，并由此得到了十分扎实的数学训练。玻恩在回忆中还特别提到了教他数学的罗桑斯教授："因为他给我们介绍

了线性代数，使我懂得了矩阵运算（matrix operation）的用处，后来在我的（量子力学）研究中有很大作用。"

那时德国的大学允许大学生到处流动听课。在这种流动听课过程中，当然也有一些大学生"为了享受自然景色和运动之乐，到没有名气的大学里消磨夏天，并且还到有戏院、音乐会和舞会的大城市里消磨冬天"。但对于像玻恩这样热爱科学事业而且又有才智的大学生来说，流动听课给予他最佳的选择机会，选有名气的大学和有名气的教授的课程听。因此玻恩先后在海德堡大学、苏黎世大学和哥廷根大学听过课。在这些大学里，他结识了好友詹姆斯·弗兰克（前面曾经专门讲到过他和古斯塔夫·赫兹的实验），还认识了许多有名的教授，如哥廷根大学的数学大师希尔伯特、克莱因，苏黎世大学的德国数学家赫维茨（Adolf Hurwitz，1859—1919）等。在苏黎世大学，赫维茨的讲课简直让玻恩入了迷，在此前数年，爱因斯坦曾经是赫维茨的学生。在各大学流动听课时，玻恩每年冬季都会回到布雷斯劳大学。

但是，对玻恩成为一位物理学家来说，最有决定意义的是他在哥廷根大学的学习。玻恩说过："在克莱因、希尔伯特和闵可夫斯基（Hermann Minkowski，1864—1909）这三位伟人中，……最感兴趣的是希尔伯特。"他到哥廷根一年之后，就成为希尔伯特的"私人助手"，这个职务虽然没有工资，但使玻恩有机会天天看到希尔伯特的工作和听到他的谈话，并常常和希尔伯特以及几个朋友一起到森林里散步。这样，玻恩不仅学到了那时最前沿的数学，而且也熟悉了这些伟大数学家观察世界的方式。这种潜移默化的影响对玻恩今后的发展，有不可低估的价值。

哥廷根大学数学系教授克莱因，曾任系主任多年。

在哥廷根大学玻恩还初试身手，展示了他的知识和才干。那是在一个研究班上，玻恩做了关于弹性的研究报告，克莱因听了这个报告之后，觉得不错，让玻恩写一篇相关的论文参加竞争大学的年度奖金。玻恩与克莱因的关系不算融洽（玻恩不喜欢克莱因的讲课，常常不听他的课，因此克莱因不高兴），所以开始玻恩"愚蠢地拒绝了"，但后来还是识相地交了一篇论文，还得了奖。对此，玻恩在《我的一生和我的观点》中写道：

> 这样，我发现自己能独立地做科学研究了，而且第一次感到理论和测量一致的快乐。这是我所知道的最愉快的经验之一。

尽管玻恩的数学功底很好，但因为与克莱因的关系不好，他不敢冒险由克莱因来主考，于是他转到史瓦西教授（Karl Schwarzschild，1873—1916）手下学习天文学，并于1907年获得了博士学位。

1907年秋，玻恩回到布雷斯劳大学，想在实验物理学家卢梅尔和普林斯海姆（Peter Pringsheim，1881—1964）的手下认真地从事物理实验研究。19世纪90年代，这两位实验物理学家在柏林杰出地完成了黑体辐射测量，促进普朗克提出量子理论。但是，像许多理论物理学家如玻尔、杨振宁不擅于实验一样，玻恩也发现自己不适合做实验研究，他在他的《论文选集》的序言中写道：

> 我向卢梅尔和普林斯海姆学习实验的尝试是不很成功的。由于我疏忽大意，在我的工作室里发了一次洪水。之后，实验的尝试也就中止了。

于是玻恩又回头研究理论问题。在研究爱因斯坦1905年发表的狭义相对论的论文时，他发现可以用闵可夫斯基的数学方法直接算出电子的电磁质量。他把计算的手稿寄给闵可夫斯基。闵可夫斯基看了玻恩的手稿后，立即邀请玻恩到哥廷根帮他做相对论的研究工作。闵可夫斯基的邀请，让玻恩惊喜不已。

1908年12月，玻恩第二次来到哥廷根，跟着闵可夫斯基一起愉快地工作了几个星期。但不幸的是，闵可夫斯基因做阑尾炎手术时于1月12日去世，他们的合作就此中止，玻恩十分失望。正当他感到一筹莫展之时，原来教过他光学的福格特（Woldemar Voigt，1850—1919）教授却意外地在哥廷根大学为他提供一个讲师的职位。原来玻恩在哥廷根的数学会上就相对论性电子的特性做过一次演讲，福格特很欣赏。因此，玻恩可说是"柳暗花明又一村"，于 1909 年秋天获得了讲授物理学的资格。但真正成为一个货真价实的物理学家，那是 1912 年的事了。

1912 年，玻恩开始了一个庞大的研究计划。他决定从点阵假设（lattice postulate）出发，导出晶体所有的性质。玻恩说："现在我是一个物理学家了。"

哥廷根大学物理系主任

在哥廷根时期的玻恩。

1915 年，玻恩的晶体研究取得了重要成果，于是他写了一本系统的专著《晶格动力学》（*Dynamik der Kristallgitter*）。这时他已是柏林大学副教授，分担着普朗克的一部分繁重的教学工作；而且因为第一次世界大战正在残酷地继续，他还得参加与战争有关的工作和研究。玻恩曾在回忆中说：

> 在战争中的黑暗时期（当时很难为家庭找到足够的食物），我同爱因斯坦的友谊是很大的安慰。我们经常碰面，一起拉小提琴奏鸣曲，不仅讨论科学问题，而且讨论政治形势和军事形势，我的妻子也热烈参加了这种讨论。

战后，玻恩到法兰克福大学担任过一段时期的物理学教授，1921 年，他被哥廷根大学聘为物理系的系主任，他的前任德拜觉得德国的生活太艰难，接受了苏黎世大学的聘请。

玻恩到了哥廷根大学，很快使哥廷根成为全世界量子力学的朝圣地，世界各地英杰俊才都纷纷来到哥廷根，想弄清楚量子力学到底是怎么回事儿。可以说，从 1921 年玻恩来到哥廷根直到 1933 年他因纳粹上台而离开，这段时间是他和弗兰克共同开创的哥廷根"黄金时期"。

玻恩到了哥廷根以后，把物理系分成三部分，他本人负责理论物理这一部分，并把弗兰克请来主持一个实验室，又争取来一个教授名额主持另一个实验室，这个实验室由坡耳教授负责。本来玻恩还想申请一个理论物理教授的职位让海森伯来担任，但教育部没有同意，于是海森伯去莱比锡大学当教授去了。

到了哥廷根以后不久，玻恩的主要兴趣转向了量子力学。在自传中玻恩写道：

> 我们越来越相信，物理学的基础必须来一次根本的变革，要有一种新的力学，对于这种力学，我们采用了量子力学这个名称。
>
> 在物理文献中我第一次使用了这个名称，这篇文献刊登在 1924 年《物理杂志》的一篇文章中。在文中，向这个新理论的建立迈出了主要的一步。

美国数学家诺伯特·维纳（Norbert Wiener，1894—1964）在哥廷根学习过一段时间，他在自传《我是一个数学家》（*I am a Mathematician*）中写道："哥廷根大学早期量子力学的两个主要人物是玻恩和海森伯。两人中间玻恩年长得多；虽然无疑是玻恩的思想导致开创新的量子力学，但是创立作为科学独立分支的量子力学的荣誉却属于他的较年轻的同行。玻恩总是镇定自若，温文尔雅，酷爱音乐，他生活中最大的乐趣是与妻子一起弹奏双人钢琴曲。他是最谦恭的学者，只是在 1954 年……他自己才被授予诺贝尔奖。"

维纳在这儿颇有为玻恩打不平的意思。他说的"开创新的量子力学"，是指 1925 年至 1926 年建立矩阵力学的事情。这件事在前面已经介绍过，这儿再从玻恩的角度补充一点。

首先，玻恩不同意海森伯说的新的量子力学应当完全建立在"可观测量"之上。玻恩在自传中写道：

> 海森伯……简洁陈述了一个假定：未来的量子力学……应该完全建立在其自身的，至少在原则上是可测量的概念之上。这一哲理对以后几十年内物理学的发展具有巨大的影响。它经常被解释为要消去所

有不可直接观察的量。但是我觉得，按照这一普遍而含糊的公式化说法，这个原理是毫无益处的，甚至是错误的。因为只有像海森伯那样的天才的直觉，才能决定哪一个量是多余的。

爱因斯坦也不同意海森伯的这一观点，他曾对海森伯说："在原则上试图单靠可观测量去建立理论，那是完全错误的，实际上正好相反，只有理论才能决定我们能够观测到些什么。"

玻恩（右）和他的学生韦斯科夫（左）、玛丽娅·戈佩特在哥廷根街上骑自行车。

其次是玻恩与矩阵力学的关系。从上面玻恩批评海森伯的那段话看来，玻恩是一位做实事的实干家，不喜欢说空话和大话，也从不以天才和权威自居。玻恩曾自谦地说：

> ……经历教育了我，不要把自己看成像爱因斯坦、玻尔、海森伯、狄拉克那样的第一流的物理学家。如果现在（1961年）举世公认我是第一流的物理学家的话，那完全是因为我交了好运气，我出生在这样的一个历史时期：有许多最基本的任务明摆在那里，等着人们去做，也因为我勤奋地去从事了这些工作，还因为我的年岁够大了。

这段话里最关键的意思是不要目空一切，而要踏实勤奋地去做。当玻恩在1925年7月看到海森伯关于矩阵演算的第一篇文章以后，他觉得在海森伯文章的深处有某些东西，正是他和一些朋友多年来奋力以求的终极目标。是什么呢？一时他也想不清楚。但是，到了7月10日早晨，玻恩终于悟出了真相：海森伯的"魔术乘法"原来就是矩阵运算，这是他在布雷斯劳大学从罗桑斯教授那儿学过的，并对这种运算"非常熟悉"。接下来玻恩开始了他的创造性工作。玻恩在自传中写道：

> ……开始了我自己的建设性工作。我用矩阵标记法重做了海森伯计算，很快就……得到了一个奇特的式子：

$$pq-qp = \frac{h}{2\pi i} I$$

> 这里 I 是单位矩阵。但这还只是一种猜想，为了证明它，我做的一切尝试全失败了。

恰好这时玻恩碰到了泡利，就想邀他加入合作，但泡利却出言不逊："是的，我知道你喜欢沉闷和复杂的形式主义，你那没有用的数学公式只会把海森伯的物理思想破坏掉的。"玻恩碰了一鼻子灰，于是只好请他的学生约尔丹合作。约尔丹的数学天才

俄国物理学家约尔丹（左）和泡利。

在哥廷根很有名，他"只在几天之后"就证明了玻恩的猜想。以后就有"二人论文"和"三人论文"陆续登在杂志上。上面那个由玻恩发现、约尔丹证明的"奇特的式子"后来被糊里糊涂地和不公正地称为"海森伯对易定律"（Heisenberg commutation law），整个矩阵计算也被冠之以"海森伯矩阵"，简直把玻恩的决定性贡献一笔抹杀；而且海森伯于 1932 年因"创立量子力学"一人独得诺贝尔物理学奖。虽然玻恩被维纳称为世界上"最谦逊"的科学家，但这种不公正仍然深深地伤害了玻恩。在 1961 年他写的自传中可以看出他心中多年的愤懑："现代教科书毫无例外写的是海森伯矩阵、海森伯对易定律……事实上，海森伯那时对矩阵懂得很少……"还有一件事情说明这种伤害有多深。印度裔的美国天文学家和物理学家钱德拉塞卡（S. Chandrasekhar，1910—1995，1983 年获得诺贝尔物理学奖）曾经对他的传记作者说过：

　　我批评的实际上绝不是那些获奖者，我只是批评诺贝尔奖造成的气氛和批评某些人追逐诺贝尔奖的方式，有些人都泯灭了自己的良心。例如，我记得在海森伯和狄拉克获奖的那年，海森伯正借"司各特讲座"的机会访问卡文迪什实验室。我坐在演讲厅的最后一排，玻恩坐在我旁边。演讲厅里坐得满满的，当卢瑟福、阿斯顿、查德威克、狄拉克、海森伯等杰出科学家步入时，所有的人都站起来鼓掌欢迎。玻恩含着泪说："我应当在那里，我应当在那里。"

　　我国物理学家孙昌璞院士在"玻尔与量子革命实践"[1]一文里写道：在科学发展的历程中，观念的革命和思想的演进总是和一些关键人物和重要事件联系在一起。提及20世纪初的量子革命和量子力学的创立，无论如何也回避不了马克斯·玻恩的伟大贡献。玻恩过分的谦逊和低调，使得他没有像尼尔斯·玻尔那样，以量子革命先锋和伟大旗手的姿态出现于那场波澜壮阔的科学革命舞台上。但作为这场科学革命的拓荒人和践行者，他不仅创建了孕育这场科学革命的哥廷根物理学派，而且以自己多项具体的卓越成就贡献于量子力学的创立和发展。然而，就是这样一位不世出的伟大学者，其诸多科学贡献的重要性却被同行们有意无意地忽视了几近30年。

　　"玻恩对易关系"的建立，使玻尔提出的量子条件变得非常简洁和直观，而且对于复杂粒子系统能谱的计算，勿需再借助繁杂的量子化条件。最有意思的是泡利，他不久就深入研究"玻恩对易关系"，并把它的作用潜力淋漓尽致地展现在物理学家面前，并能简洁地计算出氢原子能谱。这一成功极大地增强了人们对矩阵力学的信心。

波函数的几率诠释

　　矩阵力学的诞生为哥廷根大学的物理系吸引来了数量激增的研究生。在玻恩1921年来哥廷根主持物理系以后，先后到哥廷根访问和学习过的有泡利、海森伯、狄拉克、费米、维格纳、冯·诺伊曼、奥本海默、特勒

1　见《科学文化评论》第10卷第1期（2013）5—19页。

（Edward Teller，1908—2003）、韦斯可夫（V. Weisskopf，1908—2002），以及苏联来的福克（V. Fock，1898—1974）和塔姆，等等。如果加上在哥廷根任教的玻恩和弗兰克，共有 8 位物理学家先后获得诺贝尔物理学奖。因此，显而易见，哥廷根大学物理系是当时国际上理论物理学的中心和圣地之一。

在海森伯、玻恩和约尔丹"三人论文"发表以后，令玻恩惊讶的是不久之后，1926 年薛定谔发表了他的波动力学论文。玻恩立即认识到，虽然薛定谔的研究乍看上去与他们三人的研究没有什么联系，但"这是通向量子力学的一个新的途径"。玻恩曾赞美薛定谔的研究成果："薛定谔的工作那么富有魅力，那么雍容典雅，而且由于所使用的数学方法对任何物理学家都是熟悉的，而我们的矩阵方法对其许多人是陌生的，他的方法很快成为规范的理论。"

由于薛定谔过分强调电子的波动性，想彻底抹去电子的粒子性，这使玻恩和约尔丹感到这种观点肯定有错，约尔丹更认为矩阵力学更深刻、更基本，结果在一段时间里如玻恩所说：

> 我们犯了一个大错误：我们受到了一种"狭隘爱国主义"的影响，
> 决定只采用矩阵方法，不仅舍弃了波动力学，也未使用狄拉克的折中法。

泡利曾对此做了无情的批评，玻恩后来也认识到泡利的批评"完全正确"。但对于薛定谔忽视电子的粒子性，玻恩坚决不能赞同，因为在弗兰克的实验室里，天天都在做电子的碰撞实验，他都几乎可以"听见"那碰撞的声音。

这种碰撞是无论如何不能用波来解释的。正是弗兰克正在进行的原子分子碰撞实验启发了玻恩。这样，玻恩一方面开始接受薛定谔的波动理论，而且他们都证实了矩阵力学和波动力学是统一的，能够以自洽和系统的方式算出氢原子的分立的能谱，在理论上彻底摆脱了玻尔旧量子论中经典理论和图像的阴影，成为一个自洽的理论为物理学家们接受；另一方面，作为一个自洽和完整的理论，除了能解出"束缚态"（bound state）的能级以外，还应该能够处理碰撞散射后电子（或原子）的散射，即"自由态"（free state）的问题，那才是真正彻底摆脱玻尔旧量子论的困境。

当其他物理学家都集中精力用新建的量子力学来解决比氢原子更复杂原子的定态问题时，玻恩却敏锐地把研究方向转向原子碰撞和散射这个极其重要的领域，实在难能可贵。这与哥廷根大学物理系重视理论与实验紧密结合大有关系。弗兰克实验室里天天进行的原子分子碰撞实验，就是为了研究碰撞和散射的。弗兰克的实验不可能不引起玻恩的注意和思考，正是在这一思考中使他的思路突然柳暗花明、否极泰来。

薛定谔的波动方程既有分立的解，也有连续的解，玻恩发现这正好可以用来处理原子分子的碰撞问题，他高兴地说："用量子力学的矩阵形式，我没有成功；但是用薛定谔的波动形式，我成功了。"原来，矩阵形式只适用于束缚态，而碰撞问题属于散射自由态，其能谱是连续的，因此只能用微分形式的波动方程。

尽管取得了成功，但是玻恩并不赞成薛定谔对波函数的解释。薛定谔认为波函数是一种在空间中真实存在的波，而粒子则只是波的聚集——波包。玻恩则确信粒子的图像不能这样简单地就抛弃了，弗兰克实验室天天进行的粒子碰撞实验，使他相信薛定谔对波函数的解释肯定错了！他的任务是必须找到使粒子和波相调和的方法。这时，爱因斯坦的"鬼波"（ghost wave）的想法启发了他，使他走上了正确的途径。

爱因斯坦曾经用光子表示强度（light intensity，即电磁波的强度），并认为这一强度必定代表着光子的数目；但对于后者，要从统计上理解为光子的某种分布的统计平均值。玻恩说：

> 爱因斯坦曾深刻地考虑这种分布的统计本性，特别是这一平均值的涨落，它与普朗克辐射公式有密切联系，我对这些研究了如指掌，并立刻从中悟出以下猜想：德布罗意波的强度，即薛定谔波函数绝对值的平方，肯定就是几率密度（probability density），也就是在单位体积里找到一个粒子的几率。

1926 年 6 月，玻恩在他的"论碰撞过程的量子力学"一文中，首次提出了量子力学的几率诠释。这样，粒子的波动性和粒子性就得了统一的解释。所谓几率诠释再说明白一点就是：量子力学只给出几率的陈述。它不回答某一个粒子在某个瞬间在哪里的问题，而只回答粒子在某时某地出现的可能性有多大（即几率）。由此可见，量子力学给出的回答有一些类似莫奈的画，模模糊糊，不大清晰。我们也许可以说在某种程度上，量子力学比经典理论更谨慎。以前我们画电子绕核运动时，就画一个像地球绕太阳运动的图一样，那运动轨道明

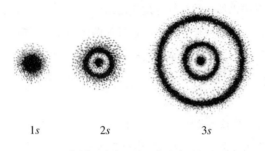

$1s$　　　　　$2s$　　　　　$3s$

氢原子中电子的几率密度图。

确而又清晰。现在我们知道，电子有一系列运动轨道，某时某刻它只可以在其中某条轨道上运动，所以我们只能像左图那样画出电子的"几率密度"，越是黑点密集的地方，表示电子出现可能性越大；越是黑点稀疏的地方，表示电子出现的可能性越小。这倒使我们想起了老子《道德经》二十一章的话：

> 道之为物，惟恍惟惚。惚兮恍兮，其中有象；恍兮惚兮，其中有物；窈兮冥兮，其中有精，其精甚真，其中有信。

妙哉，妙也！但玻恩不知道老子有这么精辟的论述，他只知道他的几率诠释意味着对物理学乃至自然科学的最基本的观念进行了修正。玻恩经慎重考虑后指出：

> 对于"碰撞后的状态是什么"这个问题，我们没有得到答案，我们只能问"碰撞到某一特定结果的可能性如何"（这里能量守恒关系当然必须满足）。……在这里，整个的决定论就成了问题。从我们的量子力的观点来看……我自己倾向于在原子世界里放弃决定论。

正是这一结论，给当时物理学带来了巨大冲击。

玻恩诠释给科学观念带来的冲击

量子力学产生以前，几率的概念在经典物理学的统计力学和分子运动论里，虽然得到了系统的利用，并且如玻恩所说"嵌入"到物理学体系中去了，但普遍的看法仍然是认为统计规律之所以必要，是因为我们不可能用严格的方法来处理大量的粒子，而基本过程如两个原子的碰撞，仍然遵循经典的因果描述。所以，这时起基本作用的仍然是严格的决定论。玻恩对此有过简洁的说明：

> 牛顿力学中最初的僵化的因果律必须用几率的考虑来补充，才能适当地处理由许多原子组成的气体和其他体系。为此目的，发展了统计力学和热的分子运动论。然而，人们仍然认为，只要能详细地观察这些粒子的运动，就可以看到这些粒子所服从的是行星所服从的同样的力学定律，而行星的位置是在几千年前就可以预见得到。但是，当进一步研究单个原子的结构时，人们弄清楚了，围绕着核的云中的电子不服从经典的力学定律。1900 年，普朗克的量子假说提出了第一个暗示，它表明我们已经碰到了某种完全新的东西。在以后的 25 年中，这些开端慢慢发展成为现代的量子力学，量子力学给混乱的原子现象带来了秩序和意义。在这里我不可能讨论这个理论。我只想强调一点：这种新的力学原则上只做出几率的陈述。

量子力学的建立从根本上动摇了人们对因果关系机械描述的信念，正如玻尔所说，它迫使人们认识到：

> 量子定律的发现宣告了严格决定论的结束……这个结果本身具有重大的哲学意义。相对论改变了空间和时间的观念，现在量子论又必须修改康德的另一个范畴——因果性。这些范畴的先验性已经保不住了。……对于因果性，有了一个更普遍的概念，这就是几率的概念。必然性是几率的特殊情况，它的几率是百分之一百。物理学正在变成一门从基础上说是统计性的科学。

量子力学之所以使因果观念发生如此巨大的变化。是因为微观粒子本身的属性（即波粒二象性），使得人们不可能知道单个粒子的瞬时状态。而且，由海森伯的不确定性原理我们知道，在量子力学里任何一个可观测量的集合中，总有某个可观测量无法确定其数值。这样，我们当然就无法像经典物理学所期望的那样，由初始条件去精确地预言此后的情形了，"原则上的不可预测性"以及"本质上的不确定性"，赋予了偶然性、几率与以往极为不同的物理内涵，并最终导致了因果关系的几率描述。

但在 30 年代，事情还不那么简单。那时，在量子力学刚产生之际，物理学家们虽然普遍感到因果关系的机械描述已经不适用于微观领域，但对于如何回答这个事关重大的问题，物理学家们一时感到无所适从。德国哲学家石里克（F. A. M. Schlick，1882—1936）曾经描述过当时的情况，他说，海森伯对因果性问题的回答（即"因果律的失效是量子力学本身的一个确立的结果"）使近代哲学家大吃一惊，因为尽管人们从古至今都在讨论这个问题，但对海森伯这种回答的可能性那是连想都没有想过的。

大致上说，对于因果关系的态度在当时可分为两种。一种态度认为在微观领域里应当放弃因果律，持这种态度的代表人物是玻尔、海森伯。海森伯在 1930 年前后坚持认为，在微观领域里"因果律出了毛病。我们有各种理由认为：没有一种原因是实在的"。他认为"因果性只在有限的范围内才有意义、才能成立"，"物理学只能限于描述感觉之间的关系"。持这种态度的人，虽然正确地指出因果关系的机械描述在微观领域里是站不住脚的，但由此而否定一般因果律则是错误的。事实上，他们犯错误的原因正是把机械的因果关系做了不适当的普遍外推，没有看到因果关系的复杂性，因而走向了极端。

仍以海森伯为例，1930 年 12 月 9 日，他在维也纳的一次讲演中把一般因果律解释为："如果在某一时刻知道了一个给定系统的全部数据，那么我们就能准确地预言这个系统在未来的物理行为。"这其实并不是对因果律的准确的解释，而只是对拉普拉斯"机械的"因果关系即决定论的表述；所以，海森伯要抛弃的其实是决定论，而不是一般的因果关系。他自己弄拧了。

持另一种态度的人则认为，因果关系的机械描述在微观过程中的不适用性，并不能证明这些过程中根本就不存在因果联系，其代表人物为爱因斯坦、薛定谔等人。爱因斯坦（1928 年）认为：

不能否认，放弃严格的因果律在理论物理学领域里获得了重要成就。但是，我应当承认，我的科学本能反对放弃一般的因果律。

1932 年 6 月，爱因斯坦在与英国作家墨菲（J. Murphy）的谈话中说："量子物理学向我们显示了非常复杂的过程，为了适应这些过程，我们必须进一步扩大和改善我们的因果性概念。"他还明确指出，他完全同意普朗克的立场，即"他承认在目前情况下，因果原理不可能应用到原子物理学的内部过程上去；但他断然反对这样的命题：我们由这种不适用性所得到的结论是，外界实在不存在因果过程"。爱因斯坦、普朗克等人承认一般因果性原则，并承认因果关系具有复杂性，不能把机械因果性关系作为唯一的形式，这无疑是十分正确的。

哥本哈根学派在一部分物理学家和绝大部分哲学家的批评下，调整了对因果关系完全否定的态度，逐步认识到将因果律和决定论等同起来是不对的，量子力学并没有抛弃因果性，所谓的偶然性也不是没有原因的。接着，主要是玻恩，提出了"因果关系的几率描述"。1935 年，在一次报告中玻恩指出："因此，由波的振幅的平方确定的几率性是完全实在的东西，……几率性是物理学的基本概念。统计规律是自然界及其他一切的基本规律。"在《符号与实在性》一文中，他更加明确地指出：

> 经典物理学的决定论……在量子力学被发现后……变得过时了。按照量子力学的统计解释，基本过程并不服从决定论的规律而是服从统计规律。我确信，像绝对的必然性、绝对精确、终极真理等观念都是一些幻影，应当把它们从科学中清除出去。我们可以从目前有限的知识，借助于某种理论，推演出用几率表述的对于未来情形的推测和期望。从所使用的理论的观点来看，每个几率的陈述或者是正确的，或者是错误的。在我看来，这种思维规则的放宽，是现代科学给我们带来的最大福音。相信只有一种真理而且正好是自己掌握着这个真理，我认为是这世上一切罪恶最深刻的根源。

因果关系的几率描述并不否认因果关系，只是它认为因果关系不像经典物理学认为的那么简单，只有机械描述（即决定论）一种，而应该有多种描述，其中几率描述是最基本的，决定论只是几率描述的特殊情况。时至今日，几率描述可以说已经得到大部分物理学家的承认。比利时化学家普里高津（Ilya Prigogine，1917—2003，1977 年获得诺贝尔化学奖）明确指出：

比利时化学家普里高津。

> 和企图通过隐变量或其他手段去恢复经典正统性的那种思想相反，我们将坚决主张，必须进一步远离对自然的决定论的描述，并采用一种统计的随机描述。

他还坚决地宣称："我们决不再从这种大胆的结论上退缩！"

量子力学波函数的几率诠释在物理学乃至一般科学观念上都带来了冲击，不仅是对因果关系，还有对经典物理学特别看重的"客观性"。从牛顿力学建立 300 多年以来，科学家们有一个从来没有怀疑过的信念是：我们认识的自然规律是完全客观的。经典物理学中所有的物理量，都是客观现象本身的固有特征；经典物理学的规律也都是绝对客观的规律。因此在经典物理学中认为，认识的主体和被我们认识的客体之间，有一条清晰明确的界线，主观与客观泾渭分明、彼此独立。量子力学则完全不同。根据波函数的几率诠释，量子力学得到的规律不是客观物理量之间的客观规律，而是与我们进行的测量紧密相关，是测量结果的几率规律。测量是研究主体的行为，测量结果的几率不是一种物理量，而是一种数学量，是研究的主体与被研究的客体之间通过测量这种相互作用而产生的一种综合的结果。在这个意义上，量子力学并不是完全客观的，它也包含了主观的因素，而且，我们在什么时候进行测量，以及测量什么物理量，都是要由研究者来决定的，带有主观的因素。具体一点说，在实验中哪些装置是测量仪器，哪些装置是被测量的对象，这在一定程度上是由实验者来确定的。也就是说，在我们作为认识的主体和自然界作为被我们认识的客体之间，不再存在一条客观和清晰的界线，主观与客观的界线在量子力学中变得模糊不清了。

正像泡利在他的名著《量子力学的一般原理》（*General Principles of Quantum Mechanics*）的序言中所说的：

> 量子力学的建立，是以放弃对于物理现象的客观处理，亦即放弃我们唯一地区分观测者与被观测者的能力作为代价的。

量子力学波函数的几率诠释在科学的客观性问题上所带来的观念上的冲击，在学术界引起了激烈的争论，爱因斯坦就是一位最坚定的反对者。早在1926 年 12 月 12 日给玻恩的信中他就明确表示：

> 量子力学是令人赞叹的，但是有一个内在的声音告诉我，这还不是真正的货色。这个理论有很大的贡献，但是它并不能使我们更接近上帝的奥秘一些。无论如何，我不相信上帝是在掷骰子。

1935 年 3 月，爱因斯坦又与罗森、玻多尔斯基共同提出"EPR 佯谬"，试图从根本上证明量子力学的几率描述是不完备的，从而进一步设法排除它。1948 年，爱因斯坦还坚信：

> 量子力学的描述，必须被认为是对实在的一种不完备的和间接的描述，有朝一日终究要被一种更加完备和更加直接的描述所代替。

这一争论至今仍然没有停息，在可预见的将来还会继续争论下去。

爱因斯坦：上帝不掷骰了

这是一张非常珍贵的照片。在照片中爱因斯坦和玻尔边走边争论着什么。

事情是这样的，在 1930 年索尔维会议期间，爱因斯坦想了一个"绝招"——利用一个所谓的"光盒"（light box），可以"证明"哥本哈根学派的诠释有了大麻烦。散会后，玻尔在林荫路上还在与爱因斯坦争辩。比利时物理学家罗森菲尔德目击了他们两人的争辩，他后来写道："面对这一问题，玻尔感到十分震惊。他不能马上找出这问题的答案。整个晚上他都感到极度不快，他从一个人走向另一个人，企图说服他们这情况不可能是真实的，而且指出，如果爱因斯坦正确，则将是物理

1930 年索尔维会议期间玻尔和爱因斯坦边走边争论。

学的终结，但玻尔提不出任何反驳。我永远也不会忘记这两个对手在离开俱乐部时的身影。爱因斯坦，一个高高的庄严的形象，而玻尔则在他身旁快步走着，非常激动。他徒劳地辩护说，如果爱因斯坦的装置能够运转，这将意味着物理学的终结。"

爱因斯坦和玻尔到底争论什么呢？本章讲的就是这些争论。

量子论的初期探索

爱因斯坦曾经说："量子力学是令人赞叹的，但是有一个内在的声音告诉我，这还不是真正的货色。这个理论有很大的贡献，但是它并不能使我们

更接近上帝的奥秘一些。无论如何，我不相信上帝在掷骰子。"

　　爱因斯坦虽然在创建相对论的艰难研究中，耗费了大量的时间和精力，致使他有时无力顾及更多的物理学家更关心的量子理论问题，但是，量子物理学始终是他关注的一个重要问题。他不仅对早期量子论做出了巨大的原创性贡献，而且对现在人们熟悉的量子力学的形成和完善起过重大作用。爱因斯坦后期提出的一些见解（如 EPR 佯谬、量子力学的系统解释），都直接推动了量子力学基础的后期研究，为量子力学的进一步发展做出了重大的贡献。

　　派斯曾在他写的爱因斯坦传记中做了一个"量子理论路线发展图"，以此阐明量子理论的发展。发展图如下：

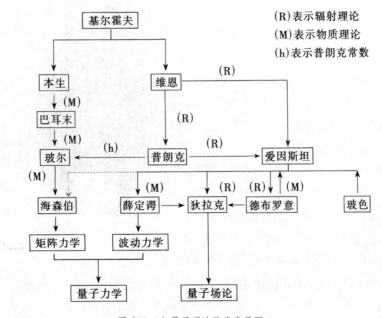

图（13-1）量子理论路线发展图。

　　由这一"发展图"可以看出，爱因斯坦直接影响了（用实箭头表示）德布罗意、狄拉克和薛定谔，间接影响了（用虚线箭头表示）海森伯。

　　为了阐述的方便，关于爱因斯坦对量子论的初期发展和量子力学的创建所做的贡献，我们先做一个简单的介绍。

　　爱因斯坦于 1905 年提出光量子理论后，遭到了几乎所有物理学家的反对，连提出量子概念的普朗克本人到了 1913 年还认为爱因斯坦"在思辨中走得太远了"；而证实了爱因斯坦提出的光电效应方程的密立根，到 1916 年还说光量子假说"看起来是站不住脚的"。但爱因斯坦不为众人反对所动，坚持将光量子假说推广到辐射研究以外的领域中去。1906 年 11 月，他写了一篇题为《普朗克的辐射理论和比热理论》的文章，利用量子论对热的分子运动论进行了修正，从而一举解决了几十年一直困惑着物理学家的固体比热问题，驱除了开尔文勋爵"两朵乌云"中的又一朵。

1909 年，他在萨尔茨堡的德国自然科学家和医生协会第 81 次会议上发表了题为《论我们关于辐射的本质和组成的观点的发展》的演讲。演讲一开始，他就以惊人的预见指出："我认为，理论物理学发展的随后一个阶段，将给我们带来这样一种光学理论，它可以被认为是光的波动论和发射论的某种综合。对这种见解做出论证，并且指出深刻改变我们的关于光的本质和组成的观点是不可避免的，这就是下面所讲的目的。"

爱因斯坦在 1921 年的照片。

在演讲的结尾他又总结说："我只希望以此来简要地说明，根据普朗克公式，两种特性结构（波动结构和量子结构）都应当适合于辐射，而不应当被认为是彼此不相容的。"

由此我们可以看到，当人们还普遍不相信光量子的时候，他已经预见到了粒子和波的"综合"了！他比同时代科学家超前了 16 年。但到底如何"综合"，恐怕爱因斯坦自己也说不出一个所以然来。16 年之后，年轻一代物理学家们用哥本哈根学派的"正统诠释""综合"了两种对立的"特性结构"以后，他却无论如何不肯接受以这种方式的"综合"了。

1916 年，当爱因斯坦历经 8 年奋斗终于胜利完成了广义相对论之后，他再次回到了量子辐射的问题，写了一篇综合了十几年来量子论发展成就的论文《关于辐射的量子理论》。这篇论文为量子理论做出了另一个基础性贡献，泡利曾说："（这篇文章）可以被看作是爱因斯坦在量子论贡献方面的一个阶段的顶峰。"为什么这样说呢？我们这儿稍加介绍。

首先，爱因斯坦明确指出量子不仅具有能量，而且还具有动量，从而增强了他对光量子实在性的信心，确信光量子确实存在。而当时只有他一人有这样的信念。其次，他在考查通过辐射发生能量交换时，指出两个能态之间的跃迁有两种："自发辐射"（spontaneous radiation）和"受激辐射"（stimulated radiation）。他还给出了这两种辐射概率之间的关系。后来于 1960 年制成的第一台激光器和由此出现的一门蓬勃发展和前途无量的激光技术，源泉都起自于这篇文章中辐射量子理论的受激辐射概念。其三，指出了"机遇"在用统计定律来描述辐射过程时所起的基本作用，并进行了批判性的论断。爱因斯坦在论文结束时写道：

> 这个理论的弱点，一方面在于它并不使我们同波动理论有更紧密的联系，另一方面则在于它容许基元过程的时间和方向都是"偶然事件"；虽然我倾向于完全相信所用方法的可靠性。

这后一"弱点"使爱因斯坦意识到，当一个受激原子发射一个光子时，理论既不能预见光子发射的时刻，也不能预见它射出的方向。这就是说，理论违反了经典的因果原理。这种情形在当时（和以后）大大地困扰了爱因斯坦。

1924 年春天，一位印度不知名的物理学家玻色完成了"光量子的第四篇也是最后一篇革命性论文"。另外三篇分别是普朗克（1900 年）、爱因斯坦（1905 年）和玻尔（1913 年）写的论文。玻色提出了一种完全崭新的办法来解释普朗克的辐射定律。他把光看成是由许多无质量的粒子（现在称为光子）组成的"气体"；它不遵守经典的玻耳兹曼的统计规律，而服从一个基于粒子不可分辨的新的统计规律。玻色的论证完全没有借助经典的电动力学，而把它建立在纯统计力学之上；它是粒子的热平衡定律，具有许多连玻色也感到迷惘的特性，如：粒子无质量、有两个极化状态、粒子不守恒，等等。玻色显然对自己的论文还缺乏信心，因此于 1924 年 6 月 4 日写了一封信给爱因斯坦，信中写道："尊敬的先生，我冒昧地把论文寄给您，请您过目；我渴望知道您对这篇文章的反应如何。您会看到我已经冒险地推论出普朗克公式中的系数……与经典动力学没有关系。"

玻色更加"冒昧"的是他还请爱因斯坦把他的文章翻译成德文，以便在德国刊物上发表。爱因斯坦没有在意玻色的"冒昧"，因为他立即发现玻色论文的重大价值。在 7 月 12 日写信给埃伦菲斯特时他写道："印度人玻色用一个极优美的推导得出了普朗克的公式，包括那个系数……"他还立即将玻色的文章译成德文，寄给《物理杂志》，并且加了一个"译者按"："在我看来，玻色对普朗克公式的推导意味着一个重要进展。"

爱因斯坦立即将玻色的推导，应用到有大量微粒的真实的气体中，并得出了一个新的统计法，即玻色-爱因斯坦统计，它表明了气体中的粒子能量是如何均分的。1924 年 9 月和 1925 年 2 月，他的文章《单原子理想气体的量子理论》（一）和（二）先后发表。在这两篇论文中，他指出玻色-爱因斯坦统计的特征是："粒子是不可分辨的（indistinguishable），以及任何量子能级上可以被任意数量的粒子占据。"结果出现了与经典统计学很不同的结论：粒子都争先恐后"凝聚"在最低能级上，这称之为"玻色-爱因斯坦凝聚"（Bose-Einstein condensation，缩写为 BEC）。玻色没有发现这个特点，因为他讨论的是没有质量的光子。

新的统计法还使爱因斯坦得出了一个很著名的预言，即在非常低温的情形下，液化气体会失去黏滞性（viscosity），形成"超流性"（super-fluidity）。1928 年，荷兰莱顿的物理学家基索姆（W. H. Keesom，1876—1956）在实验中发现了这种超流性；1962 年苏联的物理学家朗道因为低温超流研究获得诺贝尔物理学奖；1996 年，又有三位物理学家因为发现氦-3 的超流性而获得诺贝尔物理学奖。

关于玻色-爱因斯坦凝聚，爱因斯坦在 1924 年 11 月 29 日给埃伦菲斯特的信中写道："从某一温度起，分子'凝聚'而无吸引力，就是说，它们在零速度时堆积起来。这个理论是精致的，但它是否有某些真理？"

时至今日，这个"精致的"理论已经非常重要，只要涉及简并态（degenerate state）的问题，就得用到这个"凝聚"。但是想要实现玻色-爱因斯坦凝聚，在很长一段时间里根本不可能，因为这种凝聚要求原子气体温度极低，而原子气体密度必须极高。例如对铷的原子气体来说，温度必须达到纳开级（10^{-9} 开），密度达到（10^{11}—10^{12}）原子每立方厘米。但是到了 2001 年，世界上已经有 20 多个实验室可以实现玻色-爱因斯坦凝聚；而且有三位物理学家因为"在稀薄碱金属原子气体中实现玻色-爱因斯坦凝聚和对 BEC 性质的早期基础性研究"而获得了 2001 年的诺贝尔物理学奖。他们是美国物理学家怀曼（C. E. Weiman, 1951—   ）、康奈尔（E. A. Cornell, 1961—   ）和德国物理学家克特勒（W. Ketteler, 1957—   ）。杨振宁在一次演讲中曾经指出："量子力学的发展，是非常之艰难的，其中有很多重要的发现，并且与'玻色-爱因斯坦凝聚'有关系。"不过，在这儿我不能详细叙述这种关系。

除此以外，爱因斯坦在 1925 年 2 月的论文中，还根据量子气体和分子气体的类比，得出了一个有深远意义的结论，即波动特性不仅属于光，而且也属于物质。他是这样写的："当我们以适当的方式把气体同辐射过程对应起来，并计算后者的干涉起伏，那么，在气体的情况下我们也就能够以相应的方式来说明它。我倾向于同意这种解释，因为我相信，这里所讲的不止是单纯的类比。"

依据他对涨落分析的精通，他本可以把上述声明继续向前推进，但他却笔锋一转，谈到了德布罗意的论文："一个物质粒子或物质粒子系可以怎样同一个（标量）波场相对应，德布罗意已经在一篇很值得注意的论文中指出了。"

关于德布罗意的论文，我们前面已经提到，这儿就不多写了。但应该指出的是，爱因斯坦自己曾经对粒子和波的关系作过深入思考，他还推出一个粒子的动量和波长的关系式，但他没有发表它，原因是没有实验的证据，再加之会引起能量和动量定理中的一些困难。所以，当他看到朗之万寄来德布罗意的论文时，他一定会震惊、遗憾和欣慰。

1924 年，爱因斯坦关于气体量子理论的研究，可以说使得光的量子理论在他的这一推动下又一次走向一个高峰，来到了即将到来的量子力学的门槛前，在某些方面甚至超越了量子力学。不过很耐人寻味的是，爱因斯坦在 1905 年提出光量子，把光的粒子性加给了波动的光，20 年过去了，他似乎转了一个圆圈，令人意外地把他的光量子假说与光的波动理论放到了一起。事实上，非物质的光和物质的粒子，都具有粒子和波动的特性，在这种态势面前，爱因斯坦似乎应该有兴趣把他的划时代的发现继续推广开来，得出更高级的"综合"，完成德布罗意的工作。但令人意外的是，爱因斯坦忽然没有兴趣深入下去，他的兴趣被统一场论吸引过去了。

1923 年 12 月，爱因斯坦给普鲁士科学院寄去一篇论文，题目是《场论是否可以解决量子问题？》，此后，他的精力主要就放在统一场论上，企望用场论来最终自然而然地解决量子力学中想要解决的一切问题。从此，他在年轻一代人努力建立量子力学的过程中，扮演了一个批判者的角色，并卷入了几场有名的争论之中。但是，这并不是说他没有在量子力学的建立过程中起到积极的作用；相反，量子力学开创者都受到过爱因斯坦有益的影响。这些情况在前面都已经介绍过，这儿就不再重复，下面主要介绍爱因斯坦与哥本哈根学派的几次争论。

爱因斯坦与玻尔

在谈到爱因斯坦与玻尔（更确切点说是与哥本哈根学派）的争论之前，先要谈谈他与玻尔之间的亲密关系。

玻尔在 1913 年发表了氢原子理论的文章以后，爱因斯坦就十分关注和敬重玻尔。1919 年 11 月 9 日，爱因斯坦在给埃伦菲斯特的信中写道："我对玻尔十分着迷，经过你的介绍，我对他越来越感兴趣。你使我意识到，他是一位具有很深洞察力的人，与他在一起一定十分开心。"

1949 年，70 岁高龄的爱因斯坦在他写的《自传》中，高度评价了玻尔的贡献。他写道：

> 在普朗克的基本工作发表以后不久，所有这些我都已十分清楚；以致尽管没有一种古典力学的代替品，我还是能看出，这条温度–辐射定律，对于光电效应和其他同辐射能量的转换有关的现象，以及（特别是）对于固体的比热，将会得出什么结果。可是，我要使物理学的理论基础同这种认识相适应的一切尝试都失败了。这就像一人脚下的土地被抽掉了，使他看不到哪里有可以立足的巩固基地。至于这种摇晃不定、矛盾百出的基础，竟足以使一个具有像玻尔那样独特本能和机智的人，发现光谱线和原子中电子壳层的主要定律以及它们对化学的意义，这件事对我来说，就像是一个奇迹——而且即使在今天，在我看来仍然像是一个奇迹。这是思想领域中最高的音乐神韵。

1954 年 3 月 20 日，爱因斯坦于去世前一年，又在给贝克（B. Becker）的信中表述了他对玻尔研究风格的敬慕，他写道："他发表自己的意见，像一个

玻尔和爱因斯坦躺在草地上谈论着什么。

永远在摸索着的人，而从来不像一个相信自己掌握了确切真理的人。"

爱因斯坦第一次见到玻尔是在 1920 年 4 月，当时玻尔是应普朗克的邀请到柏林来做系列讲座的。玻尔到爱因斯坦寓所拜访爱因斯坦时，心地细致、善良的玻尔还带来了丹麦的奶油和其他一些营养品。这对于第一次世界大战后处于困境中的爱因斯坦来说，实在是太需要了。后来在 5 月 2 日写给玻尔的信中，爱因斯坦写道："这是来自哥本哈根最好的礼物，那里的牛奶和蜜还在不断地流着。"爱因斯坦的妻子爱尔莎（Elsa）作为主妇也在信中表示感谢："看到这些精美的食品，我这个主妇的心都醉了。"

爱因斯坦在信中还写道：

> 在我的一生中，很少有人能够像你那样，一出现在我面前就给我带来了极大的快乐。我正在读你的大作，当我在阅读中遇到什么困难时，我很高兴地发现你那年轻的面孔就会浮现在我的眼前，微笑着并解释着。我从你那儿已经学到了不少的东西，特别是你对待科学的那种态度。

玻尔立即回信给爱因斯坦："能和您见面和交谈，是我一生中最重要的经历之一。我无法表达我是多么感谢您在我访问柏林时对我的友好接待。您不知道，能得到这个盼望已久的机会来听听您对我致力的那些问题的看法，对我是多么大的鼓舞和激励。我永远不会忘记我们之间的谈话。"

5 月 4 日，爱因斯坦又写信给埃伦菲斯特表达见到玻尔的愉快心情，他写道："玻尔来到柏林，像你一样，我被他迷住了。他像一个敏感的孩子，像被催眠一样在这个世界上行走。"

1920 年 8 月，他们又见面了。爱因斯坦在挪威的奥斯陆做了三次演讲。

在回柏林途中，他专程到哥本哈根与玻尔见面。除了与玻尔交谈以外，爱因斯坦还在丹麦天文学会做了一个报告。8月4日，爱因斯坦在给洛伦兹的信中写道："奥斯陆之行实在美妙极了，而最美妙的是我在哥本哈根和玻尔一起度过的那几个小时。玻尔是一个天赋极高、极优秀的人。著名的物理学家们大多也是很有才华的人。这对物理学来说是一个好兆头。"

第三次见面也是在哥本哈根，那是1923年7月，爱因斯坦到瑞典哥德堡接受诺贝尔奖，顺路到哥本哈根又一次看望了玻尔。他们两人从火车站见面就开始谈物理，谈得如此之忘情，以致发生了一桩很可笑的事情。这件事玻尔曾对 L. 罗森菲尔德和他的儿子阿格·玻尔（Aage Bohr，1922—2009，1975年获得诺贝尔物理学奖）谈到过，他说：

漫画中的爱因斯坦，真是可爱又可笑。

　　爱因斯坦一点也不比我更实际。当他来到哥本哈根时，我当然要到火车站去接他。……我们从火车站上了电车，就开始对一些问题异常热烈地讨论起来了，以致我们远远坐过了该下车的站。我们只好下车再坐回程车，但是又远远坐过了头。我记不得停了多少站，我们只顾坐着电车来来回回地跑，因为那时爱因斯坦确实对我的研究有了极大的兴趣，当然，其中怀疑成分有多大，我不清楚。但我们坐着电车来回跑了许多次是真，至于别人怎么看我们，那就不知道了。

在此后的岁月中，他们见面的机会不是很多，但他们之间注定要成为探索宇宙奥秘的心智上的对手。对玻尔的一生来说，爱因斯坦扮演了一个重要的、独特的角色。1961年7月12日，玻尔在去世前一年还说："爱因斯坦的可爱是那样地令人难以置信。在他已经去世几年以后我还是要这样说，我仍然觉得爱因斯坦的微笑就在眼前，一个非常特别的微笑，既聪明，又厚道、友好。"最令人感动的是，在1962年11月18日玻尔去世的前夕，他工作室的黑板上还有一个1927年与爱因斯坦争论时爱因斯坦设计的"光盒"草图。可见，即使爱因斯坦1955年去世以后，玻尔仍然把爱因斯坦作为自己智力上的对手，力求从爱因斯坦那儿得到更多的灵感和启迪。

现在，我们转入爱因斯坦与以玻尔为首的哥本哈根学派之间的争论上来。这场争论在整个科学史上有着重要的地位。

前面曾经提到过，1927年9月，在意大利的科摩湖边举行了一次国际物理学家的会议，会议是以纪念意大利科学家伏打逝世一百周年的名义召开的。许多一流的科学家如玻恩、德布罗意、康普顿、泡利、海森伯、普朗克和卢瑟福等人都参加了会议。爱因斯坦受到邀请，但因故没有参加。玻尔在会议上第一次正式向科学界阐述他对量子力学的基本设想——互补关系。玻尔认为自然现象，尤其是微观世界发生的自然现象，不可能同时满足经典物理学的两大要求，即严密的因果要求和要用空间和时间描述客体一切现象的要求。两个要求实际上代表了原子现象互相排斥而又互相补充的两个方面。

可惜爱因斯坦没有来，大家都希望听到爱因斯坦的声音。

科摩会议结束后不久，1927年10月24日到29日在比利时的布鲁塞尔召开第五届索尔维会议，会议的主题是《电子和光子》。由于这次会议玻尔和爱因斯坦都要参加，所以大家都以激动而紧张的心情参加这次会议，所有的人都急于了解：爱因斯坦会怎么看待玻尔的互补原理呢？他会反对玻尔的诠释吗？人们知道，在此之前他们两人对有关量子理论的看法就有过分歧，但没有激化和充分展开；那么，这一次爱因斯坦会怎么样？

第五届索尔维会议上的第一次交锋

这次索尔维会议的特殊重要性除了因玻尔和爱因斯坦著名的争论以外，还因为这次会议是第一次世界大战以后第一次有德国代表参加的会议，因而也标志着科学上国际关系的明显好转。在战后1921年和1924年的两次索尔维会议，都不准德国等第一次世界大战轴心国的物理学家参加这种国际学术会议。虽然爱因斯坦是个例外（因为他持有瑞士护照），前两次会议都邀请了他，但他认为把政治带进科学事务中是不恰当的，科学家个人不应该对他所属国家的政府负责。为此，他谢绝了邀请。

1927年索尔维会议。爱因斯坦已经位居中间位置，他的左边依次是洛沦兹、居里夫人和普朗克；二排右1是玻尔，后排右3、4是海森伯和泡利。

但这一次，领导世界物理发展的一流物理学家都将毫无例外地云集布鲁塞尔。

会议开始的第一天，玻恩和海森伯做了有关矩阵力学的报告，报告结束时他们声称："我们认为，量子力学是一种完备的理论，其数学物理基础不容做进一步的修改。"

这一结束语颇有点挑战意味，似乎已经没有商量的余地。

接着，玻尔应会议主席洛伦兹的邀请发了言。玻尔在发言中再次指出，波粒二象性的困境说明，原子过程如果用经典概念来描述将会遇到根本性的困难，因为对原子现象的任何观察，都肯定会涉及一种不可忽略的与观察仪器之间的相互作用，而且又不能恰当地予以补偿。因而，量子物理学诠释只能是统计性的。

玻尔讲完了之后，大家的眼光都投向爱因斯坦，期望他对此做出评价。看来不表态不行了，于是爱因斯坦站起来，先例行地客套了一番："我必须因为我不曾彻底研究量子力学而表示歉意，不过我还是愿意提出一些一般的看法。"

然后，他以小孔衍射实验为例，指出了正统观点对这一实验的解释所遇到的不可避免的困难：弥漫整个空间的波函数瞬间坍缩到一点（图中的光点）。如果我们设想，整个实验设置可以尽量扩大，那么无论离光点多么远的地方都可以在瞬间坍缩到这个光点上来，这显然是一种超距作用，与相对论不相符合。

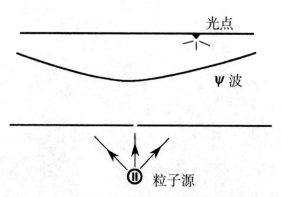

在小孔衍射实验中最下面粒子源发射的波经过上面的小孔后弥漫空间（ψ波），突然又会坍缩到一点（图中的光点）。这种超距作用不符合相对论。

爱因斯坦说：

> 认为 $|\psi|^2$ 是表示一个粒子存在于完全确定的地方的几率，这样的一种诠释（即正统诠释）就必须以完全特殊的超距作用为前提，从而不允许连续分布在空间中的波同时在胶片的两个部分表现出自己的作用。

爱因斯坦一下子就看出，正统观点由于要求波函数坍缩过程的存在而与相对论相抵触，他的这一分析是关于量子力学与相对论的不相容性的最早认识；而且后来一直成为挑战哥本哈根诠释的利器，也是哥本哈根诠释致命的软肋。下一章读者还会见到它。

玻尔似乎一时没有领会爱因斯坦反驳的意思，有一些文不对题地回答说："我感到自己处在一个很困难的境地了，因为我不明白爱因斯坦所要说明的到底是什么。这无疑是怪我。"

然后他又把正统观点阐述了一次："我不知道量子力学是什么。我想我们是在与一些数学方法打交道，它们是适合于我们对实验的描述的……，我可能没有弄懂，但是我想，整个问题在于：理论不是别的，而是用来适应我们要求的一种工具，而且我认为它（量子力学）是适应了的。"

由玻尔这句话可以看出，他实际上在以操作主义和实证论为自己辩护。

会场上人们的情绪激动到了极点，他们想一睹两位科学伟人的交锋。爱因斯坦除了提出上面的佯谬以外，还表示他不喜欢不确定性原理，至于互补原理，也是不能接受的。他指出："这个理论的缺点在于：它一方面无法与波动概念发生更密切的关系，另一方面又用基本物理过程的时间和空间来碰运气。"

爱因斯坦发言完毕后，会场秩序大乱，都喊着要发言，洛伦兹已经无法维持会场秩序。埃伦菲斯特看大事不妙，突然计上心头。他跑到黑板上写了一句让大家哄然大笑的话："上帝果真让人们的语言混杂起来了！"

这句话源于《圣经·旧约全书》中《创世记》第 11 章。巴比伦人想要建造一座通天高塔，上帝耶和华知道以后又惊又怒，于是他使天下人的语言混乱。人们由于彼此语言不能相通，只好扔下建筑工具作罢，以后流落世界各地。结果通天塔的建造因此半途而废，未能建成。

巴比伦人想要建造一座通天高塔，上帝不让他们修建成功。

玻尔在后来的答辩中力图把爱因斯坦争取过来，说互补原理也曾出现在爱因斯坦的理论中。1905 年爱因斯坦不是指出光既是光子又是波吗？1917 年爱因斯坦不是给出一个表示几率的原子自发辐射吗？……但爱因斯坦不为所动，仍然用一个又一个的理想实验来向哥本哈根学派的诠释挑战。

爱因斯坦接二连三地提出几个理想实验想批倒不确定性原理，但都被玻尔一一做了回答。玻尔在一定的程度上捍卫了哥本哈根诠释在逻辑上的无矛盾性。海森伯在 1963 年 2 月 27 日对采访者说："索尔维会议最重要的成功就在于，我们能够看到，抵抗着一切的反对意见，抵抗着一切否证理论的尝试，我们还是可以和这种理论共同生活下去。我们可以利用旧的语言并给它加上不确定性原理的限制来把一切东西讲清楚，而且仍然得到一种完全自洽的图景。"

当被问起他所说的"我们"是指谁时，海森伯答道："我可以说，当时实际上是玻尔、泡利和我自己。也许只有我们三个。但是很快就会扩大的。"

通过这一次交锋，许多科学家认识到了玻尔理论魅人的一面。埃伦菲斯特是爱因斯坦最忠实的朋友，在这次会后于 11 月 3 日的一封信中激动不已地写道：

> 布鲁塞尔的索尔维会议真太妙了！……玻尔完全超越了每一个人。他起初根本没有被人理解，后来一步一步地击败了每一个人。
>
> 当然，又是被玻尔那种可怕的术语纠缠。对任何人来说，总结它是不可能的。……每天半夜 1 点钟他就走进我的房间来，说"只讲一个字"，但每次都要讲到凌晨 3 点钟。当玻尔和爱因斯坦交谈时能够在场，对我说来是一大快事。这就像一场棋赛一样，爱因斯坦永远有新招。在某种意义上，这是一种用来推翻不确定性原理的第二种"永动机"。玻尔在哲学的云雾以外不断地寻求工具来粉碎一个又一个的例子。爱因斯坦像一个盒子里的弹簧人那样，每天都精神抖擞地跳出来。啊，这真是无价之宝呀！但我却几乎无保留地拥护玻尔而反对爱因斯坦。他对玻尔的态度，恰恰像当年那些捍卫绝对同时性的人对他的态度一样。

海森伯也回忆过这次交锋，他写道：

> 讨论很快就集中到爱因斯坦和玻尔之间的论战上来了；他们争论的问题就是，在它当时的形式下，量子理论到底在多大程度上可以看成是对已经讨论了几十年的那些困难的最后解决。我们一般是在早餐以后就在旅馆中见面了，于是爱因斯坦就开始描述一个理想实验，他认为从中可以特别清楚地看出哥本哈根诠释的内在矛盾。爱因斯坦、玻尔和我一起步行去会场，而我就倾听哲学态度如此不同的两个人物之间的讨论，有时我也在数学表述形式的结构方面插几句话。在会议中间，尤其是在会间休息时，我们这些比较年轻的人（多半是泡利和我）就试着分析爱因斯坦的实验，而在吃午饭时，讨论就又在玻尔和来自哥本哈根的人之间继续进行。玻尔通常是在下午较晚的时候就做好了完全的分析，并且在晚饭桌上就把它告诉爱因斯坦。爱因斯坦对这种分析提不出很好的反驳，但他在内心深处是不服气的。玻尔的朋友埃伦菲斯特同时也是爱因斯坦的亲密朋友，他对爱因斯坦说："爱因

斯坦，我真替你害羞，你在这里把自己和那些妄图否认你的相对论的人们放在同样的位置上了。"

会议结束后，爱因斯坦并没有被说服。尤其是波函数坍缩问题，玻尔一方基本上没有做出可信的回应。派斯在他的《玻尔传》(*Niels Bohr's Times, In Physics, Philosophy and Polity*)一书中对此写道：

> （哥本哈根诠释）给爱因斯坦的追问提供下述的答复。这种理论确实适用于个体的过程，但是不确定性原理却会规定和限定在一个实验装置中可能得到的信息量。这种限定和经典统计力学中的事件描述所固有的信息限制是大不相同的。在那里，限制在很大程度上是自己加上的，为的是得到一种描述的有用近似，而那种描述用的是可以理想地求得各粒子的动量和位置的确定值。在量子力学中，上述这种限定不是自己加上去的，而是对第一性原理的一种放弃。确实，假如一定要求一种包括电子在所论实验的每一阶段的定位的充分因果的描述，那就会需要超距作用。量子力学不承认这样一种描述是需要的，而且断定，在这个实验中，一个电子的最后位置并不能被准确地预见到。尽管如此，量子力学在这一事例中还是能做出关于一个电子到达屏幕上一个给定点的几率的预见。这种预见的验证当然就要求"单电子实验"被重复足够多的次数，以便以所需要的精确度得出这种几率分布。

在爱因斯坦看来，玻尔他们的这种论断与其说是一种科学理论，倒不如说是一种设计精巧的独断论的信仰。派斯的话证实爱因斯坦的看法确实有一定的道理。1928 年 5 月 21 日，在一封给薛定谔的信中他尖刻地表示了自己的不满：

> 海森伯-玻尔的镇静哲学——或镇静宗教（？）——是如此精心设计的，使得它暂时得以向那些忠诚的信徒提供一个舒适的软枕头。要把他们从这个软枕头上唤醒是不那么容易的，那就让他们在那儿躺着吧。

但爱因斯坦并不甘心让"他们在那儿躺着"，在 1930 年 10 月 20—25 日举行的第六届索尔维会议上，他又一次向哥本哈根学派提出了挑战。

第二次交锋——光盒佯谬

在 1930 年第六届索尔维会议上，爱因斯坦提出了著名的"光盒"的理想实验，想一举否定不确定性原理。爱因斯坦的目的十分明确，只要能够通过对一个理想实验的机制进行细致透彻的分析，推翻不确定性原理，那么玻尔的理论将会分崩离析。

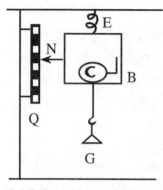

光盒模型。

光盒的理想实验很简单，也很容易懂，所以我们不妨详细介绍一下，这样我们也可以了解科学大师们是如何思考的。光盒的装置如图所示。一个不透明的盒子 B 用弹簧 E 固定在一个固定的装置里，盒子 B 的一壁上有一小孔，小孔上装有一个可用计时装置 C 控制其启闭的快门，它可以在任意精确指定的时刻启闭。盒子下面挂有砝码 G，盒的侧面装有指针 N，用它可以从刻度 Q 上测出盒子的总重量。

爱因斯坦分析说，快门可在任意精确的启闭时间 Δt 里，从盒子里放出一个光子，光子辐射出去前后的质量差 Δm 也可以由 N 精确地测出，再根据狭义相对论的 $\Delta E = \Delta mc^2$，可以求得任意精确的辐射能量 ΔE。这样，爱因斯坦就很有信心地证明出：不确定性关系式之一

$$\Delta E \cdot \Delta t \approx h$$

所表征的限制（即不能同时精确地测定时间 Δt 和能量 ΔE），就不能成立了。

这是一次严峻的挑战，爱因斯坦用他的相对论竟巧妙地"驳倒"了哥本哈根学派的理论。据目睹者回忆，玻尔听完了爱因斯坦的讲话后，竟脸色苍白、呆若木鸡。

罗森菲尔德后来在回忆中写道：

> 这对玻尔是一次不小的震动……他没能立即找到答案，整个晚上他都极度忧虑，一个又一个地想说服别人那不可能是真的，因为假如爱因斯坦是对的，那将意味着物理学的终结。我将永远不会忘记他们两个离开会场的情形：爱因斯坦，一个高大的形象，平静地走着，还

带着一点讥讽的微笑，而玻尔则沮丧地跟在他的旁边……第二天上午就迎来了玻尔的胜利。

爱因斯坦一定觉得自己稳操胜券了，不免有点喜气洋洋。但是，在第二天的会议上，他奇怪地发觉玻尔竟一改昨天的晦气，显得精神抖擞和志在必得的样子。还没等爱因斯坦摸清是什么原因时，玻尔开始指出昨天光盒理想实验的一个致命的漏洞。等玻尔讲完了以后，这时轮到爱因斯坦"震惊"和呆若木鸡了！

玻尔的反驳是致命的，因为他巧妙地利用爱因斯坦 15 年前在广义相对论中的一个重要发现，找到了爱因斯坦光盒理想实验中的一个错误。爱因斯坦在广义相对论里有一个红移公式（red shift formula）

$$\Delta t = t \cdot \Delta \varphi / c^2$$

这个公式表示：一个在重力场中移动的钟，在时间间隔 t 内移动时将产生一个位势差 $\Delta \varphi$，时钟快慢将会改变 Δt。但是，爱因斯坦昨天在做推理时，却忘了这一个由他自己发现的效应！玻尔不但发觉了，而且他还指出：在光子辐射前第一次称量了光盒的重量之后，由于光子辐射离开光盒以后，光盒和钟一起在重力方向上发生了位移，因而产生一个位势差 $\Delta \varphi$，于是根据爱因斯坦的公式，钟的快慢将发生一个 Δt 的变化。于是，不确定性又不可避免地出现了！即：要在测量光子的能量的同时，准确地测出光子跑出来的时间是根本不可能的。更令人叹绝的是，玻尔由爱因斯坦的红移公式推出了不确定性关系式：

$$\Delta E \cdot \Delta t \approx h$$

玻尔在结束讲话时理直气壮地声称："因此，如果用这套仪器来精确测量光子的能量，就不能精确测出光子辐射出来的时刻。"

爱因斯坦不得不承认，玻尔的推理非常有说服力，完全正确，还有什么东西能比他自己的红移公式对他更有说服力呢？爱因斯坦的"飞去来器"飞出去后又飞回来了，而且击中了他自己。他不得不承认，量子力学实际上的确是一种自洽的方案。1931 年 9 月份，在提名海森伯为诺贝尔奖候选人时，爱因斯坦在推举信上写道："我确信这种（量子力学）理论包含了一部分真理。"

第三次交锋 ——EPR 佯谬

那么，爱因斯坦是否毫无异议地就此屈服，承认了哥本哈根的诠释了呢？没有。我们只能说爱因斯坦在几次辩论中失败了，但他并没有被说服，而是勇敢地面对自己的失误。更难能可贵的是，他对哥本哈根正统诠释的批判也由此走上了正确的道路——分析量子力学的不完备性。他拒绝接受量子力学的几率诠释是"终极定律"的这一说法，坚持认为在这种诠释的后面还隐藏着更深一层的基本规律，而且认为这一基本规律类似于动力学或场论中所描述的规律。他的这一信念在 1926 年 12 月 4 日给玻恩的一封著名的信中，曾经作过鲜明的表述：

爱因斯坦说："上帝不掷骰子。"玻尔说："爱因斯坦，我们不能告诉上帝该做什么。"

量子力学是令人赞叹的，但是有一个内在的声音告诉我，这还不是真正的货色。这个理论有很大的贡献，但是它并不能使我们更进一步接近上帝的奥秘。无论如何，我不相信上帝是在掷骰子。……我正在辛苦工作，要从广义相对论的微分方程推导出被看作奇点的物质粒子的运动方程。

尽管爱因斯坦没有被说服，但第六届索尔维会议终究成为一个重要的转折点：在此之前，爱因斯坦的挑战主要是针对量子力学的自洽性，即他力图找到量子力学在逻辑上的内在矛盾，从而证实量子力学"还不是真正的货色"。在光盒理想实验被玻尔彻底驳倒之后，爱因斯坦已经意识到，他的这一目标至少在短期内是无法实现的。于是，他改变了想法，承认量子力学是一种正确的统计理论；但是，是否可以从更普遍、更原则性的角度讨论量子力学的完备性问题呢？如果能从根本上证明量子力学对微观过程的描述是不完备的，那就可以进一步设法排除几率诠释——"我不相信上帝是在掷骰子"，维护他所竭力加以维护的决定论——"从广义相对论的微分方程推导出被看作奇点的物质粒子的运动方程"。

经过一段时间的酝酿，爱因斯坦于 1935 年正式从完备性观点出发，又一次向哥本哈根的量子理论发起了挑战。这年 3 月 25 日，美国《物理评论》(*Physics Review*) 收到爱因斯坦和俄罗斯物理学家玻多尔斯基 (Boris Podolsky, 1896—1966)、美国物理学家罗森 (Nathan Rosen) 三人合写的文章：《能认为量子力学对物理实在的描述是完备的吗？》(Can the quantum mechanics description of physical reality be regarded as complete?) 于是，以这三位作者姓氏头一个字母命名的 "EPR 佯谬" 从此闻名天下。1935 年 5 月 4 日，《纽约时报》(*New York Times*) 以醒目的大标题《爱因斯坦攻击量子理论／一位科学家和他的两个同事发现它尽管正确却不完备》(Einstein Attacks Quantum Theory / Scientist and Two Colleagues Find It Not "Complete" Even though "Correct") 报道了这件物理学界的重大事件。

爱因斯坦指出，按量子力学的意见，两个物体 A 和 B 在过去曾经短暂相互作用过，即使后来不再相互作用，它们之间仍然有关联——因此直接对 A 先做测量，与对 B 测量后再测量 A，两者的结果不同。这被称为 "不可分离性原则"。爱因斯坦认为，这种意见违反直觉。他由此提出 "可分离性原则"(separable principle)。并指出 "可分离性原则" 是 "完备理论的条件" 和 "物理实在的判据"。

爱因斯坦举例说：直接对 A 先测量位置，可以知道粒子 B 的位置，但是根据相对论的定域性假设，这一测量不会立即影响到粒子 B 的状态。因此粒子 B 的位置在测量之前就是确定的；同样的理由，粒子 B 的动量在测量之前也是确定的。于是，粒子 B 的位置和动量在测量之前都具有确定的值。一个完备的理论应当同时给出粒子 B 在测量之前的位置值和动量值，但量子力学只能给出关于这些值的统计信息。因此，爱因斯坦的结论是：

　　由此，我们不得不做出这样的结论：波动函数所提供的关于物理实在的量子力学描述是不完备的。

那么，能否在量子力学之外，再提供一种关于物理实在的完备的描述呢？爱因斯坦回答说："我们还是没有解决这样的描述究竟是否存在的问题。可是我们相信这样的一种理论是可能的。"

这篇文章于 5 月 15 日发表后，在物理学界引起了巨大的震动。罗森菲尔德曾经回忆道："这次进攻像晴天霹雳一样落在了我们的头上……玻尔一听到我关于爱因斯坦论点的汇报，一切别的工作就都被放弃了：我们必须立刻澄清一种误解。"罗森菲尔德还告诉过派斯说，当第一次听到消息时玻尔被激怒了。但是第二天他却又满脸含笑地出现在办公室中，转向罗森菲尔德并且说："波多尔斯基，奥波多尔斯基，约多尔斯基，席奥多尔斯基，何席奥多尔斯基，巴席奥多尔斯基。"罗森菲尔德被弄得莫名其妙。玻尔解释说：他是在引用霍耳伯（Ludvig Holberg，1684—1754，丹麦文学家）的一个剧本，剧中的一个仆人突然说起胡话来……当罗森菲尔德指出玻尔显然已经平静下来时，玻尔答道："这表明我们已经开始理解问题了……他们干得挺巧妙，但真正重要的是要干得正确。"

薛定谔认为 EPR 论证的两个基础，即"实在性判据"和"定域性假设"是十分正确的，并且在 6 月 7 日写信给爱因斯坦说："我非常高兴，你在《物理评论》上刚刚发表的文章已经明显地抓住了独断的量子力学的小辫子。我的意见是，我们没有一个与相对论相容的量子力学，根据相对论所有影响都以有限的速度传播。"

爱因斯坦回信说：

> 你是唯一一个我愿与之妥协的人，几乎所有其他人都不从事实去看理论，而是从理论去看事实。他们不能从曾经接受的观念之网中解脱出来，而只是在其中以一种奇异的方式跳来跳去。

对 EPR 佯谬做出回答，当然是哥本哈根学派首领玻尔义不容辞的责任。这年的 7 月 13 日，《物理评论》收到了玻尔反驳 EPR 佯谬的论文，论文的标题与爱因斯坦他们的论文完全一样。两篇文章题目完全一样恐怕是非常罕见的事情，而且后一篇反驳前一篇，那就更加罕见了。10 月 15 日，正好是爱因斯坦他们的论文发表 5 个月之后，玻尔的文章发表了。

玻尔清楚地知道，EPR 论文在逻辑上十分严密，无可挑剔，要想驳倒它只能首先从它的前提着手；如果承认了它的前提，即"实在性判据"和"定域性假设"，那么其结论将无法反驳。玻尔机敏地抓住作为 EPR 论文前提之一的物理"实在的判据"，进行了反驳。

爱因斯坦认为"物理实在的判据"是"空间上分隔开的客体的实在状况是彼此独立的"。这一原则也称为"爱因斯坦可分离性原则"，爱因斯坦认为这是物理学不可违背的原则之一。玻尔正是抓住"可分离性"（即"彼此独立的"）这一爱因斯坦看来不可违背的原则，针锋相对地提出"不可分离性"，作为反驳 EPR 论文的武器。

事实上，"不可分离性原则"是量子力学最惊人的特征之一。这个结论看起来有些诡异，后来却被证实是可验证的事实（见下一节）。

玻尔认为，在经典物理学中，人们太习惯于将客体视为无限分离地存在于确定的时空里，其实，这是理想的极限情形。所谓一个体系"不以任何方式干扰"另一个体系，这句话本身就在意义上含糊不清。玻尔认为，只要两个体系哪怕只在一段时间内联合成一个系统，那么，这样的一个组成过程就"不可再分离"了：对一个粒子的测量仍将对另一个粒子的状态产生影响。最后，玻尔下结论说：

> 量子力学是一个和谐的数学形式体系，它的预测与微观领域的实验结果符合得很好。既然一个物理理论的预测都能够被实验所证实，而且实验又不能得出比理论更多的东西，那么，我们还有什么理由对这个理论提出更高的完备性要求呢？因此，从它自身逻辑的相容性以及与经验符合的程度来看，量子力学是完备的。

罗森菲尔德在《尼尔斯·玻尔在30 年代——互补原理的巩固与推广》一文中对玻尔的思想作了比较明确的解读。他写道：

> 爱因斯坦常说，物理概念是"头脑自由创造的产物"。在这场讨论中，他所提出的"实在性判据"就十足是这样的产物，结果则是提供

爱因斯坦穿大衣总是只扣一个扣子。

了一个非常鲜明的例证，说明随意发明概念会造成何等害人的陷坑。所谓"实在性判据"看来十分明确，但是在附加的那个似乎无害的限制条件——"不会使该系统受影响"中，却包含着本质上的含糊不清。为了不让这种局面出现，就必须放弃任何将所谓"实在性判据"之类的主观臆见强加给自然的做法，而应该像玻尔告诫我们的那样，老老实实地向大自然学习，以从中得到省悟。

玻尔不同意爱因斯坦的"实在性判据"，坚持认为一个物理量只有在被测量之后才是实在的。然而，玻尔的反驳根本无法让爱因斯坦信服。玻尔说的"一个物理量只有当它被测量之后才是实在的"观点，爱因斯坦无论如何也不能同意，他曾经对派斯说："难道月亮只有在我看它时才存在吗？"

贝尔不等式和实验验证

玻尔既然否定了 EPR 的前提，他的反驳任务当然就可以算完成了。不过，事情并未因此结束，理论上的争论还不能作为结论被人们接受。人们希望这一几乎是纯哲学的争论能够转变为科学争论，用科学实验来做出最终判断；否则，在这两位伟大科学哲人之间做出抉择，几乎是不可能的。

到 1964 年出现了令人兴奋的转机。这与西欧核子联合研究中心的约翰·斯图尔特·贝尔（John Stewart Bell，1828—1990）有关。这儿我们简单介绍一下贝尔的生平。[1]

贝尔 1928 年 7 月 28 日出生于北爱尔兰首府贝尔法斯特一个没有学术传统的家庭。因为家境困难又没有得到奖学金，无法上中学，但他还是设法于 16 岁时从贝尔法斯特一所中等技术专科学校毕业，除了完成学业以外，他还学到一些砖瓦和木匠手艺。后来，出于对实验物理学的强烈兴趣，先到贝尔法斯特女王大学物理系实验室担任助手，第二年正式成为该

---

[1]　1990 年 10 月，一份有广泛影响的期刊《物理学的基础》开始出版需时半年的连续六期专辑，以庆贺杰出的理论物理学家贝尔的六十寿辰。可惜的是，贝尔本人没有来得及看到这几期刊物；在这个月的头一天，他就由于脑溢血突然发作而去世了。

本文关于贝尔的介绍，参考了关洪先生的"J.S.贝尔的生平和工作"一文，特此表示感谢。

校学生，并于1948年和1949年获得该校实验物理学和理论物理学两个学士学位。毕业后到英国原子能研究所任职，成为一名理论物理学家。1953年与妻子玛丽一起到伯明翰大学，在著名物理学家佩尔斯（Rudolph Ernst Peierls, 1907—1996）手下深造，1956年获得博士学位。1960年他和妻子一起去了欧洲核子物理研究所（CERN）工作。贝尔在这儿工作了30年，直到去世。1963年到1964年，贝尔到美国访问。在访问斯坦福直线加速器中心（SLAC）时，发表了《论EPR佯谬》一文。文章发表在一份没有影响和很短命的杂志上，据说是为了避免斯坦福为他付版面费！

英国物理学家约翰·贝尔。

在论文《论EPR佯谬》里，他根据可分离原则，导出了一个双粒子自旋系统的不等式，即"贝尔不等式"。这就使得量子力学是否完备，或者说可分离原则是否成立，有可能通过判决性实验来验证，使原来属于哲学的命题转化为一个科学命题。如果不等式成立，爱因斯坦的可分离原则就是对的；否则玻尔的不可分离原则就胜出。

贝尔的主要贡献就在于这篇文章，其中显示了他对量子力学基本问题的研究。贝尔对于哥本哈根学派认为量子力学只不过是关于可观察量的理论，感到不满意，他的反实证论的实在论立场十分鲜明，他甚至建议在量子力学里完全抛弃"测量"这个含混的术语。

贝尔的文章发表后，引起了物理学家们的极大兴趣，不少人在贝尔不等式的证明、简化、普遍化和实用化方面做了许多可贵的努力，其中特别值得提到的有维格纳、克劳瑟（J. F. Clauser）、艾斯派克（A. I. Aspect）等人。正是在他们的研究基础上，人们才可能用仪器来检验贝尔不等式，做出判决性实验。

到1982年为止，已经完成了12个实验，其中有10个实验支持量子力学的预言而违背贝尔不等式，只有两个实验不违背。这些实验结果已经引起了物理学界和哲学界的极大重视，虽然目前尚不能说对爱因斯坦和玻尔的争论做出最后裁决，但大多数物理学家都倾向于这样的结论：量子力学理论又经受住了一次重大考验，爱因斯坦的可分离性原则在量子力学领域里不能成立。这个结果出乎大多数人和贝尔的意料。

但是，爱因斯坦并没有被说服，在他去世前一年的 1954 年他还说："这样的方案（即量子力学）不可能是自然的最终描述。……ψ 函数不能被认为是对体系的完备的描述，而只是一种不完备的描述。"

1975 年 8 月 25 日，狄拉克在澳大利亚新南威尔大学做了题为《量子力学的发展》的演讲，在演讲中他评论说：

> 我认为也许结果最终会证明爱因斯坦是正确的，因为不应认为量子力学的目前形式是最后的形式。关于现在的量子力学，存在一些很大的困难，……它是到现在为止人们能够给出的最好的理论，然而不应当认为它能永远地存在下去。

玻尔和爱因斯坦之间的争论，虽经长期论战仍未取得具体的一致结论，但这并不奇怪，因为双方争论的内容太庞大而太复杂，而且又涉及许多认识论方面的问题，使人们不易于做出简单的判断。但是，贝尔的工作虽然使得爱因斯坦的"定域实在论"观念遇到了难以克服的困难，但贝尔的实在论的立场和对物理学基础问题的重视，是和爱因斯坦一致的。同时，贝尔不受量子力学传统解释的束缚，而开辟了新的研究领域，对于此后新一代物理学家挑战哥本哈根正统诠释起了重要作用。他所提出的用以检验 EPR 佯谬的"贝尔不等式"，在 1986 年曾被约瑟夫森（Brian David Josephson，1940—   ，1973 年获得诺贝尔物理学奖）誉为"在物理学中最重要的新近进展"。贝尔的传记作者雅默尔也在 1990 年公正地评论道：在近 25 年来，难得有一篇关于量子力学基础的文章不提到贝尔的工作。可以毫不夸张地说，贝尔的发现使人们对自然界的认识开始迈进一个新的阶段，从而震动了整个科学界和哲学界。这些年来，关于贝尔不等式及其验证的讨论，已经发表了不计其数的论著，并且成为许多次国际性学术会议的主题。这些情况，当初是谁也没有料想到的。

生死未卜：薛定谔的猫和多世界诠释

世界上大约有两只猫天下闻名。一只是英国作家卡罗尔写的《爱丽丝漫游奇境》里的柴郡猫（Cheshire Cat），一只是"薛定谔的猫"（Schrödinger's Cat）。前者可能更加有名，因为它出现在风靡全球的童话小说中。

爱丽丝在梦中坠入奇妙的地下世界以后，发现了一只爱笑的猫——柴郡猫。它常常突然出现在空中和爱丽丝对话。奇妙的是它的脸部是一部分一部分慢慢地出现，先是眼睛、耳朵，再慢慢出现鼻子、嘴，最后整个头部才完全出现；消失的时候也是逐步慢慢隐去。《爱丽丝漫游奇境》中有一段写到柴郡猫：

> 环顾左右，她想找条逃路，好趁人不备溜之大吉。忽然发现空中出现了一个怪东西，起先不知道是什么，过一会儿才弄清是张笑脸："哦，原来是柴郡猫，这下有人说话了。"
>
> "过得怎么样？"猫嘴刚现出来就问。
>
> 爱丽丝等到它眼睛现出来才朝它点点头，想："耳朵不出来跟它说话也没用，至少得有一只耳朵才行。"很快整个脑袋都出现了。爱丽丝放下火烈鸟，开始跟猫讲这场比赛，很高兴有人听她说话。猫大概觉得露出来的够多了，身体其他部分不再显现。

薛定谔的猫也许一般人不太知道，实际上这只猫比柴郡猫更加古怪，在科学界可是闻名遐迩，声震四方。它的出现曾经引起过科学界巨大的震撼，让所有过世的和在世的物理学家都曾经和仍然继续陷入一片混乱之中。下面就先从它的出世讲起。

薛定谔的猫

为了叙述的方便，我把"薛定谔的猫"这一佯谬放在贝尔不等式后面来讲，虽然薛定谔的猫是 1935 年提出来的。

由前面几章讲到的内容可知，爱因斯坦和薛定谔都反对量子力学的正统诠释，所以相互之间也经常就量子力学问题交换意见。薛定谔认为他的方程中的波函数是对实在的描述，爱因斯坦不同意这一观点，他认为波函数只能描述系统的行为，而不能描述个体的状态，而这正是量子力学不完备之处。为了说服薛定谔，爱因斯坦还提出一个"炸药佯谬"。爱因斯坦假定有一包炸药，在一定的时间里可能随时爆炸。在没有爆炸之前，描述这包炸药的波函数表示的是已爆炸和未爆炸炸药的不确定状态的迭加。但是，炸药要么已经爆炸，要么还没有爆炸，不可能处于"不确定"状态。因此爱因斯坦说："我们不能把波函数看作是对实在的充分的描述。"

薛定谔受了爱因斯坦的启发，不久就在德国《自然科学》杂志上，发表了《量子力学的目前情形》一文，对正统观点再次提出批评。文章由三部分组成。他用嘲讽的风格写道：他不知道是将这篇文章称为"报告"还是称为"一般声明"，语气中暗示了他认为"目前的状况"不尽如人意。

最有意思的是，文中薛定谔设想了一个量子猫实验，这一实验就是此后无人不知的"薛定谔的猫"的实验。他写道：

薛定谔的猫实验示意图。

你甚至可以建立一个颇具讽刺意味的例子。一只猫被关在钢制小室里，里面还放置了施毒的仪器（必须保证猫够不着这种仪器）：在一个盖革试管中，有微量的放射性物质，这种物质非常少，以至于一个小时只可能有一个原子分解，但是也存在着一个原子也不分解的同等概率。如果发生这种情况，计数器就有反应，并通过一个继电器，激活一个打击烧瓶的锤子，烧瓶里装有普鲁士酸。如果让这个完整的系统自己运行一个小时，这段时间里没有原子分解的话，人们可以看到猫仍然活着；第一个原子的分解就会毒死它。通过将活猫和死猫混在一起或涂满等量的黑点（请原谅这种表达方法），整个系统的波动函数可以描述这种状态。

最初限定在原子领域的不确定性，转变为可通过直接观察解决的宏观不确定性——这种情况是十分典型的。这防止了我们幼稚地把"模糊模型"看作事实图像……一张摇晃的或对焦不准确的照片与一张云和雾峰的照片之间是有区分的。

这就是"薛定谔的猫"最初原文，因为原文不太好懂，我们用简单明了的文字介绍如下：

在一个盒子里，用一个放射性原子的衰变来触发一个装有毒气的瓶子的开关，毒气可以毒死一同在盒子里的猫。我们知道，按哥本哈根学派的诠释，放射性原子的衰变可以用波函数来描述。当用波函数描述不同状态的组合时（如放射性元素"衰变了"或"没有衰变"这两种状态的组合），我们称之为"波的迭加态"；在没有打开盒子时，放射性原子进入了衰变与不衰变的迭加态，由此猫也成了一只处于迭加态的猫，即又死又活、半死半活、处于地狱边缘的猫。

正像哈姆雷特王子所说："是死，还是活，这可真是一个问题。"只有当你打开盒子观察的一瞬间，迭加态突然结束（数学术语就是"坍缩[collapse]"），哈姆雷特王子的犹豫才终于结束——我们知道了猫的确定态：死，或者活。哥本哈根学派的几率诠释的优点是：只出现一个结果，这与我们观测到的结果相符合。但是有一个大的问题：它要求波函数突然坍缩。但物理学中没有一个公式能够描述这种坍缩，而且这种瞬时的突然坍缩与相对论也不相符合。尽管如此，长期以来物理学家们出于实用主义的考虑，还是接受了哥本哈根学派的诠释。付出的代价是：违反了薛定谔方程。这就难怪薛定谔一直耿耿于怀了。

哥本哈根诠释在很长一段时间里成了"正统的"、"标准的"诠释。但那只不死不活的猫却总是像《爱丽丝漫游奇境》里的柴郡猫一样在空中时隐时现，让物理学家们不得安宁。

正统诠释一再劝说人们：对于量子世界，不要相信我们的常识，而要相信我们直接看到的或者用实验设备准确测量到的，对于这一点我们是有把握的。如果不进行测量，我们就不知道盒子中发生了什么。所以盒子中的猫是死是活，正统派的物理学家并不在意，他们只关心测量，对于没有测量的猫处于迭加态中的哪一态，他们不感兴趣，而且认为讨论这个问题实在没有意义。

1936 年 3 月，薛定谔见到玻尔时又交流了关于量子力学的看法。后来薛定谔在给爱因斯坦的信中谈到这次谈话："玻尔对于劳厄和我，尤其是你，利用已知的佯谬来反驳量子力学的哥本哈根诠释，感到十分震惊……在他看来，哥本哈根诠释不仅在逻辑上无懈可击，并且在经验上已经被大量的实验所证实。他认为我们似乎在强迫大自然接受关于实在性的先入之见。"

1942 年，薛定谔（右）和爱丁顿在一起。

"薛定谔的猫"佯谬还有一个令正统诠释派感到困惑的地方：盒子里的猫是"什么时候"从又死又活的迭加态突然坍缩（或转变）为我们所知道的或死或活的状态呢？这是一个更严重的困惑和麻烦，甚至引起正统派内部的不同意见。

我们可以这样设想：在薛定谔的盒子里放一个摄像机，作为一种测量仪器，摄像机可以测量出猫什么时候是死是活，但在盒子没有打开之前，对于人来说，猫仍处于迭加态：又死又活。猫到底什么时候或死或活，仍然让人困惑。海森伯说：只有"观察者"（即人）才能够使得波函数坍缩，从而把猫从又死又活的迭加态中解放出来。这也就是说只有观察者的"上帝之眼"才能把一个"量子猫"变成"经典猫"。但玻尔则不同意海森伯"上帝之眼"的观点，他认为测量只需要经典仪器就行了，与观测者没有关系，经典仪器就足以解救这只量子猫，使它或死或活地成为经典猫。

海森伯和玻尔不同的意见，引出了更麻烦的问题：谁才有资格作为"观察者"呢？而且，玻尔这种必须考虑整个实验、波函数坍缩的方式取决于所有的实验设备的说法，似乎告诉我们，测量设备比我们要观察的东西更重要，因为被观察的东西仅仅在被观察的时候才是真实的。即使在 20 世纪 30

年代，许多物理学家也都认为这是不可思议的。

但哥本哈根诠释已经摇摇晃晃地存在了近 70 年。从 30 年代到 80 年代，大多数物理学家都同意这种诠释，因为它的确是可以用来预测实验的一个实用的工具。但在 80 年代以后，物理学家中有一些人对关于量子论究竟意味着什么的诠释，产生了越来越多的不满意。主要的问题仍然与薛定谔的猫（即波函数的坍缩）有关系。

量子力学的多世界诠释

1997 年 7 月，在英国剑桥大学牛顿研究所举行的量子计算会议上，有人曾对参加会议的人做过一次非正式的调查。调查的结果明确显示，主流的观点正在发生变化。在接受调查的 90 位物理学家中，只有 8 人保持哥本哈根正统诠释观点，有 30 人接受"多世界诠释"（many-world interpretation），还有 50 人选择的是"不赞同上述任何观点或者未拿定主意"。对此，美国物理学家惠勒（John Wheeler，1911—2008）在 2001 年 2 月号《科学美国人》（*Scientific American*）上发表的文章《量子之谜百年史》中写道："这次调查清楚地表明，该是更新量子力学教科书的时候了。……坍缩概念作为一种计算工具毫无疑问仍将有很大的用处，但是，如果再加一句提醒，说明它可能并不是一种违背薛定谔方程的基本过程，那就有助于精明的学生免遭长时间的摸不着头脑之苦。"

2013 年，中国物理学家孙昌璞更认为："从量子力学当代发展，特别是从后来建立起来的量子测量理论的观点看，哥本哈根诠释中被后人反复强调的两个观念——不确定性原理和互补原理，在可操作的层面上完全可以作为玻恩几率解释的推论。从这个意义上讲，二者不是物理上独立的观念，但可以视为对玻恩的解释的哲学提升，因此，'哥本哈根学派实质上不是一个物理学派，而是一个哲学学派'。"[1]

现在回到"多世界诠释"：它是量子力学中诸多诠释中的一种，它是惠勒的学生艾弗瑞特（Hugh Everett，1930—1982）在 1957 年提出的，开始物理学界反应极其冷淡，到了 80 年代以后才逐渐引起重视。

艾弗瑞特毕业于美国天主教大学（Catholic University of America）化学工

1　孙昌璞，"玻恩与量子革命的实践"，《科学文化评论》，第 10 卷第 1 期（2013），11 页。

程专业。20 世纪 50 年代，他改变了专业，到普林斯顿大学攻读理论物理博士学位，导师是著名的理论物理学家惠勒。惠勒是一位热情洋溢、好奇心极强而且"胆大包天"的物理学家，他手下出现了许多天才和勇敢无畏的学生，例如费曼、索恩（Kip S. Thorne）、贝肯斯坦（Jacob Bekenstein）、迈斯勒（Charles Misner）、普特南（Mildred Putnam）和艾弗瑞特，等等。他鼓励他的学生提出看似"疯狂"和"推向极致"的观点。

艾弗瑞特在这种强烈创新氛围中，开始了他辉煌的研究。经过对哥本哈根学派正统诠释做了充分的独立思考后，他逐渐形成了自己的观点。他认为正统诠释中波函数的坍缩是一种没有必要的观念，可以通过他的多世界诠释去掉。

1957 年，艾弗瑞特提出的"多世界诠释"似乎为人们带来了福音，虽然由于它太离奇，一开始没有人认真对待。英国物理学家格利宾（John Gribbin）认为，多世界诠释有许多优点，它可以代替哥本哈根诠释。我们下面简单介绍一下艾弗瑞特的多世界诠释。

在波函数的迭加态没有坍缩之前，在处于迭加态的观测者看来，每一个态都可以看成是一些备选的平行世界。以薛定谔的猫来说，艾弗瑞特指出两只猫都是真实的。有一只活猫，有一只死猫，但它们位于不同的世界中。问题并不在于盒子中的放射性原子是否衰变，而在于它既衰变又不衰变。当我们向盒子里看时，整个世界分裂成它自己的两个版本。这两个版本在其余的各个方面都是相同的。唯一的区别在于其中一个版本中，原子衰变了，猫死了；而在另一个版本中，原子没有衰变，猫还活着。

也就是说，上面说的"原子衰变了，猫死了，原子没有衰变，猫还活着"这两个世界将完全相互独立地平行演变下去，就像两个平行的世界一样。这听起来就像科幻小说，然而它是基于无懈可击的数学方程，基于量子力学朴实、自洽和符合逻辑的结果。

这个诠释的优点是：薛定谔方程始终成立，波函数从不坍缩，由此它简化了基本理论。它的问题是：设想过于离奇，付出的代价是这些平行的世界全都是同样真实的。这就难怪有人说："在科学史上，多世界诠释无疑是目前所提出的最大胆、最野心勃勃的理论。"

艾弗瑞特把以上观点写成了博士论文，惠勒对这篇论文很赞许，论文的预印本在 1956 年初已经在一些同行中传闻。1957 年 1 月，艾弗瑞特在北卡罗莱纳大学的一次物理学会议上宣读了他的这篇论文，不久后在 1957 年 7 月号《物理评论》上发表了论文的简介。惠勒在他写的自传《约翰·惠勒自传》（*Geon, black Holes and Quantum Foam: A Life in Physics*）中谈到了艾弗瑞特论文的出版。他写道：

美国理论物理学家约翰·惠勒，他身后的图形是他创造的"虫洞"的示意图。

> 当时在期刊中同时还有一篇论文，是由我的学生艾弗瑞特完成的相当艰深的文章。我也特地在那篇文章的篇幅之后，发表了一篇简短报告：《艾弗瑞特的"相对态"量子理论的建构之评估》（"Assessment of Everett's 'relative state' formulation of quantum theory"）。艾弗瑞特是一位独立、用功且知道自我鞭策的年轻人。当他带着论文草稿来给我看时，我即刻就意识到其深奥程度，也看出当时他正钻研某些非常基本的议题，然而他的草稿却几乎令人无法理解。当时我也知道如果连我也难以理解这篇论文，更遑论评议委员会中的其他学术成员。他们很可能会认为论文难以理解，甚至于根本就没有贡献。因此艾弗瑞特与我在我的研究室中度过不少漫漫长夜以修正其论文。即使如此，我还是认为这篇毕业论文需要和一篇姊妹作品同时发表。我的用意是要使其他的委员会成员更能消化理解这篇论文。

不幸的是，虽然有惠勒的推荐和简短介绍，但艾弗瑞特的新诠释公布之后，物理学界的反应还是出乎意料地冷淡，据说艾弗瑞特曾经到哥本哈根去会见玻尔，对人一贯热情、关爱和有宽容心的玻尔没有见他。正统派的物理学家几乎完全拒绝了多世界诠释，漠然置之。

艾弗瑞特遭到学术界如此冷漠的对待，大失所望，于是在获得了博士学位以后就决然离开了物理学界，进入美国五角大楼，成为武器系统评估小组的分析家。他的伟大天分没有贡献给量子力学，而是从事更为务实性的问题。

惠勒曾在艾弗瑞特的导游下愉快地参观五角大楼，那时惠勒才知道，艾弗瑞特几乎把那里的所有电脑程序都予以改写。再后来他又成为一名商人发了大财，成了千万富翁。

1968 年，惠勒的一个同事和量子引力理论的主要奠基人之一布赖斯·德威特（Bryce DeWitt）和他的学生格拉罕姆（N. Graham）写了一系列文章，介绍和发展了艾弗瑞特的多世界诠释，这才使得艾弗瑞特的理论重见天日。到了 20 世纪 80 年代，物理学家们对多世界诠释越来越重视，这使得艾弗瑞特有心重新返回物理学界，对量子力学中最基本的测量问题进行更深入的研究。可惜他是一个不爱运动的"老烟枪"，竟于 1982 年因心脏病而英年早逝。

格利宾在他 1995 年写的《寻找薛定谔的猫：量子物理和真实性》（*In Search of Schrödinger's Cat: The Starting-World of Quantum Physics Explained*）一书中写道："在量子的多世界中，我们通过参与而选择出自己的道路。在我们生活的这个世界里，没有隐变量，上帝不会掷骰子，一切都是真实的。"

按照格利宾所说，爱因斯坦如果还活着，他也许会同意并大大地赞扬这一个"没有隐变量，上帝不会掷骰子"的多世界理论。

我们也许记得，在 20 世纪 20 年代，有一位物理学家声称他有一个理论可以解决量子理论的基本问题时，玻尔说："你的理论的确美妙，但是还没有美妙到真实的程度。"格利宾现在认为，艾弗瑞特的理论"确实已经美妙到真实的程度，在寻找薛定谔的猫方面，这个理论可以给出一个合适的答案"。由此可见格利宾对艾弗瑞特的多世界诠释抱有多么大的信心。

但是，尽管艾弗瑞特的多世界诠释有非常吸引人的地方，但也存在几个

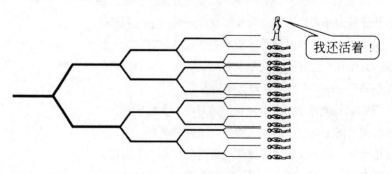

多世界诠释示意图（选自参考书目 36，88 页）。

问题。首先，如果这些分开的世界不能发生相互作用，那么非常清楚的是，没有任何办法能够检验艾弗瑞特的说法。其次，测量的问题虽然解决了，但是没有带来新的预言。因此这个理论看起来不能令人满意。甚至约翰·惠勒最后也总结说，艾弗瑞特的观点只能提供一些想法。这个理论的详细公式体系也有很大的问题。费曼担心，在这些不同的世界当中，应该有很多份我们自己的拷贝。我们的每一个拷贝都知道世界是怎么因我们而分裂的，因此我们就可以往前追溯我们的过去。当我们观察我们过去的行踪的时候，观察结果是不是和一个"置身事外的"观察者得到的结果一样"真实"呢？更进一步，虽然在我们观察自身之外的世界的时候，我们可能把自己当成"外面的"观察者，但是我们之外的世界包括别的观察者也在观察我们呀！我们会不会就以为我们看见的东西总是有一致的观察结果呢？就像费曼说的："可以有很多很多的推测，讨论这些东西并没有什么用处。"

约翰·贝尔同样对多世界诠释带来的后果表示担忧，他认为艾弗瑞特和德威特都把波函数分岔形成很多个宇宙的过程当成一个树形结构，"对于每一个分支，将来是不明确的，但是过去却是明确的"；某一具体的现在与某一具体的过去没有任何相关性，因此，我们这个世界就没有轨迹了。

物理学家们也都知道，还有许多技术上的难题等待他们去解决。但是正如格利宾所说：

> 我们要么不得不接受哥本哈根诠释，连同那幽灵般的现实的和半死半活的猫；要么接受艾弗瑞特的多世界诠释。当然，可以认为科学市场上"最好的家伙"都是不正确的；这两种选择都是错的。关于量子力学的现实，可能还有另一种解释，它能解决哥本哈根诠释和艾弗瑞特的诠释已经解决的所有问题……但是如果你认为这是一个轻松的选择，一条容易走出困境的路，那么你必须记住：任何这种"新的"解释都必须能够解释自从普朗克在黑暗中取得突破以来的所有成就；在解释万物方面，它必须与目前这两种理论一样好，或者更好。的确，守株待兔似地等待某人对我们的问题提出一个好的答案，这不是科学的态度。在没有更好的答案的情况下，我们就不得不正视目前能得到的最好答案。

因为同样的理由，很多物理学家对多世界诠释很有兴趣，并且抱有信心，其中包括著名的物理学家费曼、盖尔曼、霍金（Stephen Hawking，1942—　）

等人。

霍金是一个多世界理论的拥护者，1992 年 5 月他在剑桥凯斯学院做题为《我的立场》的演讲时说：

> 有一个称为薛定谔猫的著名理想实验。一只猫被置于一个密封的盒子中。有一杆枪瞄准着猫，如果一颗放射性核子衰变就开枪。发生此事的概率为百分之五十。（今天没人敢提这样的动议，哪怕仅仅是一个理想实验，但是在薛定谔时代，人们没听说过什么动物解放之类的话。）
>
> 如果人们开启盒子，就会发现该猫非死即生。但是在此之前，猫的量子态应是死猫状态和活猫状态的混合。有些科学哲学家觉得这很难接受。猫不能一半被杀死另一半没被杀死，他们断言，正如没人处于半怀孕状态一样。使他们为难的原因在于，他们隐含地利用了实在的一个经典概念，一个对象只能有一个单独的确定历史。量子力学的全部要点是，它对实在有不同的观点。根据这种观点，一个对象不仅有单独的历史，而且有所有可能的历史。在大多数情形下，具有特定历史的概率会和具有稍微不同历史的概率相抵消；但是在一定情形下，邻近历史的概率会相互加强。我们正是从这些相互加强的历史中的一个观察到该对象的历史。
>
> 在薛定谔猫的情形，存在两种被加强的历史。猫在一种历史中被杀死，在另一种中存活。两种可能性可在量子理论中共存。因为有些哲学家隐含地假定猫只能有一个历史，所以他们就陷入这个死结而无法自拔。（见参考书目，43，31 页。）

霍金的《时间简史》一书意料不到地畅销，加上霍金奇迹般地战胜死亡，还不断在科学研究上创造奇迹，因此各大媒体都把目光盯向了霍金，他出现在许多电视片上。其中最有意思的是 1993 年 1 月拍的《星际航行》系列剧中，他与爱因斯坦、牛顿和演员戴特（照片中背对摄影机的人）一起，打起了扑克牌，美国著名影星玛丽莲·梦露也坐在霍金的身边。爱因斯坦、牛顿和玛丽莲·梦露都是被通过科学幻想故事中的"时空隧道"唤回来的。

霍金是玛丽莲·梦露的"铁杆"影迷。在这部影片中霍金洋洋得意地说：

> 任何一个想得到的故事，在浩瀚的宇宙里都可以发生。其中肯定

《星际航行》中霍金与爱因斯坦、牛顿和玛丽莲·梦露一起打扑克牌。

有一个故事是，我和玛丽莲·梦露结了婚；也有另外一个故事，在那里克娄巴特拉[1]成了我的妻子。

然而，并没有发生这样的"艳遇"，霍金"遗憾"地说："这太遗憾了！不过，我赢了前辈们很多的钱。"

盖尔曼对于艾弗瑞特多世界诠释也很重视，在他1994年写的《夸克与美洲豹》一书中对它做了评论。他写道：

> 我们认为艾弗瑞特的工作有重要价值，但我们又相信还有很多的工作等待我们去干。像其他成果一样，艾弗瑞特对词汇的选择和后来一些人对他的工作的注释，造成了混乱。例如，他经常用"多世界"（many world）来进行解释，但我们相信，多世界的真正意思应该是"多种宇宙可选择的历史"。除此之外，这些多世界被认为是"完全相等的真实"，我们认为把它解释为"所有的历史从理论上看都是相同的，但它们有不同的概率"，这将更加明确而不会引起迷惑。使用我们建议的语言，讲的还是大家熟悉的概念，即一个给定的系统可以有不同的历史，每一种历史有它自己的概率；没有必要使人们心神不安地去接受具有相同真实性的多个"平行的宇宙"（parallel universes）。一位有名的非常精通量子力学的物理学家，他从艾弗瑞特的诠释中得出一个推论：接受这个理论的任何人将希望在俄罗斯轮盘机上进行豪赌，因为在某些"相同真实"的世

1　克娄巴特拉是埃及托勒密王朝末代女王，貌美，有强烈的权势欲望，一开始是恺撒的情妇，然后又与安东尼结婚。安东尼溃败后，又想勾引渥大维，未遂，以毒蛇自杀。

界里，玩赌局的人不仅活着，而且成了富翁。（见参考书目 42，138 页）

在盖尔曼的评论中，既肯定了艾弗瑞特的诠释，也提出了一些改进的意见。目前，许多物理学家认为多世界诠释的确是一个具有独创性和革命性的看法。我国量子哲学研究者和超光速通信研究专家高山（1971—　）认为：多世界诠释"否定了一个单独的经典世界的存在，而认为实在是一种包含有很多世界的实在，它的演化是严格决定论的"。

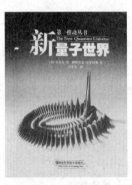

《新量子世界》中译本封面。这是近年来出版的一本比较好的介绍量子力学的科学普及书。

但是，多世界诠释仍然有许多重大问题无法解释，因此，物理学家们对待多世界诠释也不是都表示赞成或者放心，反对者也不乏其人。还有许多理论不断地在提出。这些对一般读者来说十分奇怪的理论，我们这儿就不能一一介绍了。我想，英国物理学家安东尼·黑（Anthony Hey）和沃尔特（Patrick Walter）在他们写的《新量子世界》（*The New Quantum Universe*）一书中说得好：

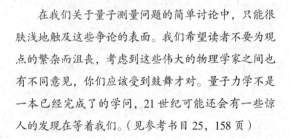

> 在我们关于量子测量问题的简单讨论中，只能很肤浅地触及这些争论的表面。我们希望读者不要为观点的繁杂而沮丧，考虑到这些伟大的物理学家之间也有不同意见，你们应该受到鼓舞才对。量子力学不是一本已经完成了的学问，21 世纪可能还会有一些惊人的发现在等着我们。（见参考书目 25，158 页）

总之，量子力学诞生后的第一个百年已经为我们解答了一大批形形色色的问题，还带来了许许多多强有力的技术，同时也提出了许多等待解决的新问题，这些问题涉及量子引力和实在性的终极本质，等等。如果历史能够为我们提供一些启示的话，21 世纪里激动人心的意外发现就应当层出不穷。

魔术大师：怪才费曼和费曼规则

康奈尔大学的波兰数学家马克·卡克（Mark Kac）说："世界上有两种天才，一种是'普通的'天才，一种是如魔术师般'神奇的'天才。只要你我再聪明几倍的话，就可以比得上普通的天才。他们的脑袋是怎么运作的，在我们看来没什么神秘之处。只要我们了解到他们怎么做的，我们就能确定自己也可以做得出来。而如魔术师般神奇的天才就不一样了，他们的心智就像数学上所说的正交互补（orthogonal complement）一样，跟我们的心智完全没有交集。他们的心思到底如何在运作，我们是无论如何也无法理解的。即使我们在了解他们做出来的成果之后，他们当初到底怎么做出来的，我们也完全无法了解。他们很少收学生，因为他们的心思是无法模仿的，而且一些聪明的年轻人要是试着去揣摩那些神奇的心智是怎么思考的，一定会感到很受挫折，就像要看穿魔术师怎样变戏法一样困难。而费曼可说是道行最高的魔术师。"

迷人的科学风采

里查德·费曼是美国著名的物理学家，1965 年"因为独立地建立了现代量子电动力学"获得诺贝尔物理学奖。

美国作家约翰·格里宾和玛丽·格里宾的《费曼的科学的一生》（*Richard Feynman: A Life of Science*）被我国江向东先生译成中文本时，将书名改译为《迷人的科学风采——费曼传》。直到看完这本书，我才真正认识到费曼的风采果然非同一般，非常迷人！费曼的"迷人"之处至少有以下几点：

首先，费曼的许多老朋友从费曼的众多吸引人的故事中认识到一个真理，那就是费曼常说的一句话："不要欺骗你自己，永远诚实。"

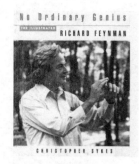

费曼的一本英文传记《非同一般的天才：费曼传》。

他曾经解释了什么是为真正的科学所具有而伪科学所不具有的东西。他说：

> 这就是科学上的诚实，一种绝对的科学思想原则……如果你正在做一个实验，就应该报告所有可能使之无效的事情，而不仅仅是那些你认为正确的事情；还要有其他能解释你的实验结果的因素；而且还有你所考虑过的已为其他某些实验所排除的东西，以及那些实验是怎样做的——总之要让别人相信它们确实被排除了。如果在你的解释中有某些能引起怀疑的细节，一定要说出来。也就是说，你一定要尽你的所能——只要你知道有什么确凿的或可能的错误，都要解释它。比如，如果你提出一种理论，大肆宣传它或是发表它，那么你一定要像记下所有与它相符的事实那样，把与它不一致的事实也记录下来。

但是要做到这样完全诚实并非易事。读者也许知道，曾经获得过 1923 年诺贝尔物理学奖的密立根在用悬浮的油滴测量电子的电量时，他把所有符合他设想的数据公布出来，而隐瞒了那些"不理想"的数据。结果他以绝对的优势战胜了反对他的科学家。这种不诚实的态度，虽然让他取胜了，但是，不仅让人感觉不到有任何迷人之处，反而让人感到厌恶。后来，在与康普顿为宇宙射线的本质进行争论的时候，他又故技重演，结果大丢其脸，让众多的科学家和非科学家感到愤怒。

即使是诚实的科学家，也往往会下意识地忽略那些不理想的实验证据。但是，费曼从不欺骗自己。这可以说是他最迷人之处。任何与他接触的人，都会迅速感到费曼这个迷人的优点。例如，在调查发生于 1986 年 1 月 28 日的航天飞机"挑战号"的灾难性事故时，费曼被挑选出来作为调查者。一位将军几乎一接触到他，就立即被他的风采迷住了。为什么呢？这位将军说，费曼有三点让人十分欣赏：一是惊人的智力；二是正直；三是他有弄清任何秘密的迫切愿望。他特别强调："他是一个有勇气的家伙，而且他不怕说出他的真意。"

其次，心怀坦荡和从不为优先权而斤斤计较，这是费曼又一个风采迷人之处。

在1957年前后，他以路径积分（path integral）的方法为基础得出：弱相互作用的理论并不是非常有效。虽然这一发现还有待完善，但却是一个非常重要的发现。但是，费曼只用5分钟时间在一次会议上介绍了他的发现，然后说："我去巴西度暑假去了！"大概没有人会像他这么做的。他取得了一个重要的突破，不是把它写下来准备发表，而是去了巴西！约翰·格里宾和玛丽·格里宾说："费曼从不为优先权或是被其他科学家超越而担心。"

通常，他从不为发表自己的研究成果而费心。有一次，英国天文和宇宙学家霍伊尔爵士（Sir Fred Hoyle，1915—2001）在加州理工学院做报告，提出类星体可能是超大质量恒星。费曼并不是这方面的专家，至少没有人知道他在这方面有任何研究，但是他却站起来说："不对，那是不可能的。这样的恒星是不稳定的。"

费曼的话让霍伊尔十分狼狈，也让与会者们大吃一惊：怎么半路杀出了一个程咬金！实际上，费曼早在好几年前就对超大质量的恒星的稳定性做过彻底的研究，但他主要是为了一种精神上的享受。如果换了别人，就会以此为豪，并立即写成文章发表。但费曼却从没告诉过别人，也没有为它的发表而费神。这件逸事一直为天文学家们津津乐道。这样的事还有很多，不能一一列举。难怪约翰·格里宾和玛丽·格里宾说："高超的物理才能加上对发表的漠不关心，这两点使得费曼的名声远远超出他所在的领域。"

他所看重的是他自己在解决问题的过程中的那种愉快，而不介意是否有别人捷足先登。但是，也不能把费曼过分理想化。在费曼还没有成名之前，他仍然需要捍卫自己的成就、争取获得自己的名声，这时费曼有时也表现得非常"好斗"和"小心眼"，这从下面他与施温格（Julian Schwinger，1918—1994）之间的竞争就可以看得出来。我想，任何一位科学家都会这样。但是，费曼绝对不会用不诚实的办法为自己攫取不应该得到的名声。到了他获得诺贝尔奖之后，他的雍容大度，就不是任何科学家能够做到的了。

当阿琳去世后，费曼陷入极度痛苦之中。

再次，费曼风采迷人之处在于他永远乐观、永远幽默。

生活并不会总是一帆风顺，不会总是有鲜花和赞誉；也有风雪和泥泞的天气，也有痛苦和绝望的时刻。费曼也同样如此。1946 年也许是费曼最痛苦的一年，这年他刚从紧张的战争岁月摆脱出来，却又失去了他心爱的妻子阿琳（Arline Greenbaum）。他开始担心自己已经筋疲力尽了；接着他的父亲又突然中风去世。在极度的痛苦中，他只好写信给已经去世的妻子阿琳。在信中他向阿琳诉说自己生活中没有她是多么空虚。在信的末尾加了一句令人心碎的"又及"："请原谅我没有发出这封信，因为我不知道您的新地址。"

你看，在这么痛苦的时候，他还能幽默地化解自己的痛苦！难怪他的导师汉斯·贝特（Hans Bethe，1967 年获得诺贝尔物理学奖）曾经说："郁闷的费曼比别人在如意的时候还要快乐一点。"

有一次，他跌了一跤，头撞在建筑物上。几个星期以后，医生检查发现他颅骨内的缓慢出血已经导致压力增加而影响了他的大脑。必须在他的颅骨上钻两个洞，让液体流出来。手术完了以后，他颇有兴致地对朋友们说："摸摸这儿，我的头上还真有两个洞呢！"

他患癌症开过几次刀，后来只剩下一个肾，而且这剩下来的一个肾也开始有问题。于是他开始读有关肾的医学书籍。他对朋友说："肾如何工作，以及与肾有关的每一件事情，都非常有趣。……这倒霉的肾简直是世界上最有趣的东西！"

最令人惊讶的事发生在他第二次开刀三个月以后。那年加州理工学院要公演一位学生创作的音乐剧《南太平洋》（South Pacific），需要一个人为塔希提岛人风格的舞蹈伴奏鼓乐。费曼以前是这方面的高手，这次人们都以为他不会上台敲鼓了。但是他却又一次让人们大吃一惊：公演的那天晚上，费曼戴上了高高的羽毛头饰，穿上长披肩的酋长服装上了场。虚弱的费曼在大部分演出中只能躺着，到了他演的角色该上场的时候他才起来。可是观众看到的他，却似乎是完全康复了的他。

在痛苦的时刻尚且如此，可以想见在平时，费曼会是何等快乐和幽默的人。他几乎总是有机会让人们为他的幽默而捧腹大笑。他的好友、物理学家戴森曾经说："他做任何报告没有人不笑的。"

这方面的故事太多，读者可以在费曼自己写的《爱开玩笑的科学家——费曼》（*Surely You Are Joking, Mr. Feynman*）一书中找到非常多的故事，所以这儿就不再举例了。

第四，费曼的迷人之处还在于他能平等待人，和甘当小学生的精神。像费曼这样的知名教授和世界性的权威，任何人想必会料到：想见到他恐怕很困难吧？我们平时也真见到过许多脸色严峻、拒人于门外的教授，唯恐别人小瞧了他一样，架子可大着呢！但是费曼的学生却没有这样的顾虑。因为费曼对他的秘书海伦·塔克下了一个无条件的命令："只要是想见我的学生，我都可以见。"

的确，只要费曼在办公室里，学生要找他不会受到任何限制，而且基本上都是单独的交谈。如果他正忙着的话，他就会大声说："我正忙着呢，走开！"不过熟知他的性格的人都不会为此见怪，只要他忙完了，他马上就会让你见他。

出门在外，不认识费曼的人，谁也不会知道他是一个大教授。他可以与任何人交谈，绝不会摆大教授的臭架子。有一次他和一位同事穿过科珀峡谷（Copper Canyon），在一个非常偏僻的雅拉穆丽人（Raramuri）的村落里，他用他那刚刚学会的土语，与一位雅拉穆丽人在火堆旁谈了几个小时，彼此还交换了小礼物，并互道了姓名。那位同行的同事感慨地说："他有一种天赋，无论在什么样的环境下都可以同人交往。……我认为这说明了他是以一种坦率而朴素的方式待人接物的。"

这种说法恐怕还不够准确，应该说费曼具有一种平等待人的美德。有一个感人的故事最能说明问题。有一次，一个费曼常去的酒吧被警察搜查了。这是一个要经过法院解决的大案。为了证明酒吧中没有发生任何淫荡的事情，酒吧的老板希望所有的老主顾能出庭做证。据说，所有的老主顾都找到自己不能出庭的借口，只有费曼一人例外，出庭做了证。结果这位老板没事，免了官司。老板对费曼教授感谢不尽。在生活中，在科学研究中，费曼有一个原则：只要他认为自己对，他不会在乎别人怎么想。费曼有一句名言："干吗在乎别人怎么想。"他还写过一本书，书名就是《干吗在乎别人怎么想》。

他的平等待人还体现在他能甘当小学生。50 年代末，他对 DNA 有了兴趣，他就利用休年假的机会，到生物系做教学助理。他教生物系一年级学生的生物课，学生都不知道费曼是谁。后来，他被学生评为他们所遇到过的"最好的助教"。费曼高兴地说："我由于在所有助教中得到最高分而受到大肆宣传。即使是在生物学而不是我自己的领域中，我都能清楚地阐明事理，我为此而相当自豪。"

大楼上的横幅，上面写着"WIN BIG, RF"。看横幅的人是谁？好像是费曼。

你看，我们生活中你能找到这样的权威教授吗？这就难怪当费曼获得诺贝尔奖的时候，学生们在学校一座大楼上悬挂一个大的横幅，上面用大的字体写着："WIN BIG, RF."（里查德·菲利普斯·费曼赢得大奖。）

最后，还有一点十分让人着迷的是他永远寻找最艰难的道路走，而不愿在"薄木板上钻孔"（爱因斯坦语）。他在接触任何难度较大的学习科目时，总是要用自己的理解来学习和研究。最让人感到意外，甚至让人不能理解的是，在学习量子力学的时候，他认为已经建立的模式并不能让人满意，因此他竟然从自己理解的方式出发进行学习和研究。结果他出人意料地建立了一种所谓"路径积分"的方法，重建了量子力学，让几乎所有的物理学家大开眼界：原来量子力学竟然可以有另一种表述方式！（下面还会比较详细地谈到。）这使我想起了俄国诗人莱蒙托夫的一句话：

不安定的他却在寻找风暴，仿佛在风暴中他才有安宁！

费曼正是这样一位在风暴中寻找安宁的科学大师。这也正是他的风采又一迷人之处。我想，也许正是以上几方面的原因，使贝特感慨地说："费曼受

到他的同事和学生的爱戴，比其他科
学家都多。"

　　最令人感动的是，费曼逝世的当
天，加州理工学院的大学生们在学校
11 层高的图书馆大楼上悬挂了一条布
幅，上面写着："迪克，我们爱你！"
（迪克是费曼名字里查德的昵称。）

　　能享受到这种自发的爱戴的费曼，
能够不迷人吗？

　　通过以上简介，想必大致可以让
我们了解费曼是何许人了吧。了解了费
曼其人，我们才能了解他的贡献如何获
得。费曼主要的贡献是在量子电动力学
（QED）方面。但是 QED 非常难懂，所
以我们只能尽可能通俗地介绍，让读者
大致知道费曼到底做了一些什么。

费曼去世的当天，加州理工学院的大学生
们在图书馆最顶上悬挂一条布幅，上面写
着：We Love You Dick。

另辟途径

　　费曼与前面提到的一些在量子力学领域做出贡献的物理学家，如普朗
克、爱因斯坦、玻尔、海森伯、泡利、狄拉克、薛定谔等巨匠比较起来，只
能算第二代量子力学物理学家。

　　到了 20 世纪 50 年代第二次世界大战以后，量子力学在已经取得了巨
大成功的时候，却陷入了越来越严重的困境。其中最大的困境就是某些物
理量例如电子的质量和电量，在连续迭加时本来应该趋近于零才对，但是
它们却发散趋向无穷大。也就是说，量子力学所预测的量在第一阶近似时
还不错，但是接下来就成了无穷大！当你越是要算得精确时，得到的量就越
是不正确。物理学家都不知道应该如何处理。著名的物理学家韦斯可夫甚至
悲哀地说："基本粒子的理论毫无进展。大家都很努力，可是徒劳无功。尤
其是第二次世界大战以后，每个人都好像是在拿自己已经很头疼的脑袋去
不断地撞墙。"还有一位物理学家说，量子电动力学正在逐步"瓦解"。费曼

在普林斯顿当研究生时，就一直想克服无穷大问题。

大部分物理学家都认为他们面临的困难主要在于数学方面。量子电动力学所需要的数学越来越艰深，深得连物理学家都无法掌握。但是，仍然有很多物理学家不畏艰难向越来越难的数学架构发起挑战。这期间，有一个隐藏着的障碍却逃过了绝大部分物理学家的注意，可以说是只有极少数物理学家注意到了这个障碍，而其中最杰出的是费曼。

这个障碍就是 QED 的概念越来越抽象，没有办法转化成图像。从前面讲述量子力学发展的历史，每一位读者都可以看出：量子力学的许多大师都曾"骄傲地"宣称：物理学中经典的直觉已经悄然退出我们的视线。例如，玻尔在诺贝尔奖授奖演说时就说：

> 我们必须要虚怀若谷，虽然以前我们习惯了要有图像，但在碰到一些正式的观念无法像过去一样用图像的方法来解说时，我们也要知足……

海森伯在 1926 年曾对泡利说："我越想到薛定谔方程的物理部分，就越觉得不痛快。只要想想看，一个旋转电子的电量分布在整个空间，而旋转的轴存在于四维甚至五维的空间中。薛定谔还说他的理论多么容易转化成图像……我觉得那些都是废话。"

物理学家，或者说大部分物理学家已经不再指望用直觉、图像来解说粒子世界的问题。以前那些被麦克斯韦等经典物理学家使用过的丰富而有启发意义的直观比喻，对量子物理学家来说都早已"过时"了。

在诺贝尔奖颁奖典礼晚宴上，费曼坐在瑞典国王儿媳希贝拉身边。在如此庄严肃穆的典礼上，费曼仍然悠然自得和幽默宜人。

费曼却对这种"去图像化"的趋势大为不满，也很不以为然。在詹姆斯·格雷克（James Gleick）写的《费曼传——1000 年才出一个的科学鬼才》（*Genius: The Life and Science of Richard*

Feynman，参考书目 23）一书中，费曼在接受一位历史学家施韦伯（Silvan S. Schweber）访问时强调说："图像化——不断地图像化才行。"费曼解释说：

> 我一直在做的就是找到明确的图像，而这个所谓的明确，其实是一种半估算半推想出来的图像玩意儿。我谈到路径时，可以看得到它在轻微摇晃或扭动。像现在我在讲"影响函数"（influence functional），我可以看到它们互相作用，然后我把它转一下，好像那里有一袋什么东西一样，然后把它取出，再推一下。这些都是用心的眼睛在看，实在很难解释。

施韦伯问道："所以，你可以看得见答案……"

> ——当然，答案的特性。我猜那是一种灵感式的图像。通常我会试着让这图像更明确，但是到后来，数学就接管过去了，而且数学在表达这些图像观念时也比较有效。
>
> 以前做一些特殊问题的时候，我必须不断地把图像的观念发展到数学可以接手的程度。

费曼有一次告诉学生说：

> 当我要描述磁场在空间通过时，我会提到电场和磁场，通常用 E 和 B 表示。我的手臂在空中挥舞，你们就以为我看见这些场了。我告诉你们我看到的是什么。我看到一些模模糊糊、隐隐约约、左右晃动的线……有的线上面似乎还有箭头，而且这些箭头此起彼落，待我靠近去看时又消失了……代表观念的符号，还有观念本身，虽是两回事，我简直把它们都混淆在一起了。

费曼正是利用图像化的方法，走了一条与众不同的研究道路，并且在 1947 年石破天惊地提出了"路径积分"的新观点、新方法，并且用来重新审视量子电动力学。开始，费曼的方法受到上一代物理学大师几乎是全体的反对，但是没有多久他就大获全胜。我们下面简单介绍一下路径积分。

读者想必都会知道著名的"双缝干涉实验"，从这个实验出发，我们来看在量子电动力学中费曼如何应用路径积分的方法。

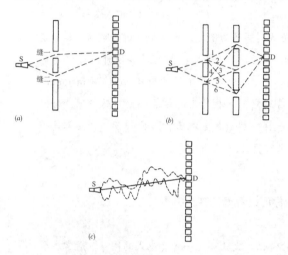

在双缝干涉实验中最重要的一点是，实验中沿某一路径经过缝到达检测屏的波，与沿另一路径的波的位相有各种各样的情形。彼此同步传播的波称为同相，如果两个波的强度相同且同相，它们就会叠加成一个两倍强的波。如果两个波强度相同但反相，也就是它们恰好异步，那它们就会互相抵

图（15-1）双缝实验示意图。图中小方块 □ 代表位相相同叠加（即产生亮条纹）的地方。

消掉。这种波的叠加与相消就会在双缝实验的屏上产生亮和暗的条纹图案。也有处于中间的情况：两个波既不同相又不完全反相，此时它们只是部分地抵消。

对以上情况，用量子力学的描述时，光可以是电子或别的什么微观客体，它们的轨迹由量子几率来决定。而量子几率是由薛定谔方程来描述的，其行为恰恰像波一样。位相非常重要，它决定了两个几率是相互叠加，而产生一条电子非常可能沿着它运动的特定路径；还是两个几率相互抵消，以确保电子不走这条路。

假定我们要计算电子从电子源（S）到达探测屏上某一个点（D）的几率（图 15-1 中的 [a] 项）。[1] 为了算出观测到的干涉图案，我们必须把通过路径 1 和 2 的几率幅（probability amplitude）加在一起：

$$a = a_1 + a_2$$

这样就得到了总的量子振幅 a。那么，电子到达任何一点的几率根据量

1　此图借用《新量子世界》（"参考书目"第 25 条）第 26 页图 2.8。特此表示感谢！

子力学计算步骤就是振幅的平方：

$$p = (\ a_1 + a_2\ )^2$$

　　现在我们把实验设计得稍微复杂一点，看看会出现什么样的情况。我们在实验中引入第二块屏，屏上有 3 条狭缝，见图（15-1 中的 [b] 项）。现在从 S 到 D 有了 6 条可能的路径了，并且，根据量子力学的定理，我们必须把所有这些路径的几率振幅加在一起来得到总的几率幅。

$$a = a_1 + a_2 + a_3 + a_4 + a_5 + a_6 \quad（总几率幅等于每条可能路径几率幅的和）$$

　　总几率幅的平方就是电子打到 D 的总几率。如果我们在电子源和探测屏之间插入更多的屏，每块屏上有更多的狭缝，会发生什么情况呢？为了得到总几率幅，我们必须把所有更多的可能路径的几率幅全部加起来。我们继续插入屏障，最后我们会在S 和 D 之间插满了屏。如果我们在每一块屏障上刻上越来越多

20 世纪 40 年代，费曼在康奈尔大学讲课。

的缝，最后的效果是，我们插入的屏幕都不见了。根据这一思路，在中间没有任何屏幕和狭缝的时候，费曼发现，电子从 S 走到 D 的总几率幅就是 S 与 D 之间所有可能路径的几率幅的求和。在（图 15-1 中的 [c] 项）中我们画了两条这样的可能"量子路径"，以及在没有中间屏幕的情况下，一颗子弹从 S 到 D 的直线轨迹。经典物理中，只有这一条可能的路径——直线 SD；而在量子物理学中，我们必须考虑 S 与 D 之间的所有可能路径，并把它们加起来（路径积分），这样才能计算出电子到达屏幕的正确几率。

　　大致上路径积分就这么回事，也只能讲到这个程度。如果读者还想深入了解，可以看费曼写的《QED：光和物质的奇异理论》（*QED: The Strange Theory of Light and Matter*）。[1]

　　几率幅的观念通常是指一个粒子在某一个时间到达某一地点的可能性，费曼则把几率幅的观念跟"粒子的整个运动"拉上关系，也就是跟路径拉上

1　这本书有张钟静的中译本《QED：光和物质的奇异理论》，商务印书馆，1996。

关系。他把量子力学的中心原则做了如下叙述：一个事件可以有多种发生的方式，其发生的概率是它的各种发生方式的一个一个几率幅加起来再平方。

更加奇妙的是在这一思索过程中，费曼没有忘记他喜爱的理解大自然的图像化方式。在构造路径积分的同时，费曼必然要考虑粒子行走的路径，这就势必要形象地思考粒子在时空中经历的过程，这与玻尔、海森伯尽量避免提到路径完全不一样。最后，这样的思考导致他创建了一套所谓的"费曼规则"来绘制"费曼图"（Feynman Diagram）。费曼的好友戴森是最早看出费曼图价值的人。他说："费曼的做法很直接、具有原创性、合乎直觉……最大的优点就是好用。"十分复杂、有时需要几个月计算的数学计算，只需要画一个图就可以说明了，即费曼所说"用图来表达一个物理过程"。

现在简单地介绍一下费曼图。

奇妙的费曼图

由路径积分可以把我们带到了著名的费曼图上。最开始费曼图是表示光子和电子之间相互作用的时空图。（这正是路径积分所要求的。）

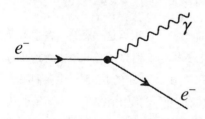

图（15-2）电子辐射一个光子后继续前进。

在费曼图中粒子是用线来表示的，而粒子间的相互作用是用这些线的交点来表示的。这样的相互作用点称为顶点。一个简单的例子是电子与光子的相互作用（光被电子辐射），用费曼图的语言，这个相互作用以非常简单的方式表示出来，在（图15-2），用一根带箭头的线表示电子的运动，它抛出一个光子（波浪线表示光子的运动）后继续前行。图中箭头在这儿表示的是（负）电荷流动的方向。

我们还应该知道两点。第一，曲线不只是表示一条路径，而是表示所有可能的路径之和——路径积分；第二，在费曼图的不同线的交叉点处，所发生的事情由量子电动力学的法则精确地决定。每一种交叉点，即每个顶点，各自代表不同的相互作用，有它自己准确的含义和一套描述其进行过程的方程。

人们对于电子与光的相互作用早就有了很好的了解，因而关于这个图的物理过程我们具有精确定量的理解。然而，必须明白这个简单的图可以应用于许多种情况；区别只是初始的和终了的可能组态。对于量子力学这是很典型的：确定初态和末态，理论就可以给出这种过程发生几率的计算。

于是，实际上每个图还必须辅之以对初末态的详尽说明。例如，开始时电子可以在原子的较高的轨道，[1] 然后掉到较低能态，即较低的轨道，并放出一个光子。

从这个图中我们可以得到一个重要的知识，就是粒子可以在相互作用中产生。起初光子并不在那儿，一段时间之后，它出现了。当一个光子撞到眼睛上时，相反的过程发生了：这个光子被电子吸收，导致了神经的激发。出现的是相应的过程，如（图15-3）所示。

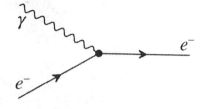

图（15-3）电子吸收一个光子后继续前进。

区别在于，这儿光子是进来的，而不是出去的。我们把光子线转换一下，也就是说把出去的线移动成进来的。这种"交叉变换"是费曼图的一个重要特性。当把一条线从入换到出，或反过来把出换成入，则对应于另一种可能过程的一个新图就产生了。1988年1月，费曼强调说：

> 这些图试图代表物理过程和用于描述它们的数学表达式。每个图代表一种数学表达式。数学量对应着时空点。我能看到电子往前走，在某点被散射，接着又走到另一点，在那儿被散射，发射一个光子，而光子又从那儿走到另一处。对于所有发生的过程，我能制作出一幅幅小小的图像。它们是包含数学关系的物理图像。这些图像是在我的头脑中逐渐形成的……它们成了我试图用物理和数学描述各种过程的一种速记……我意识到，在《物理评论》中见到这些看来很滑稽的图像会是多么可笑。

这些图最重要的特点之一是费曼图使QED中出现的无穷大的本质变得清楚了（至少对数学家是如此），而且戴森证明了这样一点：在费曼图描述

1　电子可以通过原子间或电子间的碰撞或吸收光子跳到高轨道。

的相互作用中出现的无穷大，往往是通过重整化（normalization）消除的。这个戏剧性的结果，在鼓励其他物理学家认识费曼方法的价值上起了很大作用。如今，用来衡量粒子物理中的某个新思想是否值得继续进行的一个主要判据，就是看这个理论是否能重整化，也就是看它是否能用费曼图来描述。如果不能，那它立即就会被排除。

费曼的"看来滑稽的图像"变得如此重要，有两个原因：一是由于它们确实体现了所有复杂的数学规则，二是由于它们对所发生的事情给出了一种直接而实用的

费曼在他的旅行车上画上许多费曼图，别具一格。

见解。为了充分使用它们（从中计算出数值来和实验结果比较），你需要懂得数学；但是如果你只想了解发生了什么事，像我们大多数读者一样，那有这些图就够了。在描述如何在相当高的精度下计算出电子的磁矩时，我们所要涉及的全部东西也仅此而已。有了这些图所显示的物理见解，费曼图甚至可以给出一个复杂得难以计算的过程的图像。不过，要想细究它的明确的物理意义，就得靠一个专业数学家从施温格长达几页纸的方程中推导出来。对数学家来说，物理学的这种"带给大众的计算法"（施温格如此说）也许没有任何价值，但是对于物理学家来说，就大不一样了。

出师不利

1947 年，费曼在朋友和同事的多番劝说下，终于同意把自己的想法写成文章投给《物理评论》。平时费曼总是对朋友们用他的费曼图解释他的理论，但是真到了写文章的时候，他还是有一些不放心自己的"小发明"，因此完全没有用到图形。这篇文章对他原来的博士论文做了更加深入的讨论，与以前相比较，费曼对于 QED 中的一些问题，在深度和广度两个方面都有了更清楚的认识。有人评价说费曼的这篇文章对后代物理学家来说，是费曼所有发表过的文章中最有影响力的一篇。

但是费曼没有想到的是，《物理评论》退回了他的稿子。费曼非常失望。幸亏这时贝特帮他重新把文章整理一次，教他如何让读者分辨出哪些是原有的观念，哪些是新的看法。修改完了以后投到另一本杂志《现代物理评论》（*Reviews of Modern Physics*）。到底还是有老手指点的缘故，费曼的这篇稿子在第二年春天就登出来了，文章的名字改为《非相对论性量子力学的时空处理方法》（Space-time Approach to non-relativistic Quantum Mechanics）。

费曼在文章中很坦白地承认说，如果从量子力学的数学架构来看，他的文章的确并没有什么新意，但是他也很清楚地知道这篇文章的价值在哪里，他说："能够从一个新观点来看旧的东西，是一件很愉快的事。而且对某些问题来说，这个新观点更优越，更有利于解答疑惑。"

开始，这篇文章很少有人注意，文章里没有很复杂的数学。如果有心的人注意阅读这篇文章，会领略到观点的某些改变，尤其是建立在经典力学上的物理直觉，给人带来一股新鲜空气。但是，当时几乎没有人立即看出费曼新观点的强大生命力。

只有一位波兰数学家卡克倒是看出了费曼理论的价值。卡克在康奈尔大学听到费曼解释路径积分时，他立即领悟到路径积分这一观念与几率理论中的问题有相通之处。听过费曼的演讲后没几天，卡克就发明了一种新的方程式，把几率和量子力学连接起来，成为以后 QED 里不可或缺的数学工具。这个方程式后来就叫作"费曼-卡克公式"（Feynman-Kac Formula），卡克后来觉得他事业中最有名的成就就是"当了 F-K 中的那个 K"。

大多数读者看到费曼文章里的路径积分觉得十分惊讶。因为路径积分给人一种印象，好像整个宇宙里所有几率都被考虑到，所有可能情况在结果出现时都可以感觉得到。而且，费曼的路径积分概念有点像一组不太严格的工具，整个看起来比较松散。他的一些观念和方法，似乎还没有来得及经过谨慎的整理。有很多结果是靠猜测得到的，而且好像是为了达到目的才凑出来的，他自己也说："我的一些东西有一半来自经验的臆度。"费曼在讲给别人听时自己都觉得有点勉强，更甭说证明自己的想法了，连最有耐心听他解释的贝特和戴森都不一定完全明白他在说什么。有一次费曼对戴森说起他的想法：

电子可以说是为所欲为，只要它喜欢，它可以用任何速度向任何

方向行动，甚至在过去未来之间来去自如。然后，我们只要把所有的
几率幅加起来就得到波动函数。

戴森大笑，说他简直是想电子想疯了。

美国理论物理学家施温格，1965 年与费曼
同时获得诺贝尔物理学奖。

对费曼十分不利的是，就在 QED 处境十分艰难的时候，哈佛大学的理论物理学家施温格用非常复杂的数学，逐渐解开了 QED 中的一些谜团，引起了物理学界的高度重视，人们都把目光投向了与费曼同年出生的施温格。这让费曼感受到了巨大的压力。有一次费曼对女友用一些刻薄的评语提到施温格。他的女友由他的话里发现费曼心中的失望，有一些不解地对他说："你下了那么多功夫研究的东西被人家偷走了，我也觉得很遗憾。我知道你心里一定很不痛快，可是，亲爱的，如果没有竞争，人生还有什么意思呢？"

她很纳闷，为什么费曼不能跟他的对手合作，把两个人的想法整合起来呢？她不是科学家，不大懂得科学家之间的竞争有时是多么残酷和不讲情面。

1948 年 1 月，美国物理学会在纽约举行年会，施温格在会中是众人瞩目的明星。虽然施温格的计算不能算是完成了，但他已经取得了很大的成就。施温格具有极大的魅力，听他演讲的物理学家把整个会场挤得水泄不通。很多物理学家只好站在走廊上，听那一阵阵的鼓掌声；偶尔听见施温格说："很显然……"他们也不知道为什么很显然，不免尴尬和不满意。

应很多人的要求，那天下午又临时安排施温格到哥伦比亚大学的麦克米林剧院（McMillin Theater）再讲一次。戴森去听了下午那一场，奥本海默坐在前排，手上仍然拿着从来不离手的烟斗，神态自若、心情欣慰。显然他十分满意施温格的成就。

在演讲后的发问时间里，费曼站起来说："我也得到同样的结果，并可提供一些小修正。"不过话一出口，他就觉得十分没有意思，好像自己是一

个喜欢炫耀的小孩子，抢着说："爸爸，我也会做！"费曼当时心中深沉的、几乎是敌对的竞争心态，在场的人中可能还没有人能够体察到。

1948 年的美国物理学协会的设尔特岛会议（Shelter Island Conference）在 3 月 30 日开幕，费曼迫切希望在这次会议上能够让大家了解自己的发现多么重要，绝对超过施温格复杂数学计算！

这批人在一座斑驳的绿色钟塔下的大厅里开会，屋外是一个高尔夫球场，远处是绵延 50 英里的树林。出席会议的人中有 26 位重量级大人物，其中有以前在洛斯阿洛莫斯认识的玻尔、狄拉克和费米，后两人的理论是他唯一学习过的旧量子理论，现在这三个人正坐在他的面前；他的老师惠勒和贝特也在场；奥本海默也在，他曾经领导制造了原子弹；特勒也在，他就要制造出氢弹了。这么多巨头都来了，费曼心中又高兴又紧张，还有几分担心。

第二天早上的会议轮到施温格上台。他一开始就强调，这是他首度提出了一套完整 QED 理论，而且它合乎两个不变性的双重条件："相对论不变性"

1947 年 7 月设尔特岛会议空闲时，费曼正在向大家讲着什么。后面站立者是惠勒；坐者左起为派斯、费曼，蹲着的是施温格。

（relativistic invariance）和"规范不变性"（gauge invariance）。施温格引入了一个相当艰难的新概念，然后应用它来进行计算。尽管这群"显赫"的听众听得一头雾水，但他们可不像施温格常碰到的其他听众那么好糊弄，施温格飞快的思绪一再被打断。玻尔插进来发问，施温格很不高兴，遂打断玻尔的问题，然后继续讲下去，并保证所有问题到后来都会自然澄清。贝特注意到这种严格的数学让大家都闭嘴了。他一直讲到下午。听众席上的费米左右看看其他显赫的同行，发现他们一个接一个都开始精神不集中了，心中颇为自豪，他以为只有他和贝特两个人能够一直跟上施温格的思路。费曼以为施温格的演讲虽然精彩，但是听众并不喜欢。其实费曼错了，所有的人，尤其重要的是连奥本海默都对施温格的演讲有深刻的印象。

施温格终于讲完了，接下来轮到费曼上台，他显得有点焦虑不安。费曼原先打算尽量多讲些物理的观念，由于贝特先前的警告，费曼便把准备好的演讲方式改了过来，先解释他的路径积分。大家对路径积分这个概念十分陌生，当他又说正电子可以回到过去，大家更是瞠目以对。费曼方法的重点在于把未来和过去都一起看，而且可以在时间方面自由来去。听众完全不了解他想表达的观念。费曼发明了新的量子力学，却几乎没有读过什么旧的量子力学。费曼指着写下来的几个方程式说："我现在就要解释，从这个数学架构可以得到量子力学的所有结果。"

施温格是第一次聆听费曼讲自己的理论，他觉得费曼的东西很难理解，给出的只是一些半猜测半直觉拼凑起来的想法。特勒逮住了"正电子可以回到过去"的观念，说这跟泡利不相容原理有抵触，坚持说费曼的证明不够严格。费曼这才如梦初醒，觉醒到每个人都有一个特别钟爱的原理或原则，而他的新点子跟这些全都不符合。要他们放弃他们特别钟爱的原理或原则，谈何容易！

一字千金的狄拉克问："它是公正的吗？"费曼根本不知道他指的是什么。

最后费曼在黑板上画下费曼图——粒子的轨迹图，想要解释如何把不同路径的振幅加起来，玻尔立即站起来说话了："难道您忘了这20年来量子力学的中心课题了吗？这种轨迹图很显然违反了测不准原理。"

玻尔站到黑板前，做手势要费曼过来，然后开始解释。随着玻尔不断地讲解，费曼终于非常痛苦地明白，这次他的演讲完全失败了。后来他说："我想表达的东西太庞杂了，我的理论像是来自遥远的天边。"

　　会议编了一本《会议记录》，它成了年轻的物理学家们学习施温格的新量子电动力学的唯一入门参考资料，大家趋之若鹜。《记录》中只有几页讲到费曼，简单地提到他的"另外一种数学架构"和新奇的费曼图形。

　　奥本海默是美国量子力学的奠基人，又领导了研制原子弹的曼哈顿工程，是美国理论物理学界的权威之一。他对施温格的研究成果大为欣赏，对费曼的演讲觉得实在一般，没有什么可圈可点之处。

　　看来，费曼真的要败在施温格手下了？

终于走上坦途

　　幸运的是有一位当时还是博士生的戴森，很认真地读了这一份《会议记录》。原先贝特曾经试着让戴森也去参加这次会议，但是奥本海默拒绝考虑学生身份的人参加。戴森很看重费曼的研究，但是他人微言轻，能够挽救费曼吗？何况他也没有完全弄懂费曼的思想。

　　这时有一件事对两个人都有很大的意义，那就是他们两人在会议之后，乘车横穿美国。费曼开车十分吓人，但是总算没有出事。在横穿的途中，戴森很珍惜这个可以跟费曼相处的机会，没有人像费曼那样令他感兴趣。自从上次会议以来的几个月，戴森开始给自己定了一个任务，那就是把量子电动力学的

1954 年，戴森在野外活动。戴森是一位知识渊博、爱好广泛的学者，写过几十本科普著作和回忆录。

新理论综合起来形成一个学说。在他眼中，施温格和费曼的两个新理论实力相当，但是物理圈子普遍认为施温格的更好一些。戴森曾听过费曼于非正式场合在黑板上解说他的理论，可是戴森始终觉得，费曼好像只是写下答案，而没有像别人一样去解方程式，戴森很想多了解一点。

　　一路上费曼对戴森吐露的秘密越来越多，比对他的任何其他朋友讲的

还多。戴森从费曼的谈话中明白了，费曼心里最钟爱的是路径积分理论。戴森非常佩服费曼的勇气，以及那远大的梦想——建立一个统一理论。不过，戴森觉得这个"统一理论"的想法有一点不着边际，显得好高骛远。但是这并没有妨碍戴森实现这个想法的决心和愿望。

1948 年秋天，戴森来到普林斯顿高等研究院。这时奥本海默刚刚接任院长的职位。戴森认为奥本海默在美国物理学界举足轻重，如果说服他重视费曼的理论，就有可能实现自己的愿望；他还认为直截了当、坦率真诚地述说是最好的办法，因此他写了一封信给奥本海默。信中他写道：

> 亲爱的奥本海默：
>
> 　　因为我非常不同意您上次在《索尔维报告》中所提到的观点（其实应该说是我比较不同意您没有提到一些观点）……
>
> 　　第一：……我相信费曼的理论比别的理论好用许多，也更容易了解和讲授。
>
> 　　第二：因此，我相信一个正确的理论，即使和我们目前所知的差很多，它也会包含费曼的成分超过包含海森伯和泡利的成分。
>
> 　　……
>
> 　　第六：不管前面所举的几项主张是否成立，我们发现在手边有这个核子场的理论，这个理论如果发展下去，可以拿来和实验数据相比较，而这样的挑战，我们都应该欣然接受。

奥本海默并没有马上接受戴森的意见，不过奥本海默到底是一位了不起的物理学家，他安排了一系列的讨论会让戴森表达他的看法。这些讨论会后来变得越来越受到物理学家们的重视，连贝特都专门从纽约来出席以助一臂之力。在第一次讨论会进行的时候，奥本海默显得有一些神经质，香烟一根接一根地抽，在椅子上扭来扭去，似乎坐不住；而且一再打断戴森的演讲，批评这，批评那，抓住一点小辫子就拼命攻击。

有一个周末，戴森到康奈尔大学来看望费曼，当他亲眼看到费曼只花几个小时就把两个很基本的计算做出来，简直佩服得了不得。

后来，由于贝特非常公开地支持费曼，他还让戴森在各种场合把费曼理论的精髓讲给更多的人听，在贝特的帮助下，奥本海默终于改变了对费曼理论的偏见。接着，在美国物理学会的年会上，戴森发现自己跟前一年施温格一样，成了众人瞩目的英雄。费曼在会议中听到一位演讲者以钦佩的口吻说："费曼-戴森的漂亮理论……"

费曼高兴地大声对戴森说："哦，戴森博士，你也有一份了！"

其实那时候戴森还没有得到博士学位呢！不过，真正让戴森感动和骄傲的是奥本海默写给他的一张纸条。这年秋末冬初时，戴森在他的信箱里收到一张手写的便条，上面简单地写着："放弃抗辩。奥本海默。"

不久施温格也发现，一年来集中在自己身上的目光，现在已经移开了。突然之间，大家都在谈论费曼和戴森。去年夏天看起来只不过还是一个用功学生的戴森，现在在做报告时的口气已经非同一般。施温格心里十分不平衡，甚至用非常尖酸刻薄的话说："观点么，俯拾皆是，就看你怎么说，就像上帝使徒利用希腊式的辩证法把希伯来神带给异教徒一样。"

这已经有一点酸葡萄的味道了。这时费曼开始兴致勃勃地阅读以前退过他的稿子的《物理评论》，数数有多少人引用他的文章。而一些年长的物理学家，他们开始担心他们的学生正在肆无忌惮地应用费曼图，似乎那是一把威力无穷的长剑，但是他们自己却不怎么熟练地挥舞着这把剑！

时至今日，人们已经充分认识到，费曼的成就是对量子力学基本原理的一种发展，从根本上否定了玻尔提出的不能同时给出时空标示和因果描述的"互补原理"，成为量子场公认的一种常规程式。[1]

1　参见参考书目 18：关洪教授著《一代神话——哥本哈根学派》194 页，§7.3 "费曼的路径积分否定了玻尔的互补原理"。

规范理论：多彩的粒子物理学

荷兰物理学家维尔特曼，1999年获得诺贝尔物理学奖。

荷兰物理学家 M. 维尔特曼（Martinus Veltman, 1931— ，1999 年获诺贝尔物理学奖）在他的《神奇的粒子世界》（*Facts and Mysteries in Elementary Particle Physics*）一书中写道：

> 20 世纪见证了物理学无与伦比的进步。这个世纪的前半叶，基础物理由相对论、爱因斯坦的引力理论和量子力学所主导。而在其后半叶，人类目击了基本粒子物理学的异军突起。虽然物理学的其他分支也取得了长足的进步，但在某种意义上诸如超导现象的发现和超导理论的建立等，只是在广度上，而不是深度上扩充了我们对物理世界的理解，因而丝毫不会影响我们对自然基本规律的认识。任何在低温物理或统计力学领域工作的人都不会认为这些领域的发展会影响我们对量子力学的理解，无论它们是多么重要。……
>
> 或许最好通过一个类比来说明我们所持有的观点。对我们来讲，时空和量子力学规律就像舞台装饰，是表演的布景。基本粒子是演员，物理学就是它们的表演。我们看到的舞台上的门，不一定就是真的。只有当我们看到有演员走过时，我们才知道这是一扇门。否则，可能只是一个假门，是画上去的。

美国物理学家佩格斯（Heinz Pagels）在他的《宇宙

密码》（*Cosmic Code*）一书中写道：

> 物理学家们把人类的知觉延伸到最远的时间和空间，深入到物质的结构。他们发现，在原子和分子以外存在着一个新的王国。原子的内心是核。把原子核束缚在一起的那种力也产生了一组新的被称为强子的粒子——以前从未见过的物质形式。而这些强子又由更基本的被称为夸克的粒子组成。物理学家们已经深入到夸克和其他量子粒子的天地，宇宙万物都可由这些粒子构造出来。在我们的仪器所能达到的最小尺度内，物理学家已经发现了统一自然界各种力的基本规律。
>
> 要理解这些基本粒子的世界，需要我们把量子论与爱因斯坦关于时间和空间的狭义相对论结合起来。这一结合的产物被称为相对论量子场论，它能描写量子粒子的产生和消灭。它代表了本世纪伟大的智力成就，并完成了物质世界的一幅新的图像。物理学家应用复杂而优美的关于对称性的理论，找到了他们几十年以来梦寐以求的统一场论。

由维尔特曼和佩格斯上面的话里可以看出，量子力学和基本粒子物理学关系密切。实际上，正是相对论和量子力学的兴起和发展，基本粒子物理学的语言——量子电动力学的建立，促使基本粒子物理学兴起和发展；反过来，基本粒子物理学的发展，又考验和锻炼了量子电动力学，推动它继续发展和前进。

从基本粒子发现的历史也可以明显地看出这一点。1897 年汤姆逊发现电子的时候还没有量子理论；1920 年卢瑟福发现质子和提出中子假设的时候，量子理论虽然有了，但是对理论没有兴趣的卢瑟福并没有利用量子理论。（不过，在证实中子是一个基本粒子而不是质子和电子的复合粒子的时候，曾经利用过量子理论。）

1931 年泡利提出中微子假设时，已经开始利用量子力学的发现（如基本粒子的自旋），到费米用 β 衰变理论证实中微子存在时，用的则都是量子理论了。

此后，正电子的发现，介子、规范粒子（gauge particles，如 $W^{\pm}$、Z^0、夸克、胶子以及希格斯粒子，等等）的提出，则完全根据量子场论的原理。

正因为这一原因，我们下面从正电子在实验中的发现讲起，而且只能选择几个最精彩、最重要的故事讲。

安德森意外在实验中发现正电子

前面我们讲过狄拉克预言正电子存在的故事。但是，科学家的预言不论怎么诱人、合乎逻辑，要想让人们承认还是必须用实验来证实——用实验找到正电子。

幸运的是，在预言提出不久，正电子由美国物理学家安德森（Carl David Anderson，1905—1991，1936年获得诺贝尔物理学奖）在研究宇宙射线时偶然地发现了！

美国物理学家安德森，1936年获得诺贝尔物理学奖。

我们知道，宇宙射线（cosmic rays）里有大量高速运动的原子核，主要是氢核，也就是质子；也包含一些氦核和微量的其他更重的核。这些宇宙射线粒子来源于太阳和活动剧烈的恒星（如超新星爆发），它们像密集的暴风雨般不间断地向地球簇射。

射向地球的宇宙射线粒子在穿过宇宙空间时，又被宇宙空间里由各恒星产生的磁场加速，获得更高的能量。在科学家还没有制造出加速器以前，核物理学家只能利用宇宙射线中的高能粒子引起一些核反应来研究基本粒子。宇宙射线不像放射性物质那样容易控制，所以逼得科学家常常爬上高山，或利用热气球升到高空做实验，那儿有更多的宇宙射线粒子。

密立根是当时世界上研究宇宙射线最有名气的物理学家之一，正在为宇宙射线的起源问题做最后的努力，因此作为密立根的研究生，安德森必须服从导师研究的大方向，集中精力来研究宇宙射线。

1930年，25岁的安德森计划用云室做他的博士论文研究。他用的云室因为加了一个很强的磁场，所以又称为"磁云室"（magnetic cloud chamber）。加强磁场以后，宇宙射线里的带电粒子在云室里就会发生偏转，于是留下的径迹就成了各种优美的曲线，而不再是以前那种千面一孔的直线。根据这些优美的曲线，物理学家可以做出以下辨别：

（1）根据偏转的方向，用高中物理课上学过的"右手定则"来判定粒子带电属性；带正电荷的粒子与带负电荷粒子的偏转方向，正好相反；

（2）根据径迹偏转的程度，即径迹曲率的大小，可以判别粒子的速度（亦即能量）的大小：粒子速度越快，它就越不容易偏转，径迹就越"僵直"（即曲率越小）；

（3）根据径迹的宽度和密度，可以判定粒子的质量。这就像在新下过雪的雪地上，我们可以根据雪面上留下的径迹，判断是小鸟还是小猫在雪地上走过一样。如果是重粒子，由于它们不断与气体原子相撞，留下的径迹就又粗又清晰。所以一个质子留下的径迹，与一个电子留下的径迹是大不相同的，有经验的研究者一眼即可分辨出来。

安德森使用的磁云室是当时世界一流的，因为他的磁云室的磁场是世界最强的，达到地磁强度的10万倍，所以带电粒子在他的磁云室里偏转的径迹很容易识别。有一天，磁云室里出现的几条淡淡的径迹让他大吃一惊。从径迹的宽度、密度，他一眼认出，这是电子经过磁云室留下的径迹；但从径迹偏转的方向来看，它与电子径迹偏转的方向正好相反，也就是说安德森新发现的径迹应该是带正电的电子径迹。

可是，安德森并不知道英国狄拉克提出正电子这件事，因此安德森百思不得其解。当然，他可以退一步思考，认为这条奇怪的偏转径迹是带正电的质子留下的，但安德森见过无数电子径迹，他不相信这奇怪的径迹是质子留下的。质子的质量是电子的近2000倍，径迹比电子的要粗许多，密度也大得多。安德森还可以退一步认为，这条奇怪的径迹不是通常由上向下运动的电子留下的，而是由下而上运动的电子留下的。我们知道，同一带电粒子运动方向相反时，它们偏转的方向恰好相反。但宇宙射线通常都是从天上射来，应该由上而下，现在说这奇怪的径迹是由于地球"反弹"而射向天空，未免牵强附会，难以自圆其说。而且，后来安德森发现大量这样奇怪的径迹，多得根本无法用从地面"反弹"来解释。但他一时又拿不出更好的解释。

在安德森发现这一奇怪现象时，密立根正好在欧洲参加学术活动，于是安德森迫不及待地寄去11张最清楚的磁云室照片。密立根是一个好大喜功的人，他立即把这些照片给欧洲同行们看，并且声称："这是质子的径迹。"但欧洲同行们不同意这种意见，因为对质子来说这些径迹太细又太不清楚了；他们多数认为它们是电子的径迹。

密立根回到加州理工学院后，安德森还犹疑地认为可能是向上运动电子的径迹。但密立根却坚持认为，宇宙射线只能向下而不会向上运动，因此，这奇怪的径迹只能是质子引起的，而且他还把安德森的照片作为他的宇宙射线理论的证明。学生拗不过导师，因此论文发表时安德森只好认为这条无法解释的行迹是质子留下的。

后来，安德森想了一个妙不可言的主意，他在磁云室中间横着放了一块 6 毫米厚的铅片。如果粒子从上而下飞进磁云室，它们在经过铅片时会损失一部分能量，到了铅板下侧时运动会减慢，因而会弯曲得更厉害一些。由 1931 年拍出的照片可以清楚看出，这个正电粒子是从上而下运动的，电子由下而上运动的猜测被彻底否决了。但是，安德森还是不同意密立根说的这是质子飞行留下的径迹，而认为应该是带正电的"类电子粒子"留下的。

首次在磁云室里发现的正电子径迹。图中磁场的方向为垂直书面向里。中间放了一块 6 毫米厚的铅片。

安德森的发现很快被传开了，1931 年 12 月美国《科学新闻快报》登出了"错的"曲线径迹照片。这时他也许听说过狄拉克的研究，但在封闭的加州理工学院的他并不明白其含义，因此他一直不知道自己发现的是什么粒子。后来还是杂志的编辑建议把这个让人不安的正电粒子取名为"正电子"（positive electron，后来简化为 positron），安德森同意了。

1932 年 9 月，安德森在做了更多的实验观测后，更相信自己是对的，因此不顾密立根的反对，在《物理评论》上宣布，他发现了"质量比质子小"的带正电荷的粒子。幸亏他的这一近乎"鲁莽的举动"，否则他就会失去获得诺贝尔奖的机会了。

因为正电子是人类发现的第一个由量子力学推出的反粒子，事关重大，因此有些故事还应该继续讲下去，否则读者不明白做出一个伟大的发现有多么困难。

　　一般科学书籍讲到安德森1932年底的文章发表后，就简而概之地告诉读者：由此，正电子被发现了。其实事情远没有这么简单。安德森不知道狄拉克理论，所以只是宣布他发现了一个"质量比质子小的"带正电的"类电子粒子"，他并没有明确指出这种粒子是反粒子，也不知道它与电子的关系；他只不过猜测，当宇宙射线和空气相撞时，产生了一种与已有粒子不同的、带正电的新粒子。

　　而这时的欧洲物理学家，则远比安德森更多地了解狄拉克的理论。所以，当欧洲物理学家们看到安德森的文章和照片以后，他们就积极而认真地思考这样一个极重要的问题：安德森猜测的正电粒子是不是就是狄拉克方程推出来的那个神秘的正电子呢？如果是的，那么按照狄拉克的理论，当宇宙射线碰撞气体中的粒子时，如果产生了正电子，那一定同时还会产生一个电子；它们同时产生，并在磁云室中向相反的方向中偏转，形成一个"V"形的径迹。安德森只看见正电子径迹，却没有看到V形径迹。爱因斯坦说"是理论决定你看到什么"，实在很有道理。

　　因此，安德森的发现，给欧洲物理学家留下了一个很大的施展本领的机会。卢瑟福手下的一班干将立即摩拳擦掌，杀上了战场。

　　有一个大个子物理学家叫布莱克特，1932年他在自己的磁云室里也独立地发现了"拐错了方向"的电子径迹。他可是近水楼台先得月呀，因为狄拉克的办公室就在他们实验室隔壁。可惜的是卢瑟福一贯认为实验才是科学前进的指路牌，认为只有在实验中发现了奇妙不解的现象以后，理论物理学家才派上了用场。而且，卢瑟福对狄拉克那些过分抽象的数学，多半采取避而远之的态度。所以他手下的物理学家对狄拉克的理论，也不怎么在意。但毕竟就在隔壁，接触机会还是很多，不受一点影响不可能，不像安德森远在大西洋的另一边。

英国物理学家布莱克特。1948年获诺贝尔物理学奖。

　　布莱克特发现"拐错了方向"的电子径迹，就想到了狄拉克的反电子理论，于是到隔壁询问狄拉克。可惜这位一字千金的狄拉克金口难开，两个人谈不到一块儿去。狄拉克也没有惊喜如狂地抓住这个实验来证实他的理论，他与卢瑟福正好相反，他认为理论只要漂亮，就一定是正确的，因此他对用实验验证自己的理论几乎是"不屑一顾"；而布莱克特对狄拉克那一套高度抽象的数学理论虽说不一定排斥，却也不甚了了。所以，他问了几句以后看着不愿意多说话的狄拉克，只好耸耸肩离开了他的办公室。

在强强磁场作用下，电子—正电子对的运转轨迹呈相反运动方向的螺旋形，在上面靠左方的节点处形成一个倒 V($\wedge$) 形。

幸运的是过了不久，和他在一起工作的奥恰里尼（G. P. S. Occhialini, 1907—1993）知道了安德森的发现，他们这才突然醒悟到，他们无数次地看到过正电子的径迹，但却视而不见。他们有好几百张宇宙射线的磁云室照片，上面显示出非常丰富的正电子，而且十分关键的是，他们的照片上还有正负电子对的 V 形照片！这可是对狄拉克理论最佳的证明，而且也是安德森没有想到要找的东西。奥卡里尼是意大利人，比英国人容易冲动而且多几分浪漫，他立即带着这个了不起的好消息冲到卢瑟福的家里去报喜，他甚至激动地亲吻了为他开门的女仆。

接着他们开足马力，全身心投入这场伟大的发现之中。到 1932 年深秋，他们收集了 700 张左右效果极佳的宇宙射线磁云室照片。在对它们进行了仔细的分析后，他们得出了如下结论：

（1）宇宙射线碰撞磁云室里气体的粒子时，每次碰撞大约产生 10 个正负电子对，在同一碰撞的地方分道扬镳；

（2）经过对径迹密度等的分析，可以断定正电子和负电子的质量没差别，数量精确相等。又因为地球上一般不存在正电子（出现后立即与电子一起湮灭成为辐射），所以，正负电子对是宇宙射线碰撞磁云室中气体原子核而产生的；

（3）每次产生一对正负电子对时所需的能量，可以根据爱因斯坦质能公式算出，是电子（或正电子）质量的 2 倍（即 0.5MeV）。

1933 年 2 月 7 日，伦敦皇家学会收到他们两人的文章："假设的正电子的性质"。在这篇文章里，他们报道了新发现的正电子的大量事例，还引用了中国物理学家赵忠尧（1902—1998）1930 年发表的文章。文章中有一段关键的话是：

> 也许重原子核对 γ 射线的反常吸收与正负电子对的产生有关，而额外散射的射线与它们的消失有关。事实上，实验上发现，额外散射的射线与所期望的湮灭有相同的能量等级。

安德森听说剑桥大学有人正在研究正电子，他慌了神，急忙写了一篇题为《带正电的电子》（Positive Electron）的论文，于 2 月 28 日寄给《物理评论》。

布莱克特和奥卡里尼多少受到住在隔壁的狄拉克的影响，所以后来居上；而安德森却受到密立根的阻碍，浪费了不少时间。幸亏安德森不盲目信任导师，在 1932 年不顾一切地抢先发表了论文，这才使他在 1936 年"因为发现了正电子"得到诺贝尔物理学奖。但奇怪的是，布莱克特却没有在 1936 年获得诺贝尔奖，而是在 1948 年"因为改进了威尔逊云室方法以及由此做出的在核物理领域内和在宇宙射线方面的一系列发现"获得诺贝尔物理学奖。

密立根最终接受了正电子的观点，并且强调正电子是宇宙射线的重要成分之一。但奇怪的是，密立根在他 1950 年出版的《自传》（*The Autobiography of Robert Millikan*）中，几乎没有提到安德森的名字！密立根又一次显示了他那霸道的坏作风。

汤川秀树和介子理论

汤川秀树于 1907 年 1 月 23 日诞生于日本的东京。他父亲原来在东京地质勘测局工作，汤川出生一年后，辞去勘测局的职务，来到日本中部的东都，任京都大学地理系教授。

京都是日本古代都城和日本的文化中心。这座城市不仅更多地保留了日本的文化，而且风光秀丽，山清水澈。树木葱郁的岗山，白茫茫的琵琶湖，绿树葱茏的小岛，岗山倒影的大堰河，河上横跨的渡月桥，清澈见底的保津川……京都真是一座美丽的文化古都啊！人们说，京都一年四季都美。此话不假。因为有三月的樱花，盛夏的蝉鸣，深秋的红叶，严冬的雪色。

汤川一岁时就生活在这样一座到处充满文化气息和大自然和谐之美的城

日本物理学家汤川秀树，1949 年获得诺贝尔物理学奖。

市，应该说是他的幸运。这儿文化气氛对他的熏陶，尤其是中国文化对他潜移默化的影响，对于他日后的成长起了不可忽视的影响。汤川在自传《旅人》中记述了他京都童年时期的种种情趣（参见参考书目 62）。在正式入学之前，汤川就跟祖父学习汉文经典著作。祖父的教学方法犹如中国私塾先生教学生的方法一样：大声朗诵——不管懂不懂，尽管大声朗诵。后来汤川回忆说：

> 每个汉字都有一个它自己的秘密世界，许多汉字组成一行，而若干行组成一页。这一页对于作为一个孩子的我就成了一道吓人的墙，就像一座不得不去攀登的高山。

在他的祖父看来，中文是"东亚的拉丁文"，是学术交流的传统媒介，因此祖父常常拿着棍子，强迫汤川认那些像天书一样的汉字，否则就棍子伺候。

"我害怕祖父手中的那根棍子。"

汤川是一个十分羞怯、安静和沉默寡言的人，从童年到长大成人以及成为知名学者，一直都是这样。早年的阅读，无论是被迫和自愿的，都影响到了他一生，因为那种阅读至少是兼容并蓄和鼓励独立思考的，而且这种阅读很容易使他沉浸在一个美妙、深沉、悠远而孤独的世界里。这更助长了他那原有的羞怯、深沉的性格。这种性格有时显示出来的是固执和沉默。

汤川秀树的一位老师曾这样谈到他："汤川秀树有强烈的自我意识，意向坚定。"

后来，汤川这种"意向坚定"对于他的成功起了重要作用。当他提出一种新的理论时，他几乎遭到所有著名科学家（如玻尔、海森伯、奥本海默等）的强烈反对，但他却坚持自己的观点，终于拉开了核力学新时代的帷幕。

1926 年当汤川报考京都大学时，他选择了物理学作为自己未来的研究方向。与他同时考入物理系的还有他中学的同学朝永振一郎（1906—1979）。朝永后来也于 1965 年获得诺贝尔物理学奖。

在大学里，汤川几乎把所有的课余时间都用来在物理系图书室看书。他看书还很有特色，他不大理睬旧书，只对新出版的国外刊物，特别是德国刊物情有独钟。到二年级时，他在图书室里硬是靠自学"啃"完了薛定谔、玻恩的论文。他当时就已经认识到，玻恩的理论强调量子跳跃的不连续性思想，薛定谔则从波函数的形式出发强调自然界的连续性，这两者有统一起来的必要。当这一想法后来很快被薛定谔和狄拉克实现时，想必年轻的汤川十分激动，因为他发现自己已经渐入"佳境"，能够理解科学前沿的活动和预测其规律，这能不让他激动吗？

大学毕业后，汤川留在京都大学任无薪"助教"。因为当时正是世界性经济大萧条时期，他只能找到这种无薪的工作。汤川后来普谐谑地说："大萧条造就了学者。"

1932 年，汤川升任讲师；1933 年又受聘于新建的大阪大学，兼任该校讲师。也是这年，查德威克（James Chadwick，1891—1974，1932 年获得诺贝尔物理学奖）发现中子以后，物理学家们大都同意了海森伯和苏联物理学家伊万宁柯（д.д.иваненко，1904—1994）的建议，即原子核不是由电子和质子组成，而是由质子和中子组成。这一建议解决了许多以前无法解释的问题，因此大受欢迎。但是，要想把中子和质子保持在直径 10^{-13} 厘米的核里面，必须有一种很强的束缚力才行。如果有这样一种力，稍加分析即可知道，这种力是一种十分奇怪的力。

第一，这种力绝不会是电磁力，因为质子间的电力是斥力，中子又不带电，中子间以及中子—质子间没有电力的作用；同样，这种力也绝不会是万有引力，因为万有引力（以及电磁力）太弱，而且都可以在非常远的距离发生相互作用，而这种核内的力只在 10^{-13} 厘米的范围内有效，一超过这个范围立即消失。

第二，这种力比上述已知的两种力大得多。从原子中打出电子来，只需要十几个电子伏能量。但从原子核中打出质子或中子来，却需要大于它几十万倍的能量。为什么原子核那么牢固？究竟是什么力使质子、中子结合得如此紧密？显然，这种结合应属于另一种强得多的新型力。把几十个质子和上几十中子束缚在一个重原子核（如铀核）里，那可不是万有引力和电磁力所能承担的。

物理学家给这种奇怪的力取了一个名字——核力（nuclear force），后来又称为强相互作用（strong interaction）。很显然，核力是一种在经典物理学中尚未遇见过的力，是一种人们尚不知道、尚未研究过的力。当时，由于核力的神秘莫测，异乎寻常，它理所当然地引起了许多物理学家的兴趣，想探寻其奥秘的人也不少。但这些探寻却连连失利，即使几位非常有名气的物理学家如当时苏联的塔姆、伊万宁柯等人的研究，也都以失败告终。

1932年，汤川选择的就是这样一个当时最艰深的课题。他十分清楚研究这一课题的巨大困难。他曾在自传中写道："选择一个这样困难的课题，我预料自己一定会过上长久痛苦的日子。"但他永远铭记老师长冈半太郎（1865—1950）的教导，长冈常常说："如果我不能进入先进的研究者行列，并对某一学术领域做出贡献，那生而为人就毫无意义。"

汤川秀树自传《旅人》的中译本封面。

在汤川秀树之前，海森伯提出一个初步的设想，认为核力的起因应该是原子核内部的一种"交换现象"，这种交换是组成原子核的各种粒子之间的一种有节律的位置互换。

汤川秀树根据海森伯关于交换力（exchange force）的设想，把核力与电磁场相类比。当时物理学家已经清楚电磁相互作用是通过交换光子而引起相互作用的一种"长程力"，那么也许可以设想核力同样是通过交换某种粒子才产生的。问题是：核力是交换什么样的粒子呢？经过一年多的探索，汤川大胆地提出了一个设想，认为核力是质子和中子在交换电子时产生的一种相互作用力。

非常不幸的是，汤川的想法一宣布，立即受到1928年从哥本哈根回来的仁科芳雄教授（1890—1951）的批评。仁科教授毫不客气地指出，汤川的论文是完全站不住脚的，因为电子质量太小，不可能形成强大的核力，而且它与当时众所周知的物理理论完全不能相容。汤川非常沮丧，但是并没有因为第一次失利而放弃努力。

　　1934 年 10 月的一个晚上，汤川的妻子刚生下第二个孩子汤川高明不久，他心情烦躁，无法入眠。他似乎到了一个伟大发现的边缘，但一时还被一层薄雾笼罩着，让他好不焦虑。这可能是灵感将至的一种表现吧？在焦躁渐次平息后，他突然领悟到核场中的交换粒子，其质量必定和核力作用范围成反比。由于核力范围是 10^{-13} 厘米，所以场的交换粒子的质量应该比电子质量大许多倍。接着，他做了如下的估算：假设一个核子释放一个粒子，经过距离 $\triangle r$ 后被另一个核子吸收，如果这个过程需要的时间为 $\triangle t$，即使粒子以光速 c 前进，走过的距离也不会超过 $\triangle r = c \triangle t$。根据量子力学基本原理——海森伯不确定性原理的关系式：

$$\triangle E \cdot \triangle t \approx \hbar \qquad (\hbar = h/2\pi)$$

代入　　　　　　　$\triangle t = \triangle r/c$

可以得到　　　　　$\triangle E \approx \hbar c/r$

式中 c 为光在真空中速度，r 为核半径，h 为普朗克常数。如果这些能量全部转化为粒子的静能量，则这种粒子的质量可由爱因斯坦质能方程 $E = mc^2$ 来确定。这样，汤川秀树估算出这种未知粒子的质量，大约为电子静止质量的 200 倍。由于这种粒子要在中子与质子之间、质子与质子之间和中子与中子之间传递相互作用，所以，这种粒子可以带负电，也可以带正电，还可以不带电。因此它应该共有三种，即后来所知的 π^+、π^- 和 π^0 介子；其电荷量的大小与质子电荷相同。由于它的质量介于电子和质子之间，所以后来人们就称之为"介子"（meson），汤川当时称它为"重量子"（heavy quanta）。

　　当时研究宇宙射线的物理学家发现宇宙射线里有一种粒子，质量与汤川的介子质量相近，称为介子。一般都认为汤川理论中的"重量子"，应该就是宇宙射线里发现的介子，所以把它们都称为"介子"。这起因于那时物理学家普遍认为微观世界的基本粒子数不会很多，所以认为两种介子就是同一粒子的猜想在当时看来不奇怪。

　　后来，汤川向他所在的研究小组报告了他的研究结果。小组负责人木口正之教授指出："如果真有你所说的新粒子，那么在威尔逊云室中应该看到它。"汤川表示同意，并且说："在宇宙射线中应该可以找到这种粒子。"没过多久，汤川在日本物理数学学会大阪分会会议上，正式提出了自己的新理论；一个月以后，又在东京帝国大学举行的学术会议上再次报告了自己的研究成果。

物理学的奇迹第一次出现在亚洲的日本国土。一颗物理学的新星正在日本列岛的上空冉冉升起。

就在形势十分有利的情形下，1939 年冒出了一个"介子佯谬"，使介子理论一下子又陷入困境。事态的起因是汤川和同事坂田昌一（1911—1970）在进一步利用量子场论研究时，得到汤川介子的衰变寿命的理论值应该为 10^{-8} 秒；但多次测量宇宙射线中的介子时，其平均寿命为 10^{-6} 秒，比理论值大 100 倍。人们还发现，宇宙介子与物质之间的作用非常微弱，并不具有强的核力作用。当它射入物质后，它就像电子那样通过许许多多次电离碰撞逐渐丢失能量，而后几乎静止在物质中，最后衰变成为电子并放出两个中微子。这一理论与实验的明显矛盾，被称为"介子佯谬"（meson paradox）。

为了解决介子佯谬，名古屋帝国大学教授坂田昌一（1911—1970）根据量子场论提出了一个新的理论，即"双介子理论"（double meson theory）。这个理论首次于1942 年 5 月 13 日在京都大学"介子俱乐部"的一次学术会议上提出。其关键内容是假定存在一种新的介子（M），它不同于汤川引进的介子（Y）；Y 介子会迅速衰变成一个宇宙介子 M 和一个中微子，M 介子再以较缓慢的速度衰变为一个电子（或正电子）加上两个中微子。

1947 年 5 月，英国物理学家鲍威尔（C. F. Powell，1903—1969，1950 年获得诺贝尔物理学奖）和他的同事，把新的感光乳剂用气球送到高空去记录宇宙射线，结果拍摄出比以前清晰得多的宇宙射线径迹的照片。他们果真发现：在某一点一个介子停住，同时产生了一个较轻的介子。这两个粒子的质量都超过电子质量的 200 倍，不过可以确定，前一个介子较重，后产生的较轻。前几年安德森等人在实验中发现的就是这种较轻的介子，它实际上并不

美国物理学家鲍威尔。1950 年获得诺贝尔物理学奖。

是介子，现在称它为 μ 子（muon）。而较重的介子才是汤川预言的介子，现在称之为 π 介子（pion）。鲍威尔的实验证实，π 介子的平均寿命为 2.6×10^{-8} 秒，质量为电子质量的 273 倍，与汤川秀树理论预计值十分吻合；μ 子的平均寿命为 2×10^{-6} 秒，质量为电子质量的 207 倍。

于是，汤川的介子理论和坂田的双介子理论同时被证实。实际上，π 介子才真正具有汤川预言中的特征，即它是传递核相互作用的粒子，而且只在 10^{-13} 厘米的范围内才有这种核的相互作用，超过这个距离，核的相互作用立即消失。但 μ 子与原子核的相互作用很弱，即使在非常近的距离（小于 10^{-13} 厘米）也仅只有电磁相互作用（和弱相互作用），与汤川秀树预言的介子毫无相同之处，因此与汤川秀树的理论无关。

μ 子也是一种不稳定的粒子，平均寿命 2×10^{-6} 秒。实际上，μ 子更像是一个电子，一个重得多的电子，它们之间的差别仅在于质量的不同。1948 年，中国物理学家张文裕教授发现，μ 子可以取代原子中的电子，形成一种特殊的原子，称为 μ 原子。

我们现在把电子、μ 子和中微子等都归为"轻子"（lepton）的粒子族。轻子不参加核内的强相互作用，但参加弱相互作用（如 β 衰变）和电磁相互作用；而且现有资料都表明，轻子没有内部结构，是真正的基本粒子。质子、中子和 π 介子等则属于"强子"（hadron）粒子族，因为它们都参与强相互作用，而且都有内部结构，是由更基本的粒子构成的。

汤川秀树后来的经历简单介绍如下：汤川于 1939 年从大阪回到了京都，接受了那里的教授职位；同年，他首次出国，但由于欧战爆发而匆匆返回。1940 年，他被授予日本学士院奖，并在 1943 年又获日本的最高奖赏"文化勋章"。战后在普林斯顿待了一年，成为普林斯顿高级研究院的一员。

1949 年汤川获得诺贝尔物理学奖。在颁奖时沃勒教授致词说：

> 许多年来，自然科学的一个重要目标是解释我们观察到的由基本粒子性质产生的现象，在现代物理中这一问题是很重要的。在最近 10 年内，人们对称作"介子"的基本粒子特别感兴趣。介子是一种比电子重但比氢原子核即质子轻的粒子。
>
> ……汤川秀树教授，在 1934 年当您仅 27 岁就大胆地预言了新粒子的存在，现在它被称为"介子"，并预期它对于理解原子核内部力

的作用具有重要意义，近期实验已为您的主要理论提供了极好的证据，这些理论获得过巨大丰收，而且现在仍是原子核、宇宙射线理论和实验研究的路标，您还在其他基本理论问题上做过重大贡献，并在使您的祖国在现代物理研究占据很高地位上起了巨大作用。

我代表瑞典皇家科学院，对您天才的工作表示祝贺，现在请您接受国王陛下授奖。

汤川接着做了诺贝尔演讲，在演讲词的结尾他谈到未来的探索：

这样，介子理论在这 15 年内改变了许多，可是仍然存在很多问题没有解决。在其他方面我们对比 π 介子重的介子知道甚少。我们还不知道重介子在极短的距离内是否与核力有关。介子理论目前的形式免不了遇到各种困难，尽管相对性量子场论最近的发展成功地排除了其中的一部分困难。我们还不知道剩下的那些是否是由于我们对基本粒子结构的无知。在我们达到对核结构和各种现象（这将发生在高能领域）的完整理解前，或许还得对这一理论进行另外的修改。

规范场理论和规范粒子 $W^{\pm}$ 和 Z^0

杨振宁（左 1）和李政道（左 2）在诺贝尔颁奖典礼上。

一般人都知道，杨振宁与李政道（1926— ）一起于 1957 年获得诺贝尔物理学奖，这次获奖是因为他们"对宇称定律的深入研究，它导致了有关亚原子粒子的重大发现"。但杨振宁更重要的研究，不是宇称定律的研究，而是 1954 年前后有关"规范场"（gauge field）的研究，正是这一研究，人们不仅认为杨振宁应该获得第二次诺贝尔奖，而且给予了他极高的评价。

　　1993 年，声誉卓著的"美利坚哲学学会"将该学会颁发的最高荣誉奖富兰克林奖章（Franklin Medal）授予杨振宁，授奖原因是因为"杨振宁教授是自爱因斯坦和狄拉克之后 20 世纪物理学出类拔萃的设计师"，并指出这些成就是"物理学中最重要的事件"，是"对物理学影响深远和奠基性的贡献"。

　　1994 年，美国富兰克林学会（Franklin Institute）将鲍尔奖金（Bower Prize）颁发给杨振宁，文告中明确指出，这项奖授予杨振宁是因为：

> （杨振宁）提出了一个广义的场论（a general field-theory），这个理论综合了自然界的物理定律，为我们对宇宙中基本的力提供了一种理解。作为 20 世纪理性的杰作之一，这个理论解释了亚原子粒子的相互作用，深远地重新规划最近 40 年物理学和现代几何学的发展。这个理论模型，已经排列在牛顿、麦克斯韦和爱因斯坦的工作之列，并肯定会对未来几代人产生相类似的影响。

上面提到的"一个广义的
场议"和"这个理论模型"，指
是就是杨振宁和米尔斯（Robert
Mills，1927—1999）与 1954 年
合作提出来的"非阿贝尔规范
场理论"（nonabelian gauge field
theory）[1]，或者称为"杨-米尔斯
理论"（Yang-Mills theory）。由
鲍尔奖的文告中我们可以清楚地
看出，科学界在规范理论提出近
半个世纪后，终于认识到了它的

杨振宁和米尔斯合影。摄于 1992 年杨振宁 70 岁生日纽约州立大学石溪分校研讨会上。

终极价值。在科学界共识中，已经把杨振宁的贡献和物理学历史上最伟大的几位科学家牛顿、麦克斯韦和爱因斯坦的贡献，相提并论，等量齐观。杨振

1　规范场理论有两种，一种是没有涉及量子理论的经典规范场理论（如麦克斯韦电磁理论），有时称为"阿贝尔规范场理论"；一种是引入量子理论（如海森伯不对易关系、薛定谔方程中波函数中的位相概念等）的规范场理论，就是"非阿贝尔规范理论"。在现代物理学中绝大部分涉及的都是后者，为了简便在一般情形下就把"非阿贝尔规范理论"简称为"规范场理论"。

宁在物理学史上的地位，是值得我们每一个国人自豪的。

英国牛津大学物理学家克里斯蒂娜·萨顿（Christine Sutton）在《天地有大美：现代科学之伟大方程》（It Must be Beautiful: Great Equations of Modern Science）一书的第七章"隐对称性：杨-米尔斯方程"中写道：

> 1953年，……两个年轻人因共用长岛的布鲁克海文实验室的一间办公室而相遇了，就像罕见的行星列阵那样，他们短暂地通过了时空的同一区域。这一时空上的巧合诞生了一个方程，这个方程可构成物理学圣杯——"万物之理"（theory of everything）的基础。……
>
> 当……杨振宁和米尔斯着手用同位旋来理解强力时，却发现一个基于对称性的原理，而这个原理能给出联系基本粒子和力的方程。有了这个发现，他们在实现约300年以前牛顿的愿望时向前大大地迈出了一步。是否能从这同一原理得出（包括引力在内的）完全的统一，而使得牛顿的愿望得以实现，就有待于21世纪的理论家去完成了。

杨振宁这个划时代的研究，完成于1954年2月。这年，他和米尔斯在美国《物理评论》上发表了此后闻名于世的文章《同位旋守恒和同位旋规范不变性》（Conservation of Isotopic Spin and Isotopic Gauge Invariance），这篇文章和同年4月为美国物理学年会写的一份摘要《同位旋守恒和一种推广的规范不变性》，为他们提出的规范理论模型奠定了基础。

但在1954年，这个理论还很不完善，还缺少其他一些机制来约束它，因而呈现出令人困惑的难题。例如，为了使规范场理论满足规范不变性的要求，规范粒子的质量一定要是零，但是相互作用的距离反比于传递量子的质量，零质量显然意味着杨-米尔斯场的相互作用应该像电磁场和引力场那样，是长程相互作用。但是，既是长程相互作用，又为什么没有在任何实验中显示出来？而且更加严重的是，这个质量如果真有，它还会破坏规范对称的局域对称性。由于这些以及其他一些原因，杨-米尔斯场在提出来以后十多年时间里，一直被人们认为是一个有趣，但本质上没有什么实际用途的"理论珍品"。当时人们还没有认识到，正是这个规范粒子的质量问题，在呼唤着新的物理学思想。在这种情况下，杨振宁一时不知道该不该发表他们的研究结果。但是，杨振宁还是决定发表。

杨振宁之所以能够大胆地将他们的理论模型公之于世，除了认为这个理论的数学结构很美以外，更深层次的原因还是一种深刻的科学思想在支撑着他，那就是"对称性支配相互作用"。这种思想在爱因斯坦的理论中有清晰的表现，杨振宁可说是深刻领悟了这一思想的人。在《美和理论物理学》中，杨振宁深刻指出：

> 这是一个如此令人难忘的发展，爱因斯坦决定将正常的模式颠倒过来。首先从一个大的对称性出发，然后再问为了保持这样的对称性可以导出什么样的方程来。20 世纪物理学的第二次革命就是这样发生的。

杨-米尔斯场论虽然公布了，但是立即被束之高阁，几乎无人问津。到了 20 世纪 60 年代初，物理学家们从超导理论的发展中认识到一种有关对称性的机理——"自发对称破缺"（spontaneous symmetry breaking）[1]。1965 年，英国物理学家希格斯（Peter Higgs，1929—　）在研究区域对称性自发破缺时，发现杨-米尔斯场规范粒子可以在自发对称破缺时获得质量。这种获得质量的机制被称为"希格斯机制"（Higgs mechanism）[2]。

有了这一重要进展，人们开始尝试用杨-米尔斯场来统一弱相互作用和

1　原来具有较高对称性的系统出现不对称因素，导致其不对称性降低，这种现象叫作对称性自发破缺。1974 年有一位物理学家曾引用法国哲学家布里丹（Jean Buridan，1295—1358）关于驴子的故事说："驴子处于两个食槽之间，它拿不定主意到哪个槽吃草，驴子拿不定主意就是对称性。使驴子做出选择需要外界偶然因素的影响。驴子的任何自动选择，都使对称性自发破缺。"自发破缺后，驴子获得了食物；如果不破缺，就会像布里丹说的那样，驴子会饿死。在希格斯理论中影响驴子选择的就是"布格斯场"。

2　现在物理学家已经开始用"布劳特-昂格勒-希格斯机制"（Brout-Engert-Higgs mechanism）代替使用了 48 年的"希格斯机制"这一专用术语。这是因为温伯格的失误。在 1964 年 8 月 31 日第一个提出这一机制的是美裔比利时物理学家布劳特（Robert Brout，1928—2011）和比利时物理学家昂格勒（Françis Englert，1932—　，2013 年获得诺贝尔物理学奖），而温伯格误以为同年 9 月 15 日提出同一理论的希格斯（Peter W. Higgs，1929—　，与昂格勒分享 2013 年诺贝尔物理学奖）是第一个提出这一机制的人。温伯格 2012 年正式澄清这一事实前，人们一直把这一机制称为"希格斯机制"。可惜布劳特在 2011 年 5 月 3 日去世，未能与昂格勒和希格斯一起分享 2013 年的诺贝尔物理学奖。

电磁相互作用。1967 年，在美国物理学家格拉肖、温伯格和巴基斯坦物理学家萨拉姆的共同努力下，建立在规范场理论之上的弱电统一理论的基本框架终于建立起来，并由此发现了三种新的粒子：带正负电荷的 $W^{\pm}$ 粒子和不带电荷的 Z^0 粒子。到 1972 年，荷兰年轻的物理学家特霍夫特（Gerard 't Hooft，1946— ，1999 年获得诺贝尔物理学奖）等人又证实杨-米尔斯场可以重整化（normalization，或规范化），规范场理论的最后一个障碍也终于被克服了！这样，杨振宁的规范场论就成了一个自洽的理论，它的价值也由此为人们重视。亚伯拉罕·派斯在他的《基本粒子物理学史》（*Inward Bound*）一书中说：

> 杨振宁和米尔斯在他们两篇杰出的文章里，奠定了现代规范场理论的基础。

规范场初次显示威力，是在弱电统一理论发展的过程中发现三种新的粒子。弱电统一理论的思想最早是由哈佛大学的施温格于 1956 年开始考虑的。像其他许多物理学家一样，弱相互作用中宇称的不守恒（或称破缺），使他重新开始研究弱作用的本质。1957 年他发表文章指出，弱相互作用是由光子和两个假设中的粒子来传递的。

格拉肖（Sheldon L. Glashow，1932— ，1979 年获得诺贝尔物理学奖）

作为施温格的学生，接受了施温格的想法。格拉肖出生于 1932 年 12 月 5 日，1958 年在哈佛大学完成了他具有独到见解的博士论文，获得哲学博士学位。哈佛大学毕业后，即赴丹麦哥本哈根大学研究理论物理，直到 1960 年才回到美国。1966 年回到母校哈佛大学，在赖曼实验室任物理学教授。1959 年 1 月，格

1979 年诺贝尔物理学奖获得者。格拉肖（左）、萨拉姆（中）和温伯格（右）。

拉肖在他的一篇论文中，提出杨-米尔斯规范理论应该作为弱电统一的理论基础。然而巴基斯坦物理学家萨拉姆（Abudus Salam，1926—　，1979 年获得诺贝尔物理学奖）发现，格拉肖的论文无论在数学上或者物理上都有错误。

格拉肖并没有因此灰心丧气，在盖尔曼等人的鼓励下，1960 年格拉肖还进一步假设弱电统一理论中规范粒子的个数是 4 个，而不是原来设想的 3 个。这是一个非常大胆的假设，意味着存在着一种全新的弱相互作用，它有一个假设的中性粒子传播弱相互作用，这就是所谓"弱中性流"（weak neutral current）相互作用。格拉肖把他的研究成果写成文章，发表在 1961 年 11 月的《核物理》杂志上。10 多年后，他的设想被实验证实。这篇论文使他后来分享了 1979 年度诺贝尔物理学奖。

1967 年，另一位美国物理学家温伯格（Steven Weinberg，1933—　，1979 年获得诺贝尔物理学奖）认为强相互作用有可能用杨-米尔斯理论来描述。他构造了一个模型，但是，这个模型得到的结论又和观察结果相抵触。

1967 年秋某一天，他突然意识到他一直将一个正确的思想用到了错误的问题上！原来他用于构造强相互作用的整个数学工具，正是弱相互作用中所需要的。因此，弱相互作用和电磁相互作用就可以根据严格但自发破缺的规范对称性的思想进行统一的描述。这一发现使他十分震撼，以至于惊呼："上帝，这正是弱相互作用的答案！"

于是温伯格开始构造精确的弱电统一规范理论，他以新的对称性为出发点，得到三个新的粒子：带电的 $W^\pm$，以及他称为 Z^0 的中性粒子。还有第四个，是人们已经知道的无质量的光子。他还估算出 $W^\pm$ 和 Z^0 的质量大小。这样，温伯格利用对称性自发破缺机制，解释了光子和弱相互作用中中性粒子的质量差异，在规范场理论的基础上建立了弱电统一理论。

1967 年温伯格以《一个轻子模型》（A lepton's model）为题发表了论文，解释了他的弱电统一理论。但是当时没有人重视他的理论。

在格拉肖和温伯格努力研究弱电相互作用时，巴基斯坦物理学家萨拉姆在 1967 年秋，报告了他利用希格斯机制重新构造的弱电统一模型。与此同时，温伯格也独立地提出了类似的弱电统一模型。1968 年 5 月，萨拉姆参加了在瑞典举行的第八届诺贝尔会议，在《弱作用和电磁作用》一文中报告了他的弱电统一模型。结果还是没人注意，也很少有人能理解。他的工作的唯一记录是这次会议出版的论文集。正是这个文集，使他在 1979 年度获得诺贝尔物理学奖。

　　温伯格和萨拉姆虽然在 1967 年就提出弱电统一模型，但是没有引起人们的重视，主要原因是，当时理论的可重整化（normalization）[1]没有被证明。1971 年，荷兰年轻的物理学家特霍夫特采用一种新的规范，证明了规范理论可重整化以后，立即引起了人们对弱电理论的高度关注。1970 年，格拉肖进一步将弱电模型推广到包括夸克的体系，由此建立了自洽的弱电统一理论。

　　由于格拉肖、温伯格、萨拉姆对弱电统一理论的贡献，人们又将弱电统一模型称为 GWS 模型。由此，人们深刻认识到杨－米尔斯理论是人类理解物质世界的微观结构及其相互作用的基石。

西欧核子研究中心（CERN）大型强子碰撞机鸟瞰视图。加速器在地下，由白色圆圈表示，其圆圈长为 17 公里。

　　1973 年欧洲核子研究中心和费米实验室均从实验上发现了中性流的存在。随后的实验均表明中性流相互作用的性质与 GWS 模型的预言一致。1979 年，诺贝尔委员会基于某种信念，甚至在 $W^{\pm}$、Z^0 粒子还没有被实验发现的情况下，就急忙授奖给他们 3 人。因此萨拉姆开玩笑地说："诺贝尔奖金委员会是在搞赌博。"

　　当然啦，物理学家们都知道，中性流的存在是弱电统一模型的判决性条件，诺贝尔奖金委员会并没有真的敢赌博。果然，在 1984 年，意大利物理学家卡洛·鲁比亚（Carlo Rubbia, 1934—　）和荷兰物理学家西蒙·范德米尔（Simon Van der Meer, 1925—　）在西欧核子研究中心，用当时该中心拥有的世界上最大的加速器之一——质子同步加速器（proton synchrotron）发现了传递弱作用的 $W^{\pm}$ 粒子和 Z^0 粒子，共同分享了该年度诺贝尔物理学奖。

_____

1　简单地说，重整化就是量子场论中一套重新处理发散的方法。量子场论由于现在还不十分清楚的原因，在计算中经常会出现一些无穷大的结果；后来物理学家发现用一种特殊的计算方法可以回避无穷大的量，将无穷大的量除去，这种方法被称为"重整化"。这种方法并没有弄清楚无穷大产生的原因，因此这一方法被费曼讥为"把问题扫到地毯下"的方法。但是它在目前一直被物理学家们所使用，而且屡见奇效。

弱电统一理论的成功，是杨-米尔斯理论的伟大胜利。它的成功使人们在探索大统一理论（grand unified theory，GUT）的道路上又前进了一大步。

奇才盖尔曼——夸克

自然界的奥秘是无穷尽的，大大超过了任何一个伟大科学家的想象力。在电子、质子之后，又接二连三出现了中微子、中子、正电子、介子……到了 20 世纪 60 年代，基本粒子的数目已经多达 200 种以上了！这时科学家不仅惊诧，而且多少有些惶惑了：难道自然界会这么复杂？于是，出于简单性的信念，又迫使物理学家再次做出选择：在这众多的"基本粒子"里，是否还有更"基本"的粒子，而所有"基本粒子"则由这些"更基本"的粒子组成？

1964 年，一位美国的"物理学界的奇才"默里·盖尔曼（Murray Gell-Mann，1929—　，1969 年获得诺贝尔物理学奖）提出了"夸克模型"（quark model），人类又一次谱写了物质结构的新篇章。

盖尔曼在他写的《夸克和美洲豹》（*The Quark and the Jaguar*）一书里写道：

美国物理学家盖尔曼。1969 年获得诺贝尔物理学奖。

> 在很长一段时间里，人们认为粒子……除了电子以外，就只有组成原子核的质子和中子了。但是这种认识是错误的，中子和质子不是最基本的。物理学家们知道，以前人们认为基本的东西后来被证明是由更小的东西组成的。……现在我们又知道，中子和质子也有它们自己的组成部分：它们是夸克组成的。现在理论物理学家们确信夸克类似于电子。

盖尔曼于 1929 年 9 月 15 日出生于纽约州纽约市。他的双亲原来是奥地利人，第一次世界大战后才移居到美国。他的父亲阿瑟·盖尔曼（Arthur

Gell-Mann）是犹太人，一位语言教师，同时又对数学、天文学和考古学颇有兴趣，并有相当造诣。正是受到父亲的爱好和职业的影响，盖尔曼从小兴趣广泛，对语言和数学更是情有独钟，从他撰写的《夸克和美洲豹》一书就可以看出来。盖尔曼虽说是一位理论物理学家，但他涉猎的学科之广，实在让人咋舌。在这本论述简单性和复杂性的书里，盖尔曼除了涉及物理学的最前沿以外，还论述了有关生物学、宇宙学、经济学、语言学、社会学、人类学、考古学、文学艺术等极为广泛的领域，而且讨论得都相当深入。这使人们不能不钦佩他学识的渊博，而他本人也为此得意扬扬。对自己的语言学知识，他更是喜欢到处吹嘘，有一次他甚至对杨振宁说："我汉语的读音比你还准！"杨振宁听了只好耸耸肩不置一词。

1944 年他考进了美国名牌大学耶鲁大学。入学那天，恰好是他 15 岁的生日。由于年龄太小，他对于大学的一切都感到惶惑和不能适应。例如，选择什么专业，他无所适从。父亲想让他学习工程技术，将来好有一个收入高的职业，但盖尔曼不愿意学工程。在不过分违背父意的情况下，他选择了与工程技术靠近的物理专业。

1951 年，盖尔曼获得博士学位。此后，他到普林斯顿高级研究院工作了一段时间，1952 年转到芝加哥大学费米研究所工作，直接在费米指导下进行核物理方面的研究。

1953 年他提出了"奇异量子数"（strangeness quantum number）的概念，一举成为物理学界的知名人物。这时盖尔曼只有 24 岁。1955 年 9 月，盖尔曼因为慕名在加州理工学院任教的费曼，而加州理工学院也正想把他挖过来，因此高薪把他聘到加州理工学院任教授。他在这里一直工作到退休。

到了 20 世纪 50 年代，基本粒子越来越多，于是物理学家又开始像门捷列夫建立元素周期表那样，对众多的粒子进行分类。

盖尔曼一向看重杨-米尔斯理论，对规范对称性更是情有独钟。他利用比温伯格他们建立的弱电统一理论更复杂的群（group）SU（3）×SU（2）×U（1），得到他所谓的"八重法"（eightfold way），提出了一种当时被认为非常玄妙的夸克模型（quark model）。在夸克模型中，质子、中子和介子由三种夸克 u, d 和 s 组成，这三种夸克是比强子更基本的粒子，并分别称为上夸克（upper quark）、下夸克（down quark）、奇异夸克（strange quark）；而 $\bar{u}$、$\bar{d}$、

$\bar{s}$ 则分别是 u、d 和 s 的反粒子，称为反上夸克、反下夸克和反奇异夸克。这些名字真是稀奇古怪，这暂且不说，更古怪的是夸克所带的电荷是分数电荷，如 u 为 $\frac{2}{3}e$，d 为 $-\frac{1}{3}e$，s 为 $-\frac{1}{3}e$。

在当时的物理学家看来，这简直荒唐得令人难以相信，因为从密立根确定电量的基本单位为 e 以后，半个世纪过去了，人们一直公认电子电荷 e 是自然界最小的电荷，无数实验也证实了这一点，现在却冒出了一个分数电荷，这怎么不叫人大吃一惊！

在夸克模型中，强子都是夸克组成的，但重子（baryon，如质子、中子）和介子的构造各不相同：介子由夸克和反夸克组成，重子则由 3 个夸克组成。例如：

质子由 2 个上夸克和 1 个下夸克组成，即 uud，其电荷为 $2 \times \frac{2}{3} + (-\frac{1}{3}) = 1$，刚好是 1 个正单位电荷。中子由 1 个上夸克和 2 个下夸克组成，即 udd；其电荷为 $\frac{2}{3} + 2 \times (-\frac{1}{3}) = 0$，因此中子呈中性，不带电。$\pi$ 介子有 4 种：ud-、uu-、dd-、du-。其电荷分别是 1、0、0 和 -1，因此介子有中性的、带正电和带负电的 3 种。

虽然盖尔曼在那儿像古代巫师那样，对着神灯娓娓道来，而且说得似乎头头是道，但是，面对这些仅从规范对称的数学结构提出的"疯狂"概念，一些一向以"大胆放肆"闻名的物理学家们也惊诧得目瞪口呆。最严厉的反应来自盖尔曼的老师韦斯科夫。当盖尔曼在电话中告诉他有

资料链接：粒子的分类

粒子分成两大类：

（1）轻子（lepton）。顾名思义，这一类粒子一定很轻。这种理解不完全准确。开始人们认识到的 4 种轻子的确很轻，比起中子、质子这些"重子"和介子是轻得多。这 4 种轻子是电子（$\bar{e}$）、μ 子（$\bar{\mu}$）、电子中微子（υ_e）以及 μ 子中微子（υ_μ），后来又发现了一种比质子还重两倍的"轻子"τ，人们只好称 τ 轻子为"重轻子"。这又重又轻，本身就极其矛盾、不合逻辑。科学中这类表示形式并不少见，因为历史的发展往往超越了科学家的想象力。后来，人们给轻子的定义是："凡不参与强相互作用、并具有 $\frac{1}{2}$ 自旋的粒子，都称作轻子。"在这个定义里，轻重已经不是主要的特征。光子更轻，但因为它的自旋是 1，所以成为独特的一类，而不能被归为轻子。

（2）强子（hadron）。除了轻子以外，与轻子相对的"重"粒子如质子、中子、Λ 粒子、$\sum$ 粒子……称为"重子"；介于"轻"和"重"之间的粒子则叫介子。重子和介子都称为"强子"。之所以称为强子，是因为它们参与强相互作用。将原子核束缚在一起的力，就是强相互作用（力）。两个核子（如质子、中子）之间的强相互作用，是依靠彼此交换介子引起的，一个核子放出一个介子，另一个核子则吸收这个介子，这一放一吸就传递了强相互作用。

还有一类特殊的粒子被称为"规范粒子"（gauge particles）。这是传递各种相互作用的媒介粒子，共有：光子、W^+、W^- 粒子、Z^0 粒子和胶子。

关自己刚提出的夸克模型的事情时，正在瑞士 GERN 工作的韦斯科夫说：

> 这是跨越大西洋的电话，很贵的，我们不要在电话里讨论这种无聊的事情。

韦斯科夫的话不啻给盖尔曼当头一盆凉水。这还算是好的，因为盖尔曼在此之前已经在理论物理界有颇大的知名度，别人怎么不相信夸克模型，也不敢把话说得过分。就是盖尔曼自己，也有一些犹豫："单凭数学对称性显示的美，就能断言这是真实的吗？"

幸亏有几位实验物理学家，加上费曼后来的支持，盖尔曼有了极大的自信，这种无比的信心，给人们非常深刻的印象。

1969 年，盖尔曼终于因为"对基本粒子的分类和它们的相互作用的发现和贡献"，获得诺贝尔物理学奖。

最后，我们把所知道的粒子做一个简单的小结。粒子分两大类：物质粒子——构成物质的主要成分；规范粒子——作用力的传递者，用表表示如下：

物质粒子	传递相互作用的粒子
夸克、轻子 希格斯粒子	光子、Z^0、$W^{\pm}$ 胶子

寻找上帝粒子

上面的表里，有一个希格斯粒子还没有谈到。这一节就专门讲这个被称为"上帝粒子"（God particle）的规范粒子。

我们已经讲过，杨振宁和米尔斯为了把电磁相互作用的模式用到强相互作用里，提出了规范理论。像电磁场传递电磁相互作用一样，传递相互作用也有一种场，它们被称为规范场；传递这种作用的粒子则被称为规范粒子。这个理论是从电磁作用模式中发展出来的，特别适合于用来统一各种作用。当今各种相互作用的成功理论，都已被证明属于规范理论。

但是，杨-米尔斯规范理论有个问题，即传递相互作用力的规范粒子，其质量却是零，如同光子一样。然而，除了光子以外，实验上从未发现过有任何质量为零的粒子。因此，杨-米尔斯理论有 20 多年的时间得不到任何实际应用。

　　1964 年，比利时理论物理学家布劳特、昂格勒和爱尔兰爱丁堡大学物理学家希格斯，先后找到了使规范粒子获得质量的途径。不过，由此要求存在一个新的场——希格斯场，并需要一个新的场粒子——希格斯粒子。通俗地说，是规范场的粒子"吃掉"了希格斯粒子而得到了质量。这就像傲来国花果山上的一块仙石，每天吸纳"天地真气，日月精华"，最后这块仙石变成了一个仙猴孙悟空。

　　在 2012 年以前，各国物理学家花了很大的财力和精力，一直没有找到希格斯粒子，使它成为非常成功的"标准模型"（standard model）[1]中唯一没有找到的粒子。"标准模型"是当前描述物质的基本组元及其相互作用的相当成功的理论。根据标准模型，所有的物质都是由夸克和轻子组成的，而夸克和轻子又通过引力、电磁力、弱力及强力这四种力彼此相互作用。弱力和强力只在不超过原子核半径的短距离内产生影响，而引力及电磁力的力程则是无限的，因而也是最熟悉的相互作用力。

　　标准模型自建立以来，经过过五关斩六将的经历之后，被绝大多数物理学家认为是一个很成功的理论，只有希格斯粒子一直找不到，这当然对标准模型是一个生死考验。在几十年的寻找过程中，也有物理学家并不看好希格斯的理论。例如，前面我们提到过的格拉肖，他把希格斯理论称为"厕所"，我们在里面"冲洗"现存理论的不一致性。其他一些最主要的反对意见，多半是认为几十年的寻找连影子都没有见到，因而觉得可疑。但是持这种态度的物理学家并不多，大多数物理学家认为，希格斯粒子赋予了标准模型以数学上的自恰性，所以相信找到它只是时间上的问题。著名物理学家温伯格在《终极理论之梦》一书中说：

――――――――――

1　这儿的"标准模型"是粒子物理学标准模型（standard model of particle physics）的简称。下面引用《希格斯："上帝粒子"的发明与发现》（参考书目 63）一书的解释：它是"目前描述物质粒子以及它们之间相互作用（除引力以外）公认的理论模型。标准模型是由一组量子场论组成的，它们拥有定域 SU（3）（色力）和 SU（2）×U（1）（弱力和电磁力）对称性。这一模型有三代夸克和轻子，以及光子、W 粒子和 Z 粒子、传递色力的胶子和希格斯玻色子"。

　　没有人见过希格斯粒子，但这并不跟理论矛盾；例如希格斯粒子的质量比质子质量大 50 倍（很可能真是这样），那么迄今所做的任何实验都不可能看到它。……我们需要实验告诉我们实际存在一个还是几个希格斯粒子，并告诉我们它们有多大的质量。

　　显然，温伯格认为：只要能够建造能量更大的加速器，就一定可以找到这个"最后的粒子"。莱德曼把这个最难以找到的粒子戏称为"上帝粒子"，并且在《上帝粒子》一书中，号召物理学家们："找到希格斯粒子！"他写道：

　　　　怎样才能证明希格斯场的存在呢？就像量子电动力学（QED）、量子色动力学（QCD）或者弱力一样，希格斯场有自己的粒子，即希格斯粒子。想证明希格斯粒子的存在吗？找到它吧！标准模型足够强大，它告诉我们质量最低的希格斯粒子必须"轻于" 1 TeV（10^3GeV）。为什么？如果希格斯粒子的质量大于 1 TeV，标准模型就会……出现危机。

　　　　希格斯场、标准模型和我们对上帝创造宇宙的描绘都依赖于希格斯粒子的发现。不幸的是，地球上没有一个加速器可以提供足够的能量以产生一个重达 1 TeV 的粒子。

　　　　然而，你可以建造一个。

　　温伯格也有同样的看法，他说：

　　　　我们可以相信，当超导超级对撞机建成的时候，我们就能走出僵局。它将具有足够的能量和强度来解决弱电对称破缺机制的问题——也许找到一个或几个希格斯粒子，也许发现新强力的踪迹……那么，超对称也将在超碰撞中产生。……不论哪种情形，粒子物理学都会继续前进。粒子物理学家在绝望中争取超级对撞机，只有那样的加速器产生的数据才能使我们相信我们的事业还将继续下去。

　　为了找到希格斯粒子，美国、欧洲正在努力建造能量更大的太瓦（tera）级加速器，希望能量达到 40TeV。兴建这么巨大的加速器，肯定要投入巨大的人力和财力，风险也是很高的。万一希格斯理论被证明是错误的，会怎么样呢？莱德曼说得好：

> 那么，我们的标准模型必须进行修改，或者抛弃。这就像哥伦布启程寻找印度群岛一样——他和他的信徒们相信，如果没有达到目的，他也会发现一些别的东西，这些东西可能会更有意义。

也许读者不太理解"粒子物理学家在绝望中争取超级对撞机"的含义和"风险"到底有多大。尽管物理学家信心百倍，但是政府部门对于超导超级对撞机（Superconducting Super Collider，SSC）的建造持十分谨慎的态度。物理学家的

彼得·希格斯在 CERN 巨型探测器旁。

热情，并不总是能够感动所有人，尤其是那些能够决定拨款的政府要员。我们这儿回忆一下美国 SSC 建造所经历的风波也许十分有益。

1983 年，美国物理学家就提出建造 SSC，1988 年 11 月 10 日，美国能源部部长宣布能源部的决定：SSC 将落户在得克萨斯州埃利斯县。1989 年 9 月 7 日，物理学家高兴地得知：参众两院会议委员会同意在 1990 财政年度为 SSC 拨款 2.25 亿美元。SSC 计划有希望实现了！于是，拨款，建造……一切似乎都在按照计划顺利前进。但是，天有不测风云。到了 1993 年 6 月 24 日，众议院决定取消对超级对撞机的资助。看来，只有参议院的支持或许能挽救这个计划。

那年夏天，美国各地的物理学家都走出他们的办公室和实验室，来华盛顿为超级对撞机游说。连远在英国的霍金都通过视频录像发送了支持 SSC 的录像，但是这一切都徒劳无功。1993 年 9 月 29 日和 30 日，关于超级对撞机是否留下的争论，达到了戏剧性的高潮。最后，9 月 30 日，参议院以 57 票对 42 票通过了超级对撞机所需要的行政总预算（总 6.4 亿美元）。计划得到了两院会议委员的支持，物理学家的心情好转。可是到了 10 月 19 日，希望彻底破灭：众议院以近 2 : 1 的投票否决了委员会的报告。

温伯格对此叹息地说：

尽管所有的建造和挖掘工作都在进行，但我知道对该项目的资助很可能会终止。我能够想象，试验坑洞或许会被填上，而磁铁大楼或许最后只剩下一座空房，伴随着几个农场主的浅淡记忆，为一个曾经计划在埃利斯县建造的、规模宏大的科学实验室做证。也许我处在赫胥黎所谓的维多利亚时代的乐观主义咒语之下，可是我无法相信这种情况会发生；或者说，在我们所处的时代，人们将会放弃寻找大自然的终极定律。

温伯格还叹息地说："随着超级对撞机的取消……美国似乎想跟任何基本粒子物理学有关的计划永久告别了。"

美国作家赫尔曼·沃克（Herman Work，1915—   ）是普利策奖的得主，他基于 SSC 事件的经历创作了一篇小说。在《德克萨斯的坑洞》（*A Hole in Texas*）开篇的作者附言中，沃克写道：

> 自从提出原子弹和氢弹的想法以来，（粒子物理学家）一直是国会娇生惯养的宠儿。但是所有这一切突如其来地结束了。他们探索希格斯玻色子的行动流产了，唯一残留下来的就是得克萨斯的坑洞，一个巨大的、被遗弃的坑洞。
>
> 它依然在那儿。

1994 年 12 月 16 日，距离 SSC 被取消后一年多一点，欧洲核子研究中心（CERN）的各成员国投票决定，在未来 20 年内拨款 150 亿美元，用于 LEP[1] 的升级改造，并在它的使用寿命结束时把它变成质子-质子对撞机。

于是寻找希格斯粒子的希望，都放在日内瓦的欧洲核子研究中心

---

1 LEP（Large Enectron-Positron Collider），即大型正负电子对撞机的缩写，后经改造成为 CERN 的大型强子对撞机（LHC-Large Hadron Collider）。它是世界上能量最高的粒子加速器，能够产生高达 14 万亿电子伏的质子-质子对撞能量。LHC 的周长为 27 千米，位于日内瓦附近、瑞士和法国边界的 CERN 的地下 175 米深处。先后以 7 万亿电子伏和 8 万亿电子伏的质子-质子对撞能量运行的 LHC 提供的证据，导致了在 2012 年 7 月发现了一个新的、类似希格斯的玻色子。

（CERN）了。美国一流高能物理学家也只能把目光转向这个中心。

在 2000 年 7 月以前，规范场理论预言的粒子只剩下一个 τ 子型中微子（D_τ）还没有被物理学家找到；但是在 7 月 20 日，这个粒子终于被美国费米实验室的万亿电子伏加速器 Tevatron 发现。这时，Tevatron 和 LEP 都有发现希格斯新粒子的希望。但是，发现这个粒子不像发现 W 粒子和 Z 粒子那么简单，因为这时物理学家还无法获得希格斯粒子的质量，因而不太清楚到哪儿寻找这个粒子。据多数人的估计，希格斯粒子的质量可能处于 100—250 亿兆。看来 Tevatron 已经失去优势。但是 LEP 也难当重任。

2000 年 9 月，LEP 按原计划退役，12 月开始改造。6 年半之后的 2007 年 5 月，LHC 需要的 1746 块超导磁铁中最后一块安装完毕。LHC 准备就绪，可以开始工作。2008 年 9 月 10 日，LHC 项目负责人林东·伊文斯（Lyndon Evans）发表声明说："这是一个梦幻般的时刻，我们现在可以期待，一个理解宇宙起源与演化的新时代即将来到。"

这时欧洲物理学家应该感到十分自豪，第一个粒子电子在英国卡文迪什实验室被发现，现在最后的一个上帝粒子的伟大发现回到了欧洲！

但是，到最终发现还是经历了非常曲折的道路，让人一直心惊胆跳，不能有丝毫的懈意。

9 月 10 日上午 10 点 28 分，LHC 正式启动。巴戈特在他写的《希格斯》一书里特意记下了这具有历史意义的一刻：

LHC 在当天上午的 10 点 28 分启动。当一道闪光出现在监控器上，这就意味着已经把高速质子全程控制在了对撞机 27 千米长的圆环中，其运行温度只比绝对零度高两度。物理学家挤满了狭小的控制室，欢呼雀跃起来。虽然不足以引人注目（而且对于电视观众而言有

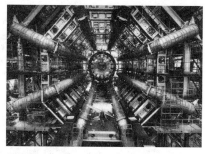

LHC 的大型对撞机。

点令人扫兴，估计有 10 亿人观看了这一瞬间），但是这一历史时刻代表了大批物理学家、设计师、工程师和建筑工人 20 年来的不懈努力达到了顶峰。

但是不幸的是，这一次出师不利。当天下午 3 点，科学家把一束质子流输入对撞机的圆环，不久就出现反常的状况。9 天之后，在两块超导磁铁之间总线连接处发生了短路，产生的电弧把氦容器外壳击穿，形成一个小洞，并发生爆炸，53 块超导磁铁被烧毁，造成氦气泄露，质子管道也受到严重的烟尘污染！

这一事故在外界造成很大的影响，有媒体报道说："上帝粒子被上帝藏起来了，上帝不想让科学家找到最后的秘密。"爱因斯坦曾经说："上帝是微妙的，但他没有恶意。"（Subtle is the Lord, but malicious He is not.）现在看来上帝还是有一些担心把最后的秘密让人类得知。

好在科学家还是相信爱因斯坦的箴言，上帝不会刻意阻止人类探寻大自然的奥秘。面对突发的事故，实验物理学家断定冬季维修没有希望，重新开机的时间只能等到来年（2009 年）的春天。

2010 年 7 月 8 日，费米实验室传来消息，说在 Tevatron 上发现了"轻"希格斯粒子。当媒体捕捉到这一惊人消息之后，正打算大张旗鼓地宣传的时候，却又传来这是一个虚假消息的说法。而且让人没有想到的是到2011 年 1 月 17 日，美国能源部宣布：到 2011 年年底以后，不再资助 Tevatron 项目的继续运行。这一决定终于把高能物理学"掌门人"的地位，彻底让给了欧洲的CERN——LHC 担当起了发现上帝粒子的唯一的希望。

但是情况似乎有一些令人担心，到 2012 年初 LHC 还不能运作。

创造历史的时刻终于来临；2012 年 7 月 4 日，CERN 的两个合作组向全世界宣布：他们终于发现一个酷似希格斯粒子的新粒子。这个新的希格斯粒子的质量处于125—126 千兆电子伏之间，并且

希格斯接受瑞典国王授予的奖状、奖章和奖金支票后，向观众致敬。

恰好以人们预期的希格斯粒子应该具有的方式与其他标准模型粒子发生相互作用。

这一消息立即引起全世界媒体的高度关注，一时"上帝粒子找到了！"的消息，传遍全球。看来上帝确实微妙，但是只要发动全球科学家的智慧，并坚持不懈地努力，上帝还是会放心地把秘密交给人类。这正是中国古语所说："集力之所举，无不胜也；而众智之所为，无不成也。"

但是物理学家还是非常谨慎，唯恐把话说过了头不好收尾。CERN 的新闻评论谨慎地报道：

> 对新粒子的特性做明确的鉴别将花费很长的时间和很多的数据。但不论希格斯粒子呈现出何种形式，我们对物质基本结构的认识都会前进一大步。

希格斯本人在知道这一成功消息之后，对 LHC 的成就表示衷心的祝贺，还说："这一切发生在我的有生之年，真是令人难以置信！"

经过一年的仔细研究和判别，最终物理学界一致认为，希格斯粒子的确被找到了！2013 年 10 月，瑞典诺贝尔奖委员会宣布，2013 年诺贝尔物理学奖给予昂格勒和希格斯，获奖原因是：

"在他们提出的理论中发现了一种机制，有助于我们理解亚原子粒子质量的起源，最近 CERN 大型强子对撞机 ATLAS 和 CMS[1] 实验组确认了这一预言中的基本粒子。"

昂格勒获诺贝尔奖。

上帝与物理学家之间的这场游戏在此告一段落。当然，游戏还没有结束，还有无数的奥秘等待人类与上帝博弈。

1　ATLAS 和 CMS 是 CERN 的 LHC 的两个合作组。ATLAS 是 LHC 属下一个"螺旋管型仪器"的字头缩写（A Toroidal LHC Apparatus）；CMS 是"致密 μ 子螺线管"的字头缩写（Compact Muon Solenoid）。——本书作者注

引力之谜：钱德拉塞卡、霍金和量子引力

量子力学建立以后，少数物理学家开始把它应用到天体物理学和宇宙学里。最开始做这种大胆尝试的可能是英国天体物理学家福勒和印度裔美国物理学家钱德拉塞卡。他们在20世纪30年代就开始把量子力学的规律应用到天体物理学研究中，尽管那时物理学家还在为量子力学的本质争论得一塌糊涂。

最先尝试吃螃蟹，需要的不仅仅是胆量，还要有遇到极为强烈的反对的思想准备。不幸的是，钱德拉塞卡胆量是有的，却因为涉世太浅，没有料到权威的反对是那么激烈和无情，以至于他欲哭无泪，沮丧得一时以为天昏地暗，一切都完蛋了！

霍金出生于1942年，对1910年出生的钱德拉塞卡来说，已经差不多是下两代的人了。霍金把量子力学应用于研究宇宙学的经历，大大不同于钱德拉塞卡，他几乎是从反对别人应用量子力学研究黑洞开始，而后才明白自己错了……

钱德拉塞卡欲哭无泪

用权威做论证是不能算数的，权威做的错事多得很。

——卡尔·萨根

当人们沿着一条给他们带来巨大胜利的道路继续走下去时，也有可能陷入最深的谬误。

——哈耶克（F. A. Hayek，1974年获得诺贝尔经济学奖）

1935年1月11日下午，在英国伦敦皇家天文学会会议上，年轻的印度天文学家钱德拉塞卡宣读了自己在研究中的新发现："相对论性简并"

（relativity degenerate）理论。这项理论将会导致关于恒星演化的一个惊人而有趣的结论。25岁的钱德拉塞卡自信已经做出了一项惊人的重要发现。

印度裔美国物理学家钱德拉塞卡。

可是，他万万没有料到他发言之后，他一贯敬重的爱丁顿立即在会上嘲弄地宣称："我不知道我是否会活着离开这个会场，但我的论文所表述的观点是，没有相对论性简并这类东西。"

爱丁顿当时不仅在天文学界是功绩显赫的领袖人物，而且在相对论方面也是知名的权威；但25岁的钱德拉塞卡却只是刚刚获得博士头衔的无名之辈。在这一场势力极悬殊的"论战"（实际上几乎没有真正"战"过）中，"真理"的天平完全倾斜在爱丁顿一边，钱德拉塞卡几乎是落荒而逃。

但天文学后来的发展却明白无误地证实，钱德拉塞卡是正确的，爱丁顿错了。而且，由于爱丁顿的错误，加上他的权威性影响，天文学在恒星演化方面的研究至少被耽误了20到30年！

回忆这段历史，当然会很有意义。

（1）从白矮星的故事开始

争论的起因是关于白矮星（white dwarfs, dwarfs 的意思就是"侏儒""矮子"）的看法，所以我们先简单介绍一下白矮星。

20世纪20年代，美国天文学家亚当斯（W. S. Adams，1876—1956）利用分光镜研究双星天狼星中的天狼星B时，发现这是一颗十分奇特的恒星。它的奇特之处是亮度低（远不如天狼星A那么亮，只有后者亮度的 10^{-4}），但表面温度却很高，大约在8000℃左右（太阳表面温度只有6000℃），与天狼星A的表面温度相差不多（天狼星A为10000℃左右）。温度高而亮度低，这说明天狼星B的表面积要比天狼星A小得多，据计算只能是天狼星A表面积的1/2800左右。这样，天狼星B的体积很小，与地球相仿；但是，它的质量却大得惊人，与太阳相仿。所以天狼星B的密度也高得惊人，大约是106克/厘米³，大大高于人们熟悉的物质的密度。例如，这个密度高于地心物质几万倍！

亚当斯的发现说明天狼星 B 属于一类全新的恒星，它与普通恒星相比简直像一个侏儒。正是根据这一特点，天文学家把这种恒星称为"白矮星"。没过多久，人们又陆续发现了许多其他的白矮星。

在亚当斯发现白矮星的 4 年前，卢瑟福已经证明，原子的大部分质量集中在极小的原子核里。核外广大的空间被在一定轨道上高速转动的电子占据。白矮星的超高密度，似乎只能想象为原子被压"碎"了，即原子核外沿轨道运动的电子被压得不再沿原来的轨道高速转动，也不再占据核外广大空间，而被压得紧靠着核，好像成了一种自由运动的电子。但科学家们一时接受不了这种设想，因而大部分天文学家对白矮星的存在持怀疑态度。

爱丁顿根据白矮星的特点，算出天狼星 B 的表面引力应该是太阳的 840倍，是地球的 23500 倍。如果真是如此，则根据爱因斯坦的广义相对论，天狼星 B 发出的光线，其"红移现象"（就是光谱中谱线向红端移动），就会比太阳光的红移大得多，因而也就明显得多。为此，爱丁顿建议亚当斯对天狼星 B 的红移现象做一次测试。1925 年，亚当斯进行了测试，结果他测定的红移，与爱丁顿预计的完全相符。从此以后，人们不再怀疑白矮星的存在了。

但是，形成白矮星的物理机制仍然是一个谜。这个谜使当时的天文学家和天文物理学家，以及包括爱丁顿在内的许多人，百思不得其解。正在这时，与天文学似乎一直毫不相关的量子力学的一项新的成果，却为天文学家们提供了一个满意的解释。

1926 年，费米和狄拉克在利用量子力学的方法研究"电子气"时证明：在高密度和（或）低温条件下，电子气的行为将背离经典定律，而遵守他们两人重新表述的量子统计规律，即费米-狄拉克统计规律。在新的量子统计规律里，压强-密度关系与温度无关，压强值仅为密度的函数，即使在绝对零度，压强仍然有一定的值。这个新的量子统计规律刚一公布，英国理论物理学家福勒立即将这一理论应用于白矮星这种特殊的物质状态。在白矮星的条件下，电子离开了正常情形下的运动轨道，被"压"到一块儿，成了所谓"自由"的电子，而原子核则成了"裸露"的核，这种状态被称为"简并态"（degeneracy state）。福勒证明，高密度白矮星中电子气的"简并压力"非常大，大得足以抵抗引力的收缩压力；并且还证明，在白矮星那样的压力和密度条件下，物质的能量确实比地球上普通物质的能量高得多。福勒还证明，任何质量的恒星到它们的晚年时，都将以白矮星告终。1926 年 12 月 10 日，福勒在英国皇家学会公布了他的发现。

福勒的这一发现，是当时刚诞生的量子力学的一个合理的外推，它的结论使爱丁顿十分满意。爱丁顿和许多天文学家放心地认为，与白矮星有关的问题完全解决了，人们再不必为它担心了。

有趣的是，科学史上有无数事例说明，每当科学家认为某一个重大发现，已经被"万无一失"的理论解释得令人十分满意的时候，巨大的危机就会爆发。这次也不例外，正当人们额手称庆之时，印度一位到英国求学的年轻人钱德拉塞卡却有了不同的看法。

1928 年，德国理论物理学家索末菲访问印度，这时正在马德拉斯大学读书的钱德拉塞卡听了索末菲的讲演后，才知道什么是费米-狄拉克统计。由于福勒的论文中有该统计的应用，于是他仔细阅读了福勒的文章。虽然当时钱德拉塞卡的各方面知识很欠缺，但他已经拥有的知识却足以使他对福勒的结论产生疑问。于是他决心继续钻研这个爱丁顿认为"已经完全解决了的问题"。

经过几年的研究，他有了比较明确的新观点。星体到晚期由于引力超过星体内部核反应产生的辐射压力，星体被压缩而变小，星体物质处于简并态；由于这时物质粒子相距愈来愈近，因而根据量子力学中极为重要的"泡利不相容原理"，粒子间将产生一种排斥力与引力相抗衡，在一定的条件下，它们处于平衡状况，于是形成白矮星。但钱德拉塞卡的研究发现，当同时考虑到相对论效应时，星体由于收缩而变得足够密，不相容原理造成的排斥力不一定能抗衡引力。这儿有一个临界质量 $1.44M_\odot$（$M_\odot$ 代表太阳质量。开始时，钱德拉塞卡计算的临界质量是 $0.91M_\odot$），如果星体质量超过这个临界质量，星体的引力将大于排斥力，恒星将在成为白矮星之后，继续收缩……并不一定像福勒设想的那样，所有恒星的晚期均以白矮星告终。

（2）悲哀的 1935 年 1 月 11 日

1930 年，钱德拉塞卡带着两篇论文来到了英国剑桥大学。一篇论述的是非相对论性的简并结构，另一篇则论述了相对论性简并机制和临界质量的出现。福勒看了这两篇文章，对第一篇他没有什么意见，赞同钱德拉塞卡已取得的进展；然而对第二篇所说的相对论简并以及由此而生的临界质量，福勒持怀疑态度。福勒把第二篇论文给著名天体物理学家米尔恩（E. A. Milne, 1896—1950）看，征求他的意见。米尔恩同福勒一样，也持怀疑态度。

虽然两位教授对钱德拉塞卡的结论持强烈怀疑态度，但钱德拉塞卡通过与他们的讨论和争辩，愈加相信临界质量是狭义相对论和量子统计结合的必然产物。1932 年，钱德拉塞卡在《天文物理学杂志》发表了一篇论文，公开宣布了自己的观点。

1933 年，钱德拉塞卡在剑桥大学三一学院获得了哲学博士学位，并被推举为三一学院的研究员。几年来，他与米尔恩已经建立了密切的工作联系和深厚的友谊，也逐渐熟悉了爱丁顿。爱丁顿经常到三一学院来，与钱德拉塞卡一起吃饭，一起讨论问题，爱丁顿几乎都了解钱德拉塞卡每天在干什么。

到 1934 年底，钱德拉塞卡关于白矮星的研究终于胜利完成。他相信他的研究一定具有重大意义，是恒星演化理论中的一个重大突破。他把他的研究成果写成两篇论文，交给了英国皇家天文学会。皇家天文学会做出决定，邀请他在 1935 年 1 月的会议上，简单说明自己的研究成果。

会议定于 1935 年 1 月 11 日星期五举行，钱德拉塞卡踌躇满志，自信在星期五下午的发言中，他宣布的重要发现将一鸣惊人。但在星期四晚上发生了一件事，使钱德拉塞卡感到疑惑和不安。那天傍晚，会议助理秘书威廉斯小姐把星期五会议的日程表给他时，他惊讶地得知在他发言之后，爱丁顿接着发言，题目是"相对论性简并"！钱德拉塞卡曾多次与爱丁顿讨论过相对论性简并，并且将他所知道的公式、数字都告诉了爱丁顿，而爱丁顿从来没有提到过他自己在这一领域里的任何研究，明天他竟然也要讲相对论性简并！钱德拉塞卡觉得，"这似乎是一种难以置信的不忠诚行为"。

晚餐时，钱德拉塞卡在餐厅里碰见了爱丁顿，钱德拉塞卡以为爱丁顿会对他做出某些解释，但是爱丁顿没有任何解释，也没有提出任何道歉。他只是十分关心地对钱德拉塞卡说："你的文章很长，

英国著名物理学家和天体物理学家爱丁顿。

所以我已要求会议秘书斯马
特做出安排，让你讲半个小
时，而不是通常规定的 15 分
钟。"钱德拉塞卡很想趁机问
一下，爱丁顿在他自己的论
文中写了些什么，但出于对
他的高度尊敬，他不敢问，
只是回答说："太感谢您了。"
　　第二天会议前，钱德
拉塞卡和天文学家麦克雷

1935 年 12 月，钱德拉塞卡（左）与麦克雷在伦敦。

（William H. McCrea，1904—1999）正在会议厅前厅喝茶，爱丁顿从他们身边
走过。麦克雷问爱丁顿："爱丁顿教授，请问相对论性简并指的是什么？"爱
丁顿没有回答麦克雷的问题，却转身向钱德拉塞卡微笑说："我要使你大吃一
惊呢。"

　　可以想见，钱德拉塞卡听了这句话后，除了感到纳闷以外，大约多少会
有些不安。

　　下午会议上，钱德拉塞卡简短介绍了自己的研究：一颗恒星在烧完了它
所有的核燃料之后，将会发生什么情形？如果不考虑相对论性简并，恒星最
终都塌缩为白矮星。这正是当前流行的理论。但是，当人们考虑到相对论性简
并的时候，任何一颗质量大于 $1.44M_\odot$ 的恒星在塌缩时，由于巨大的引力超过
恒星物质在压缩时产生的简并压力，这颗恒星将经过白矮星阶段继续塌缩，它
的直径越变越小，物质密度也越来越大，直到⋯⋯

　　"啊，那可是一个很有趣的问题。"他明确地宣称："一颗大质量的恒星不
会停留在白矮星阶段，人们应该推测其他的可能性。"

　　米尔恩对钱德拉塞卡的发言做了一个简短的评论后，大会主席请爱丁顿
讲"相对论性简并"。钱德拉塞卡怀着异常紧张的心情，等待着这位权威的
裁定。爱丁顿开始发言了：

　　　钱德拉塞卡博士已经提到了简并。通常认为有两种简并：普通的和
　　相对论性的。⋯⋯我不知道我是否会活着离开这个会场，但我的论文所
　　表述的观点是，没有相对论性简并这类东西。

钱德拉塞卡惊呆了！怎么爱丁顿从来没有同他讨论过这一点呢！？在那么多的相互讨论中，爱丁顿至少应该表明一下他的观点才对呀！但是，爱丁顿并没有办法驳倒钱德拉塞卡的逻辑和计算，他只是声称，钱德拉塞卡的结果"过于稀奇古怪和荒诞"。钱德拉塞卡认为，超过临界质量的恒星"必然继续地辐射和收缩，直到它缩小到只有几公里的半径。那时引力将大得任何辐射也逃不出去，于是这颗恒星才终于平静下来"。爱丁顿认为这个结局简直荒谬透顶。

钱德拉塞卡说的这种最终结局，实际上就是现在已被广泛承认的黑洞，但 1935 年 1 月 11 日的那天下午，爱丁顿断然宣布它是绝不可能存在的。他的理由是："一定有一条自然规律阻止恒星做出如此荒谬愚蠢的行为！"

爱丁顿的发言，对于钱德拉塞卡不啻为迎头一棒。一场"争论"，也就这样以迅雷不及掩耳之势爆发了。但是这场"争论"是很不公正的，因为钱德拉塞卡根本没有答辩权！

（3）不是砰的一声巨响，而是一声呜咽

1935 年 1 月 11 日的下午，对于钱德拉塞卡来说，真是一个惨淡得怕的下午。他曾经心痛地回忆过那天下午会议结束后的惨况，他写道：

> 在会议结束后，每个人走到我面前说："太糟糕了。钱德拉，太糟糕了。"我来参加会议时，本以为我将宣布一个十分重要的发现，结果呢，爱丁顿使我出够了洋相。我心里乱极了。我甚至不知道我是否还要继续我的研究。那天深夜大约一点钟左右我才回到剑桥，我记得我走进了教员休息室，那是人们经常聚会的场所。那时当然空无一人，但炉火仍然在燃烧。我记得我站在炉火前，不断地自言自语地说："世界就是这样结束的，不是砰的一声巨响，而是一声呜咽。"

第二天上午，钱德拉塞卡见到了福勒，把会议上发生的事情告诉了他。福勒说了一些安慰的话，其他一些同事也私下安慰钱德拉塞卡。钱德拉塞卡不喜欢这些"关怀"，因为从大家说话的语气中，他听出人们似乎都已经肯定爱丁顿是对的，而他肯定是错了。这种语气让钱德拉塞卡受不了，因为他相信自己肯定是对的。爱丁顿反对他的结论，却提不出任何充足的理由，爱丁

顿唯一的理由就是他不相信大自然会"做出如此荒谬愚蠢的行为"。但这种"理由"在钱德拉塞卡看来未免有些滑稽可笑。

爱丁顿没有停止对钱德拉塞卡的"错误"提出批评。1935 年在巴黎召开的国际天文学会会议期间，爱丁顿再次在讲话中批评钱德拉塞卡的研究结果，说那简直是异端邪说，而所谓"临界质量"在爱丁顿看来简直是愚蠢可笑之极。钱德拉塞卡出席了这次会议，但会议主席没有让他对批评做出回答。钱德拉塞卡感到自己受到了不公正的待遇。他认为大家之所以赞同爱丁顿的意见，是因为他是权威，名气很大；而之所以反对他的结论，只不过是因为他是一个年轻的无名小卒。这公正吗？钱德拉塞卡的想法是合乎事实的，这可以从麦克雷在 1979 年 11 月写的一封信中看得十分清楚。麦克雷在信中写道："我记得在一次皇家天文学会的会议上，爱丁顿发表了讲话，使我大吃一惊的是这是一种不能应战的争论。……当我聆听了爱丁顿的讲话以后，我不可能考虑他所说的所有含义，但是我的直觉告诉我，他可能是对的。"

麦克雷接着以勇敢的精神解剖了自己：

> 使我感到羞愧的是我没有试图去澄清爱丁顿引起的争论。假如是其他人而不是爱丁顿引起这样的争论，我想我会去澄清的。从表面上看，大家都满意爱丁顿的发言，既然大家都满意，坦白地讲，我也情愿事态如此发展，更何况我不是研究恒星结构的。然而，我承认我知道一些狭义相对论，我本应该从这方面深入研究一下爱丁顿提出的问题。

钱德拉塞卡知道，他和爱丁顿争论的是一个物理学问题，只在天文学圈子里争，是争不出一个子丑寅卯来的。他决定求助于玻尔、泡利这些量子力学的开拓者们。1935 年，大约是 1 月下旬，钱德拉塞卡写了封信给他的好友罗森菲尔德。罗森菲尔德那时正在哥本哈根工作，当玻尔的助手。钱德拉塞卡在信中将他和爱丁顿争论的焦点做了详细的介绍后，接着写道：

> 我设法拿到爱丁顿的原稿。他把它给了我，我把它转交给你，以便你和玻尔单独阅读。要是能说服玻尔对此事感兴趣，我将会高兴得不得了。如果像玻尔那样的量子力学专家对此事表态的话，那么定会

对此事的进一步发展具有极大的意义。尽可能迅速地解决此事是极其重要的，不然的话，将在天体物理学上产生严重的混乱……在此事上麻烦你，我感到非常对不起，但我希望你能理解。

可惜的是玻尔当时正在忙于研究原子核，以及与爱因斯坦争论量子力学的完备性问题，根本没有精力专心地研究一个新课题，没有精力在另一个领域挑起论战，因此无法满足钱德拉塞卡的愿望。但罗森菲尔德在几次通信中，将他与玻尔几次初步的讨论结果告诉了钱德拉塞卡。他们认为爱丁顿的意见没有什么价值，并且高度评价了钱德拉塞卡的观点。罗森菲尔德在一封信里写道：

我清楚地理解你的烦恼，并很替你难过。玻尔本来十分愿意帮助你，但此时他非常疲劳，必须写两篇截止日期在 2 月 15 日之前的论文；在这完成之后，他打算动身去某个休养胜地，以从一个非常紧张的学期中恢复过来。所以他觉得眼下要他专心于一个新课题是困难的，但他有个建议给你，我想它会以最佳的方式满足你的愿望。你是否同意我们将爱丁顿的原稿秘密地转交给泡利，附带一份情况说明，并请求他给予一个"权威性的"回答呢？

罗森菲尔德还建议钱德拉塞卡把争论的焦点告诉泡利，请这位被誉为"物理学的良知"的大师进行仲裁。钱德拉塞卡觉得这个主意不错，就把他对相对论简并的推导，以及爱丁顿的论文等有关资料，寄给了泡利，泡利给了明确的和令人鼓舞的回答。泡利说"爱丁顿并不懂物理学"，把不相容原理应用到相对论性系统是绝对没有问题的。按照泡利的意见，爱丁顿的主要错误在于他试图使不相容原理适合他在天体物理学上所想要的东西时，仅根据自己的愿望而不根据事实，而且过分地依赖天体物理计算的结果。钱德拉也写信给狄拉克，那时后者在美国的普林斯顿。他也认为钱德拉对此问题的处理是完美无缺的。但遗憾的是，泡利和狄拉克都不愿意如钱德拉所希望的那样进入公开的争论和做出一个"权威性的声明"。

其实钱德拉塞卡想从玻尔等人那里得到权威性评述，主要不是让物理学家信服自己见解的正确性，而是想要消除天文学家中间的怀疑，想尽快消除天文学中的混乱。

　　不幸的是，玻尔、泡利、狄拉克等量子力学大师不愿介入，结果正如钱德拉塞卡预料中的一样，混乱一直在天文学中蔓延，而且持续了 20 年！

　　由于物理学家们无心介入，钱德拉塞卡的处境变得十分不利，他几乎失去了在英国寻找一个职位的任何机会，人们对爱丁顿的嘲笑记忆极深。没有办法，他只得于 1937 年来到美国，很幸运的是他在芝加哥大学找到了一个教职。与此同时，钱德拉塞卡决定暂时放弃恒星演化

1983 年 12 月，钱德拉塞卡（左）从瑞典国王古斯塔夫 16 世手中接受诺贝尔物理学奖。

的研究，但他坚信他的理论总有出头露面的一天。于是他把他的整个理论推导、计算、公式等，统统写进了一本书中，这本书的书名是《恒星结构研究导论》（*An Introduction to the Study of Stellar Structure*，1939）。

　　写完了这本书以后，他改弦更张，开始研究星体在星系中的几率分布，后来又转而研究天空为什么是蓝颜色的。有趣的是，钱德拉塞卡后来似乎十分满意这种不断转换研究领域的做法，以致他后来又全面地研究了磁场中热流体的行为、旋转物体的稳定性、广义相对论，最后他又从一种全然不同的角度回到了黑洞理论。1983 年，73 岁高龄的钱德拉塞卡终于因为"对恒星结构和演化过程的研究，特别是因为对白矮星的结构和变化的精确预言"，获得了诺贝尔物理学奖。但这已是他最初提出这种理论 48 年之后了！

（4）他们怎么知道上帝喜欢做什么呢？

　　美国作家欧文·斯通（Irving Stone，1903—1989）说得好："人生的命运是多么难以捉摸啊！它可以被几小时内发生的事毁灭，也可以由几小时内发生的事而得到拯救。"

　　我们的确可以从历史上找到许许多多欧文·斯通所说的被"毁灭"或被

"拯救"的例子。有时候这种毁灭和拯救完全取决于命运，人几乎没有机会去改变它；但在更多的情形下，命运却可以取决于经事人本身。法国著名作家蒙田（Michael de Montaigne，1533—1592）曾意味隽永地说过："命运对于我们并无所谓利害，它只供给我们利害的原料和种子，任那比它更强的灵魂随意变转和利用，因为灵魂才是自己的幸与不幸的唯一主宰。"

钱德拉塞卡后来的经历，可以说是蒙田说法的一个佐证。1935 年 1 月 11 日那天下午突然落到钱德拉塞卡头上的严重打击，有可能毁掉一个人的人生；但对于具有"更强的灵魂"的钱德拉塞卡，这一严重的打击却给了他一个千载难逢的机会，使他悟出了一个深刻的道理。一个什么样的深刻道理呢？且看他 1975 年（距 1935 年整整 40 年！）在一次演讲中提出的一个令人深思的问题。

1975 年 4 月 22 日在芝加哥大学一次演讲中，钱德拉塞卡做了题为《莎士比亚、牛顿和贝多芬：创造性的模式》的演讲，在演讲中他提出了一个十分奇特的现象：文学家和艺术家，如莎士比亚和贝多芬，他们的创作生涯不仅一直延续到晚期，而且到了晚年他们的创作升华得更高、更纯，他们的创造性也在晚年得到了更动人的发挥；但科学家则不同，科学家到了 50 岁（甚至更早）以后，就基本上不再会有什么创造性了。

1817 年，贝多芬 47 岁，在此之前他有好久没有写什么曲子了，这时他却对人说："现在我知道怎么作曲了。"钱德拉塞卡对此评论说："我相信没有一个科学家在年过 40 岁时会说：'现在我知道怎样做研究了。'"

英国著名数学家哈代（G. H. Hardy，1877—1947）曾经说："我不知道有哪个数学奇迹是由 50 开外的人创造的，……一个数学家到 60 岁时可能仍然很有能力，但希望他有创造性的思想则是徒劳的。"他还说过："一个数学家到 30 岁已经有点老了。"英国著名生物学家赫胥黎（T. H. Huxley，1825—1895）也讲过："科学家过了 60 岁，益少害多。"有意思的是，当英国物理学家瑞利 67 岁时，他的儿子问他对赫胥黎的话有什么看法，瑞利回答："如果他对年轻人的成就指手画脚，那可能是这样；但如果他一心一意做他能做的事，那就不一定益少害多。"

钱德拉塞卡还举了一个惊人的例子——爱因斯坦。他指出，爱因斯坦是公认的 20 世纪最伟大的物理学家之一，1916 年他发现了举世震惊的广义相对论，那时他 37 岁。到 20 世纪 20 年代初，爱因斯坦还做了一些十分重要的工作。但从那个时期往后，"他就裹足不前，孤立于科学进步潮流之外，成为一位量子力学的批评者，并且实际上没有再给科学增添什么东西。在爱因斯坦40岁以后，没有任何迹象表明他的洞察力比以前更高了"。

科学家为什么不能像伟大的文学家、艺术家那样不断地具有创新精神呢？这正是钱德拉塞卡感到有兴趣的地方。钱德拉塞卡通过自己奇特的经历，找到一个答案，那就是：

> 由于没有更恰当的词，我只能说这似乎是人们对大自然产生的某种傲慢的态度。这些人有过伟大的洞见，做出过伟大的发现，但他们此后就以为他们的成就足以说明他们看待科学的特殊方法必然是最正确的。但是科学并不承认这种看法，大自然一次又一次地表明，构成大自然基础的各种真理超越了最强有力的科学家。

钱德拉塞卡举爱丁顿和爱因斯坦为例：

> 以爱丁顿为例，他是一位科学伟人，但他却认为，必然有一条自然定律阻止一个恒星变为一个黑洞。他为什么会这么说呢？无非是他不喜欢黑洞这个想法。但他有什么理由认为自然规律应该是怎样的

爱因斯坦与爱丁顿在剑桥大学。

> 呢？同样，人们都十分熟悉爱因斯坦的那句不赞成量子力学的话："上帝是不会掷骰子的。"他怎么知道上帝喜欢做什么呢？

钱德拉塞卡的话是极有启发性的。真正伟大的发现固然是由一些有"傲慢"精神的人做出的，他们正是敢于对大自然做出评判才有了伟大的发现；

但是，要想持续不断地在科学探索中做出新的发现，又必须对大自然保持某种谦虚精神。

有一次，当曾任英国首相的丘吉尔听说工党领袖艾德礼为人很谦虚时，他不无妒意地说："他有许多需要谦虚的地方。"这句话用到科学家头上倒是非常合适的。对待大自然，一位科学家，无论他曾经做出过多么伟大的发现，总应该"有许多需要谦虚的地方"！

但要长期保持谦虚精神并不那么容易。仅仅知道"需要谦虚"是不能保证一个人真正的谦虚的，似乎还应该有一定的方法、程序，保证人们时时刻刻不得不谦虚。有什么样的方法可以保证这一点呢？钱德拉塞卡提出了一个良方，他说："每隔十年投身于一个新领域，可以保证你具有谦虚精神，你就没有可能与青年人闹矛盾，因为他们在这个新领域里比你干的时间还长！"

这肯定是钱德拉塞卡通过自己的经历得出的体会。1935年的打击，使得他不得不离开他研究了近7年的恒星演化领域，转而研究其他新领域。这种被迫的转向，想不到给钱德拉塞卡带来了意外的好处，使他终生习惯于，后来甚至喜欢不断转换自己的研究领域，并且也使他明白了一个长期令人迷惑的奥秘：科学家的创造性生涯为什么远比文学家和艺术家短？

当钱德拉塞卡晚年回忆1935年的这场争论时，他似乎已经忘了当年的绝望心情，而颇为感谢爱丁顿当年给他的沉重打击（请读者注意，钱德拉塞卡和爱丁顿终生保持着亲密的友谊），使他幸运地放弃了原来的专业。下面是他的一段回忆：

> 假如当时爱丁顿肯定自然界有黑洞存在，他就会使这个领域成为一个十分令人注目的研究领域，黑洞的许多性质也可能提前20到30年被发现。那么，理论天文学的形势将大不相同。但是，我并不认为这样对我会是有益的，爱丁顿的称赞将使我的地位有根本变化，我会很快变得十分有名气。但我确实不知道，在那种诱惑和魅力面前我会变得怎么样。

钱德拉塞卡的体会，以及许多伟大科学家未能保持谦虚的教训，应该说是科学史中令人瞩目的事情，它会为我们带来许多有益的启示。

霍金辐射和黑洞不黑

我们也许都还记得，英国著名诗人蒲伯（Alexander Pope，1688—1744）曾经为霍金的前辈、伟大的物理学家牛顿写的墓志铭：

> 自然和自然规律深藏在黑暗，
> 上帝说：让牛顿来吧！
> 于是霞光满天。

200多年后，又一位英国作家斯圭尔（J. C. Squire）依样为爱因斯坦写出诗句：

> 再也不能这样下去了，魔鬼咆哮着。
> 嗬！让爱因斯坦来吧！
> 于是，宇宙恢复了满天霞光。

在2002年霍金60大寿的庆祝大会上，纪念品是一个杯子，上面有和公式写在一起的文字：

> 霍金说：
> $T_{\mathrm{H}} = hc^3 \ / \ 8\pi GMk$[1]
> 于是黑洞发出光来。

由上面的三首诗可见，霍金在科学史上的地位是多么高。读者也许对第三首诗有一点不懂："黑洞发出光来？"黑洞不是连光也被吸引住而逃不出来吗？不然怎么叫作黑洞呢？啊，这里面的确有一段精彩的故事。

2002年霍金60寿诞庆祝会上发的纪念杯子。

1　这是霍金最喜爱的公式。后面"黑洞不黑"的一节里，还会解释这个公式。

（1）从灾难中再生的霍金

霍金在进入剑桥大学后的第一学期情况很糟，首先是他觉得不习惯新的环境，而且正在这个时候，霍金的身体日益令人担忧，结果出现了非常可怕的事情，几乎毁掉了霍金。但谁也没有想到，正是这场从天而降的巨大不幸，倒使得霍金遇到的困难开始消解。

事情是这样的：进了剑桥大学以后，霍金觉得自己的手脚越来越不灵活，走路时他不能走直线，总像喝醉了酒一样，东扭西歪，走不规则的曲线；鞋带散了想把它系上，他都无法做到；向酒杯倒酒，总是倒到酒杯外面，酒得到处都是。霍金的导师西阿马（Denis Sciama）开始并不知道霍金的严重毛病，只不过发觉这个很聪明的学生有些口吃，也不认为这是什么大不了的问题。

寒假回家期间，霍金的父母察觉到霍金的身体出了严重的毛病。有一次，他与母亲伊莎贝尔一起去滑冰，他无端地摔倒了，而且无论怎样努力，竟然爬不起来。他的父母由此坚持要求他去向家庭医生咨询一下。霍金从小就一直不能动作自如，所有球类的运动他都不行，也许正是因为这一原因他不愿意参加体育运动。到了牛津大学以后，他迷上了赛艇，成为舵手，有时也划船，笨拙行为似乎好转了一些。正因为好转了一些，他在牛津上三年级时，对自己日渐加重的笨拙行为，并没有在意，以为是考试临近时心理上的原因导致的。到剑桥大学以后，情况变得似乎更严重了，霍金自己也意识到问题的严重性，所以同意和母亲一起去会见家庭医生。

家庭医生又把他介绍给一位专家。1963 年 1 月中旬，刚过完 21 岁生日不久，霍金到一家医院进行了一系列的检查。检查要花比较多的时间，所以在 1 月下旬剑桥大学开学的时候，他还在医院里。本来他可以住单间病房，但他的社会主义思想原则却使他决定住普通病房，病房里除了他，还有一个患了白血病的小男孩。

检查完了以后，医生给他开了一点维生素，并建议他回到大学去继续研究宇宙学，最后的确诊还要等待一段时间。霍金回到剑桥以后不久，诊断结果出来了，他患的是一种十分罕见的病，正式学名为"肌萎缩性侧索硬化症"（ALS）。在英国这种病通常被称为"运动神经细胞症"，在美国被称为"卢·格里克症"，这是因为美国有一个著名的棒球队员卢·格里克患这种病去世。

霍金的母亲认为她一定要向医生问清楚，作为母亲她可以为儿子做些什么。医生告诉她说，这种病由于肌肉萎缩引起运动功能减退，最后可能瘫痪；说话也会日益感到困难，最终丧失说话能力，而且吞咽也有困难。最后，呼吸肌受到侵害，引起肺炎和窒息，死亡就降临了。在整个患病过程中，大脑不受侵害，因此思维能力和记忆力不会受到影响，而且这种病没有任何疼痛的感觉。

医生估计病人只能活两年半左右的时间，也许更长一点，但不会很长。最后医生说：

> 这是非常令人伤心的事情。这么一位优秀的青年，在他的生命巅峰期就横遭不幸，真令人惋惜。

伊莎贝尔问：“我们还有办法吗？我们可以对他施行生理或者任何有助的治疗方法吗？”

“我毫无办法。”

当霍金知道他得了一种不治之症，并且在几年之内生命就要结束时，这肯定是一个致命的打击。像所有得知自己患上绝症的病人一样，他不断地向上苍发问：“为什么这种事情会发生在我身上呢？为什么我要这样悲惨地死去？”

但没有任何人能回应这些问题。

他感到十分绝望，认为自己活不到完成博士论文的时候了。过了一段时间，他终于从绝望中振作起来。霍金曾在回忆中说：

> 我出医院后不久，做了一个梦，梦见自己被处死。醒了以后我突然意识到，如果我的生命还可以延续一段时间的话，那我还可以做许多有价值的事情。我的一个深刻体验是，当一个人面临早逝的可能时，就会体验到活下去是值得的。

他甚至庆幸自己从事的是几乎纯脑力劳动的研究，这样，他患的疾病不至于使他过早中断他的事业；如果是实验物理学，那他的事业可能会就此终结。上帝还是很关爱人类的嘛，只把这位必死无疑的天才留在人间，让他与上帝继续博弈，并由此揭开一些重大的自然奥秘。

不过，真正使他最终振作起来而没有被残酷的疾病击倒的，是他正好在这期间认识了一位非凡的女性简·外尔德（Jean Wilde）——他未来的妻子。

　　霍金曾经说，简的出现和他们的结婚，彻底改变了他对生活的态度。
他说：

　　　　因为我估计自己活不到完成博士论文，所以看来研究已没有什么
　　意义。然而，疾病在以后的时间里似乎缓和了一些。我开始懂得了
　　广义相对论，并在研究上获得进展。但是真正使我生活改变的是我和
　　一个名叫简·外尔德的女士订婚。这使我有了活下去的目标。也就是
　　说，如果我要结婚就必须有一份工作。

霍金和简结婚时的照片。

　　1964 年 10 月的一个星期六晚上，在剑桥，霍金吞吞吐吐地低声向简求
了婚。当时室外一片昏暗，小雨淅沥不停。简接受了霍金的求婚。简和霍金
的命运和生活，由此发生了彻底的改变，原来简想从事外交工作，现在也抛
到了脑后。
　　后来，霍金夫妇生下了三个孩子，他的身体却不可逆转地越来越糟。到
1969 年，霍金行走越来越慢，迈出的步子越来越小，也越来越摇晃不定。这
给简带来了很大的困难。霍金在做了最后的抵抗失败之后，不得不放弃自己

的无效抗拒，同意用轮椅代步。坐轮椅对霍金和简都是一个重大的变化。对霍金来说，坐上了轮椅，表明他现实地承认了身体给他带来的不幸，不过，他也并没有因为自己的某种放弃而消沉和沮丧，他反而十分快乐，觉得他可以更方便地到各处走动；对简来说，她身上照料霍金的担子总算减轻了许多。

1985 年，由于一场大病，霍金不仅因疾病日益蚕食他的肌肉导致他能够运动的部位越来越少，最后甚至到了不能说话，只能靠手指按动按钮通过计算机语音系统与人交谈的地步。在这种严酷的条件下，霍金仍然没有屈服于疾病的严重打击。相反，在黑洞研究方面还奇迹般地取得了令人惊愕的进展，而他本人也因此被誉为"当代的爱因斯坦""宇宙的主宰者"。

（2）霍金辐射：黑洞不黑

1973 年，霍金与惠勒的研究生贝肯斯坦发生了一场持续时间不长但是比较激烈的争论，而且争论的结果是霍金错了。

原来，贝肯斯坦在他的博士论文中，利用精妙的数学方法证明：黑洞的"表面积"可以直接作为黑洞的"熵"的量度。由此他还在论文中宣称：热力学概念对于黑洞的确是适用的。但是，贝肯斯坦的这一个判断，激怒了霍金。

霍金为什么被激怒了呢？原来，在相对论看来，黑洞的温度是绝对零度，这是为什么呢？因为任何东西，包括光和热都不可能从黑洞里逃逸出来，既然如此，黑洞的温度只能是绝对零度了；否则的话，热作为一种能量就要从黑洞里逃逸出来了。

霍金和布兰登·卡特（Brandon Carter）合写了一篇文章，指出了贝肯斯坦的"致命缺陷"：既然黑洞的温度是绝对零度，那黑洞就不会有熵；相反，如果黑洞本身就有熵，那黑洞的绝对温度就不可能是零度了。

大部分物理学家都赞成霍金的意见，纷纷发表论文反对贝肯斯坦的意见。虽然贝肯斯坦当时只是一个小人物，而霍金已经很有名气，但他却没有因为霍金的名气和众多科学家的反对而退缩。他认为将热力学应用于黑洞研究，将会产生巨大的推动力量，1973 年他发表了题为《黑洞热力学》（Black Hole Thermodynamics）的论文，霍金和他的朋友们立即回应了一篇题为《黑洞力学中的四个法则》（The Four Laws of Black Hole Mechanics）的论文反驳贝肯斯坦。剑桥和普林斯顿的这场争论僵持了一段时间。贝肯斯坦后来回忆说：

在 1973 年那些日子里，经常有人告诉我走错了路，我只能从惠勒那儿得到安慰，他说："黑洞热力学是疯狂的，但也许疯狂到了一定程度之后就会行得通。"

但是，贝肯斯坦比 1935 年的钱德拉塞卡幸运，他总有他的导师惠勒坚决支持他呀！

后来的事实证明，霍金错了，热力学中的熵的确可以用在黑洞研究上，而且后来霍金自己还把黑洞看成是一个纯粹的熵，像一条饥饿的鲨鱼一样四处游荡。

在这种激烈的争论和思考后，霍金才想到要深入研究一下 20 世纪另一个伟大的理论——量子力学，从这方面思考也许会找到更合适的突破口。他让他的朋友里斯（Martin Rees）为他找来一本量子力学方面的教科书，里斯把书拿到霍金面前，翻到霍金需要的那一页，然后霍金就几个小时坐在那里一动不动地盯着书看，谁也不知道他的大脑在哪方翱翔。里斯觉得霍金的身体越来越差，当他看到霍金一动不动地坐在那儿，有时不免担心，还不时去看一看，唯恐发生什么意外。

霍金对人们过多关心他的疾病，过分强调他身体的残疾颇为不满。他可不愿意时时去想死亡的事情。他甚至说："残疾对我来说，不过是给了我一个绝好的机会，让我坐着思考自己喜欢的事情。"

美国物理学家奥弗比（Dennis Overbye）在他的《环宇孤心——探索宇宙奥秘的故事》（*Lonely Hearts of Cosmos*，1991）一书中写道：

霍金与贝肯斯坦之间的争论因为一个意想不到的领域的介入而得到解决。解决的方法来自量子理论。量子理论改变了一切。

正好在这时，1973 年 9 月，霍金有机会去莫斯科。莫斯科的泽利多维奇（Yakov Boris Zel'dorvich）的身边有一群了不起的相对论专家正在探讨黑洞的量子力学问题，霍金想从他们那儿得到一些教益。泽利多维奇小组有一个瘦瘦的、严肃和口吃的年轻人叫斯塔罗宾斯基（Alec Starobinsky），他提出了一个惊人的想法，他认为黑洞如果像恒星那样旋转的话，就会喷出基本粒子。不过，霍金这时已经不认为这种想法是疯狂的，因为他和彭罗斯已经讨论过类似的情形。但霍金不喜欢斯塔罗宾斯基的方法，他决心自己重新进行计算。

事实上，这一次拜访和讨论对霍金起了非常关键的作用。美国宇宙学家基普·索恩曾经在回忆中谈到与此有关的一些事情：

> 泽利多维奇在 1969 年左右就意识到旋转的黑洞应该发出辐射，而这种辐射应该是广义相对论和量子理论结合或半结合的产物。泽利多维奇还相信，辐射基本上是由黑洞的旋转能量产生，因此旋转黑洞所发出的辐射会使黑洞旋转变慢，然后辐射会停止。
>
> 1969 年泽利多维奇告诉索恩，他相信这种辐射肯定会发生，但是他的广义相对论的基础不足，证明不了它。索恩那时认为泽利多维奇发疯了，所以他们打了一个赌，泽利多维奇说经过仔细计算，黑洞辐射将肯定是事实，而索恩则赌这不会发生。
>
> 1973 年索恩和斯蒂芬离开莫斯科的时候，已经很清楚旋转黑洞必须发射这种辐射，所以索恩输了一瓶白马牌苏格兰酒给泽利多维奇。

霍金在到莫斯科以前并不知道泽利多维奇的想法，当他知道了以后，泽利多维奇的解释并不能让他完全信服，他决定用自己的方式来思考。回到英国以后，霍金埋头计算了两个多月，结果发现，黑洞不只是"蒸发"（evaporate），而是像发了疯的火山一样，向外"喷射"（eject）着物质和辐射；而且，在这种"黑洞辐射"的过程中，黑洞将丢失能量和物质，越变越小。黑洞越小，就越热，它的辐射活动就越剧烈，缩小得越快，最后黑洞就会像节日放的礼花一样，爆炸开来，放出大量射线和粒子。于是结论只能是：黑洞迟早总是会爆炸的。而且霍金还得出了一个计算黑洞温度的公式：

$$T_H = hc^3/8\pi \, GMk^1$$

霍金开始还有一些怀疑自己"疯狂的"结论，因此一时还没有胆量告诉别人；但是到了 1973 年底，通过反复计算得出结果，他认为他的"黑洞辐射"理论没有错，于是在 1974 年 1 月前后告诉了里斯；里斯知道后，巧好

1　公式 $T_H = hc^3/8\pi GMk$ 是霍金最喜爱的黑洞温度 T_H 的公式，式中 h 为普朗克常数，c 为真空光传播的速度，G 为万有引力常数，M 为黑洞的质量，k 为玻尔兹曼常数。这个公式把量子理论、相对论和经典统计理论中的三个常数收入到一个公式里。

碰到西阿马，里斯脸色发白，浑身颤抖地对西阿马说：

您听说了吗？霍金改变了一切。

"你说什么？"西阿马问道。里斯向他解释了霍金的发现：由于量子力学的效应，黑洞像热体一样辐射，所以黑洞不再是黑的了！这样就使得热力学、广义相对论和量子力学有了新的统一，"这将改变我们对物理学的理解！"

西阿马听了里斯的介绍以后，虽然也觉得简直难以让人相信，但他却满怀兴奋地说服霍金，让他在2月份牛津附近卢瑟福–阿普顿实验室（Rutherford-Appleton Laboratory）的一次会议上，把这一研究结果公布于众。

霍金听从西阿马的建议，参加了会议。轮到霍金发言时，他摇着轮椅走到讲台处，一架投影仪把他含混不清的话语打在屏幕上面，讲述他如何用量子力学得出了他几个月来研究的结果：黑洞不黑，黑洞也要向外辐射能量和物质。这就是说，以前认为黑洞只吞噬它四周的物质，而绝不向外释放任何物质，哪怕连质量几乎为零的光都不肯放走，现在看来是不对的，原来"黑洞并不黑"。还有人开玩笑地说：黑洞有毛了！

霍金回忆说："就在会期一天天接近时，整个问题变得越来越清楚了。所以，到2月份我发表演讲时，我已经完全相信我的这个结果了。但许多人并不相信。"

的确，很多人"并不相信"。据说，当霍金讲演结束以后，出席会议的人都惊呆了，大家都聚精会神地思考霍金的惊人发现。整个会场一片寂静，真是静得连一根针落到地上都能听见。过了一会儿，会议主席约翰·泰勒（John Taylor）教授忽然在寂静中从座位上站起来，大发雷霆，说霍金所说纯粹是一派胡言：

太荒谬了！我从来没有听过这么荒谬的话。我只能宣布立即散会，我别无选择！

说完了之后，他竟真的拉起坐在他身边的一个同事愤怒地走出会场。霍金没有想到会有这样可怕的反应，他惊呆了，坐在轮椅上一声不响。后来在餐厅吃饭时，简还听见泰勒在对他的学生气势汹汹地嘟噜着。简觉得这位教授实在不怎么样，为学术上的问题，至于生这样大的气吗？简正想着，忽然又听见泰勒气急败坏地说："我们必须把那个论文弄来！"

简愤愤不平地把她听见的告诉霍金，霍金只宽容地耸耸肩，什么也没有说。

霍金在他的办公室与同事讨论问题。

泰勒很快就"弄到了"霍金的论文，是霍金自动送上门的。原来牛津会议结束后，霍金立即把他在会议上宣读的论文寄给《自然》杂志，而这篇论文恰好是泰勒审稿，因此不能刊登是必然的了。霍金只好请另一位与争论没有干系的教授审稿，这样论文才在 1974 年 3 月 1 日《自然》杂志上刊登出来。

在这篇论文里，他进一步严密地表述了黑洞辐射的新发现。原来的论文用的是一个肯定性的题目"黑洞不黑"，而在《自然》杂志上发表时却含糊地以《黑洞爆炸？》（Black Holes Explode？）为题，这一题目没能表达出霍金特有的幽默性格。

即使如此，这篇文章还是引起了一场激烈的争论。持对立观点者认为这次霍金真是在说胡话、废话。约翰·泰勒和保罗·戴维斯（Paul Davies）联合起来在 1974 年 7 月 5 日的《自然》杂志上做了反驳，文章题为《黑洞真的会爆炸吗？》（Is Black Holes Can Explode Really？）并且毫不含糊地回答："不！"但幸好不久，泰勒和戴维斯也被说服了，并承认他们错了，霍金是对的。

在此后的几个星期里，全世界的物理学家都在讨论霍金的新发现。不少人认为霍金的新发现，是近几年来理论物理最重要的进展，西阿马则兴奋地说："霍金的论文是物理学史上最漂亮的论文之一。"

后来，泰勒对自己过火的行为辩解说：

　　我曾经说过，我并不满意霍金的说法，但是我觉得这是科学争论的一部分。你必须妥协。我为自己能够参与其中而感到高兴。这才是其中的乐趣。你知道，如果所有的人都坐下来说"啊，真不错"（Oh， lovely），而大家头脑中仍然有悬疑的问题，那不是对科学负责的态度。但是除了那一次向他质疑以外，我并非反对派。

泰勒的话当然很有道理；不过，总让人觉得有一种文过饰非的味道。

从此，霍金发现的由某些黑洞发出的辐射，就被称为"霍金辐射"。真没有想到，量子力学在宇宙学里也掀起了滔天巨浪，改写了宇宙学定律！

1977 年 1 月，霍金在《科学美国人》杂志上发表《黑洞的量子力学》一文，文中谈到他开始研究量子力学后给黑洞研究带来的新视野。他写道：

> 直到 1974 年初，当我根据量子力学研究物质在黑洞附近的行为时，这个迷惑才得到解决。我非常惊讶地发现，黑洞似乎以恒定的速率发射出粒子。正如当时的所有人一样，我接受黑洞不能发射任何东西的正统说法。所以我花了相当大的努力试图摆脱这个令人难堪的效应。它拒不退却，所以我最终只好接受。最后使我信服它是一个真正的物理过程的是：飞出的粒子具有准确的热谱。黑洞正如同通常的热体那样发生和发射粒子，这热体的温度和黑洞的表面引力成比例并且和质量成反比。这就使得贝肯斯坦关于黑洞具有有限的熵的建议完全协调，因为它意味着能以某个不为零的有限温度处于热平衡。
>
> 从此以后，其他许多人用各种不同的方法确证了黑洞能热发射的数学证据。……因此，量子力学允许粒子从黑洞中逃逸出来，这是经典力学不允许的事。然而，在原子和核子物理学中存在许多其他的场合，有一些按照经典原理粒子不能逾越的壁垒，按照量子力学原理的隧道效应可让粒子通过。

1991 年 7 月，霍金在东京日本电话电讯资讯交流系统公司的模式会议上做了《爱因斯坦之梦》的演讲，再次谈到量子力学研究给黑洞研究带来的福音。他讲道：

> 1973 年我开始研究不确定性原理对处在黑洞附近弯曲时空的粒子的效应。引人注目的是，我发现黑洞不是完全黑的。不确定性原理允许粒子和辐射以稳定的速率从黑洞漏出来。这个结果使我以及所有其

他人都大吃一惊，一般人都不相信它。但是现在回想起来，这应该是显而易见的。黑洞是空间的一个区域，如果人们以低于光速的速度旅行就不可能从这个区域逃逸。但是根据费曼的路径积分理论，粒子可以采取时空中的任何路径。这样，粒子就可能旅行得比光还快。粒子以比光速更快的速度做长距离运动的概率很低，但是它可以以超光速在刚好够逃逸出黑洞的距离上运动，然后再以慢于光速的速度运动。不确定原理以这种方式允许粒子从过去被认为是终极牢狱的黑洞中逃逸出来。对于一颗太阳质量的黑洞，因为粒子必须超光速运动几千米，所以它逃逸的概率非常低。但是在早期宇宙中形成的小得多的黑洞中可能存在这种现象。这些太初黑洞的尺度可以比原子核还小，而它们的质量可以有10亿吨，也就是富士山那么大的质量。它们能发射出像一座大型电厂那么大的能量。如果我们能找到一个这样的小黑洞并能驾驭其能量该有多好！可惜的是，在宇宙四周似乎没有很多这样的黑洞。

　　黑洞辐射的预言是把爱因斯坦广义相对论和量子原理结合的第一个非平凡的结果。它显示引力坍缩并不像过去以为的那样是死亡的结局。黑洞中粒子的历史不必在一个奇点处终结。相反地，它们可以从黑洞中逃逸出来，并且在外面继续它们的历史。量子原理也许表明，人们还可以避免在时间中有一个开端，也就是在大爆炸处创生一点的历史。

霍金的博士生、中国学者吴忠超教授曾在《中华读书报》（2009年4月8日17版）上撰文说：

　　霍金最著名的贡献是发现了弯曲时空的热性，即通常被称为黑洞的霍金辐射。在这个场景中，引力论、量子论和热物理得到完美的统一。他由此开创了引力热力学的新学科。

　　他还把费曼的量子理论路径积分的方法和广义相对论相结合，提出无边界宇宙的思想，实现了宇宙创生的无中生有的场景，进而摒除了长期困扰人类的第一推动问题。他由此开创了量子宇宙学的新学科。宇宙没有以外，宇宙创生也没有以前，因为宇宙和时空不可分离。霍金认为，这是他的更重要的贡献。

这正是："风休住，蓬舟吹取三山去。"霍金从上帝那儿获得了更多的奥秘，这是他的前辈们没有想到的。

量子引力探密

《老子》五十八章有语云："祸兮，福之所倚，福兮，祸之所伏。"用在霍金与贝肯斯坦的争论上倒是十分合适。正是在贝肯斯坦激怒了霍金之后，霍金才废寝忘食地研究量子力学，并开创了量子引力（quantum gravity，即引力量子化）的研究。通向量子引力学的道路来自"微小黑洞"。

（1）万物理论

为了研究黑洞的熵到底描述的是什么，霍金设计了一个"黑洞原子"。假设一个电子进入一个围绕微小黑洞（例如只有质子那么大的黑洞）的轨道，电子绕足够远的轨道运转，不会被吸进黑洞。在这种情形下，是引力而不是电力吸引着电子，成为构成黑洞原子的"建筑师"。显然，研究黑洞原子实际上就是研究广义相对论和量子力学结合以后，种种可能出现的现象。这一研究具有划时代的伟大意义，开辟了量子引力崭新的研究领域。

为什么这样说呢？这是因为现在物理学的所有领域几乎都可以用量子力学描述，但引力作用却是一个例外。这是因为20世纪创建的这两个伟大理论有不相容的地方。

量子力学是处理偶然事件与概率的，不确定性原理是量子力学的奠基石。它断定有一些量（如动量和位置，时间和能量，物质的波动性和粒子性等）不可能被同时单值地确定。这是粒子的基本性质，不只是实验技术局限性的表达方式。而广义相对论中时空是既平滑又连续的，而等效原理则断言一个物体的动量和位置是可以被精确定义的——这又是广义相对论的奠基石。因此，广义相对论和量子力学理论在本质上是不相容的。

霍金想用黑洞原子把两个不相容的理论拉到一起：黑洞是广义相对论中的时空结构，而电子是遵守量子力学规律的粒子。在探索黑洞的熵和温度的意义时，霍金设想了这个"时空的原子结构"。前面多次提及，正是这一奇特和开创性的研究，导致霍金辐射的发现和得到黑洞不黑的结论。奥弗比在

《环宇孤心》一书中写道：

> 西阿马说（霍金的论文）是物理学史上最美丽的论文。……从科学意
> 义上说，关键在于引力与量子力学的相遇。霍金对于微小黑洞的研究第
> 一次成功地把两种理论结合在一起。两种理论都以某种奇特的方式涉及
> 熵的问题。当两个理论的最后统一真正到来的时候，将会与他的结果相
> 符。在热力学古老的经典而又神秘的王国中，在万物中间，霍金第一次
> 在能够使宇宙弯曲的引力和居住在宇宙中的量子混沌之间发现相同之处。

奥弗比在 1991 年写下的这些话，看来似乎比较乐观，也许是受了霍金
乐观情绪的影响，因为霍金在近 20 年前就预言"万物理论"在 20 世纪实现
的可能性。所谓万物理论（theory of everything, TOE）就是描述宇宙万事万
物的统一理论，包括量子引力理论。1980 年 4 月 29 日霍金在剑桥大学就任
卢卡斯数学教授做就职演说时，他的演说题目是《理论物理已经接近尾声了
吗？》。在开篇他就十分有信心地说：

> 我要在这几页讨论在不太远的将来，譬如本世纪末实现理论物理
> 学目标的可能性。我这里是说，我们会拥有一套关于物理相互作用的
> 完备的协调的统一理论，这一理论能描述所有可能的观测。当然，人们
> 在做这类预言之时必须十分谨慎。以前我们至少有过两回以为自己濒于
> 最后的综合。……尽管如此，我们近年来取得了大量的进步，而且正如
> 我将要描述的，存在某些谨慎乐观的根据，相信在阅读这篇文章的某些
> 读者有生之年，我们能看到一套完备的理论。

看来霍金有些过于乐观，把上帝想得那么没有心计和急于摊牌。但持同
样乐观态度的却大有人在，例如美国宾夕法尼亚州立大学引力物理和几何中
心教授斯莫林（Lee Smolin, 1955—　　）在他写的《通向量子引力的三条途径》
（*Three Roads to Quantum Gravity*）一书最后几小段中写道：

> ● 到 2010 年，至多到 2015 年，我们应该已经拥有引力量子理论
> 的基本框架。最后一步将是发现如何用量子时空的语言来重新表述牛

顿的惯性原理。给出所有的结果将需要更多年的时间，但是基本框架结构是如此地令人深信不疑和自然，一旦被发现，将保持不变。

● 在拥有这个理论的十年之内，能够检测它的新型实验将会被发明出来。并且引力量子理论将会对早期宇宙做出预言，这些预言可以通过观察大爆炸所发出的辐射，包括宇宙微波背景辐射和引力辐射，来加以检验。

● 到 21 世纪末，全球的高中生都将学习引力的量子理论。

按照斯莫林教授的这一预计，2015 年量子引力论的基本框架就会出现，再过十年即到 2025 年，验证这个理论的实验"将会被发明出来"。斯莫林过于精确的预言会给他自己带来很大的风险，霍金的话则比较含糊——"在阅读这篇文章的某些读者有生之年，我们能看到一套完备的理论"，这句话不像斯莫林那样有确切的年份做界线。什么时候、多大年龄的读者"阅读这篇文章"？看来，霍金比斯莫林聪明，深知确切预言的风险。

（2）通向量子引力理论的道路

言归正传，继续谈量子引力理论的研究。

有一次奥弗比问他的导师惠勒："为什么要费这么大的劲去使引力量子化呢？"惠勒立即反问道："有什么其他办法吗？你想放弃哪一个呢？是量子理论还是万有引力理论？它们必须并存。如果人们把量子理论应用于某个领域，比如电磁学中，而不用在另一个领域，比如引力理论中，而又要它们之间产生相互作用，就像我们知道我们现在做的那样，结果就会产生矛盾。"

奥弗比在《环宇孤心》中还写道：

惠勒论证说如果真正认真对待量子理论，那么连时空的几何形态问题都不得不面对不确定原则。这个不确定原则将会仅仅出现于最小的尺度，即所谓的普朗克尺度，10^{-33} 厘米，比一个质子小 17 个等级。实际上，这个长度就是空间量子长度。惠勒说，结果就是人们看到的时空就像是从飞得很高的飞机上看大海：看上去很平滑，但离得越近，它的表面就越粗糙。稍微离近一点儿，你可以看到波浪，再近一些，能看到波纹、涌浪和水花。最后，用显微镜看上去，除去泡沫、正在形成和消散的蛀洞、相连和分开的不同的点以外，再没有其他东西了。惠勒认为这

些蛀洞就是微小黑洞：实际上，这就意味着时空是
由黑洞构成的，每一立方厘米中排着 10^{100} 个。

目前物理学家倾向于认为主要有三条通向量子引力理
论的道路。

第一条是从量子力学理论出发，在这条路线中所采
用的思想和方法，最初多产生于量子力学理论中，然后
向相对论扩展。这一条道路最著名的理论是弦论（spring
theory），后来又发展为超弦理论（superstring theory）。关
于弦论我们这儿做一点简单的历史介绍，另两条道路因为
篇幅有限就只提及而不做介绍了。

施瓦茨在弦论的发展中起到
不可估量的作用，他不但是
超弦理论的创始人之一，更
是不断推动弦论发展的主要
人物。

1970 年，日本理论物理学家南部阳一郎（Yoiohito
Nambu，1922—　　，时任大阪大学教授）、斯坦福大学的
萨斯坎德（L. Susskind）和哥本哈根玻尔研究所的尼尔森
（H. Nielson）提出了弦理论。弦理论的基础不是粒子，而
是弦；同一根弦的不同振动状态代表了不同的粒子；没有
一个粒子比其他粒子更基本。如果一根弦合并为一根弦，
或一根弦断裂为两根，可以表示粒子间的相互作用。弦的
端点表示夸克。一根弦断开，则在断裂处的两端出现一个
夸克和一个反夸克；重子由三个夸克构成，则可由 Y 形
弦表示，每个端点一个夸克。但这个理论需要 26 维时空，
而人们只习惯四维时空，这使得大多数物理学家难以接
受，认为这种理论纯粹是一种数学游戏，没有什么价值。

1976 年，包括法国物理学家斯切克（Joerl Scherk）在
内的几位物理学家将超引力理论（super-gravity theory）并
入到弦论中，提出超弦理论。后来，超弦理论由美国物理
学家施瓦茨（John Schwarz）和现任剑桥大学教授的米切
尔·格林（Michael Green）做了重大推进。

被称为弦论教皇的威腾。他
于 1990 年获得数学最高奖
菲尔兹奖。

1984 年，米切尔·格林和施瓦茨经过十多年艰苦的
"遭到大多数物理学家白眼、排斥的研究"，终于在一篇里
程碑式的文章里证明了，超弦理论模型具有足够大的对称

性，可以消除其他任何统一理论不可避免出现的发散的困难，超弦理论的 10 维时空和对称性曾被认为太漂亮而没有什么用处，现在却成为消除无限大和反常的关键。当时诺贝尔奖获得者温伯格立即放下手头上所有的工作，"开始学习有关超弦理论"。

于是，第一次超弦理论革命开始。

米切尔·格林当时说："当你遇到超弦理论，发现近百年来所有的重大物理学进展都能从那么简单的几点产生出来，而且是那么美妙地涌现出来，你会感觉，这个令人着迷的理论真是独一无二的。"在 1984—1986 年，全世界物理学家为超弦理论写了一千多篇文章；一时间，超弦理论似乎给人们以极大的希望。

但是，反对者也不乏其人，而且有许多是赫赫的诺贝尔获奖者。如格拉肖说："我对那些研究弦理论的朋友们感到特别恼火，因为他们不能对客观物理世界做任何说明。"费曼说："仍有大量的事物没有弄清楚……人们总认为他们离答案很近了，但是我不这么认为。"

的确，超弦理论虽然给了人们以期望，但是在第一次革命带来巨大的进步之后，超弦理论物理学家们发现，超弦理论的数学太困难，有时连方程本身也难以确定，只能得到方程的近似形式。而且运用这些近似得出的解，根本不足以回答挡在理论前面的许多基本问题。但是除了近似方法以外，又找不到别的具体方法，于是，有些走进超弦理论的人面对巨大的困难感到沮丧，离开了这个理论。

这时超弦理论好像是一座宝库，但是却锁得严严的，只能从一个小孔看到它，可望而又不可及；它那超常的对称性是那么美妙，那么有希望，在召唤着人们，却又没有打开宝库的钥匙。费曼、施温格和朝永振一郎因为利用麦克斯韦的规范对称性，消除了量子电动力学中的无穷大，而于 1965 年获得诺贝尔物理学奖。现在，超弦理论新的超常对称性，可以消除引力理论和量子理论统一时带来的无穷大，仅这一点就具有巨大的魅力。

接下来，在南加利福尼亚召开了"弦 1995 年会议"。这次会议点燃了"第二次超弦理论革命"。这次革命使人们认识了一些理论的"非微扰"特征，这就使得数学方程的建立比起以前容易和明确。超弦理论又一次取得了重要的"革命性"的进展。

此后的进展在米切奥·卡库（Michio Kaku）于 1997 年写的《超越爱因

斯坦》（*Beyond Einstein*，1997）和布莱茵·格林（Brian Greene）在 1999 年写的《宇宙琴弦》（*The Elegant Universe*，1999）中做了介绍。

超弦理论的创建者之一米切奥·卡库在《超越爱因斯坦》一书中说："所有的线索都集中到了一点：最后的结论已经做出。在物理学方面，在过去的几年中，超弦理论已经成为没有竞争对手的理论。……已经足以使人们相信，超弦理论是寻找已久的统一场理论。"但是，"这一切远没有结束，仅仅刚刚开始"。

布莱恩·格林在《宇宙琴弦》一书的最后一章里告诉我们："尽管我们还能感受到第二次超弦革命带来的震撼，还在欣赏它带来的新奇壮丽的图画，但是多数弦理论家都认为，可能还要经历第三次、第四次那样的理论革命，才能彻底解放超弦理论的力量，确立它作为最终理论的地位。……所以，在这最后一章，我们不可能讲完人类追求宇宙最终定律的故事，因为我们还在追求着。"

超弦理论似乎正是人们几十年追求的一种包罗万象的理论。爱因斯坦没有实现的梦想，也许最终会在超弦理论中得到实现。

不过，正如布莱恩·格林和米切奥·卡库所说：这一切仅仅还是刚刚开始。

弦论到 20 世纪 90 年代以后，又有 M 理论、两重性模型等，但在本质上变化不大。

第二条道路则从相对论开始，沿着这条路以爱因斯坦广义相对论的基本原理为准绳，探索包含量子现象和修正相对论的方式方法。这条路线探索的结果是产生了圈量子引力（loop quantum theory）。圈就是闭合的弦，一般书上把它和弦论放在一起讨论，少有分开讨论的。即使斯莫林把它另作一条道路，他也承认："第二条路导致了看起来不同（尽管名字类似）的一种理论，称为圈量子引力。圈量子引力和弦论在某些基础上是一致的。它们都认为存在一个物理尺度，在这个尺度上，时空本性与我们观察到的有着极大的不同。这个尺度非常小，即使最大的粒子加速器也远远不能达到。事实上，它可能比我们迄今为止已探查的尺度小得多。通常认为它比原子核小 20 个量级（即为 10^{-20}）。然而，我们并不真正有把握它将抵达到何处。最近已有一些非常有想象力的建议，假如奏效的话，将使量子引力效应在目前的实验能力范围内产生。需要用量子引力来描述的时空尺度称为普朗克尺度。弦论和圈量子引力理论都是关于在这个微小尺度上的时空的理论……

"有可能接受如下的假设：弦理论和圈量子引力是同一理论的两个方面。这个新理论与已存在的理论的关系，就像牛顿力学与伽利略的落体理论和开普勒的行星轨道理论之间的关系一样。每一种理论都是对某一限定范围中所发生事情的很好近似，在这种意义上，每种都是正确的。每种都解决了部分问题。但是每种也都有一些局限性，阻碍其成为一种完整自然理论的基础。从目前给出的证据来看，我相信这是量子引力理论最有可能的完成方式。"

除了以上两条道路之外，还有第三条道路则认为相对论和量子论缺点太多、太不完善，根本不宜于做量子引力理论的起点。持这种观点的物理学家在基本原理上反复推敲，希望直接从这些基本原理中构造出新的量子引力理论。可以想见，这种创新的、大胆的探索要求他们创造全新的概念和数学公式，其难度之大非同一般。彭罗斯、索金（Raphel Sorkin）、芬克尔斯坦（David Finkelstein）和伊萨姆（Christopher Isham）都是这条道路上的开拓者。走这条路的人很少，成果虽然也有一些，但怀疑者、批评者多多。今后能有什么发展，我们只能拭目以待。

整个量子引力的探索，困难重重，过于乐观的估计还嫌太早。最大的困难是任何量子引力的新理论都还没有得到实验检验的可能性；其次，在各研究机构和大学，量子引力理论的研究很难得到支持，只有少数无畏的物理学家在苦撑着困难的局面。什么时候能有起色，现在还很难做出预计。

总之，上帝还没有下决心就此结束与物理学家的游戏。就像我国唐朝诗人杜牧"清明"一诗中所说：牧童还遥指着杏花村呢！

人间奇迹：量子技术和工程

澳大利亚物理学家杰拉德·米尔本（Gerard Milburn）在他的《神奇的量子世界》一书里写道：量子理论已不再仅仅只是哲学家和理论物理学家感兴趣的对象，实验物理学家和工程师们已经把它作为一种创造极有前途的新技术的强有力的手段。

米尔本说得十分准确。实际上，量子理论并不像 20 世纪初那样，好像是一门虚幻缥缈、仅仅是理论物理学家和哲学家才感兴趣的学科，而是一门非常实用的、技术性极强的学科。早在第二次世界大战以前，它的原理就已经开始被运用于与战争有关的技术上；战后它更是蓬勃地兴旺起来。

现在，我们的周围到处都是直接或间接运用量子理论的技术和装置。半导体收音机、晶体管和激光器的广为人知的运用，还有 CD、VCD、DVD 机，庞大的现代光纤通信系统，无水涂料和激光制动车闸，从医院的核磁共振成像仪、隧道扫描显微镜到用来拍摄活动中大脑的 PET 扫描仪（正电子-电子体层照相术），量子技术已经成为一种具有很高商业利润的行业。据统计在 20 世纪末，量子技术的效用已经占整个工业国家国民生产总值的 25%以上。

在未来的 50 年，量子技术将提供许多惊人的机会，例如在纳米技术装置领域，它的目标是设计和制造分子尺寸的机器，其潜在运用包括医学、计算机领域以及新型奇异材料的构造。2007 年 7 月有报道说，科学家已经有望利用纳米技术对癌症做出确切的早期预报。更有甚者，量子技术专家已经可以俘获单个原子了，并且可以利用所谓的激光陷阱来操纵原子，得到可以长久不动的正电子"普利希娜小姐"；可以用原子排列出英文和中文字，甚至可以做量子雕刻和晶体的单原子成像。

这是一个美不胜收的世界！

奇妙的量子隧道效应

在中国的武侠小说里，常常可以看到一些"武功高强"的侠客，能够"穿墙过壁"，如入无物之境。这当然是幻想，不能当真。但是，如果我说量子力学里还真有"穿墙过壁"这一说，读者可能会惊诧莫名了："该不是现代版的武侠小说吧？"不是，这是真的！费曼就曾经说过："在量子力学中，一个东西可以很快地溜过从能量守恒的角度看来不可能通过的区域。"那么，这到底是怎么回事呢？

（1）由不确定性原理得到一个奇怪的结论

原来，德布罗意的物质波理论和薛定谔方程最引人注目的成果之一，就是发现微观粒子如电子等，可以因为隧道效应（tunnel effect）而穿过势垒（势能壁垒，potential barrier）。对于经典粒子来说，这是不被允许的。为了知道什么是势垒，我们利用高中物理中常常利用的过山车例子，见图（18-1）。如果我们让过山车从左面位置比较高的一点 A 出发，出发的时候速度为零，不考虑摩擦损失的能量，根据能量守恒定律，我们知道车子会到达高度与出发点相同的另一点 C。当此小车经过谷地的小山包 B 的时候，车子会慢下来，因为有一部分动能转化成爬小山包的势能，但是因为出发点很高，小车在通过小山包 B 的顶部以后，还剩下一些动能。可是，从 A 点出发的小车绝对不能越过 C 点和山包 D 点到达 E 点，原因很简单——没有足够的势能翻过山包 D。CDE 就是经典物理学里"势垒"的一个例子。由此我们可以说从 C 到 E

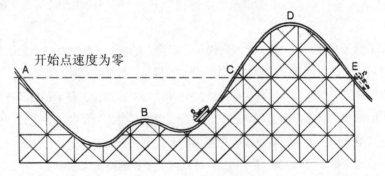

图（18-1）用过山车说明量子隧道效应。在量子理论中，小车有可能借助隧道效应穿过 CE 之间的"禁戒区"到达山的另一面。而在经典物理学中，这是绝对不可能的。

的区域是"经典禁戒"的区域。

微观的基本粒子最令人惊奇的一点是它们跟经典粒子不一样。当电子在过山车轨道上运动时，它可以通过"隧道效应"穿过能量禁戒区域，出现在山包 D 的另一边。这叫作"穿透势垒"（tunneling through the potential barrier），或者叫"隧道击穿"（tunnel breakthrough）。对于现代的物理学家来说，这已经是一种很常见和习以为常的量子效应，而且是许多现代电子元器件和仪器的理论基础，比如隧道二极管（tunnel-diode）和后来的约瑟夫森结（Josephson junction）、电子隧道显微镜（scanning tunnel-ing microscope，也称为 STM），等等。

隧道效应是苏联物理学家伽莫夫（George Gamow，1904—1968，后来加入美国国籍）根据量子力学的理论发现的。伽莫夫是从苏联逃出来的物理学家，他思想灵活而且十分怪异。伽莫夫在 1928 年独立地提出，根据量子力学的规律，微观粒子（如 α 粒子）的能量即使不足以越过势垒，也会有一定数量的 α 粒子穿过势垒，而且有多少 α 粒子可以穿过，可以用一种"几率"的规律计算出来！这实在是太离奇了，难怪伽莫夫的一些朋友总是说他简直是一个不可思议的怪人。伽莫夫还把这种现象称为"隧道效应"。打个粗浅的比喻，就像小偷可以不翻墙入室，而在墙上打一个洞偷偷进屋一样。

伽莫夫的"隧道效应"完全违背了日常生活的常识，也违背了经典物理学的理论，让人一头雾水，所以人们一时难以相信。当时就有人嘲笑说，伽莫夫自己从苏联逃出来就没有遵守"隧道效应"，差一点在第一次逃亡时死在大海里了，第二次如果不是玻尔和居里夫人帮忙，绝对逃不出来。[1] 这当然只是玩笑，说说而已。但当时不相信这一效应的人却真是大有人在。

读者肯定会问：隧道效应是如何发生的呢？我们可以利用海森伯的测不准原理来理解这个奇妙的量子效应。从前面讲的我们可以知道：同时测量位置和动量时有一种天然的不确定性，其关系式是：

$$\Delta E \cdot \Delta t \approx h$$

这就是说能量的不确定因素 ΔE，乘以时间的不确定因素 Δt 必须小于

1　伽莫夫曾在 1929—1931 年留学英国、丹麦。1931 年回苏联后，因为不满苏联思想控制太严，曾于 1931 年与妻子试图从克里米亚越过黑海偷渡到芬兰，但是因为风向不对又回到出发地，幸亏没有被苏联当局发现，否则性命难保。后来，他又以索尔维会议邀请为名，申请出国，由于有玻尔和居里夫人帮忙，才得以成行。这次出国后，伽莫夫没有再回到苏联。

伽莫夫在《物理世界奇遇记》里叙述汤普金先生遇到的奇景：当普朗克常数足够大的时候，他的汽车可以穿墙过壁，"就像一个千年老鬼那样！"

h。这样，由于同时完全准确地确定一个粒子在某种状态下的能量和时间点是不可能的，那就有可能出现这种情况：一个粒子在一个很短暂的时期里有一个比它本该有的要高得多的能量。在这一瞬间，这个粒子可以跳出势阱、越过势垒。这种粒子跳出势阱、越过势垒的现象被称为"隧道效应"，因为第一眼看上去好像粒子是通过势阱内壁的隧道逃遁的。这样，虽然经典意义上，我们在能量守恒定律的前提下不可能改变总能量，但在量子

力学里，如果时间不确定性是 Δt，那么 ΔE 也当然不能确定。但是，如果势垒太高或者势垒太宽，隧道穿越的可能性就会变得非常小。所有的电子都无法穿越势垒，就像过山车一样。当然，我们这儿只是一种定性的讨论，精确地说就必须通过薛定谔方程的计算才能定量地验证。但上面简单的说法，可以让我们大致了解量子隧道效应的本质原因。

隧道效应可以解释许多物理现象。例如可以圆满地解释太阳和恒星发光的机制。我们知道，像太阳这样的恒星，是通过原子核的聚变（nuclear fusion）产生能量的。发生核聚变，必须要有两个带正电的原子核（最简单的情况是两个氢原子核，每个氢原子核由一个质子组成）聚合到一起。然而，根据经典的电磁理论，这是不可能的，因为两个带正电的粒子会彼此排斥，不可能相互聚合。在 20 年代，恒星内部氢原子核的聚变，就一直是一个谜。因为据理论计算恒星里的温度不够高，氢原子核没有足够的能量抵抗相互间的电排斥力，越过势垒与另一个氢原子核发生聚变。只有量子隧道效应才能解释氢粒子穿过势垒的原因。尽管这种越过势垒的几率很低，但是恒星里原子的数量特别大，这些相对少量的越过势垒的粒子，已经足以使太阳

和恒星的内部产生聚变。

　　还有原子核裂变（nuclear fission）也可以用隧道效应解释。裂变是聚变的相反过程。核子（中子或质子）被强相互作用维系在一起的，这种强力只在一个很短的距离内发生作用（因此原子核非常小）。原子核内部的质子和中子之所以能够呆在原子核里，正是多亏了这种强相互作用力克服使它们彼此排斥的那种电力（就像你可以用手压缩弹簧阻止它弹开。）隧道效应的存在，使得有一些原子核内的一些粒子，即使没有越过势垒的能量，也能够逃逸出原子核。于是核裂变（以及中子辐射）就都可以得到解释。

　　隧道效应无时不在，无处不有，只是因为发生在微观世界里，一般不会被人察觉。这儿举一个非常有趣的例子。英国卡文迪什实验室的沃尔顿（Ernest Walton，1903—1995，1951 年获得诺贝尔物理学奖）和柯克罗夫特（John Cockcroft，1897—1967，1951 年获得诺贝尔物理学奖）一起合作从事人工加速质子轰击原子核的研究。

　　他们很快面临一个几乎无法逾越的障碍：要想使加速度的质子撞开其他原子，据理论计算至少要 400 万伏特的高电压来加速质子，但当时柯克罗夫特和沃尔顿使用的加速设备，根本不可能产生这么高的电压。他们绝望了，看来只有暂时放弃这一实验。

　　正当他们束手无策时，恰好伽莫夫和玻尔在 1929 年访问了卡文迪什实验室，他们给柯克罗夫特和沃尔顿描绘了一个天方夜谭般的设想，为他们的绝境指出了一条可能的成功之路。原来，自从伽莫夫提出隧道效应以后，没有人相信，现在柯克罗夫特和沃尔顿面对困境，伽莫夫觉得这是一次难得的机会，可以用来验证他的假说。

　　伽莫夫对柯克罗夫特和沃尔顿说："你们不必为达不到 400 万伏发愁了，山人自有妙计。按照隧道效应，加速的质子只要 50 万伏的能量，就可以完成你们想做的实验。"

俄裔美国物理学家伽莫夫。人们认为他像一个魔术师。

实验室主任卢瑟福对假说一贯十分警惕，但有玻尔在旁边加劲，强调又强调地说"隧道效应"是量子力学的必然结论，而卢瑟福对玻尔十分信赖，常对人说："啊，……玻尔那可与别人不一样，他会踢足球！"这句话有一点让人摸不着头脑，但是显示了卢瑟福对玻尔高度的信任。因此面对人们还不十分信任的"隧道效应"，他却表现出巨大的信任：他让柯克罗夫特和沃尔顿用实验来验证伽莫夫的理论设想，还特别大方地为他们两人拨款1000英镑来建造加速器。这笔钱现在看来简直少得可怜，但在20世纪30年代可是一笔不小的数目，几乎是卡文迪什实验室一年的预算总值，可见卢瑟福的信心很大。

从1930年到1932年两年多的时间里，他们研制出的静电加速器，可以在放电管两端产生50万伏的高压。质子从放电管的顶部产生后，立即被50万伏的高压加速，然后轰击放在放电管底部的靶子。这时放电管里每秒钟可以产生500万亿个质子，这么多质子里总有足够的粒子利用"隧道效应"穿过原子核的表面，击中原子核里的粒子并且引起核分裂反应。

后来的一切果然如伽莫夫所料，沃尔顿和柯克罗夫特的实验胜利完成，而且以后还为此获得了诺贝尔奖！这样，神秘分分的"隧道效应"也终于得到了有力的实验证明。

后来，两位研究员宾尼希（Gerd Binnig，1947— ，1986年获得诺贝尔物理学奖）和罗雷尔（Heinrich Rohrer，1933— ，1986年获得诺贝尔物理学奖），在20世纪80年代发明了一种所谓的扫描隧道显微镜，能够扫描小到原子尺度的一些结构，也正是以隧道效应为根据的一种奇妙的仪器。1986年，他俩因发明这种仪器在该年获得诺贝尔物理学奖。下面就介绍他们的故事。

德国物理学家宾尼希（上）和瑞士物理学家罗雷尔（下），1986年他俩因为发明扫描隧道显微镜获得诺贝尔物理学奖。

（2）扫描隧道显微镜

隧道效应最惊人的技术应用就是扫描隧道显微镜，它的发展同其他许多科学技术突破一样，是天才和勤奋、资本与运气的共同产物。

话说 1978 年 IBM 公司苏黎世研究所的瑞士物理学家罗雷尔，新聘请了一名从德国来的研究人员宾尼希。在来到 IBM 公司的几周前，宾尼希听了在格勒诺布尔召开的低温讨论会上的一场报告，当时他马上联想到了他同罗雷尔在苏黎世寻找房子时的一场讨论。那时罗雷尔提出了想研究金属表面薄氧化层的想法。当时罗雷尔说，可惜还没有合适的工具可用。因此宾尼希的脑海中便产生了一个想法：利用隧道效应是不是能够解决罗雷尔的问题呢？

下面先谈谈宾尼希的设想。电流是电子的流动，电子在金属中可以相对自由地运动。金属有一个简单的量子力学模型：带正电的金属离子组成晶格，电子就在这个晶格的一种有吸引力的势场中运动。这样，要想让电子离开金属晶格就需要能量，因此一定存在一个势垒把电子留在原子中（图 18-2 中的 [a]）；如果我们给金属施加一个电场，引力势场会发生改变。这时仍然有一个势垒阻碍电子自由地离开金属原子，但是势垒已经很窄，电子现在已经可以通过隧道效应越过势垒跑出去了（图 18-2 中的 [b]），形成所谓 "隧道电流"。这种量子力学的隧道效应是 "电子场发射显微镜"（electron field emission microscope）的工作基础。1956 年，瑞士物理学家缪勒（Karl Möller，1927—　，1987 年获得诺贝尔物理学奖）就曾经使用电子场发射显微镜来观测表面单个原子。

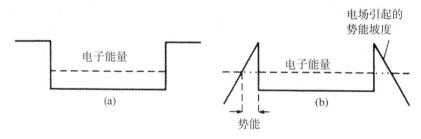

（图 18-2）（a）电子在金属中所处势阱的简图。图中的虚线代表典型的 "导电" 电子——用来传导电流的电子——的能量。这一能量比势垒低，因此电子不能逃出势阱约束；（b）这张图显示了在一个强加的外电场的影响下，势垒的变化。势垒仍然存在，但是已经很窄，电子可以通过隧道效应摆脱金属原子晶格的束缚。

这种显微镜的基本思想很简单。根据量子力学，在金属表面会出现少许电子，如果我们可以将一根尖锐的探针，移到距离金属表面非常近，并且在探针和金属之间加上一个电压，就会有隧道电流流过它们的间隙，探针与金属原子之间的距离能够非常敏感地影响隧道电流的大小。如果可以精确控制探针与金属表面之间的距离，我们就可以利用这种电流的强弱来测量金属表面各种结构。宾里希正是想利用这种"隧道电流"来研究金属材料的表面结构。宾里希把自己的想法与罗雷尔商讨以后，他们很快意识到，隧道效应不仅仅可以使人们观测到表面上的单个原子，提供了局部研究物体表面性质的基础，而且如果将隧道电流和扫描作用结合起来，就可以利用这种效应绘制出整个金属表面的轮廓和结构。

这个想法虽然在理论上是可以行得通的，但要最终实现，并成为研究物体表面的强有力工具，还有许许多多具体的实验困难需要克服。第一个困难是，宾里希和罗雷尔必须制作一个顶端只有几个原子大小的探针，这又谈何容易！然后，还必须制造出一种装置，可以精确地定位和移动探针，控制精度必须达到距离物体表面只有几个原子直径的大小。

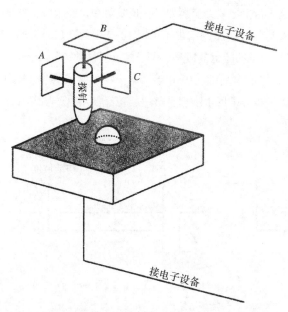

图（18-3）扫描隧道显微镜示意图。探针可以通过微小电学装置沿着 A、B、C 三个垂直方向移动。探针扫描样品表面碰到凸块时，它与样品之间的距离将变小。为了保持隧道电流的大小，必须向上移动探针。如果仔细调节这个垂直移动并将它与探针所在地的表面位置联系起来，那么我们就可以绘制出样品的表貌图景。（本图借用章效铎《清晰的纳米世界》203 页图 4-4，特此致谢。）

在他们以前，利用隧道效应的想法并不是没有人尝试过。早在 1972 年，华盛顿国家标准办公署的罗素·杨（Russell Young）和他的伙伴就设想出了一个与宾尼希和罗雷尔的最终发明大致相同的装置。这个装置当时叫"表面探测器"，他们的探针非常接近金属表面，但是产生的微电流不是隧道电流（虽然他们确实是希望得到隧道电流）。这个装置缺乏两个关键的特性：扫描探针以及像宾尼希和罗雷尔那样精细操作探针的仪器和能力。

隧道电流十分依赖导体针和金属表面之间的距离。金属表面并不是绝对平坦的，电子海洋的表面也同样不平坦。事实上它是随着晶体内原子的排列而起伏变化的。电子在原子核心部分聚成一团，在原子与原子之间逐渐稀薄。如果晶体中原子的排列有一个垂直起伏，那电子海洋也将会有一个相应的垂直起伏。当我们在金属表面移动探测针头的时候，针和金属表面的间距会不断改变，这样隧道电流也就会不断变化了。既然这个隧道电流这么依赖于针和金属表面的间距，那么当针头扫描到金属表面凹凸不平处的时候，隧道电流将会有大的起伏。

假设我们用针头扫描金属表面并且要保持隧道电流稳定，那么碰到金属表面突起部分时我们就要把探针远离表面，而碰到凹陷部分又必须将导体针移近表面。这样通过仔细调节针头的上下运动就可以探测出金属的表面概貌了。这就有点像读盲文的情况。但是有一点必须注意，实际发生隧道效应的几率不仅依赖于针和金属表面的间距，还与电子的密度有关。正是这个因素使得隧道扫描显微镜的研制十分困难。

在扫描表面的时候，上下移动探针并不是一件容易的事，譬如怎样克服针的振动使它不会碰到表面？针头和样品之间的作用力有多强？这个力会不会把针头拖向电子海？怎样避免针头长度随温度的变化？样品是不是能够在大范围内上下左右地移动呢？最后，不过也许是最重要的一点，就是针头应是什么形状的，并且如何来制造它呢？宾尼希和罗雷尔找来了许多手艺精湛的工匠，试图克服这些困难。他们足足花了一年时间，才研制出这个装置并开始进行检测。

最终，他们在 1981 年获得初步的成功。宾尼希曾经激动地说：

> 那是在一个晚上测量出来的，当时我几乎不敢呼吸，我这样不是因为激动，而主要

扫描隧道显微镜的外貌。

是为了避免呼吸引起振动。我们终于得到了第一幅清晰的、电流 I 与针尖-表面距离 S 关系按指数规律变化的隧道电流图。这是 1981 年 3 月 16 日的一个不同寻常的夜晚。

宾尼希和罗雷尔非常激动，他们很快就启程去洛杉矶参加一个研讨会，展示了他们的发明。人们的反应也不错，但并没有像理应得到的那么强烈。建立在量子隧道效应之上的装置好像是过于奇特，以至于人们都不太敢相信。STM 最让人吃惊的是它不可思议的灵敏度。宾里希和罗雷尔在报告中说："距离的变化即使只有一个原子直径，也会引起隧道电流变化 1000 倍。……有了这种新仪器之后，我们的显微镜可以让我们一个原子一个原子地'看'物体表面。它能够分辨物体表面大约 1% 原子大小的细节。"

也许因为这一装置利用了这种非常奇怪的"量子隧道效应"技术，因而大家并没有很快意识到 STM 的发明实际上是一项革命性的研究成果。

直到 1982 年，宾里希和罗雷尔利用 STM 解决了一个困扰了大家很长时间的难题——硅表面原子排列方式。自此以后，科学家们才相信了 STM 的强大威力。在金属或半导体如硅晶的内层，原子的排列是非常有序的：每一个原子都被其他原子四面包围，并通过电相互作用而凝聚在一起。但是在表面，条件就不一样了，因此表面原子有与内部原子不同的排列方式也就不足为奇了。表面的对称性有了变化，原子四周的结构不再相同，因此会重新调整排列方式。这就是"表面重构"（surface reconstruction），它与表面原子和晶体整体结构的相对排列有关。变化后的对称性使得新排列方式很难计算。正如狄拉克所说："表面是由上帝创造的。"上帝处处为科学家设置难题！

宾尼希和罗雷尔意识到隧道扫描显微镜正是彻底解决"表面重构"这个问题的

硅表面的 STM 图。每排原子之间的距离小于 2 纳米；每一排里原子间的距离小于 1 纳米。

工具。1982 年，他们得到了硅表面结构令人信服的图像，连他们自己都被这些图像的完美性所折服。宾尼希如醉如痴地说：

> 我忍不住不断地欣赏这些照片。就像进入了一个新的世界。对我来说，这是我科学生涯中不可逾越的光辉顶点，而且，从某种角度来说，也是一个终点。

这话对于一个刚开始科学研究的物理学家来说显然不太合适。然而，任何一个看过这些图像的人都应该可以理解宾尼希的感觉。很快，整个科学界都分享到了宾尼希的兴奋。研究硅晶表面结构的成就使人们认识到，隧道扫描显微镜是一项极其重要的科学突破。1986 年，宾尼希和罗雷尔获得了诺贝尔物理学奖。

但是故事还没有完。

宾里希和罗雷尔在他们的 STM 实验中发现，探针的针尖偶尔也会捡起一个原子。如果再移动针尖，就可以把原子在物体表面来回移动。加利福尼亚阿尔马登 IBM 研究中心的一个研究小组，利用 STM 这种

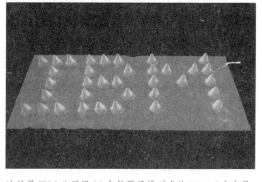

这就是 IBM 公司用 35 个氙原子排列成的 IBM 三个字母。

移动原子的能力，开发了一项激动人心的新技术。埃哈德·施外泽（Erhard Schweizer）和艾格勒（Don Eigler）最早利用 STM 把原子排列成了 "IBM" 的字样，这件事情后来成了头条新闻。他们首先在高真空中制备了一块干净的镍金属表面，为了把热运动的干扰降到最低，用液氦把系统冷却到低于绝对温度 4 度。随后，他们在实验装置中导入一些氙气，并用 STM 找到吸附到镍金属表面的氙原子。他们把 35 个氙原子拖到合适的位置上排列起来，最后拼出了 IBM 三个字母，字母 "I" 用了 9 个原子，"B" 和 "M" 各用了 13 个原子。拼一个字母大约需要 1 个小时，他们发现，在这样低的温度下，实验装置非常稳定，因此 "操作每个原子的时候即使要花上数天时间都没有问题"。

值得一提的是，宾里希和罗雷尔关于 STM 的工作还导致了另一项技术的出现。STM 产生的图像与表面物质的电性质有关，这些电性质可能会很复杂，以至于形成的图像很难解读。1985 年，宾里希访问他的加利福尼亚同事的时候，与他们一起研制了一种新的扫描探测显微镜——原子力显微镜（atomic-force microscope，或者叫 AFM）。AFM 不用隧道电流，而是利用了安装在一条悬臂上的一根很尖锐的钻石探针。当钻石针尖在物体表面移动的时候，微弱的原子力会使悬臂弯曲，这种弯曲大小是可以检测的。有好几种办法可以测量这种弯曲。宾里希自己使用了一台 STM 来测量悬臂的微小运动。AFM 现在已经成了一种表面分析的标准仪器，是 STM 的重要补充。

普利希娜小姐和激光

1990 年，有一位绝世美丽的"小姐"走上了科学 T 形台，引起了科学家高度的关注。这位小姐姓甚名谁？且听我们慢慢讲来。

（1）普利希娜小姐走上 T 形台

1990 年 2 月，美国《科学》（*Science*）杂志第 247 卷 539 页发表了一篇令世人震惊的文章。文章的标题叫《单个基本粒子结构的实验》（Experiments on the Structure of an Individual Elementary Particle），作者是西雅图华盛顿大学的德默尔特教授（Hans Dehmelt，1922——　，1989 年获得诺贝尔物理学奖）。德默尔特素以对基本粒子（尤其是电子、正电子）物理量的精密测量闻名于世。

这篇文章之所以令世人震惊和激动人心，是因为德默尔特成功地捕捉到一个正电子，并将它完好地保存达 3 个月之久。这是前所未有的巨大技术成就，因为我们知道，作为普通电子的"反粒子"——正电子，尽管它是稳定的粒子，但出于两点原因而难于捕捉。原因之一，在自然界中几乎不存在正电子，只有神秘的宇宙射线中携带极微量的正电子，实验室中只有巨大的加速器和对撞机才能产生较多的正电子束可供研究。另一个原因则是，正、反粒子相遇，立即发生湮灭，化为一缕青烟转变成光子，消失得无影无踪，即：

$$e^+ + e^- \rightarrow 2\gamma$$

正电子　电子　光子

　　自然界中处处都是正物质，到处皆有电子，想要保存正电子是极其困难的事情。迄今为止，不管宇宙射线中的正电子，还是实验室产生的正电子，在自然界存留的时间都极其短暂，几万分之一秒的时间都不到。这也是人们迟至 1932 年才发现它们的原因。

　　然而，德默尔特却在 1990 年捕捉到了正电子，而且还能让其"芳影"独自待了 3 个月之久。这难道不震惊世人？这显然是技术上巨大的成功。德默尔特哪里会不知道这一点，所以他万分钟爱这个"囚禁"达 3 个月之久的正电子，并极尽能事地为"她"取了一个美丽的芳名——普丽希娜（Priscilla）。

　　德默尔特颇为得意地说："这个基本粒子被赋予的种种特性大体上是全新的。因此应该像为宠物取名一样为她取名，并希望由此得到大家的承认。"

　　"Priscilla"是英语中女士的名字。德默尔特为这个"正电子"取这样动听的淑女的芳名，足以看出他对这位"小姐"真可谓情深意长呀！

　　德默尔特是如何捕捉正电子并将它保存 3 个月之久的呢？原来他用的招数是一种新的激光冷却（laser cooling）技术，它可以使得原子或者其他要研究的粒子在空中飞行的时候被"冷冻"住，然后设下激光陷阱（laser trapping）把原子或粒子捕捉住，并使它们被固定在空间某个地方"囚禁"起来。这种技术现在已经被广泛展开，在澳大利亚昆士兰大学的实验室里，囚禁着不少铷原子呢。而且这门技术已经成为现代物理学里发展最快的领域之一——原子光学的基础。

　　为此，我们先要讲一讲激光是如何在量子理论的基础上产生和发展的。激光是量子力学一个奇迹般的伟大成就，它使人们深刻认识到基础理论的研究是多么重要！

（2）激光是怎样产生的？

　　激光（laser）是"由辐射的受激发射引致的光放大"（light amplification by stimulated emission of radiation）的缩写。在激光之前，物理学家先发明了微波激射，它是"由辐射的受激发射引致的微波放大"（microwave amplification by stimulated emission of radiation）的简称，英文的缩写是 masser，所以也有人称"微波激射"为"脉塞"。激光和微波激射一样，都是建立在量子理论的基础之上的。

玻尔的量子理论指出了分子和原子是怎样吸收和发射光的。原子和分子中的电子以一种非常特殊的方式储存能量——把能量保持在一些精确的分立能级上。

一个原子或者分子要么处在"基态"（ground state）的最低能量状态上，要么就处在一系列由量子理论决定的"激发态"（excitation state，它们有较高的能级）之上。但原子或者分子决不会停留在这些能级之间的什么状态上。这就意味着，它们只吸收（或者发射）某些特定波长的光，因为光的波长决定了单个光子的能量。

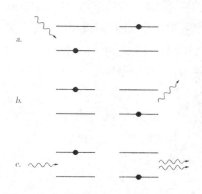

（图18-4）光子吸收（图a）、激发（图b）和激光运行（图c）示意图。

图（18-4）的图a表示当一个原子在基态（黑点所在的下方直线）吸收了一个光子（带箭头的波纹线），它就被激发了，上升到一个较高能量的状态（黑点所在的上方直线）。然后，激发了的原子就会自发地辐射能量，发射一个光子并回到基态（图b），其波长正好等于它们能够吸收的那些光子的波长；这后一过程通常是自发的，这就是我们通常用的电灯里的分子或原子发热时发射的光。

1906年，爱因斯坦就预言了光子的受激发射（图c）。受激辐射是激光运行的基础，这里把它同常见的吸收和自发发射过程放在一起，便于互相对比。受激辐射首先是由爱因斯坦根据基本的热力学考虑认识到的；如果电子已经处于一种激发状态，而且被一个有着合适能量的光子撞击，这时就会辐射两个光子：一个是原来的光子，一个是与原来光子完全一样的一个光子。在这个过程中，不仅光子加倍，而且这两个辐射量子完全匹配，或者说"相干"（coherent）。也就是说，第二个光子的波与激发这个辐射的光子位相完全一致。这些光子还会撞击其他受激原子，结果就会得到更多的受激辐射，以一种链式反应的方式放大光束。

但是，光通常会被物质吸收，这仅仅是因为物质里处在较低能量状态的原子数 N_1，几乎总是比处在较高能量状态的原子数 N_2 多，即吸

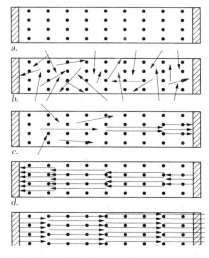

图（18-5）红宝石柱体里产生级联发射的示意图和说明。红宝石激光器的红宝石柱体用来放大受激发射的光波，产生一种光子的级联发射。在级联过程发生之前（图a），红宝石中的原子（黑点）处在基态。抽运光（图b里的黑箭头）被吸收了，并且把大多数原子提升到激发态（黑点）。虽然有某些光子跑到红宝石外面去了，但当一个被激发了的原子自发发射出一个光子（与红宝石柱体轴平行的箭头）时，级联过程就开始了（图c）。这个光子激励另一个原子，使它贡献出第二个光子。当这些光子在红宝石的两个端面来回发射时，这一过程继续不断扩展（图d和图e）。红宝石的右侧端面只是部分反射，于是当放大达到足够强的时候，穿出右面的光束就会很强。（以上图文摘自汤斯：《激光如何偶然发现——一名科学家的探险历程》，12页。）

收的原子比发射的多。这就是为什么我们不能指望用光束照射一块玻璃，就能够在另一侧看到比射进去时更强的光。如果能够让 $N_2 > N_1$，即实现"粒子数反转"（population inversion），就有可能让受激辐射

发生。

从爱因斯坦预言到制造出第一个类激光的设备，物理学家用了近40年的时间，这是什么原因呢？其中部分原因是从事基本理论研究的物理学家和从事应用的物理学家之间很少有联系。第二次世界大战以后，他们之间才有了经常的合作。另外的原因是大部分专家认为这一效应似乎没有什么实际的用处。

当然，也有两个科学上的困难。第一，对于给定的物质，只有大多数原子处于激发态（即"粒子数反转"）才可能发生受激辐射。但是，在通常的情形下物质中只有少数原子处于激发态。第二，并不是每一个受激能量状态都能够引起受激辐射。在原子里有许多相互竞争的过程同时发生，它们都会影响原子的激发态，合适的设置应该消灭或者尽量减小不利的影响。

1954年，美国物理学家汤斯（Charles Townes，1915—　，1964年获得诺贝尔物理学奖）发明了一种设备，它可以克服上述两个困难。他把受到激发的氨分子隔离起来，然后用微波轰击它们，测量证明输出的微波能量比输入的微波大许多。这个设备被称为"脉塞"。脉塞有规律地连续输出微波，物理学家把它用作第一代原子钟的频率标准。

与此同时，俄罗斯物理学家巴索夫（Nikolai Basov，1922—2001，1964
年获得诺贝尔物理学奖）和普罗霍罗夫（Alexander Prokhorov，1916— ，
1964 年获得诺贝尔物理学奖）也独立地发明了同样的设备，后来还发明了半
导体激光。哈佛大学的布罗姆伯根（Nicholas Bloembergen，1920— ，1981
年获得诺贝尔物理学奖）证明，固体脉塞可以精细调频，结果它成为原子光
谱重要的研究工具，在射电天文学里发挥了重要作用。

在这张照片里，脉塞发明人汤斯正在哥伦比
亚大学辐射实验室调整他的第二台改进了的
脉塞。

（3）汤斯和激光发明的故事

　　上一节我们简略地介绍了激光
作为放大器的机理，我们可以看出
激光的发明与量子力学的发展紧密
相关：没有量子力学的建立和发展，
就不可能出现激光；反过来，激光
的发明又证实了量子力学理论的正
确性。激光的发明与美国物理学家
汤斯的研究关系密切，其中有许多
有趣和有启发意义的故事。

　　1935 年，汤斯的学习和就业
开始都似乎很不理想，这年在一所
完全没有名气的富尔曼大学毕业以
后，到杜克大学读硕士。1936 年得
到硕士学位以后原想留在杜克大学做研究，没有成功，只好到加州理工学
院攻读博士学位。1939 年得到博士学位以后原想到大学任教，继续做研究，
实现自己的科学家梦。但是，却被贝尔实验室录用。虽说贝尔实验室工资
很高，但是汤斯觉得自己的科学家梦想恐怕实现不了了，因此郁郁不欢。

　　但是他没有想到，这两次的不顺却正好让他实现了科学家的梦想！后来
汤斯说：

　　　　没有得到第一流大学的职位，在我说来又是一次塞翁失马的故事，
　　正如我没有得到杜克大学的研究职位，却让我在加州理工学院获得丰硕
　　成果一样。当然，谁也不能预知什么样的失败背后其实隐藏着真正的成

功；因此，最好的做法就是仅仅去做在当时看来还算对头的事情。深思熟虑后再走向失败是愚不可及的！不过，知道下面这一点也是很有价值的：当你心里怀着失败的感觉时，后来的结果却可能是非常美妙的。

为什么这样说呢？原来，在第二次世界大战期间，贝尔实验室承担研究雷达的军事任务，汤斯因此被委派研究雷达。这样，他被迫接触到微波，在工作中熟悉了微波和微波波谱学，并且是作为一个工程师的角色来熟悉的。他当时没有想到，正是这种研究工作和角色，使他在战后以一种非常有利的地位继续研究微波和有关的器械，并终于把他引向了发明微波激射。

1948 年 1 月，汤斯被哥伦比亚大学物理系聘为副教授，在辐射实验室工作。这所实验室是在战争时期作为微波发生的一个中心而创立的，校长拉比（I. I. Rabi，1898—1988，1944 年获得诺贝尔物理学奖）兼任实验室主任。汤斯非常满意到大学任教，说："完全适合我本人的口味……哥伦比亚大学的科学家们有无穷的创造力。"

1951 年 4 月 26 日是一个汤斯难忘的日子，这一天美国物理学会要开一次会议。汤斯家里有年幼的女儿，"习惯于早起"，这一天黎明时分他一个人到富兰克林公园"享受清晨"。后来他回忆说：

> 晨曦中的空气真是清爽。在人烟稀少的富兰克林公园附近，有一片美丽的红白相间的杜鹃花，怒放的花朵上凝满了露珠。我在花丛中找到一条长凳坐下。这个远离尘嚣的地方出奇地安静和美好。然而，我的脑海里依然萦绕着这样的问题："为什么我们的研究就是没能取得任何突破呢？最根本的障碍究竟是什么呢？"

正是这"怒放的花朵上凝满了露珠"的早晨，让他得到了灵感，使他考虑到微波受激放大发射。这其间的思想过程就不仔细讲了，那太学术化，难懂。总之，汤斯想到了将受激辐射放大，并且启动了一个微波激射器的计划，有戈登（James Gordon）做他的助手。在他们努力实现自己的设想时，他们受到很多权威人士的质疑或坚决反对。大学物理系新、老两任主任拉比和库什（Polycarp Kusch，1911—1993，1955 年获得诺贝尔物理学奖）属于坚决反对者。汤斯回忆说："当我们在这上面工作了约莫两年后的一天，拉比和库什来到我的办公室坐了下来。这两位是前任和现任的物理系主任，并且都由于原子束和分子束方面的工作而获得过诺贝奖，他们的意见是很有分量的。他们很担心。他们的研究项目依赖着与我同一来源的资助。他们说：'看来，你应当停止你们正在做的工作。它是行不通的。你知道它是行不通的，我们也知道它是行不通的。你们正在浪费金钱，把它停了吧！'问题在于，在他们眼里，我仍然是分子束领域里的一名门外汉。那是由他们把持的领域，他们并不认为我完全掌握了这方面的物理知识。"

其实，汤斯由于一段时间成了工程人员，他的见识已经与拉比、库什有许多的不同。大名鼎鼎的玻尔和冯·诺伊曼属于质疑者。当微波受激放大发射器已经实验成功以后，汤斯在哥本哈根把这件事情告诉玻尔，没有想到玻尔对汤斯大声地说："那是不可能的！"有趣的是冯·诺伊曼听了汤斯的介绍，也宣称："那不可能是对的！"哥伦比亚大学著名理论物理学家托马斯更是拒绝听汤斯的解释，在微波激射器成功之后，他遽然不再和汤斯说话。还有一位年轻的物理学家跟汤斯打赌，赌注是一瓶威士忌。最后汤斯得到了这瓶威士忌。

读者可能有一个疑问：为什么包括玻尔、库什、拉比和冯·诺伊曼在内的著名物理学家会反对或质疑微波激射器呢？原来，他们也自有他们的道理。问题的关键在于微波受激放大的辐射不仅放大了强度，而且产生的辐射频带非常狭窄（这正是微波受激放大辐射和后来的激光的特色和优点），这就与量子力学里的一个基本原理"发生了矛盾"。汤斯对此在回忆中说：

> 这样的一些异议，其实并不是对于物理学中未知方面的随意评说。它们来自这些人的骨子深处。这些反对意见是以一条原理——不确定性原理——为基础的。海森伯不确定性原理是量子力学的一条中心原则，是20世纪上半叶物理学创造力非凡迸发期间得出的核心成就之一。它是量子理论里不可缺少的支柱，就像经典物理学中的牛顿诸定律一样。……
>
> 许多物理学家沉浸在不确定性原理之中，乍看起来，微波激射有那样的性能是完全不合情理的。那些分子在一台微波激射器的空腔里度过的时间如此之短（只有大约百分之一秒），因而在那些物理学家看来，它辐射的频率也不可能限制得那么窄。但这正是我要告诉他们的

在微波激射器里所发生的事情。

对这些误解，汤斯认为："有充分的理由可以说明，不能如此简单地把不确定性原理运用在这里。微波激射并没有告诉我们任何一个特定的、明确标记的分子的能量或频率。当一个分子被激发而辐射的时候，它产生的必定是与激发辐射精确相等的频率，这一点与自发辐射有所不同。此外，一台微波激射振荡器里的辐射，代表着聚在一起发挥作用的大量分子的平均效应。每一个单独的分子依然没有个性特征，没有被准确测量或跟踪。微波激射的精度来源于那些把不确定性原理的要求抹平了的原理。"

汤斯在另一本书《创造波浪》（*Making Waves*）中简单明了地写道：

> 我还记得在振荡器成功后就这个问题与玻尔和冯·诺伊曼展开的重要讨论。他们俩都是一开始就问我，不确定性原理怎么会允许这么窄的频率。我的解释建立在分子集合而不是单个分子的基础上，玻尔马上表示接受。不过我一直不确定，他如此容易被说服，到底是因为他确实认为我的解释合理，还是仅仅出于对一个年轻科学家的友好。

在几年的艰苦努力中，有志同道合者的鼓励和期望，也有很多很多反对者和质疑者，但是汤斯相信自己一定会成功。1954 年 4 月初，第一台微波激射器诞生了，"时间在库什坚持说它行不通的三个月之后"。汤斯回忆说："看到它确实在工作，库什惊讶不已。"还好，库什没有像托马斯那样从此不理睬汤斯，而是对汤斯说："我本应该认识到，您可能对自己在做的事情了解得比我更多。"

微波激射器成功之后，汤斯又决定制作可见光激射器——激光。这并不是一件容易的事，汤斯的脉塞的微波是厘米级，可见光波长只是其 10 万分之一。结果他们被美国物理学家迈曼（Theodore Maiman）甩在了后面。迈曼在 1960 年制作出第一个可以使用的激光器，这种激光器直到今天还在被广泛使用。

这个激光器使用的材料是红宝石柱体。红宝石是铝和氧的化合物，还掺有一些铬的杂质，为的是让晶体呈现红色。为了使大多数铬原子处于激发态，迈曼在红宝石柱体外面缠一个闪光灯，在螺旋式的灯管里充以氙气，灯

这是 1960 年 5 月迈曼在休斯研究实验室（Hughes Research Laboratories）制作的红宝石激光器的原品。净长 5 英寸，激光束产自被激励的柱状红宝石（氧化铝），而激励则来自缠绕在柱状红宝石上的闪光灯。柱状体的右端被一镜子封闭，激光光子在飞行时被反射回到柱状体内；左端涂以半镀膜，于是有一些光子被反射回柱状体，有一些则逃离柱状体，被称为激光光束。

管里电流的每一次脉冲通过氙气，其发射的光子就像"泵"一样，把铬抽运到粒子数反转的状态。红宝石柱体一端装一面镜子，这样成对的光子撞上它的时候就会直接反射回到柱体里，可以激发更多的辐射。柱体的另一端涂上薄薄的银膜，灯管每一次闪烁时就有速度很快的相干光穿过半镀膜。

1960 年 5 月 16 日，休斯研究实验室的迈曼制成第一台激光器；7 月 7 日，休斯研究实验室向公众宣布了这一消息，第二天《纽约时报》头版做了报道，标题是："科学家宣称光放大器制成。"

在宣布会上还出现了一个小故事。迈曼后来说，正式演示一结束，他就被记者们包围起来。他已经把激光在武器方面的应用置于可能应用的单子后头，远在它的科学应用和用作一种测量仪器之后。可记者们仍然向他施加压力，要他在武器应用方面表现出更大的热情。最后，一名被激怒了的记者问迈曼，是否能够排除激光作为一种武器应用。迈曼说不，他不能够排除这一点——于是，激光这种"死光"的故事就此诞生了。

很快，物理学家就制造出不同型号的激光器。贝尔实验室的研究人员首先设计出氦氖混合气体的气体激光器。虽然开始有人嘲笑说这些玩意儿"毫无用处"，但是激光器迅速获得改善，40 多年以后的今天，它已经成为现代文明不可缺少的工具。

激光现在可以保证大量信息流通过光纤传递。在高能领域里，光束可以加热物质，打破原子约束，因此在工业上可以用来切割、熔化；在低能领域里，激光可以用来完成各种各样的外科手术（特别是眼科手术）。激光还用来控制计算机印刷。激光条形码在各种各样的商品中都在使用，压缩光碟可以用来听音乐和存储各种信息。激光使全息照相、高度精确直线测量（测量地球到月亮之间的距离，精确度在 50 英尺之内）、小距离精确测量以及许多分析技术成为可能。新的用途还在与日俱增。

激光陷阱更是一个了不起的应用。正是因为有了激光陷阱，才会出现普利希娜小姐。

（4）激光冷却和捕陷原子

1997 年，美籍华裔物理学家朱棣文（1948—　）和法国的克劳德·科昂-唐努日（Claude Cohen—Tannoudji，1933—　）以及美国的威廉·菲利普斯（William Phillips，1948—　）三人因"在发展原子的激光冷却和捕陷方法上所做出的杰出贡献"，共享该年度诺贝尔物理学奖。

物理学的根本任务就在于研究物质的基本结构及它们最一般的运动和变化规律。我们都知道，要研究某个对象势必要对它进行仔细的观察、测量，但对于原子和分子我们能做到这一点吗？列举下面几个数据，答案就十分明显。在室温下，以空气中的氢分子为例，其热运动的速率达 1100m／s，可谓惊人的高速率！即使把温度降到 3K（−270℃），氢分子仍以 110m／s 的速率高速运动。以这样的高速运动的原子和分子，可说是"来去影无踪""变幻莫测"，要想对它们进行测量，势必会出现很大的，甚至是严重的误差。再继续降温也许是减少误差的唯一办法，但随着温度的下降，原子一般会凝聚成液态或固态，这时原子之间将产生强烈的相互作用，导致其结构和性能显著变化，这对于测量当然又十分不利。那么，有没有办法使原子和分子的运动速度降到很小，几近于零，而同时又使它们之间很少相互作用，保持相对的独立性呢？这无疑是一个巨大的难题和挑战，同时也是物理学家几十年来的一个梦想。

到 1975 年，这一梦想似乎有可能变成现实了。这一年，4 位物理学家亨施（T. Hansch）和肖洛、外恩

朱棣文获得诺贝尔奖时，从瑞典国王手中接过证书和奖金。

兰德（D. J. Wineland）和德默尔特各自独立提出了激光冷却气体原子的建议。

　　1982年，美国国家标准与技术研究所的菲利普斯和梅特卡夫（H. Metcalf）用"多普勒冷却机制"（Doppler cooling mechanism）观察到了激光冷却原子的现象；1985年，美国斯坦福大学的朱棣文和他的同事们利用六束激光，用多普勒冷却机将气体原子冷却并捕陷于光束交汇的空间；1988年，法国巴黎高等师范学校的科昂-唐努日和朱棣文发现了可以得到更低温度的激光冷却机制——激光偏振梯度冷却机制。于是，激光冷却和捕陷原子（laser cooling and trapping of gasatoms）的技术日臻成熟，它们不仅在科学上有重要学术价值，而且在高科技中也有日益广泛和重大的应用价值。

　　自1983年秋起，朱棣文小组就开始了激光冷却和捕获原子的实验探索。不到两年的时间，即在1985年，他们就取得了突破性的进展。朱棣文小组利用两两相对、沿3个正交方向的6束激光使原子减速。取真空中的一束钠原子，先以与钠原子运动方向迎面而来的激光束让钠原子减速，然后把钠原子引进6束激光的交汇处。这6束激光都比静止钠原子吸收的特征频率稍低。其效果就是不管钠原子企图向何方运动，都会遇上具有恰当能量的光子，并被推回到6束激光交汇的区域。在这个小小的区域里，聚集了大量冷却下来的原子，组成了肉眼看去像是豌豆大小的发光的气团。由6束激光组成的阻尼机制就像某种黏稠的液体，原子陷入其中会不断降低速度，其热运动几乎消失了。朱棣文把这种方法称之为"光学饴"（optical molasses，也有称之为"光学黏胶"）。他们测量得到钠原子所达到的温度是2.4×10^{-4}K。这是世界上第一次成功冷却原子的实验。

　　然而，仅利用光学黏胶法，原子还只是被冷却，实际上还没有真正被捕获。因为，重力将使它们在1秒的时间内从光学黏胶中落下来。为此，还需要设置一个陷阱——磁光陷阱（magneto-optical trap）。原子是中性的，没有电偶极矩，但却有磁矩，因此，非均匀磁场形成的磁阱就成为科学家关注的方法。这个陷阱由6束激光排列，再加上两个分开一定距离、具有反向电流的线圈（即磁性线圈）构成。它们被称为"四级磁阱"（quadrupole magnetic trap）。这两个磁性线圈给出可微变的磁场，其最小值处于激光束相交的区域。由于磁场会对原子的特征能级起作用，它会产生一个非常大的力，从而把原子拉回到陷阱中心。因此，原子就被激光和磁场约束在很小的一个范围里了。

在朱棣文等人的影响和启示下，美国国家标准与技术研究所的菲利普斯及其合作者运用高效率的磁捕获法，在 1988 年将原子冷却到绝对零度以上 100 万分之 40 度。法国巴黎高等师范学院的科昂−唐努日在 1988 年至 1995 年间将氦原子冷却到绝对零度以上 100 万分之 1 度。

朱棣文教授一直从事冷却原子、用光抓住原子的研究工作。后来他还认为，同样的技术可以用来抓住单独分子。这使他联想到了生命科学。

1989 年，朱棣文等人在斯坦福大学开始了对生物分子的研究工作，当时他们已经可以用光在室温条件下

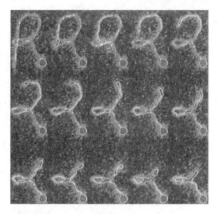

激光束可以用作"光学镊子"来控制微观物体。一束或者多束光束可以在不损害材料的情形下柔和地钳起物体放到指定的地方，而且物理学家也无需用肉眼看见他们想研究的效应。图中所示为斯坦福大学物理学家用高度聚焦的激光拉直缠绕着的 DNA，DNA 的长度为 50 微米（10^{-6} 米）。

控制分子，以研究分子在室温下的形态变化。他们想控制的分子是 DNA，因为 DNA 有很好的特性，它是一个非常长的分子，但由于不带电，所以不能直接用光来控制，必须对原来的技术予以改进。他们将聚苯乙烯小球粘贴在 DNA 上，然后将这些分子放入水中，使用两束激光来控制这些小球。由于 DNA 过小，无法通过光学显微镜观察到这些分子，所以必须将染色的分子放在 DNA 上。这样，如果光照在 DNA 上，这些染色分子会辐射出光子，使科学家可以看到像霓虹灯一样微弱的光，这样就可以捕获一个 DNA 分子，并将其分离出来。

目前，这项技术已经有了新的进展，他们用聚焦激光束使原子束弯折和聚焦，导致了"光学镊子"（optical tweezers）的发展。"光学镊子"可用于操纵活细胞和其他微小物体，可以控制 DNA、打开单一蛋白质，并可尝试控制细胞核内的染色体，或捕捉住细菌而不杀死它。光学镊子将成为现在生物科技的重要工具。

利用激光冷却效应，控制单独的 DNA 分子的运动，这在生命科学的研究上才开始起步。解开 DNA 的密码是人类的重大科学目标之一，也是人类许多年来的梦想啊！朱棣文教授说：

从哲学角度来看，我的成就和别人的成就已能使我们在单个原子上做实验。我想做类似有关的单生物分子实验。通常，化学家、生物学家做一次实验同时用到上百万个分子，以至于许多有趣的特征被掩盖掉，稍停下来想想，一个细胞核内发生的一些化学变化不都是以一个单分子为基础的吗？每一个细胞只有一个独特的脱氧核糖核酸副本，因此我想知道那么多特征是怎么活动的呢？因为在生命这个水平上是以单分子为基础的。我希望这样的研究或许会引导出治疗一种疾病的方法。我现在正在集结一种在基本分子水平上研究事物如何作用的能力。

奇妙的超导和超流

（1）卡末林-昂内斯发现超导的故事

1879 年，后来被称为"绝对零度先生"的荷兰物理学家卡末林-昂内斯（H. Kamerlingh-Onnes，1853—1926）因论文《地球旋转的新证明》获荷兰格罗宁根大学第一个物理学博士学位。1882 年，29 岁的昂内斯被任命为莱顿大学的物理教授和莱顿大学实验室主任。当时，物理学正处于一个即将向现代物理转变的时代，人们对物理实验的重要性有了新的认识。年轻的昂内斯充分认识到这一点，所以他的就职演说题目是《定量测量在物理学中的重要性》，他指出：

> 物理学能创造出获得新的物质的手段，并且对我们的实验哲学思维有着巨大的影响，但只有当物理学通过测量和实验去夺取新的疆土时，它才会在我们今天社会的思维和工作中占有重要的地位。

他还说：

> 我喜欢将"知识来自测量"作为座右铭，写在每个物理实验室的入口处。

昂内斯不仅这么认识和这么说，而且在任职之后立即将他的信念付诸行动。他颇有远见地把实验室全部研究项目都集中到低温方面。虽然洛伦兹认为在低温方面研究不出什么新的奇迹来，并劝告昂内斯不要把精力过于集中于低温方面，但昂内斯的看法不同。他不仅集中精力研究低温，而且颇有战略眼光地将莱顿物理实验室建成一个能够大量生产液化氢气和其他气体的工厂，使物理实验第一次由手工作坊式的操作，转向了具有工业规模的研究场地。由于其设备复杂，到处是管道和泵，埃伦菲斯特开玩笑地说：这个实验室简直成了"啤酒厂"。

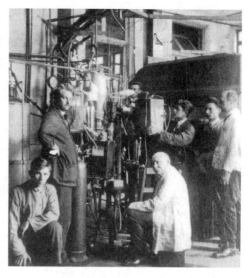

昂内斯（中间穿白大褂者）和他的同事在莱顿大学低温实验室里。

1908 年 7 月 10 日，在昂内斯的顽强努力下，人类终于第一次在实验室里，将最后一个"永久气体"（氦气）被液化。人们曾经认为，所谓"永久气体"（Permanent gas）是永远也不能液化的气体。昂内斯后来曾经激动地回忆说："当我第一次看到似乎是幻想的液氦时，真是犹如奇迹降临。"

这一实验的成功，不仅有力地支持了分子运动论，而且使人类获得了一个新的低温：4K 左右。以后，他又试图利用减压降温法使液氦固化。此举虽未获成功，但通过这方法，他在 1910 年获得 1.04 K 的低温，1920 年又获 0.83K 的低温。他的巨大成功，使人类向绝对零度的进军迈出了关键性的步子。

获得更低的低温，这并非物理学家追求的唯一目的，人们还热衷于研究在极低的温度下，物质的性质是否有什么改变。当时人们最关心的是，金属的电阻率在新的低温区会有什么改变。

1911 年 2 月，昂内斯根据量子理论提出了一个修正了的电阻理论，这个理论预言纯金属电阻在绝对零度就会减小到零。为了检验自己的理论是否正确，昂内斯决定用水银进行测量，因为水银是当时能够达到最高纯度的金属。1911 年 4 月的一天，他让他的助手霍尔斯特（G. Holst）进行这项实验。霍尔斯特在实验中发现，当温度降到 4.2 K 以下时，电阻突然消失了，这使他大为惊讶。昂内斯大约不会感到过分惊讶，因为这一实验结果似乎证实了他的理论的预言。

4 月 28 日，昂内斯宣布了这一发现。5 月 29 日，他将进一步实验得到的结果在第二篇论文《汞电阻的消失》中发表了。这一次，他大约有点吃惊了，因为测量发现，汞电阻的急剧下降要比他的（量子）理论所预言的快得多，"在氢的熔点和氦的沸点之间"，亦即在比他原来设想的温度高许多的地方，电阻就急剧下降。

同年 11 月 25 日，他做了题为《水银电阻消失速度的突变》的报告，明确给出水银电阻随温度变化的曲线，他在报告中指出：

> 测量表明，从氢的熔点到氦的沸点附近，曲线显示出的电阻下降速度，与通常情形一样，是逐渐改变的。……在略高与略低于沸点处，即从 4.29K 到 4.21K 之间也可清楚看出，电阻有同样的逐渐变化的趋势。但是在 4.21K 与 4.19K 之间，电阻却减小得极快，并在 4.19K 处完全消失。

12 月 30 日，这个报告以论文形式发表了。突然转变时的温度被称为"临界温度"（critical temperature）。

在这一阶段（即所谓昂内斯发现超导电性的"三部曲"之初），他还没有看出他的发现的普遍性，仅仅把它当作纯质水银中发生的特殊现象。直到 1913 年 9 月，这时他虽然已经进一步发现不纯的汞"电阻消失的方式和纯汞一样"（这又一次使昂内斯大吃一惊，因为它进一步否定了他的电阻理论），并发现通过超导体的电流强度越大，超导转变临界温度就越低，他甚至还说："汞进入了一个新态，根据它特别的电性质，可以称之为超导态"，这是他第一次使用"超导电性"（superconductivity）这个词；但他仍然不清楚：超导态是物质的一种普遍性质，还是只有汞才具有的一种特性。当时他引入这个词仅仅是为了讲述的方便，还没有意识到这是一个崭新的物理学概念。此后这个概念不仅继续发展和充实，而且超导性之谜困惑了物理学家整整一个世纪，直到 21 世纪仍然有许多谜没有解开。

1913 年，昂内斯"因为对低温下物质性质的研究，特别是液态氦的制备"获得诺贝尔物理学奖。瑞典皇家科学院院长诺德斯特诺姆在颁奖辞中特别指出昂内斯的发现在理论和实验上的双重重要性：

> 这些低温研究的成就对于物理学来说是极为重要的，因为在低温

下，不但物质的性质而且物理现象的过程，一般来说都与常温和高温时有着显著的差别。这些知识对于解决现代物理学中的许多问题有着十分重要的价值。

我在这里只讲一点。气体热力学中的许多原理转变成所谓的电子论，它成了物理学中解释电、磁、光和许多热现象的指导性原理。

这样得出的一些定律看来也被常温和高温条件下的测量所证实。然而在低温下，尤其是在非常低的温度下，情况就不同了，这已经被昂内斯的液氦温度下导体电阻的实验所证明，也被能斯特和他的学生所做的在液态气体温度下与比热有关的测量所证明。

人们愈来愈清楚，有必要对整个电子论进行修正。这方面的理论工作已经有许多研究工作者在做了，特别是普朗克和爱因斯坦。

与此同时，这些研究工作必须找到新的支持。这些支持只能是在低温下，特别是在液氦温度下对物质性质持续进行实验研究才能得到，因为这最适于说明电子世界的现象。昂内斯的功绩在于他创造了在液氦温度下进行实验的可能性，开辟了对于物理学有着重大意义的极为重要的领域。

由于昂内斯的工作对于物理学研究十分重要，因此皇家科学院有充足的理由授予他 1913 年的诺贝尔物理学奖。

昂内斯在他的诺贝尔演讲中，谈的绝大部分是低温技术，而对于超导的物理机制他仍处于迷茫状态，所以他说："与其让自己陷入如何用量子论来解释超导现象，我宁愿用超导去研究一个实验问题。根据一般电子论，人们发

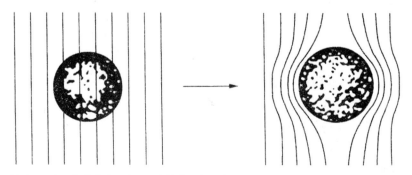

图（18-6）迈斯纳效应示意图：当导体（左）进入超导态（右）以后，磁力线受到排斥而不能进入超导体内。

现在常温下电子的自由程大约是分子的大小，而在超导状态下可达一米。"

这种把超导看成是自由程（free path）的变化，而不看成是一种相变（phase transition）的过程，直到 1933 年才彻底改变。昂内斯非常注意实验测量，但是对于理论实在不太关注，所以他不仅没有关注超导的机制，也因此失去发现超导另一个极其重要的效应"迈斯纳效应"（Meissner effect）的机会。

昂内斯和许多物理学家一直认为零电阻是超导最基本的性质，而对于超导体的磁性质却严重认识不足。直到 1933 年，德国物理学家迈斯纳（Walter Fritz Meissner，1882—1974）和奥克森菲尔德（R. Ochsenfeld）在柏林宣布他们的发现：当物质进入超导态以后，超导体内部的磁场不仅保持不变，而且实际上等于零。超导体仿佛是一个理想的抗磁体，几乎把所有磁场排斥在外，不让它们进入（见示意图）。后来，物理学界把超导体的这种完全抗磁性效应称为迈斯纳效应。迈斯纳效应可以用实验显示出来：把一个小小的磁体放在一个圆盘形超导体上面，由于完全抗磁性，小磁体就会浮悬在超导体上方，如图所示。

迈斯纳效应是一种量子力学才能描述的行为，通常认为量子行为是微观世界的行为，不可能在宏观尺度上看到，但是，迈斯纳效应却使我们可以在宏观尺度上看到量子现象。这是一个了不起的发现，但是迈斯纳没有因为他的这一发现获得诺贝

小磁体悬浮在超导体上面。

尔物理学奖，实在不公。他的这一发现绝对不比任何诺贝尔奖获得者的贡献小。

（2）BCS 理论的提出和受到广泛的质疑

超导现象于 1911 年发现以后，物理学家都急于找到一种物理学机制来解释这种神奇美妙的现象。在量子力学逐渐得到多数物理学家承认以后，物理学家们在多年摸索后意识到，要理解超导现象，必须要用到量子力学的基本原理。但这又谈何容易，事实上直到 1957 年 3 月，在美国费城召开的美国物理年会上宣读了 BCS 超导理论论文以后，超导的物理机制之谜才得以解开。

BCS 超导理论中的 BCS 是三位美国物理学家名字第一个字母的缩写。B 是约翰·巴丁（John Bardeen，1908—1991），C 是利昂·库珀（Leon Neil Cooper，1930—　），S 是约翰·斯里弗（John Robert Schrieffer，1931—　），在宣读 BCS 理论论文时，他们都是在美国伊利诺伊大学任教。下面我简单介绍一下这个理论大致上的机理。

超导体的第一大特征是在临界温度以下，金属的电阻为零。由金属电子理论我们知道，导体中的电流是电子向一个方向流动的结果，而电阻的产生是电子无序运动与电子定向运动碰撞所引

美国物理学家巴丁（中间）、库珀（右）和施里弗三人，分别对应 BCS 超导理论中的 B、C 和 S。

起。对于传统的导体，金属电子理论与实验结果符合得很好。但是对于超导体，传统理论完全不能适用，必须用量子力学理论另寻出路。

导体电阻为零，意味着电子无序运动终止，这也就是说电子无序运动的能量为零。但由量子力学来看，电子是费米子，即使在绝对零度也仍然存在无序运动，因此不可能有零电阻。

为什么这么说呢？物理学家根据粒子的自旋不同，把微观世界的粒子分成两大类：一类是费米子，一类是玻色子。费米子是构成物质的粒子，如电子、质子、中子、介子等，费米子的自旋都是自旋单位（$h/2\pi$）的半整数倍，如 1/2、3/2 等，必须遵守泡利不相容原理；玻色子是构成场的规范粒子，传递相互作用的，如光子、$W^{\pm}$ 粒子、Z^0 粒子和胶子，它们的自旋都是自旋单位的整数倍，如 0、1、2 等，而且它们不遵守泡利不相容原理。

费米子因为要遵守泡利不相容原理，因此不允许有两个费米子处于同一量子态。根据玻尔理论，原子里有能级的量子系统，像一级一级的台阶，因此即使处于绝对零度（对应能量为零），金属中的电子（因为是费米子）也不能都挤在能量为零的基态上，基态上最多只能有两个（自旋相反的）电子，其余的则依能级台阶一个一个地往上填。打个譬喻，在集体婚礼上，一个位置只能站一对夫妇，不能所有新婚夫妇都挤在一起，只能一对一对地往后排站。有人曾因此戏称不相容原理为微观世界的婚姻法，把泡利本人称为微观世界的主婚人。

　　玻色子不遵守不相容原理，因此它与费米子不一样，可以全体都挤在同一个量子态里，这种状态被称为"玻色-爱因斯坦凝聚"[1]。正因为如此，玻色子在绝对零度时可以都挤到零能量基态上。

　　由以上量子力学理论可知，金属中的电子不可能有零电阻状态的出现，也就是不可能出现超导电性。要想出现超导电性，必须先得让导电粒子电子变成玻色子。

　　这下可难住了众多物理学家：电子怎么能够变成玻色子？这岂不是天方夜谭？由此我们可以理解为什么昂内斯说"与其让自己陷入如何用量子论来解释超导现象，我宁愿用超导去研究一个实验问题"。用量子力学理论解释超导现象实在太难了，但舍此没有其他道路可走，这真是"自古华山一条路"！量子力学在其他领域（例如粒子物理学）捷报频传，难道就只有超导态无法用量子力学解释？这一步必须迈出去。

（3）BCS三杰尽显英雄本色

　　伊利诺伊大学物理系教授巴丁在结束了半导体研究之后，在1950年开始对超导的物理机制十分关注。但巴丁对量子场论不太精通，而当时研究超导都由量子场论入手。1955年春，巴丁打电话给当时在普林斯顿高等研究院的杨振宁教授，说他想找一个"精通场论并愿意从事超导性研究的人"，请杨教授推荐合适的人选。杨振宁推荐当时在研究院做了一年博士后的库珀，认为库珀在"使用最新和最流行的理论技巧方面"走在最前沿。当巴丁与库珀会面时，年轻的库珀说他对于超导一无所知，巴丁说："这无关紧要，我会教给你一切。我需要的是熟悉当前场论方法的物理学家。"库珀告诉巴丁："我对场论解释超导性的作用表示怀疑。"因此他对于巴丁的邀请犹豫不决，直到夏天他才决定到伊利诺伊大学从事超导研究，并在巴丁的帮助下，很快熟悉了超导研究中所存在的问题。一旦进入了状态，这位身材瘦小、头发乌黑、像个东方人的库珀很快发现，超导研究"其实是一个非常简单的问题，通过基本量子力学就可以解决。何必大动干戈？"

　　这位被巴丁戏称为"东方来的量子力学家"果然了得，在1956年2

1　美国物理学家康奈尔（E. A.Cornell，1961—　）、维曼（C. E. Wieman，1951—　）和德国物理学家科特勒（W. Kettele，1957—　）因成功获得玻色-爱因斯坦凝聚体而共同获得2001年诺贝尔物理学奖。

月底到 3 月，库珀果断地迈出了第一步，破天荒地提出用"库珀电子对"（Cooper electronic pair，简称库珀对：Cooper pair）使电子这个费米子变成了玻色子。这简直像一个魔术师大变活人一样，让大家惊愕万分。

库珀的设想是如果两个动量相反、自旋也相反的电子搭配成一对，形成一种束缚态，那么这个束缚态的电子对的自旋为零、动量也为零，就成了一个玻色子，因而可以具有零点能。但是，电子对之间有电排斥力，如何形成束缚态呢？只有相互有吸引力的粒子才可能形成束缚态，这是很基本的常识。库珀当然不会不知道这一点。后来，库珀又利用固体理论中的晶格理论（lattice theory），将这一困结解开。

在常温下，导体内的电子运动到晶格离子附近，因为受到晶格离子的散射作用而产生电阻。但是，在低温下情形有了变化。库珀认为，在极低温时导体内的电子运动到晶格离子附近，由于异号电荷的库仑力吸引邻近的晶格正离子，使晶格离子稍稍靠拢过来，在很小的局部范围里正电荷相对集中。由于正离子偏离平衡位置产生晶格振动，并以波的形式在

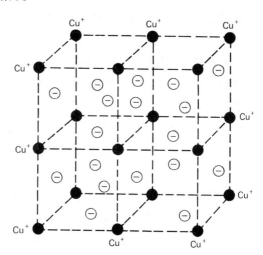

图（18-7）铜的晶体结构示意图，自由电子在晶格中运动。

晶格中传播，这种波叫格波（lattice wave），并波及第二个电子。在超导情形下，这种格波的影响力超过了电子间相互排斥的作用力时，两个电子间就会出现相互吸引，成为电子对。库珀认为，这种电子—晶格相互作用就是低温下引起超导电性的根本原因。在 BCS 理论中，最重要的是库珀提出的电子对概念，它为超导态建立了一个正确的物理图像，并成为现代超导理论的基础。

库珀的这一概念提出来以后，当时还是巴丁的博士研究生的施里弗说："库珀非常兴奋……因为（电子对）确实存在。"库珀后来在他写的《超导理论的起源》（*Origins of The Theory of Superconductivity*，1987）一书中回忆说：

"这些东西让我感到非常兴奋。但是我同时也痛苦地意识到,在今后的几个月里,还有许多事情要做。"

但库珀的"痛苦"恐怕还不止这些,更让他痛苦和不安的是他认为巴丁忽视了他的重要发现。在 2000 年的回忆中他说,到伊利诺伊大学后,"在一年中处于无人理睬的境地",虽然他竭力说服巴丁,说电子对是解决超导性的关键,但库珀却感到:"这里根本没有人认识我这个狂妄的小子……而我坚持说那是解决的根本办法。"他还说:"我经历了一个艰难的时期,巴丁以为我的脑子出了问题。……巴丁没有理解我在做什么事情。"

但巴丁并不是没有意识到电子对的重要性,他只是不想让年轻人的激情使他们忽略了今后道路的艰巨性,还有大量困难的问题等待他们去解决。他要使 BCS 成为一个真正有创造能力的学术小分队。电子对的提出,只是建立超导电性量子理论的第一步。库珀解决的只是两个电子间配对的问题,真正要解决导体中那么多电子配对问题,还有许多巨大的困难。就算每一个原子只有一个电子被电离出去成为自由电子,1 摩尔物质中原子、电子的数量之多可想而知。如何处理这么多电子的配对问题?还有,在什么状态下电子之间产生最大的吸引力?如何具体计算电子和晶格的相互作用?

由于 BCS 三人通力分工合作,这些棘手的问题被一一解决。第二次重大的突破出现在 1957 年的 1 月底和 2 月初。这期间,施里弗和库珀在东海岸参加两个学术会议,施里弗经常乘公共交通工具在两个会议地往返。有一天在纽约赫德森地铁上,艰苦思考多时的思路突然打开,施里弗迅速在笔记本上写出了超导体基态的波函数。当天晚上,他在一个朋友家借宿时,进一步研究了这个波函数,"只花了几个小时"他就算出,基态能量"在能量的指数级别上较低",因此符合稳定态的条件。

库珀知道施里弗的发现后,大受鼓舞。库珀在 2000 年回忆中说:

> 我立刻意识到我们可以用这个奇妙的、一流的微妙公式来进行运算。从根本上说,这个公式不会让你觉得麻烦。你只需要把一对电子放在一起,这样它们就可以满足泡利原理。

第二天,施里弗把这个消息告诉了巴丁。巴丁立即让他们两人一起写一篇有关超导性的论文；接着库珀和施里弗立即投入计算中，没日没夜地计算了 6 个月。他们这样赶时间是因为加州理工学院的费曼也在加劲研究超导性问题。

为了节省时间，巴丁为他们三人各自分配了任务，他自己的任务是研究超导体的传输和非平衡性质。库珀说，这 6 个月是他们"最充满激情的也是难以置信的成果期"。

在大功告成前的 2 月 15 日，他们把 BCS 理论已经取得的成果寄给了《物理评论》；3 月在美国物理学年会上再次宣布了 BCS 理论。值得一提的是，巴丁没有参加这次会议，他要把荣誉让给年轻人。施里弗说，这是转让荣誉的"杰出范例"。

BCS 理论公开后，大多数研究超导性的实验物理学家对它非常欢迎，积极用实验来检验新的理论。但理论物理学家却有不少人不能接受。例如玻尔在 1958 年 5 月还对访问哥本哈根的施里弗说："这个（BCS）理论不可能是真的，我不相信。这是一个有趣的想法，但在本质上是不可能那么简单的。"

施里弗见玻尔这位量子力学开拓者、先驱者都坚决反对，不免有些泄气，他写信给库珀说："不幸的是玻尔认为我们的理论是不正确的。"还写道："结果太简单了，不可能是答案。"

库珀到底是在普林斯顿高等研究院见过世面的，立即给施里弗回了信，内容简单扼要："玻尔并不清楚他自己在说些什么。"

巴丁（左）、库珀（中）和施里弗在诺贝尔奖颁奖仪式上。

其实玻尔的全盘否定虽然不对，但他的评论却也击中了 BCS 理论存在的弱点。但随着 BCS 理论的进一步完善和实验不断地证实，BCS 理论最终被物理学界视为重要理论之一，并被视为量子力学最重要的胜利之一。

1972 年，巴丁、库珀和施里弗三人"因共同提出超导性的 BCS 理论"而共享当年诺贝尔物理学奖。诺贝尔奖委员会盛赞他们说：

……珠穆朗玛峰只有一小部分热心攀登者才能到达。巴丁、库珀和施里弗三人在前人的基础上，终于成功地到达了这一顶峰……现在，来自顶峰的那无限美好的景色终于展现在你们眼前。

特别应该指出的是，巴丁在1956年"因研制出世界上第一个晶体三极管"，与肖克莱、布拉顿一同

16-22：超导体有广泛的应用前景。图为磁浮列车实验装置。

获得过诺贝尔物理学奖。他是第一个两次获得同一学科诺贝尔科学奖的人。

细心的读者看到这儿也许心中有一个疑问：有了BCS理论，超导性之谜不就解开了吗，怎么本章第一节说超导性之谜还有许多至今尚未解开呢？

本来多数物理学家的确以为BCS理论彻底解开了超导性之谜，但"高温超导性"发现之后，BCS理论就面临另一困境。所谓"高温超导性"所说的"高温"是对绝对零度以上几十度的温度而言，如70K、100K，它们相对于日常生活来说仍然是可怕的低温（零下100多摄氏度！），但相对于绝对零度却可以算是"高温"了。

20世纪60年代以后，物理学家们开始研究氧化物超导体，希望能够提高临界温度 T_c。1986年1月，德国物理学家贝德诺尔茨（J. G. Bednorz, 1950— ）和瑞典物理学家米勒（Karl A. Muller, 1927— ）终于取得了突破性进展，他们以钡、镧和铜的硝酸盐制成的样品取得 $T_c = 35K$ 的超导性。他们二人很快于第二年获得诺贝尔物理学奖。

由于米勒和贝德诺尔茨的开创性贡献，导致全世界范围内探索高温超导的热潮，超导物理学的研究

跨入了一个新的历史发展时期。1986年12月15日，T_c提高到40.2K，12月30日，又提高到52.5K，1987年提高到92K……到1993年，瑞士苏黎世ETH实验室席林（A. Schilling）制出了Hg-Ba-Ca-Cu-O超导体，其T_c=133.8K，这比昂内斯提高了130多度，也是迄今为止得到的T_c最高的高温超导体。科学家们还在不断探索，最终理想是把超导体的临界温度提高到室温，这样，超导体的应用将会彻底改变我们这个世界。超导发电机、超导磁浮列车、超导对撞机……将不会再因为低温制备的高昂费用造成阻障而无法广泛应用。

但是，高温超导体也给人们带来了新的困惑。虽然高温超导体与传统超导体有相同的性质，如零电阻、迈斯纳效应等，但它却不是传统的超导体。BCS理论是正确解释传统超导体导电性的理论，但却不能解释高温超导体。虽然已经提出了好几个超导体机制模型，如美国物理学家斯卡拉皮诺（Douglas J. Scalapino）和平斯（David Pines）提出自旋波模型（spin wave model）等，但距离全面解释高温超导体的各种性质尚相去很远。物理学家还需要进一步努力探索，才能大功告成。

（4）超流和卡皮查

在获得超导性的低温下还有一个奇妙的宏观量子现象是超流（superfluid），它和超导一样是物质在极低温时呈现的一种特殊性质。超导和超流有共同的起因，解释它们的理论也有共同之处，所以人们常说它们是量子力学中的两朵奇葩。超流的发现最先要追溯到昂内斯。

1911年，当昂内斯把液氦的温度降到2.2K附近时，伴随冷却过程的激烈沸腾现象突然停了下来，液氦表面一片宁静。进一步降温时，出现了反常膨胀，即体积不但不减小，反而增大。昂内斯肯定发现了这种反常现象，但他因为要集中精力研究超导现象，就没有研究这一反常现象。直到30年后的1941年，才由苏联物理学家卡皮查（P. L. Kapitza，1894—1984，1978年获得诺贝尔物理学奖）和朗道（L. D. Landau，1908—1968，1962年获

这张照片显示液氦如何爬上容器的壁，流过壁的顶端，再沿着容器的外壁往下流，最后在底部形成一个液滴。

超流形成的喷泉效应。

得诺贝尔物理学奖）发现并在理论上解释了这种被卡皮查称为"超流"的奇特现象。

在卡皮查做出重大发现前的1936年至1938年的两年时间里，对液氦的研究取得了实验上的进展，在温度低于2.2K时，氦具有惊人的特性。例如，它能反抗重力往上流动，因此可以从容器内部沿器壁爬到顶端越过壁端到容器外边，这被称为"爬壁"现象。与"爬壁"类似的是氦还有"喷泉"效应（fountain effect），即在氦中插入一根细玻璃管，氦在管内液面会比外面高，当玻璃管足够细时，特别是在玻璃管中加入一些细钢砂之类的粉末，氦可以由细管里喷出，像公园的喷泉一样。

此后超流的研究有很多著名科学家如伦敦（Fritz London）、费曼等参与，但取得最重要成就的是苏联的两位物理学家卡皮查和朗道。下面简单介绍他们两位的生平和贡献。

1894年7月8日，卡皮查出生于俄罗斯圣彼得堡附近的喀琅施塔得。1912年考入圣彼得堡工学院电机系。由于成绩优异，颇受"苏联物理学之父"约飞的重视，毕业后留校任教，同时在彼得堡物理技术研究所从事研究工作。

1921年，卡皮查遭遇生活中的巨大不幸，他的父亲、妻子和两个孩子由于饥荒和流感，都相继死亡，一时他处于极度苦闷之中。约飞爱才，就让他去英国参观访问，想以此减轻他的痛苦。哪知这一去，彻底改变了他的生活道路。

卡皮查参观了卡文迪什实验室以后，很希望留在卢瑟福主持的卡文迪什实验室工作一段时间。可是卢瑟福说实验室已经满员，没有空额。于是出现了一个有趣的故事。卡皮查问卢瑟福："您做的实验有多大的误差？"

卢瑟福回答："有2%～3%。"

卡皮查说："那好，您的实验室大约有30个人，再增加我一个，也超不出您的误差范围。"

这个机智的回答打动了卢瑟福，于是他接受了卡皮查。本来计划只让卡皮查在剑桥工作半年，结果却工作了13年。卡皮查到剑桥后不久就做出了很好的工作，越来越得到卢瑟福的器重，成了卢瑟福最亲密的助手之一。他与卢瑟福的关系也非同一般，可以比较随便地和卢瑟福开玩笑，甚至还胆敢给卢瑟福起了一个绰号"鳄鱼"。

1923年，卡皮查获得了博士学位以后，碰到了卢瑟福。卡皮查故意以生硬的口气问："卢瑟福教授，您是否发现，我看上去要比以前聪明一些？"

卢瑟福对卡皮查奇特的问话产生了兴趣："你为什么要看上去比以前聪明了一些？"

"我刚刚变成了博士。"卡皮查回答说。

卢瑟福立刻表示祝贺，连声说："好，好，你看上去的确比以前聪明多了，再加你刚刚理过发。"说完，他放声大笑起来。

在"鳄鱼"面前如此放肆，通常是很危险的，他会马上叫你难堪。但卡皮查似乎是整个卡文迪什实验室唯一敢向他开玩笑的人。卡皮查曾有好多次开这样放肆的玩笑，每逢这时，卢瑟福总是先一怔，随之呵斥道："你这傻瓜！""你这笨蛋！"其中不无赞赏的味道。这说明他们师生感情非同一般。

实验室其他同事们对卡皮查的小调皮何以常常奏效，实在是百思不得其解。而卡皮查对他妈妈说："当我看到'鳄鱼'张口结舌，一时说不出话时，觉得实在有趣极了。"

卢瑟福专门为卡皮查建立的蒙德实验室，门外墙上有一条鳄鱼画像。据说鳄鱼指的就是卢瑟福。只有卡皮查敢和卢瑟福开这样的玩笑而不使卢瑟福生气。

在一次用餐时，卡皮查与卢瑟福同桌。这时，卡皮查刚看完一本书《天才与疯癫》，于是卡皮查对另一位同桌的人讲：每一位大科学家或多或少沾一点疯气。不料卢瑟福听见了，就问他："依你看，我也疯吗？"

"是的，教授。"

"你怎么样证明这一点呢？"

卡皮查兴致来了，回答道："很

简单，也许您还记得几天前您对我讲起您收到一封美国来信，是一家美国大公司寄来的。这家公司答应给您在美国建一个大型实验室，并付给您优厚的薪水。但您只嘲笑他们的好意，却没有认真考虑这个建议。从一个普通人的观点出发，您的行为就好像是一个疯子。我想，您会同意我的分析吧？"

卢瑟福大声笑起来，说："不论怎么说，你也是正确的。"

1929 年，卡皮查开始研究低温，并被选为英国皇家学会会员。这年皇家学会在卢瑟福的大力倡议和支持下，从百万富翁和化学家蒙德（R. Mond）的遗产中拨出一笔钱为卡皮查建立了一个专门实验室——蒙德实验室，并成立了英国皇家学会蒙德研究所，卡皮查任第一任所长（1930—1934）。卡皮查在实验室大门的左边用一条鳄鱼雕塑作为研究所的标志。

1934 年，卡皮查在蒙德实验室制成一台应用膨胀机的氦液化器，此后这种液化器成为全世界研究低温物理的必备仪器，大大促进了世界范围内的低温物理学研究。这一年他回国探亲，苏联政府留他在苏联研究，并让他担任苏联科学院物理研究所所长，这是一个独立而自洽的研究单位。

在苏联，卡皮查继续研究制取液氦的先进技术。1939 年，他设计并建成第一台高效率的膨胀式涡轮机，使低压液化器成为可能。在研制液化器的同时，他没有放弃对低温物理学的孜孜追求。1937 年，卡皮查发现了氦的超流动性。此前，昂内斯的学生基索姆于 1935 年在实验中证明：氦是已知热导体中的最佳热导体。这样就可以解释在冷却到 2.2K 时，液氦表面的沸腾为什么会突然中止，液面变得十分宁静：这是因为氦传热很快，不可能形成气泡所致。

1940 年前后，卡皮查在略微改变的条件下重复了基索姆的实验，结果发现氦的热传导性比基索姆测定的还要高。卡皮查由此认为用热传导来解释沸腾突然中止的现象已不可能。卡皮查认为应该另找原因。他先是设想，液氦为什么会具有如此巨大的传输热量的能力（所以才没气泡）。其实这不是热传导性的问题，而是液氦很容易产生流动。通过计算后，他得出了出

苏联物理学家卡皮查，1978 年获得诺贝尔物理学奖。

人意料的结果：液氦在极端低温下是一种有惊人流动性的液体，或者说是一种没有黏滞性的液体。计算表明，液氦的黏滞性约为已知物质中流动性最强的液氢的万分之一，液氦的流动性应当是水的 10 亿倍以上。

在这些实验的基础上，卡皮查得出了一个当时看来大胆的结论：液氦是一种没有黏滞性（即没有摩擦力）的液体。他把氦的这种性质称为"超流动性"，把氦称为"超流体"。

1941 年，卡皮查在题为《论液氦的导热性和超流动性》(On the heat conductivity and the superfluidity of liquid helium) 和《论液氦的超流动性》(On the superfluidity of liquid Helium) 两文中，公开了自己的观点。

卡皮查的确是一位了不起的实验物理学家，但如何用量子物理学原理来解释超流动性，却非他所长。老天保佑，幸亏他在 1939 年把天才朗道从牢里救出来了！这其中的故事曲折而惊险。

（5）传奇人物朗道横空出世

朗道于 1908 年 1 月 22 日出生于苏联巴库（现为阿塞拜疆共和国首都）的一个知识分子家庭。

朗道是一位真正的天才，12 岁高中毕业，没有一个大学愿意收这么小的学生，他只好等了两年在 14 岁时进入巴库大学，同时学习物理学和化学。后来才专攻物理学，但是对化学仍然终生喜爱。

1929 年经苏联教育人民委员部批准，朗道出国一年多。这期间他参观了当时欧洲最大的理论物理中心柏林、莱比锡、哥廷根、哥本哈根、苏黎世、剑桥。与现代物理学创立者爱因斯坦、泡利、玻恩、狄拉克的交谈，给这位年轻物理学家留下了不可磨灭的印象，尤其是在哥本哈根与玻尔的相处，收获最大。1930 年，朗道在国外完成了一篇研究金属电子抗磁性（朗道抗磁性）的论文，引起了理论物理学家们普遍的注意，这使他很快成为世界物理学界瞩目的人物。

天才有天才特殊的性格，他们一般为人都比较张扬、藐视权威、不拘常礼、说话随便、语言尖刻。朗道也不例外，据说朗道在哥本哈根的时候，常常表现出一种不可抑制的主动提问和追根究底的精神，能够迅速发现别人（包括玻尔）的错误和缺点。一旦发现，他就会毫不留情地当面尖锐地指出来。

苏联物理学家朗道，1962
年获得诺贝尔物理学奖。

有一次在柏林听爱因斯坦演讲，那时爱因斯坦已经
是世界闻名的大物理学家。当主持人请听众对演讲者提问
时，朗道站起来说：

> 爱因斯坦告诉我们的东西，并不那么愚蠢，但
> 是第二个方程不能从第一个方程中严格推出。它需
> 要一个未经证明的假设，而且……

大家都惊愕地注视这位几乎是不知天高地厚的年轻人。
爱因斯坦对着黑板思索了一会儿之后，说道："后面的那位
年轻人说得完全正确。诸位可以把我今天讲的完全忘掉！"

朗道这种很容易得罪人的作风如果在其他国家，最
多导致个人冲突；但是在当时苏联这个极权国家里，再加
上他是一个犹太人，他最终肯定会大倒其霉。1937 年，朗
道来到卡皮查的莫斯科理论物理研究所工作，任理论部主
任，从此他的生活轨迹就与卡皮查交织在一起。1938 年，
在苏联肃反中，朗道果然栽了。这年 4 月 28 日，朗道以
"德国间谍"的罪名被捕入狱。朗道入狱的真正原因，据
1991 年解密的克格勃档案，是朗道签署并参与起草了一份
反斯大林的传单。卡皮查非常重视朗道的才能，立即展开
营救。他凭借他在科学上的地位，当天就亲自上书斯大林：

斯大林同志：

> 我所科学家朗道在今天早晨被捕。他虽然只有
> 29 岁，但已是全苏联最重要的理论物理学家。……
> 当然，一个人聪明才智再大，也不允许他违反我国的
> 法律。朗道如果有罪的话，他理应受到惩处。不过我
> 恳求您明察他的特殊才能，下令慎重审理他的案子。
> 另外，也请您注意到朗道性格上的缺点。他喜
> 欢跟人争论，而且言辞犀利。他喜好挑别人的毛
> 病——尤其是地位崇高的老人、科学院院士的毛

病。一旦发现，就加以张扬嘲笑，这使他树敌甚多。他在我们所里也是个不易相处的人。不过加以提醒尚能改正。由于他的特殊才能，我常宽容他的行为。而且，我也不大相信朗道会有不忠诚的行为，尽管他有性格上的缺点。……

我们知道，"大清洗"是多么恐怖肃杀的运动，多少元帅、将军和高官都被"斩立决"，所以即使卡皮查写得如此委婉，也需要巨大的道德勇气。卡皮查也许不清楚朗道被捕的真实原因，但他深知朗道天才的价值。他在这封信里没有要求释放朗道，因为他知道这是根本做不到的。他只求不要立即处死朗道，拖一下时间再说。等了一年，克格勃换了新的头目贝利亚，他感到事态也许有了希望，于是在 1939 年 4 月，他又给当时苏联的第二号人物莫洛托夫写了一封信。信中很有策略地写道："最近我在接近绝对零度时液氦的研究中发现了一些新现象，对这个现代物理学中最奥秘的领域可望有所进展……不过我需要理论家的帮助。在苏联，只有朗道一个人从事我所要求的这方面的理论研究，可惜，过去一年他一直在监狱里。"

在说明白了朗道的天才之后，他向莫洛托夫提出："如果安全部门不能加快办案，能否像利用工程师囚犯那样，利用朗道的大脑来从事科学研究？"

贝利亚接替叶若夫掌管克格勃后，曾免除了一些被无辜关押的学者特别是航空工程师的死刑，在集中营内组织设计局，让他们从事专业工作，最后导致他们获释。例如著名的飞机设计师图波列夫，以及火箭总设计师科罗廖夫，都是用这种方法才虎口脱险，拣了一条命。得知这些信息后，卡皮查立即给贝利亚出具了担保信，以自己的身家性命为朗道提供担保。

在卡皮查这样大力营救下，朗道在被捕整一年后终于被保释出狱。出狱几个月后，朗道成功地完成了液氦超流动性的量子理论解释，铸就了朗道一生最卓越的贡献。

朗道不同意一些物理学家提出的"二流体理论"（two-fluid theory，即液氦在 2.2K 以下同时存在两种成分，一为超流体，一为正常流体）。朗道还预言在超流液氦中有两种不同的传播速度，一种是人们熟知的压力波，另一种是温度波。1944 年，卡皮查的学生佩什科夫（W. P. Peshkov）用实验证实了朗道的这一预言，因而他的超流动性理论也被大家接受。

1962 年 1 月 7 日发生了一起车祸，朗道头部受了重伤，57 天处于昏迷状态。后来经过大力抢救，虽然命保住了，但他的智力却遗憾地始终没有恢复过来，致使他再也不能从事紧张而又极富成果的理论物理创造活动。新闻记者别萨拉布在《朗道生活之路》一书中记述了朗道最后几年的生活：

> 朗道院士遇到了不幸，但他有机会得知人们如何看重他的生命。他有四次处于临床死亡状态。为挽救朗道生命而奔忙的不仅有来自世界各地的最著名的专家，还有他的朋友、同事、门生和门生的门生。……结果，对朗道的抢救成了世界救护史上空前的事例。可惜的是，朗道的生命虽然得救，但他的创造才能却再也无法恢复。

诺贝尔奖委员会也许担心朗道因为去世而失去获得诺贝尔奖的机会，那不仅是朗道的损失，也是诺贝尔奖的损失，所以诺贝尔委员会赶在 1962 年连忙给朗道授奖。

诺贝尔委员会颁给朗道诺贝尔物理学奖的原因是："因为开创了凝聚体理论，特别是液氦的理论。"在颁奖典礼上瑞典皇家科学院院士沃勒教授致辞说：

> 在人们努力去实现解释液体性质时，一般的科学家遇到了难以克服的困难，而只有朗道的液氦理论是一个例外，因此这是一项伟大的意义深远的重要成果。
>
> 除了他在凝聚体，即固态、液态凝聚物质上的研究并因此荣获了诺贝尔奖之外，朗道对物理学的其他部分也做出了不寻常的重要贡献，特别是对量子场论和粒子物理，他以他的原始的思想和主要的研究，对我们时代的原子科学的发展有着深远的影响。
>
> 朗道教授令人遗憾地还没能从今年年初遭受的严重车祸中康复，因此他不能来这里接受诺贝尔

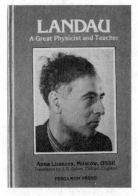

朗道的传记《伟大的物理学家和教师》（莫斯科）

奖。今天由在莫斯科的瑞典大使转交给他。我代表瑞典科学院衷心祝愿朗道教授身体早日康复。

1968 年 4 月 1 日，在又一次手术后朗道离开了人世。他的临终遗言是："我一生过得不坏，我万事如意。"

卡皮查幸亏长寿，在 1978 年他 84 岁的时候因为"在低温物理的基础研究方面做出重大贡献"获得了诺贝尔物理学奖。瑞典皇家科学院的哈尔逊教授致颁奖辞。颁奖辞中指出：

> 1934 年卡皮查回到祖国，着手建立一个新的物理研究所。由于他在 1938 年发现液氦的超流动性震惊了物理界。这意味着在 2.2 K 以下液氦的内摩擦（黏滞性）消失，该温度称为氦的临界点。同样的发现分别由艾伦（Allen）和米塞纳（Misener）在蒙德实验室得到。随后卡尔查用一种逼真的方法继续进行这方面的研究，同时引导和鼓励年轻的合作者，他们当中有 1962 年获诺贝尔奖的朗道。他因建立凝聚物质的开创性理论，特别是液态氦理论而获奖。在卡皮查的成就中，还应提到的是他发明了产生很强磁场的方法。
>
> 卡皮查是我们这个时代最伟大的实验物理学家之一，在他的研究领域里是一位无与伦比的开拓者、领导人和大师。

纳米技术

纳米是英文"nanometer"的译名，它是一个长度单位。常用长度单位从大到小的排列如下：

米 ——	厘米 ——	毫米 ——	微米——	纳米
m	cm	mm	μm	nm
	（10^{-2}m）	（10^{-3}m）	（10^{-6}m）	（10^{-9}m）

1 纳米是百万分之一毫米，即 1 毫微米，或 1 纳米 ＝ 10^{-9} 米。1 纳米约有 45 个原子串起来那么长。形象一点说，把 1 纳米长的物体放在足球上，

就好比一个足球放在地球上一样。所以我们用肉眼看不见几纳米长的物质。

纳米科学是研究纳米长度范围内，原子、分子等运动和变化的学问。至于纳米技术，则是利用纳米科学的知识，来随意组装原子、分子以创造新的物质，或对物质进行精加工形成纳米大小结构的技术，以及制造新的纳米装置，等等。

如果追踪溯源，纳米科学技术的概念恐怕要从费曼说起。

1959 年，美国物理学会在加州理工学院召开了一次会议，在一次演讲中费曼做了题为《下面还有很大空间》（There's Plenty of Room at the Bottom）的演讲，副标题是"进入一个物理新领域的邀请"（An Invitation to Enter a New Field of Physics）。他的演讲向人们展示了一个激动人心和令人惊讶的未来。他讲道：

> 为什么我们不可以从另外一个方向出发，从单个的分子和原子开始进行组装，以达到我们的要求？至少在我看来，物理学的规律不排除一个原子一个原子地制造物品的可能性。

费曼说，也许有一天人们会造出仅由几千个原子组成的微型机器。英国两位学者安乐尼·黑和帕特黑克·沃尔特斯（Patrick Walters）在他们 2003 年出版的《新量子世界》（*The New Quantum World*）一书中说："（费米的）这一演讲标志着现在叫作'纳米技术'（nanotechnology）的领域的开端。"

费曼还强调说，这一领域不需要新的物理：

> 我不是要发明反重力，这只有在有一天物理定律不是我们现在想的那样时才有可能。我现在要说的是，当物理定律是我们现在想的那样时，我们能够做些什么。我们现在没有做，只是因为我们还没有想到去做。

费曼还悬赏两笔 1000 美元的奖金，一笔给"第一个做出可以工作的只有 1/64 立方英寸电动马达的人"，另一笔给"第一个将一本书上的信息写到一本面积为普通图书 1/25000 页面上的人"。

演讲后的第一年（1960 年），麦克利兰（Bill McClellan）领到了第一笔奖金。他制出了一个要用显微镜看的小马达，它可产生百万分之一马力的动力。看了这个小马达以后，费曼颇感失望，因为麦克利兰的小马达虽然够小，但其制作本身不会导致任何技术上的进步。虽然不满意，但第一笔奖金还是付给了麦克利兰。

第二笔奖金到 1985 年才给出去。这年斯坦福大学的纽曼（Tom Neuman）用"电子束蚀刻"法把每个字母的大小降到只有 50 个原子那么大，达到了费曼的要求而得到 1000 美元。不过这时的 1000 美元比 26 年前那可贬值了许多。

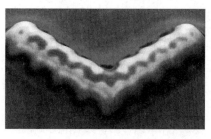

费曼正在用一台显微镜检查麦克利兰的小马达。

不过，真正想要像费曼 1959 年说的那样还得假以时日。他说："原则上物理学家将有可能（我个人认为）合成化学家们写下的任何一种化学物质。只要提出要求，物理学家就可以合成。究竟怎么做呢？只要把原子放到化学家指定的位置，就能把这种物质制造出来。"

费曼的这一随意搬动原子的梦想后来真的变成了现实。1989 年，美国斯坦福大学的科学家搬动原子团，写下了"斯坦福大学"的英文名字。一年后，美国商用机器公司（IBM）的物理学家唐·艾格勒和他的同事们，利用他们 IBM 的同事发明的扫描隧道显微镜（STM）在镍表面上移动 35 个氙原子，排出"IBM"三个字母，后来又用 99 个铁原子排列成汉字"原子"两个字。4 年后，美国西北大学的化学教授米尔金利用一台纳米级设备把费曼 1959 年演讲的大部分内容刻在一个大约只有 10 个烟灰微粒大小的表面上。可惜费曼在 1988 年因癌症去世，否则他会真正满意他的目标实现了。

接着，艾格勒和他的小组还靠一次搬动一个原子的方法做出了第一个"人造"分子。康奈尔大学的威尔逊·何（Wilson Ho）研究小组也用这种方法制造了一个铁原子和一个氧化碳分子的化合物 Fe（CO）。

1990 年，美国贝尔实验室制造出一个只有跳蚤大小但却"五脏俱全"的纳米机器人。这年 7 月，在美国巴尔的摩召开了第一次纳米科学技术会议和第五届国际扫描隧道显微学术会议，会上正式提出和定义了纳米科学、纳米生物学、纳米电子学和纳米机械学的概念。这次会议标志着纳米科学技术的正式诞生。

辩证法里有一条规则是量变引起质变。纳米是鲜明生动的一例。当物质尺寸小到纳米级时，会出现许多人们意料不到的奇异特性，很多宏观和微观领域的物理规律不再适用。例如，在电学里的欧姆定律就不适用于纳米材料；

过去常常用来描述原子集体行为的概念也不再适用。这类奇异的特性还有很多。到纳米级时，光学性质（超微颗粒都呈黑色）、热学性质（熔点降低）、磁学性质（矫顽力增加）以及力学性质（韧性增加）等，会变得千奇百怪，让人眼花缭乱。还有量子力学中的尺寸效应和隧道效应，也都改变着纳米材料的性质，为实际技术应用带来了广泛的可能性。纳米狂飙将横扫传统经济的各个行业，让它们喷发出巨大的能量。

纳米药物的研究想制出副作用极小、可以直接作用于病变位置的药物，生物纳米材料可以给假肢制造带来革命性改变。纳米机器人可以帮助外科医生在"无创伤手术"情形下，直接到病灶处开刀。这已经不是梦想，2001年9月在墨西哥城纳米机器人"宙斯"成功地为病人做了脾脏切除手术，而且这个机器人还可以在万里之外由医生远程操控。纳米机器人只要有10毫米的切口就可以进入人体做各种手术，病人完全不必担心留下疤痕。

纺织行业里纳米材料大有作为，因为纳米材料可以使纤维具有"智能"。例如，氧化钛粒子进入纤维或织物，可以使纤维和织物具有自动去污的功能；如果将用石蜡等原料制出的纳米材料引入织物纤维，则这种材料做的衣服可以自动吸热或放热，成为具有"空调"功能的衣服。法国服装研究所的功能织物专家居伊·内莫说："我们建议生产一些具有某些实际功能（例如防止出汗）的服装。"法国电力公司已宣布让职工穿上特制的纳米材料服装，可以使职工防止受到电、核和化学伤害。

在军事领域，纳米技术将使之发生根本性的转变。研究表明，适宜的纳米材料（如碳原子构成的小管子）可以制造出防护性能更好的装甲、更轻的武器和不被雷达发现的涂料；还有，"智能灰尘""武装苍蝇"的研究已经不是秘密，这些新型武器使敌对方防不胜防。一旦把智能灰尘撒到敌方，其传感器就能神不知鬼不觉地执行侦察任务。

总之，纳米材料的应用范围没有限制，会引起各行各业的革命性转变。正因为如此，各国政府都在高度关注和积极从事这方面的研究和开发。

美国从2000年开始推进"国家纳米技术战略"（NNT），把纳米技术确定为战略技术，不仅用重金扶持和推进基础的研发，而且大力推进纳米技术的产业化。

2004年，日本在国家科学技术年度预算中拨出940亿日元用于纳米技术研发，主要用于研发纳米材料的半导体和电部件、人工脏器和人工感觉器，等等。

也是在 2004 年，德国在柏林举行的一次会议上，全体专家共同探讨"纳米技术在国防技术与安全政策上的意义"，并一致认为纳米技术在未来的军事应用上将起核心作用。

我国政府也同样关注纳米技术的开发利用。例如 2004 年评选出的"中国十大科学技术进展"中，就有一项是中国科学院化学所江雷研究组研制的纳米材料的"超疏水/超亲水开关"，这项研究在功能纳米界面材料研究领域取得了重要进展，因而榜上有名。这种"开关"可以使该材料有不沾水和自清洁的作用，未来可以应用于基因传输、无损失液体输送、微流体、生物芯片、药物缓释等诸多领域，有极广阔的应用前景。

在纳米技术成为迅猛发展的产业时，科学家发现了一个令人不安的问题：纳米颗粒也会导致新的空气污染，可能会浸入植物、动物和人体，造成危害。有证据显示，有些纳米分子（如碳-16）有可能进入大脑和中枢神经系统，并造成破坏。有鉴于此，2004 年 7 月 29 日，英国皇家学会和皇家工程科学院发布调查报告说，应当对纳米技术产品进行安全检查和规范，把纳米产品对人体健康和环境的潜在危害降到最低限度。负责调查的安·道林说："同种物质的纳米级微粒和普通颗粒，在性质方面有很多不同，我们应该对其正面和负面作用都有所了解。"

加拿大多伦多大学生物联合中心的专家阿卜杜拉·达尔说得对：

> 纳米材料拥有现实世界与量子世界相结合的特征。而对于量子科学，无论在科学领域还是技术领域，人们都知之甚少。我们曾经大量使用石棉，这是一种来自大自然的材料，但是我们要在百年之后才知道它对人类健康的伤害。

前车之鉴，不可不及早重视！

量子计算机

前面我们多次提到费曼——由于对量子场论的贡献他获得 1965 年诺贝尔物理学奖，还讲到他对纳米技术开创性的建议。这一节讲量子计算机，又少不了他这位被格雷克称为"魔术师"的大师。

1981年，在美国麻省理工学院召开第一届"计算机物理学"年会，费曼的朋友计算机专家弗瑞德金（E. Fredkin）邀请费曼给大会做一个主题报告，虽然费曼抗议说他不明白主题报告是什么意思，但弗瑞德金还是好说歹说地把他劝上了飞机。弗瑞德金请物理学家费曼在计算机会议上做主题报告，自然有他的道理。原来，他们俩定过互帮互教合同，那是弗瑞德金1974年在加州理工学院访问一年期间的事。弗瑞德金想设计一台"可逆计算机"，而传统计算机都是不可逆的。于是他决定向费曼讨教。费曼也有兴趣，于是两人商定：弗瑞德金教费曼计算机，费曼则教弗瑞德金量子力学。在帮教过程中，一直充满着"美好的、激烈的和无休止的争论"，从争论中弗瑞德金当然知道费曼这位"道行最高的魔术师"独特"神奇的心智"。岂止是知道，实际上他"教"费曼简直比行蜀道还难，弗瑞德金几乎是痛苦地回忆说："要想教费曼什么实在太难，因为他不愿任何人教他任何东西。费曼想知道的是给他一些提示，说明问题是什么，然后他总是自己去解决问题。如果你想帮他节省一点时间，告诉他只需要知道什么什么的时候，他会勃然大怒，因为他认为你剥夺了他自己学会解决问题的快乐。"

在数不清的争论中，弗瑞德金当然也逐渐知道费曼对计算机有很了不起的设想。果然，费曼没有辜负弗瑞德金的期望，发表了"主题"报告。后来澳大利亚物理学家米尔本在他写的《神奇的量子世界》一书中说："我认为，第一个提出量子计算机比经典计算机具有更强大功能的是加州理工学院的物理学家理查德·费曼。"

费曼在主题报告中讲道：

> 我对只用经典理论做的分析不满意，因为自然界不是经典的。真该死，如果你想模拟自然，你最好让你的模拟符合量子力学。这可是个大问题，因为看起来这事很不容易。
>
> ……能不能做出一种新的（模拟量子力学的）计算机——量子计算机？……这不是那种图灵机（Turing Machine），而是另外一种类型的计算机。

费曼在讲话中正确地指出：计算机是否可以模拟任何物理系统的行为，且模拟所需的时间不超过行为实际所用的时间？制造功能更强大、运算速度更快的计算机是不是理所当然、没有问题的事？费曼明确地回答：当然不是。一台传统的计算机有许多限制，它的能力有限。但是，一台完全按照量子力学原理工作的计算机，完全是另一种新的计算机，这种计算机能做传统计算机不能做的计算工作，能以比图灵机更快的速度进行很多其他类型的计算。因此，费曼从量子力学原理出发，认为量子计算机可以实现弗瑞德金"可逆计算机"（reversible computer）的设想。

英国科学家阿兰·图灵（Alan Turing，1912—1957）。图灵为计算机科学奠定了基础，他研制的计算机被称为图灵机。

但费曼毕竟是一位理论物理学家，理论上的可行性如何成为技术操作上的可行性，那还得经过几十年艰苦卓绝的研究才可能实现。

1985 年，牛津大学的物理学家大卫·多奇（David Deutsch）在一篇论文中提出将计算机和量子力学这两股智慧主流交汇在一起，从而证明量子计算机能做图灵机不能做的计算工作。

1994 年，美国贝尔实验室的彼得·舒尔（Peter Shor，1959—　）发现了一种能够做一些图灵机不能完成的计算工作的"量子算法"（quantum algorithm）。这种算法的发现有可能使今天最先进的计算机看起来像算盘一样低级。正是舒尔的发现，才使得科学家对量子计算机的兴趣大大增加，也使得很多国家的政府和企业为研制量子计算机提供资金支持。

到 1999 年，量子计算和量子信息理论先驱者之一、IBM 研究部门的查尔斯·本内特（Charles Bennett）说："我忍不住说，作为一个基础科学研究项目，量子计算（quantum computing）已经差不多研究完毕，已经没有什么可研究的了。当然，还有许多实际的具体问题需待解决，比如建一个真正的量子计算机。"

这里需要简单介绍一下量子计算机的基本设想。传统计算机是由硅芯片基本单元"逻辑门"（logic gates）组成，而逻辑门是不可逆逻辑操作；再加上二进制代码中的数字"0"

和"1"对应于线路中电流的通和断，于是传统计算机中的开关数量多。而我们知道，决定一台计算机性能好坏的一个重要参数，是它内部使用的开关的数量。正是这个开关的数量决定了存储器存储单元的多少，决定了计算机以二进制代码所编程序、计算和答案可以采用 0 和 1 位串的长度。开关多了，一是限制了计算机工作的速度，二是会产生更多的热量，这就限制了存储器的大小，越小散热越难。

所以，近几年来虽然计算机芯片容量成倍地扩大，但再想扩大必然受到限制，达到一个由物理规律所限定的极限。实际上在 2010 年就已经差不多走到"极限"的头了。

那么，量子计算机为什么能使计算机的计算能力、速度有巨大的增加，甚至达到传统计算机不可比拟的程度呢？

原来物理学家设计的是，量子计算机的标准二进制代码中的数字"0"和"1"对应于电子在原子的两种态之一，如处于能量最低的"基态"对应于 0，电子在获得能量之后跃进到"激发态"对应于 1。信息的这样一个量子单位有时被称为量子点（quantum dot）。[1]

用波长恰好合适的光以恰好合适的时间间隔照射原子，原子内的电子处在两种状态中每一种的概率，应该是各 50%。在量子力学中这种情形对应于电子的波函数处在一种叠加状态。虽然理论物理学家和哲学家们还在为叠加态（如薛定谔的猫）争论不休，但计算机科学家却毫不含糊地认为：量子点能够处于一种叠加态，这就为只用较少的物理元件来制造性能优异的计算机提供了广阔的前景。

在传统计算机里，如果出现一个量子比特[2]信息，而信息处于 0 和 1 的叠加态，那意味着一个错误，但在量子计算机里则恰好相反，它不但不是什么错误，而且是可以用来开拓计算的新领域。德国科学作家布里吉特·罗特莱因（B. Rothlein）在她 1998 年写的《薛定谔的猫：玄奥的量子世界》一书中指出："有好几位科学家现在已经证实，一台可以处理叠加态信息的量子计算机，原则上可当作通用计算机使用。"

前面我们提到的彼得·舒尔在数学上证明，传统计算机要用几个月时间

1　量子点在量子计算机中作用相当于一个二进制的"开关"，但又不同于日常所见的"开关"，因为一个量子点存在于多状态重叠之中。

2　比特（bit）是信息单元的计量单位。每传输一个二进位数字，就是 1 比特。

才能解决的问题，量子计算机可以在几秒钟里解决。约翰·格里宾在他写的《量子物理》（*Quantum Physics*）一书中说得好："现在需要做的，只是制造出一台量子计算机！"

与量子计算有关的还有量子信息学（quantum information）、量子密码学（quantum cryptography）和量子输运（quantum teleportation）等魔术般的设想、研究、开发……虽然其中存在的困难很多，但格里宾在《量子物理》最后一节"巨大的量子财源"中信心百倍地说了下面一大段话：

> 上面介绍的这些想法何时才能够走出实验室变成实用的产品，目前还不得而知。然而毫无疑问的是，就在不远的将来，它们就会影响到我们的生活。
>
> 150 多年以前，法拉第发明了电动机，当时曾有一位政治首脑问他那件发明有什么用处。法拉第回答的大意是，他没有想过他的发明有什么实际用途，但他能够肯定政治家一定会想办法向它征税。
>
> 量子计算机、量子密码技术、量子远程输运以及今天还想象不到的其他玩意，肯定会在未来的某一天因为创造了巨大的产值而成为政府的一种巨大的税收来源，而且那也一定不会是十分久远的事情。今天随处可见的几乎是即时送达的快递，聪明透顶的智能计算机，就像真的一样的"虚拟现实"，不正是如此吗？正如亚瑟·克拉克[1]所说："一种真正先进的技术其实就是魔法。"大概不要一百年，我们也会玩起魔法来。

量子世界充满了引人入胜的奇境，但是，它属于我们的世界，也属于我们的未来。物理学家保罗·戴维斯（Paul Davies）指出："19 世纪是机器时代，20 世纪将会被作为信息时代写进历史。我相信 21 世纪将会是量子时代。"

I believe that twenty-first century will be the quantum age.

戴维斯的话绝对没错。

1　亚瑟·克拉克（Arthur C. Clarke，1917—　），英国作家，写过几本科幻小说，如《地光》（1955）、《月尘飘落》（1961）和《天堂的泉水》（1979）等。——本书作者注

参考书目

1.《正直者的困境：作为德国科学发言人的马克斯·普朗克》，（德）J. L. 海耳布朗著，刘兵译，上海，上海东方出版中心，1998

2.《物理学世界大国的统治者——从伽利略到海森伯》，（德）阿尔明·赫尔曼著，朱章才译，北京，科学普及出版社，1992

3.《原子时代的先驱者：世界著名物理学家传记》，（德）弗里德里希·赫尔内克著，徐新民等译，重庆，科学技术文献出版社，1981

4.《从 X 射线到夸克——近代物理学家和他们的发现》，（美）埃米里奥·塞格雷著，夏孝勇等译，上海，上海科学技术文献出版社，1984

5.《尼尔斯·玻尔》，（美）R. 穆尔著，暴永宁译，北京，科学出版社，1982

6.《玻尔传》，杨建邺著，长春，长春出版社，1999

7.《尼尔斯·玻尔传》，（美）阿伯拉罕·派斯著，戈革译，北京，商务印书馆，2001

8.《海森伯传》，（美）大卫·C. 卡西第著，戈革译，北京，商务印书馆，2002

9.《薛定谔传》，沃尔特·穆尔著，班立勤译，北京，中国对外翻译出版公司，2001

10.《寻找薛定谔的猫：量子物理和真实性》，（英）约翰·R. 格利宾著，张广才等译，海口，海南出版社，2001

11.《窥见上帝秘密的人：爱因斯坦传》，杨建邺著，海口，海南出版社，2003

12.《爱因斯坦传》，（美）丹尼斯·布莱恩著，杨建邺译，北京，高等教育出版社，2008

13.《基本粒子物理学史》，（美）阿伯拉罕·派斯著，杨建邺等译，武汉，武汉出版社，2002

14.《量子革命》，（比利时）雷昂·罗森菲耳德著，戈革译，北京，商务印书馆，1991

15.《量子力学的基本概念》，关洪著，北京，高等教育出版社，1990

16.《原子论的历史和现状》，关洪著，

北京，北京大学出版社，2006

17.《科学名著赏析·物理卷》，关洪主编，太原，山西科学技术出版社，2006

18.《一代神话——哥本哈根学派》，关洪著，武汉，武汉出版社，2002

19.《量子力学的丰碑——纪念德布罗意百年诞辰》，何祚麻、侯德彭主编，桂林，广西师范大学出版社，1994

20.《哥本哈根学派量子论考释》，卢鹤绂著，上海，复旦大学出版社，1984

21.《我的一生：马克斯·玻恩自述》，（德）马克斯·玻恩著，陆浩等译，上海，东方出版中心，1998

22.《我的一生和我的观点》，（德）马克斯·玻恩著，北京，商务印书馆，1979

23.《费曼传——1000年才出一个的科学鬼才》，（美）詹姆斯·格雷克著，黄小玲译，北京，高等教育出版社，2004

24.《迷人的科学风采——费曼传》，约翰·格里宾、玛丽·格里宾著，江向东译，上海，上海科技教育出版社，1999

25.《新量子世界》，（英）安东尼·黑、帕特里克·沃尔特斯著，雷奕安译，长沙，湖南科学技术出版社，2005

26.《量子物理学：幻象还是真实》，（英）阿莱斯泰尔·雷著，唐涛译，南京，江苏人民出版社，2000

27.《神奇的量子世界》，（澳）杰拉德·米尔本著，郭光灿等译，北京，新华出版社，2002

28.《量子世界》，（英）约翰·R.格利宾著，陈养正译，北京，三联书店，2004

29.《神奇的粒子世界》，马替乌斯·维尔特曼著，丁亦兵等译，北京，世界图书出版公司，2007

30.《科技王国的宙斯》，张端明著，武汉，湖北科学技术出版社，1998

31.《极微世界探微》，张端明著，武汉，湖北科学技术出版社，2000

32.《纳米：革命与颠覆的时代》，丁亚红著，北京，昆仑出版社，2005

33.《量子实在与"薛定谔猫佯谬"》，李宏芳著，北京，清华大学出版社，2006

34.《薛定谔的兔子：搞懂量子力学在变什么把戏》，（英）柯林·布鲁斯著，叶伟文译，台北，天下远见出版股份有限公司，2006

35.《物理学与电子学》，（英）迈克尔·汤普森主编，杨丁等译，北京，中国青年出版社，2006

36.《量子》，高山著，清华大学出版社，2004

37.《量子论初期史（1899—1913）》，

（德）阿尔明·赫尔曼著，周昌忠译，北京，商务印书馆，1980

38.《霍金传奇》，杨建邺著，北京，金城出版社，2013

39.《约翰·惠勒自传：物理历史与未来的见证者》，（美）约翰·惠勒、肯尼斯·福勒著，蔡承志译，汕头，汕头大学出版社，2004

40.《黑洞与时间的弯曲：爱因斯坦的幽灵》，（美），基普·S. 索恩著，李泳译，长沙，湖南科学技术出版社，2000

41.《20 世纪诺贝尔奖获奖者辞典》，杨建邺主编，武汉，武汉出版社，2001

42.《夸克与美洲豹》，盖尔曼著，杨建邺、李香莲译，长沙，湖南科学技术出版社，2002

43.《霍金讲演录》，霍金著，杜欣欣、吴忠超译，长沙，湖南科学技术出版社，2007

44.《孤独的科学之路：钱德拉塞卡传》，（美）卡迈什瓦尔·C. 瓦利著，何妙福、傅承启译，上海，上海科技教育出版社，2006

45.《莎士比亚、牛顿和贝多芬：不同的创造模式》，（美）钱德拉塞卡著，杨建邺、王晓明译，长沙，湖南科学技术出版社，2007

46.《环宇孤心——探索宇宙奥秘的故事》（美）丹尼斯·奥弗比著，任华等译，北京，中信出版社，2002

47.《抓住引力》，（英）贡德哈勒卡尔著，孙洪涛译，北京，中国青年出版社，2007

48.《通向量子引力的三条途径》，（美）李·斯莫林著，李新洲等译，上海，上海科学技术出版社，2003

49.《大爆炸探秘——量子物理学与宇宙学》，（英）约翰·格利宾著，卢矩甫译，上海，上海科技教育出版社，2000

50.《天地有大美：现代科学之伟大方程》，（英）格雷厄姆·法米罗主编，涂泓、吴俊译，上海，上海科技教育出版社，2006

51.《海森伯传》，王自华、桂起权著，长春，长春出版社，1999

52.《量子世代》，（丹麦）赫尔奇·克劳著，洪定国译，长沙，湖南科学技术出版社，1999

53.《量子夸克》，（英）安德鲁·华生著，刘健、雷奕安译，长沙，湖南科学技术出版社，2004

54.《量子物理史话——上帝掷骰子了吗？》曹天元著，沈阳，辽宁教育出版社，2006

55.《量子迷宫》，（英）吉姆·巴戈特著，潘士先译，北京，科学出版社，2004

56.《量子理论：爱因斯坦与玻尔的伟大论战》，（英）曼吉特·库马尔

著，包新周、伍义生、余瑾译，重
庆，重庆出版社，2008

57. *Thirty Years That Shook Physics*, by
George Gamow, Doubleday & Company,
Inc, 1966

58. *The Quantum Story: A History in 40
Moments*, by Jim Baggot, Oxford
University Press, 2013

59. *The End of the Certain World: The Life
and the Science of Max Born*, by Nancy
T. Greenspan, Basic Books, 2005

60. *No Time to be Brief: A Scientific Biography
of Wolfgang Pauli*, by Charles P. Enz,
Oxford University Press, 2002

61. *Quantum Man: Richard Feynman's Life
in Science*, by Lawrence M. Krauss,
W. W. Norton & Company, 2011

62. 《旅人》，汤川秀树著，周东林译，
石家庄，河北科学技术出版社，
2000

63. 《希格斯："上帝粒子"的发明与发
现》，（英）吉姆·巴戈特著，邢
志忠译，上海，上海科学教育出版
社，2013

64. 《探寻万物至理——大强子对撞
机》，（美）保罗·哈尔彭著，李晟
译，上海教育出版社，2011

中英人名对照表

A

阿斯顿 Aston, F.W.
爱泼斯坦 Epstein, P.S.
爱丁顿 Eddington, Arthur
埃尔萨瑟 Elsasser, Walter
埃伦菲斯特 Ehrenfest, Paul
埃克斯纳 Exner, Franz
艾弗瑞特 Everett, Hugh
艾格勒 Eigler, Don
艾斯派克 Aspect, A.I.
安德雷德 Andrade, E.N.C.
安德森 Anderson, Carl David
奥本海默 Oppenheimer, Julius Robert
奥恰里尼 Occialini, G.P.S

B

巴丁 Bardeen, John
巴耳末 Balmer, J.J.
巴索夫 Basov, Nikolai
鲍威尔 Powell, C.F.
贝德诺尔茨 Bednorz, J.G.
贝尔 Bell, John Stewart
贝克 Becker, B.
贝克勒尔 Becquerel, Atoine-Henri Becquerel

贝肯斯坦 Bekenstein, Jacob
贝索 Besso, Michele
贝特 Bethe, Hans
本内特 Bennett, Charles
宾尼希 Binnig, Gerd
玻恩 Bohn, Max
玻尔 Bohr, Niels
玻尔兹曼 Boltzmann, Ludwig Edward
玻色 Bose, Satyendra Nath
玻特 Bothe, W.
布莱克特 Blackett, Patrick
布里渊 Brillouin, Léon N.
布里渊 Brillouim, M.L.
布杰朗 Bjerrum, N.J.
布洛赫 Bloch, Felix
布罗姆伯根 Bloembergen, Nicholas
本生 Bunsen, R.W.

C

查德威克 Chadwick, James

D

达尔文 Darwin, C.G.
戴森 Dyson, Frank

戴维斯 Davies, Paul

德拜 Debye, Peter

德布罗意 de Broglie, Louis

德布罗意 de Broglie, Maurice

德默尔特 Dehmelt, Hans

德谟克里特 Democritus

德威特 DeWitt, Bryce

狄拉克 Dirac, P.A.M.

狄金森 Dickinson, Emily

杜安尼 Duane, W.

杜隆 Dulong, P.L.

多奇 Deutsch, David

F

法米罗 Farmelo, Graham

范德米尔 Van der Meer, Simon

范德瓦登 Van de Waerden

菲利普斯 Phillips, William

费曼 Feynman, Richard Phillips

弗兰克 Franck, James

弗雷泽 Fraser, G.

弗瑞德金 Fredkin, Ed

福格特 Voigt, Woldemar

福克 Fock, V.

福勒 Fowler, Ralph Howard

伏打 Volta, Count Alessandro

G

盖尔曼 Gell-Mann, Murray

盖革 Geiger, Hans

高斯密特 Gousmit, Samuel

格拉罕姆 Graham, N.

格拉肖 Glashow, Sheldon L.

格雷克 Gleick, James

格利宾 Gribbin, John

格林 Green,Michael

格罗斯曼 Grossmann, Marcel

戈登 Gordon, James

革拉赫 Gerlach, W.

革末 Germer, Lester

古切尔 Goucher, F.S.

H

哈伯 Haber, Fritz

哈比希特 Habicht, Conard

哈代 Hardy, G.h.

哈恩 Hahn, Otto

哈拉德 Harald, August Bohr

哈森诺尔 Hasenohrl, F.

海尔布朗 Heilbron, J.L.

海森伯 Heisenberg, Werner Karl

汉德森 Henderson, J.P.

汉森 Hansen, Hans M.

何 Ho, Wilson

赫尔曼 Hermann, Armin

赫克尔 Hückel, Erich

赫维茨 Hurwitz, Adolf

赫维西 Hevesy, George de

赫胥黎 Huxley, T.H.

赫兹 Hertz,Gustav Ludwig

赫芝 Hertz, Heinrich R.

伦琴 Röntgen, Wilhelm Conrad

洛伦兹 Lorentz, Hendrik Antoon

洛克 Locke, John

洛克耶 Lockyer, J.N.

洛奇 Lodge,O.J.

罗雷尔 Rohrer, Heinrich

罗桑斯 Rosanes, Jacob

罗森菲尔德 Rosenfeld, Leon

罗特莱因 Rothlein, B.

伦敦 London, Fritz

M

玛格丽特 Magrethe N ø rlund

马考瓦 Makower, W.

马斯登 Marsden, Enerst

马歇尔 Marshall, Alfred

麦克雷 McCrea, Willianm H.

麦克利兰 McClellan, Bill

麦克伦南 Mclennan, J.C.

麦克斯韦 Maxwell, James Clark

迈克尔逊 Michelson, Albert Abraham

迈曼 Maiman, Theodore

迈斯勒 Misner, Charles

迈特纳 Meitner, Lise

梅拉 Mehra, J.

梅特卡夫 Metcalf, H.

蒙田 Montaigen, Michael de

米尔本 Milburn, Gerard

米尔恩 Milne, E.A.

米尔斯 Mills, Robert

米勒 Miller, Authur I.

米勒 Mülle, Karl A.

密立根 Millikan, Robert Andrews

闵可夫斯基 Minkowski, Hermann

缪勒 Möll, Karl

莫雷 Morley, E.W.

莫奈 Monet, Claude

莫斯莱 Moseley, H.G.J.

莫特 Mott, Nevill F.

莫尔 Moore, Walter

穆拉特 Muralt, Alexander

N

南部阳一郎 Nambu, Yoiohito

能斯特 Nernst, Walther Hermann

尼尔森 Nielson, H.

尼科耳森 Nicholson, John

牛顿 Newton, Issac

纽曼 Newman, F.H.

纽曼 Neuman, Tom

P

派斯 Pais, Abraham

泡利 Pauli, Wolfgang

佩尔斯 Peierls, Rudolph Ernst

佩格斯 Pagels, Heinz

佩兰 Perren, J.B.

佩什科夫 Peshkov, W.P.

彭加勒 Poincaré, Jules Henri

泊松 Poisson, Simeon-Denis Baron

坡耳 Pohl, Robert

普特南 Putnam, Mildred

普朗克 Planck, Max

X

希尔伯特 Hilbert, David
希格斯 Higgs, P.W.
席林 Schilling, A.
西阿马 Sciama, Denis
肖洛 Schawlow, Arthur
休斯 Hughes, A.L.
薛定谔 Schrödinger, Erwin

Y

亚当斯 Adams, W.S.
雅默尔 Jammer, M.
杨 Young, Russell

杨 Young, Thomas
杨振宁
约尔丹 Jordan, Ernest
约飞 Joffe, A.A.
约里 Jolly, Phillip von
约瑟夫森 Josephson, Beian David

Z

泽赫 Zeh, H.Dieter
泽利多维奇 Zel'dorvich, Yakov Boris
章格 Zannger, Heinrich
詹森 Janssen, C.J.
朱棣文

量子力学大事年表

日　期	大　事　记
1858 年 4 月 23 日	麦克斯·普朗克出生在德国的基尔。
1871 年 8 月 30 日	恩斯特·卢瑟福出生在新西兰的斯普林格罗夫。
1879 年 3 月 14 日	阿尔伯特·爱因斯坦出生在德国的乌尔姆。
1882 年 12 月 11 日	马克斯·玻恩出生在德国的布雷斯劳。
1885 年 10 月 7 日	尼尔斯·玻尔出生在丹麦的哥本哈根
1887 年 8 月 12 日	埃尔文·薛定谔出生在奥地利的维也纳。
1892 年 8 月 15 日	路易斯·德布罗意出生在法国的迪耶普。
1893 年 2 月	德国物理学家威廉·维恩发现黑体辐射位移定律。
1895 年 11 月	德国物理学家威廉·伦琴发现 X 射线。
1896 年 3 月	法国物理学家亨利·贝克勒尔发现铀化合物放射的"铀射线"。
1897 年 4 月	英国物理学家 J. J. 汤姆逊发现电子。
1900 年 4 月 25 日	奥地利物理学家沃尔夫冈·泡利出生在奥地利的维也纳。
9 月	实验证实黑体光谱在远红外部分，维恩定律失效。
10 月	普朗克宣布他的黑体辐射定律
12 月 14 日	普朗克在德国物理学会上介绍了他的黑体辐射定律的推导，但没有引起物理学家的注意。
1901 年 12 月 5 日	沃纳·海森伯出生在德国的维尔茨堡。
1902 年 6 月	爱因斯坦在瑞士伯尔尼专利局上班。
8 月 8 日	保罗·狄拉克出生在英国的布里斯托尔。
1905 年 6 月	爱因斯坦在德国《物理学年鉴》上发表光电效应的文章，第一次提出"光量子"假说。
7 月	爱因斯坦在《物理学年鉴》上发表解释布朗运动的文章。
9 月	爱因斯坦在《物理学年鉴》发表介绍他的狭义相对论的论文"论运动物体的电动力学"。

1906 年 1 月	•	爱因斯坦以论文"确定分子尺寸新方法"获得苏黎世大学博士学位。
4 月		爱因斯坦在专利局晋升二级专家
9 月		奥地利物理学家玻尔兹曼在意大利的里亚斯特度假时自杀。
12 月		爱因斯坦在《物理学年鉴》上发表比热量子理论
1907 年 5 月	•	卢瑟福到英国曼彻斯特大学任物理系主任。
1908 年 2 月	•	爱因斯坦到伯尔尼大学任助教。
1909 年 9 月	•	爱因斯坦在奥地利萨尔茨堡的德国自然科学家和医生学会会议上发表主题演讲，他说："理论物理学的进一步发展将会给我们带来的光的理论，这种理论可以将光理解为一种波的融合和光的发射理论。"
1911 年 3 月	•	卢瑟福在英格兰曼彻斯特的一次会议上宣布发现原子核。
5 月		玻尔获得丹麦哥本哈根大学博士学位，论文题目是"金属的电子理论"。
10 月 30 日至 11 月 4 日		第一次索尔维会议在比利时的布鲁塞尔召开。爱因斯坦、普朗克、玛丽·居里和卢瑟福等物理学大师应邀参加。
1913 年 2 月	•	玻尔第一次听到氢气光谱线的巴尔末公式，这是他建立原子量子模型的一个重要线索。
7 月		玻尔在《哲学杂志》上发表"氢原子量子理论"三部曲中的第一篇文章。
		普朗克和瓦尔特·能斯特前往苏黎世游说爱因斯坦到柏林。爱因斯坦接受了他们的提议。
9 月		玻尔在英格兰伯明翰的英国科学进展协会（BAAS）的会议上提交了他的原子量子理论。
1914 年 1 月	•	德国物理学家弗兰克-赫兹实验证实了玻尔的量子跃迁和原子能级概念。
		爱因斯坦到达柏林，就任普鲁士科学院和柏林大学教授之职。
9 月		第一次世界大战开始。
10 月		普朗克和伦琴在《93 人宣言》上签字，该宣言声称德国不承担战争责任，没有违反比利时的中立，没有犯下暴行。
1915 年 11 月	•	爱因斯坦完成广义相对论。
1916 年 1 月	•	德国物理学家阿诺德·索末菲提出解释氢光谱精细结构的理论，并引进第二个量子数，用椭圆轨道代替玻尔的圆形轨道。
5 月		玻尔被任命为哥本哈根大学的理论物理学教授。
7 月		爱因斯坦回到量子理论的研究工作，并发现从原子自发的和诱发的光子，为激光理论奠定了理论的基础。
		索末菲在玻尔原来的原子模型中增加了磁量子数。

1918 年 11 月	第一次世界大战结束。
1919 年 11 月	普朗克获得 1918 年诺贝尔物理学奖。
	在伦敦一次英国皇家学会和皇家天文学会的联席会议上，正式宣布爱因斯坦的引力场使光偏转的预言被两个英国探险队在 5 月日食期间进行的测量证实。爱因斯坦一夜之间成为全球名人。
1920 年 3 月	索末菲引入第 4 个量子数。
8 月	保尔·维兰德在柏林爱乐音乐厅举行的一次公众集会反对相对论。愤怒的爱因斯坦在报章撰文回答对他的批评。
	爱因斯坦第一次到哥本哈根访问玻尔。
1921 年 3 月	哥本哈根理论物理研究所正式成立，玻尔是创始人和所长。
4 月	玻恩从法兰克福来到哥廷根，担任理论物理研究所教授和所长，决心在德国打造另一个量子物理研究中心。
1922 年 4 月	泡利获得德国慕尼黑大学博士学位，成为哥廷根大学玻恩的助理。
6 月	玻尔在哥廷根做了著名的有关"原子理论和元素周期表"的系列讲座。这次演讲后来被称为"玻尔节"。海森堡和泡利第一次遇见玻尔，玻尔十分重视这两个年轻人。
10 月	海森堡开始在哥廷根做六个月的逗留。泡利到达哥本哈根成为玻尔的助手，一直到 1923 年 9 月。
11 月	爱因斯坦获得 1921 年诺贝尔物理学奖，玻尔获得 1922 年诺贝尔物理学奖。
1923 年 5 月	美国物理学家阿瑟·康普顿完成 X 射线的电子散射的实验，发现著名的"康普顿效应"，这是爱因斯坦 1905 年光量子假设最确凿的证据。
7 月	爱因斯坦第二次访问哥本哈根会见玻尔。
	海森伯获得慕尼黑大学博士学位。
9 月	法国物理学家德布罗意将波粒二相性延伸到物质中，并将波和电子结合在一起。
10 月	海森伯在哥廷根大学任玻恩的助手。
	泡利在哥本哈根停留一年后返回汉堡。
1924 年 2 月	玻尔、亨德里克·克莱默斯（荷兰物理学家）和约翰·斯莱特（美国物理学家）提出在原子过程中能量仅在统计意义上是守恒的（即 BKS 建议），试图反对爱因斯坦的光量子假说。BKS 建议被 1925 年 4 月和 5 月间进行的实验否定。
3 月	海森伯首次拜访哥本哈根的玻尔。
11 月	法国物理学家德布罗意在博士论文答辩时，成功地将波粒二相性延伸到一般物质上。德布罗意的导师郎之万教授送一份论文副本给爱因斯坦，爱因斯坦颇为赞赏这一理论。

1925 年 1 月　泡利发现"不相容原理"。

6 月　海森伯在北海赫尔戈兰的一个小岛疗养期间，向矩阵力学迈出了重要一步。

9 月　海森堡的第一篇关于矩阵力学的突破性的文章"运动学和机械关系的量子理论的再解读"发表在德国《物理学杂志》上。

10 月　荷兰的物理学家塞缪尔·高斯米特和乔治·乌伦贝克提出量子自旋概念。

11 月　11 月 7 日，狄拉克在英国《皇家学会会报》发表论文"量子力学的基本方程"，正式提出著名的狄拉克方程。

12 月　薛定谔在阿尔卑斯山滑雪胜地阿罗萨度假，在此期间建立了他的著名的波动方程，即薛定谔方程。

1926 年 1 月　薛定谔回到苏黎世，将他的波动方程用于氢原子，发现它能得出玻尔-索末菲氢原子的一系列能级。

2 月　海森伯、玻恩和帕斯库尔-约尔丹（德国物理学家）三人合写的文章给出矩阵力学数学结构的详细解释，在 1925 年 11 月提交给《物理学杂志》后发表。

3 月　薛定谔关于波动力学的第一篇论文在 1 月份提交给《物理学年鉴》后发表，以后又迅速地连续发表了 5 篇文章。

薛定谔和其他人证明波动力学和矩阵力学在数学上是等价的，它们是同一的理论——量子力学——的两种形式。

4 月　泡利将矩阵力学应用到氢原子上的文章正式发表。

海森伯作了有关矩阵力学的演讲，爱因斯坦和普朗克在场。后来爱因斯坦邀请年轻的海森伯回到他的公寓里，海森伯后来回忆说，他们讨论了"我最近工作的哲学背景"。

5 月　海森伯开始利用波动力学解释氦的谱线。

6 月　狄拉克获得剑桥大学博士学位，论文题目为"量子力学"。

7 月　玻恩在他的《论碰撞过程的量子力学》一文中，首次提出了波函数的概率解释。

9 月　狄拉克去哥本哈根，在此期间建立了变换理论，证明薛定谔的波动力学和海森伯的矩阵力学是更一般的量子力学公式的特殊情况。

10 月　薛定谔访问哥本哈根，与玻尔、海森伯对矩阵力学或波动力学的物理解释不能达成任何类型的一致。

1927 年 1 月	美国物理学家戴维森和革末获得确凿证据，表明波粒二相性也适用于物质。
	海森伯发现了不确定性原理。
5 月	海森伯发表测不准原理。
9 月	在意大利科莫湖会议上，玻尔提出他的互补性原理和后来成为被称为量子的哥本哈根解释的中心内容。玻恩、海森伯和泡利出席了这次会议，薛定谔和爱因斯坦没有出席。
10 月	在布鲁塞尔举行的第五次索尔维会议上，爱因斯坦和玻尔开始辩论量子力学的基础和现实世界的性质。
	薛定谔接替普朗克担任柏林大学的理论物理学教授。
	康普顿由于康普顿效应的发现被授予诺贝尔物理学奖。
11 月	乔治·汤姆逊用与戴维森和革末不同的技术，成功实现电子衍射。
1929 年 10 月	德布罗意由于发现电子的波动性获得诺贝尔物理学奖。
1930 年 10 月	第六次索尔维会议在布鲁塞尔举行，爱因斯坦-玻尔第二轮论战，爱因斯坦用思想实验——"光盒"中的钟——挑战哥本哈根解释的一致性；玻尔成功地反驳了爱因斯坦的思想实验。
1932 年	约翰·冯·诺伊曼的书《量子力学的数学基础》在德国出版。它包含了著名的"不可能证明"——任何一种隐变量理论不能再现量子力学的预言。
	狄拉克当选为剑桥大学卢卡斯数学教授。
1933 年 1 月	纳粹在德国夺取权力。幸运的是这时爱因斯坦作为一个访问教授在美国加利福尼亚。
3 月	爱因斯坦公开宣布他将不再返回德国。他一到比利时就辞去了普鲁士科学院的职务，与德国官方机构断绝一切联系。
4 月	纳粹引入《公务员服役恢复法》，到 1936 年，1600 多名学者被驱逐，其中三分之一是科学家，包括 20 名已经或将要获得诺贝尔奖的科学家。
5 月	2 万册书籍在柏林被烧毁，烧毁"非德国"著作的篝火在全国蔓延。
	薛定谔离开德国去了牛津。海森伯留了下来。
	以卢瑟福为主席的学术援助委员会在英国成立，旨在协助逃亡的科学家、艺术家和作家。
10 月	爱因斯坦抵达美国新泽西州普林斯顿。
11 月	1932 年海森伯获得诺贝尔物理学奖，而狄拉克和薛定谔分享了1933 年的诺贝尔奖金。

1935 年 1 月 11 日 ● 印度物理学家钱德拉塞卡在英国皇家天文学会会议上，根据量子力学理论第一次提出一个宇宙学理论——黑洞理论。但是因为遭到英国天文学权威爱丁顿的激烈反对而不为当时学者们接受。直到 1983 年钱德拉塞卡才因为这一理论获得诺贝尔物理学奖。

5 月 爱因斯坦、波多尔斯基和罗森的文章，"量子力学所描述物理现实世界可以认为是完整的吗？"发表在《物理评论》上。爱因斯坦等人提出的佯谬就是物理学史上闻名的"EPR 佯谬"。

8 月 薛定谔在德国《自然科学》杂志上发表文章"量子力学的目前情形"，提出著名的佯谬"薛定谔的猫。"

10 月 玻尔对爱因斯坦等提出的"EPR 佯谬"的回答，发表在《物理评论》上。

1936 年 3 月 ● 薛定谔和玻尔在伦敦举行会晤。玻尔说："薛定谔和爱因斯坦想给量子力学致命的一击，这是骇人听闻和背信弃义的。"

10 月 玻恩在剑桥大学度过近三年，几个月后，接受了爱丁堡大学自然哲学教授的职务。在这儿，他一直待到 1953 年退休。

1937 年 2 月 ● 玻尔抵达普林斯顿，停留一周。爱因斯坦和玻尔自 EPR 论文发表后首次面对面讨论了量子力学解释，但在彼此交谈中很多事情都没有说出来。

10 月 卢瑟福在做绞窄性疝气手术后在剑桥去世，终年 66 岁。

1939 年 1 月 ● 玻尔抵达普林斯顿高等研究院，作为客座教授停留一个学期。爱因斯坦避免和玻尔进行任何讨论。

8 月 爱因斯坦签署了一封向罗斯福总统的信，强调建造原子弹的可能性和德国建造这种武器的危险。

9 月 第二次世界大战开始。

10 月 薛定谔作为高级研究院的资深教授留在都柏林，一直到 1956 年回到维也纳。

1940 年 3 月 ● 爱因斯坦给罗斯福总统寄了第二封关于原子弹的信。

8 月 泡利来到普林斯顿高等研究院。他一直留在这里，直到 1946 年返回苏黎世联邦理工学院。

1941 年 10 月 ● 海森伯访问在哥本哈根的玻尔，这一次访问造成一个永远不能解开之谜：他们两人到底如何论及制造原子弹的问题。丹麦自 1940 年 4 月以来已被德国军队占领。

1943 年 9 月 ● 玻尔和他的家人逃到瑞典。

12 月 玻尔访问普林斯顿，和爱因斯坦及要前往新墨西哥州的洛斯阿拉莫斯国家实验室参加原子弹研制工作的泡利共进晚餐。

1945 年 5 月	德国投降。海森伯被盟军逮捕。
8 月	原子弹投在广岛，然后又投在长崎。 玻尔回到哥本哈根。
11 月	泡利由于发现不相容原理获得诺贝尔物理学奖。
1946 年 7 月	海森伯被任命为哥廷根大学凯瑟·威廉物理研究所所长，该研究所后来改名为麦克斯·普朗克研究所。
1947 年 6 月	美国物理学家在舍尔特岛召开会议，由此量子场论的研究获得重大进展，物理学研究的重镇由此移到美国
10 月	普朗克在哥廷根去世，终年 89 岁。
1948 年 2 月	玻尔作为客座教授抵达普林斯顿高等研究院，直到 6 月。 玻尔与爱因斯坦对量子解释的观点依然不同。在普林斯顿玻尔写了一篇文章，解释 1927 年和 1930 年在索尔维会议上他与爱因斯坦的争论，作为庆祝 1949 年 3 月爱因斯坦 70 岁生日论文集的一篇文章。
1949 年 1 月	美国物理学家里查德·费曼提出"费曼图"，以此解释粒子物理学的物理现象和复杂计算。
1951 年 2 月	美国物理学家戴维·玻姆的《量子理论》在美国普林斯顿出版，书中提出了隐变量理论。
1952 年 1 月	玻姆发表两篇文章，他做了冯·诺伊曼所说的不可能的事情：给出量子力学一个隐藏变量的解释。
1954 年 2 月	华人物理学家杨振宁和美国物理学家米尔斯提出非阿贝尔规范场理论，即杨-米尔斯理论。这一理论后来成为现代物理学最重要的基本理论，被称为"物理学的圣杯"。
10 月	玻恩这"由于在量子力学的基础性工作，特别是他对波函数的统计解释"获得诺贝尔物理学奖
1955 年 4 月	爱因斯坦在普林斯顿去世，终年 76 岁。一个简单的仪式后，他的骨灰被撒在一个秘密地点。
1955 年 7 月	休·埃弗雷特 III 提出量子力学"相对状态"公式，这一理论后来被称为"多世界诠释"。
1958 年 2 月	美国伊利诺伊大学物理学家巴丁、施里弗和库珀在美国《物理评论》上，发表后来称之为 BCS 理论的超导理论。这一理论是基于量子力学基础上得出的超导理论。
12 月	泡利在苏黎世去世，终年 58 岁。
1959 年 1 月	美国物理学会在加州理工学院召开的一次会议上，费曼做了"下面还有很大空间"的演说，这一演说标志着纳米技术领域的开端。
1961 年 1 月	薛定谔在维也纳去世，终年 73 岁。

1962 年 11 月	玻尔在哥本哈根去世，终年 77 岁。
1963 年 3 月	美国物理学家默里·盖尔曼提出基本粒子的夸克理论。
1964 年 9 月	贝特曼在美国波士顿提出"贝特曼袜子"悖论。这一悖论提出：两个粒子相互作用后再分开很远的时候，它们之间还存在关联和影响吗？这与"量子纠缠"有关。
11 月	约翰·贝尔发现，任何隐变量理论要想预测结果与量子力学相同必须是非局部的。这篇文章发表在一个读者不多的小杂志上。这个发现称为"贝尔不等式"，它推导出必须满足任何局部隐变量理论的纠缠粒子对量子自旋相关度的极限。
1966 年 7 月	美国物理学家约翰·惠勒提出"宇宙波函数"，并创造了诸如"虫洞"和"量子泡沫"等物理学中的重要术语。
	贝尔明确得出结论说，冯·诺伊曼在 1932 年出版的书《量子力学的数学基础》中所说的不可能有隐变量理论的证明是有缺陷的。
	贝尔在 1964 年底将他的论文提交给《现代物理评论》杂志，由于一系列不幸的意外，延误了出版。
1967 年秋	彼得·希格斯提出"上帝粒子"的设想，以此使得杨-米尔斯理论再获青春魅力。
1970 年 1 月	玻恩在哥廷根去世．终年 87 岁。
1972 年 4 月	美国物理学家约翰·克劳瑟（John Clauser）和斯图尔特·弗里德曼（Stuart Freedman）在加州大学伯克利分校首次测试贝尔不等式，报告说，试验结果违背贝尔不等式——任何局部隐藏变量不能重现量子力学的预测。然而，对于其结果的准确性存有疑虑。
1974 年 2 月	英国宇宙学家霍金提出"霍金辐射"，这是量子力学应用于宇宙学的范例。
11 月	美国长岛和斯坦福两个实验室由丁肇中和里克特同时发现 J/ψ 粒子，这是预言粲夸克存在的重大胜利，也是量子力学预言的一个重大胜利，因此这一发现被称为"11 月革命"
1976 年 2 月	海森伯在慕尼黑去世，终年 75 岁。
1981 年 3 月 16 日	德国物理学家宾尼希和瑞士物理学家罗雷尔发明扫描隧道显微镜（STM），它可以"看清"原子的构造，还可以搬动单个的原子。
1982 年	阿兰·阿斯佩克特（Alain Aspect）和他的合作者在法国巴黎南基大学理论和应用光学所，用那时可能有的最严格的试验检测贝尔不等式，他们的结果表明，不等式是违背局部性的。虽然某些漏洞仍然需要排除，大多数物理学家都接受了这个结果。
1984 年 10 月	狄拉克在美国佛罗里达州塔拉哈西去世，终年 82 岁。

1986 年 10 月	● 宾尼希和罗雷尔获得诺贝尔物理学奖。
1987 年 3 月	● 德布罗意在法国去世. 终年 94 岁。
1988 年 2 月 15 日	● 费曼去世，终年 70 岁。
1990 年 2 月	● 美国西雅图华盛顿大学物理学教授德默尔特（1989 年获得诺贝尔物理学奖）在美国《科学》杂志上发表"单个基本粒子结构的实验"，他的实验可以把一个正电子保存 3 个月之久。这一实验震惊世界。
1997 年 12 月	● 奥地利物理学家安东·蔡林格（Anton Zeilinger）领导的研究团队报告说，他们已经用实验成功证实量子纠缠现象。在罗马大学弗朗西斯科·迪马提尼领导的研究组也成功地进行了量子的心灵传输。
2003 年 9 月	● 基本粒子物理理论的"标准模型"由日内瓦核子研究中心（CERN）的物理学家们正式提出。它依据的是杨-米尔斯量子场论中 $SU(3) \times SU(2) \times U(1)$ 规范群理论。
10 月	安东尼·莱格特发表贝尔不等式，它是依据现实性是非局部的进行推导的。
2007 年 4 月	● 一个由马库斯·阿斯佩迈尔（Markus Aspelmeyer）和安东·蔡林格领导的奥地利-波兰团队在《自然》杂志上发表文章宣布，对以前未测试过的纠缠光子对之间的相关性的测量表明，结果是违背莱格特不等式的。莱格特认为这一实验结果并没有抹杀所有可能的非局部模型。
2012 年 7 月 4 日	● 欧洲核子研究中心的大型强子对撞机，在比利时物理学家弗朗索瓦·恩格勒（François Englert）和英国理论物理学家彼得·希格斯领导下，终于发现被称为"上帝粒子"的希格斯粒子。
2013 年 10 月	● 弗朗索瓦·恩格勒和彼得·希格斯获得诺贝尔物理学奖。
2016 年 2 月	● 物理学家宣布人类首次直接探测到引力波。
20……	● 引力的量子理论? 万物理论? 超越量子的理论?